石油和化工行业"十四五"规划教材

高等院校智能制造人才培养系列教材

"北京市属高等学校高水平教学创新团队建设支持计划项目–高水平应用型智能制造类专业工程教育团队"项目资助
北京市教育科学"十四五"规划重点课题"面向北京高精尖产业的智能制造应用型本科人才工程能力培养路径及评价研究"（课题批准号：CDAA23050）项目资助

机电系统数字化设计与仿真(NX MCD)

曹建树　刘国印　冯德川　等 编著

Digital Design and Simulation of Electromechanical Systems
(NX MCD)

化学工业出版社

·北京·

内容简介

本书是基于西门子 NX MCD、TIA Portal 编程软件、S7-PLCSIM Advanced 软件，适用于本科层次，集机电系统数字化设计理论、仿真、虚拟调试与应用实践于一体，以新开发的复杂真实案例驱动的新工科教材。本教材以掌握机电系统数字化设计与仿真为教学目标，在精讲理论的同时，以大量应用实例分析为主线，以项目任务为单元，系统地阐述了机电系统数字化设计原理及应用技术。

本书在介绍机电系统数字化设计知识的基础上，通过一系列实例仿真与动手实践，进一步扩展应用知识，使教学内容理论结合实际，深入浅出，通俗易懂，使学生具备一定动手解决工程实践问题的能力。最后通过机电系统三维仿真典型案例，可以实现从虚拟场景搭建到实验制作及调试的完整过程学习。本教程注重实用性，全部源文件公开，图文并茂，并配有基于数字孪生理念的真实工程案例，配套教学课件和互联网教学资源库，便于初学者研习和动手实践。全书共分十章，每章末尾附有一定数量的思考题。

本书可作为高等院校机械类、自动化类相关课程的教材和课程设计、主题实践的指导书，也可作为广大科技人员自学和 NX MCD 考试培训认证参考书。既可满足学习者全方位的个性化移动学习需要，又为师生开展线上线下混合教学等课堂教学创新奠定了基础。

图书在版编目（CIP）数据

机电系统数字化设计与仿真 ：NX MCD ／ 曹建树等编著． -- 北京 ：化学工业出版社，2025.5． --（石油和化工行业"十四五"规划教材）． -- ISBN 978-7-122-47652-4

Ⅰ．TH-39

中国国家版本馆CIP数据核字第202549XG50号

责任编辑：张海丽
责任校对：王　静
装帧设计：韩　飞

出版发行：化学工业出版社
　　　　　（北京市东城区青年湖南街 13 号　邮政编码 100011）
印　　装：河北尚唐印刷包装有限公司
787mm×1092mm　1/16　印张 19¾　字数 478 千字
2025 年 7 月北京第 1 版第 1 次印刷

购书咨询：010-64518888　　　　　售后服务：010-64518899
网　　址：http://www.cip.com.cn
凡购买本书，如有缺损质量问题，本社销售中心负责调换。

定　　价：69.00元　　　　　　　　　　　　版权所有　违者必究

高等院校智能制造人才培养系列教材
建设委员会

序

党的二十大报告指出，要建设现代化产业体系，坚持把发展经济的着力点放在实体经济上，推进新型工业化，加快建设制造强国、质量强国、航天强国、交通强国、网络强国、数字中国。实施产业基础再造工程和重大技术装备攻关工程，支持专精特新企业发展，推动制造业高端化、智能化、绿色化发展。推动战略性新兴产业融合集群发展，构建新一代信息技术、人工智能、生物技术、新能源、新材料、高端装备、绿色环保等一批新的增长引擎。其中，制造强国、高端装备等重点工作都与智能制造相关，可以说，智能制造是我国从制造大国转向制造强国、构建中国制造业全球优势的主要路径。

制造业是一个国家的立国之本、强国之基，历来是世界各主要工业国高度重视和发展的重要领域。改革开放以来，我国综合国力得到稳步提升，到 2011 年中国工业总产值全球第一，分别是美国、德国、日本的 120%、346% 和 235%。党的十八大以来，我国进入了新时代，发展的格局更为宏大，"一带一路"倡议和制造强国战略使我国工业正在实现从大到强的转变。我国不但建立了全球最为齐全的工业体系，而且在许多重大装备领域取得突破，特别是在三代核电、特高压输电、特大型水电站、大型炼化工、油气长输管线、大型矿山采掘与炼矿综采重点工程建设项目、重大成套装备、高端装备、航空航天等领域取得了丰硕成果，补齐了短板，打破了国外垄断，解决了许多"卡脖子"难题，为推动重大技术装备高质量发展，实现我国高水平科技自立自强奠定了坚实基础。进入新时代的十年，制造业增加值从 2012 年的 16.98 万亿元增加到 2021 年的 31.4 万亿元，占全球比重从 20% 左右提高到近 30%；500 种主要工业产品中，我国有四成以上产量位居世界第一；建成全球规模最大、技术领先的网络基础设施……一个个亮眼的数据，一项项提气的成就，勾勒出十年间大国制造的非凡足迹，标志着我国迎来从"制造大国""网络大国"向"制造强国""网络强国"的历史性跨越。

最早提出智能制造概念的是美国人 P.K.Wright，他在其 1988 年出版的专著 *Manufacturing Intelligence*（《制造智能》）中，把智能制造定义为"通过集成知识工程、制造软件系统、机器人视觉和机器人控制来对制造技工们的技能与专家知识进行建模，以使智能机器能够在没有人工干预的情况下进行小批量生产"。当然，因为智能制造仍处在发展阶段，各种定义层出不穷，国内外有不同专家给出了不同的定义，但智能机器、智能传感、智能算法、智能设计、解决制造过程中不确定问题的智能方法、智能维护是智能制造的核心关键词。

从人才培养的角度而言，实现智能制造还任重道远，人才紧缺的局面很难在短时间内扭转，相关高校师资力量也不足。据不完全统计，近五年来，全国有 300 多所高校开办了智能制造专业，其中既有双一流高校，也有许多地方院校和民办高校，人才培养定位、课程体系、教材建设、实践环节都面临一系列问题，严重制约着我国智能制造业未来的长远发展。在此情况下，如何培养出适应不同行业、不同岗位要求的智能制造专业人才，是许多开设该专业的高校面临的首要难题。

智能制造的特点决定了其人才培养模式区别于其他传统工科：首先，智能制造是跨专业的，其所涉及的知识几乎与所有工科门类有关；其次，智能制造是跨行业的，其核心技术不仅覆盖所有制造行业，也适用于某些非制造行业。因此，智能制造人才培养既要考虑本校专业特色，又不能脱离社会对智能制造人才的需求，既要遵循教育的基本规律，又要创新教育体系和教学方法。在课程设置中要充分考虑以下因素：

- 考虑不同类型学校的定位和特色；
- 考虑学生已有知识基础和结构；
- 考虑适应某些行业需求，如流程制造、离散制造、混合制造等；
- 考虑适应不同生产模式，如多品种小批量生产、大批量生产等；
- 考虑让学生了解智能制造相关前沿技术；
- 考虑兼顾应用型、技能型、研究型岗位需求等。

改革开放 40 多年来，我国的高等教育突飞猛进，高等教育的毛入学率从 1978 年的 1.55% 提高到 2023 年的 60.2%，进入了普及化教育阶段，这就意味着高等教育担负的历史使命、受教育的对象都发生了深刻的变化。面对地方应用型高校生源差异化大的现状，因材施教，做好智能制造应用型人才培养，满足高校智能制造应用型人才培养的教材需求就是本系列教材的使命和定位。

要解决好这个问题，首先要有一个好的定位，有一个明确的认识，这套教材定位于智能制造应用型人才培养需求，就是要解决应用型人才培养的知识体系如何构造，智能制造应用型人才的课程内容如何搭建。我们知道，应用型高校学生培养的主要目的是为应用型学科专业的学生打牢一定的理论功底，为培养德才兼备、五育并举的应用型人才服务，因此在课程体系、基础课程、专业教育、实践能力培养上与传统综合性大学和"双一流"学校比较应有不同的侧重，应更着眼于学生的实用性需求，应满足社会对应用技术人才的需求，满足社会实际生产和社会实际发展的需求，更要考虑这些学校学生的实际，也就是要面向社会发展需求，为社会各行各业培养"适销对路"的专业人才。因此，在人才培养的过程中，对实践环节的要求更高，要非常注重理论和实践相结合。据此，在应用型人才培养模式的构建上，从培养方案、课程体系、教学内容、教学方式、教材建设上都应注重应用型人才培养的规律，这正是我们编写这套智能制造相关专业教材的目的。

这套教材的突出特色有以下几点：

① 定位于应用型。这套教材不仅有适应智能制造应用型人才培养的专业主干课程和选修课程教材，还有基于机械类专业向智能制造转型的专业基础课教材，专业基础课教材的编写中以应用为导

向，突出理论的应用价值。在编写中引入现代教学方法和手段，结合教学软件和工业仿真软件，使理论教学更为生动化、具象化，努力实现理论课程通向专业教学的桥梁作用。例如，在制图课程中较多地使用工业界成熟设计软件，使学生掌握比较扎实的软件设计能力；在工程力学教学中引入有限元软件，实现设计计算的有限元化；在机械设计中引入模块化设计的概念；在控制工程中引入MATLAB仿真和计算机编程内容，实现基础教学内容的更新和对专业教育的支撑，凸显应用型人才培养模式的特点。

② 专业教材突出实用性、模块化、柔性化。智能制造技术是利用先进的制造技术，以及数字化、网络化、智能化等知识和控制理论来解决制造过程中不确定和非固定模式的问题，使得制造过程具有智能的技术，它的特点是综合性和知识内涵的丰富性以及知识本身的创新性。因此，在教材建设上与以前传统的知识技术技能模式应有大的区别，更应注重对学生理念、意识、认知、思维方式和系统解决问题能力的培养。同时考虑到各行业、各地和各校发展阶段和实际办学水平的不同，希望这套教材尽可能为各校合理选择教学内容提供一个模块化、积木式结构，并在实际编写中尽量提供项目化案例，以便学校根据具体情况做柔性化选择。

③ 本系列教材注重数字资源建设，更多地采用多媒体的互动方式，如配套课件、教学视频、测试题等，使教材呈现形式多样化，数字内容更为丰富。

由于编写时间紧张，智能制造技术日新月异，编写人员专业水平有限，书中难免有不当之处，敬请读者及时批评指正。

高等院校智能制造人才培养系列教材建设委员会

▶ 前　言

机电一体化概念设计（Mechatronics Concept Designer，MCD）是一种全新解决方案，适用于机电一体化产品的概念设计。借助西门子 NX MCD、TIA Portal 编程软件、S7-PLCSIM Advanced 软件，可对包含多物理场以及通常存在于机电一体化产品中的自动化相关行为的概念进行 3D 建模、仿真和虚拟调试。MCD 支持功能设计方法，可集成上游和下游工程领域，包括需求管理、机械设计、电气设计以及软件 / 自动化工程。MCD 可实现创新性的设计技术，帮助机械设计人员满足日益提高的产品设计需求，不断提高机械的生产效率、缩短设计周期和降低成本。NX MCD 还提供了机电设备设计过程中的硬件在环仿真调试（HiL），由于这种调试是采用虚拟设备与实际 PLC 联调，因此它为机电一体化设计带来了更可靠的调试验证手段和直观的仿真过程。

本书编者长期从事机电系统设计与仿真的研究与教学实践，在二十多年的教学实践中发展了以项目学习为主线和线上线下混合的教学方法，通过校企合作，撰写了与之配合的新形态教程，具有以下特色：

（1）**理实并重、能力导向**：在精讲机电系统数字化设计基本理论的基础上，通过一系列实例分析与动手实践，进一步扩展应用知识，将教学内容理论结合实际，使学生具备一定动手解决工程实践问题的能力。

（2）**项目驱动、案例教学**：用项目任务实例组织单元教学，将机电系统数字化设计所需要的基本知识和能力穿插在各个实例中。精选多个机电系统三维仿真典型案例，读者可以登录三维仿真平台，实现从虚拟场景搭建到实验制作及调试的完整过程学习。

（3）**公开共享、远程仿真**：本教材配套教学课件、模型文件、程序等资源，不仅有助于学生自学和预习，也有利于教师实行个性化教学设计，有效实现混合式教学、翻转课堂和探究式学习等教学方法，更有利于应用型人才的培养。本教材适应新形态学习模式，通过移动互联网技术，以纸质教材为载体，嵌入三维仿真平台等数字资源，助力"移动互联"远程教育教学模式改革。

全书共十章，主要内容包括：机电系统数字化设计概述、机电一体化概念设计基本理论、智能设计基本理论等理论部分，基于 NX MCD 的基本概述、基于物理特性的运动仿真、仿真过程控制与协同设计、虚拟调试技术等实践部分，彩球机、倒角仪、雕刻机、五子棋、智能产线等真实案例部分。

本书适用于机械工程、机械设计制造及其自动化、机械电子工程、智能制造工程、机器人工程和自动化等机械类、自动化类专业的机电系统设计、计算机辅助设计、机电一体化设计、智能产线设计与虚拟调试、机电系统数字化设计与仿真、数字化生产线仿真与验证、基于 NX MCD 的机电系统虚拟调试等 32 ～ 64 学时的课程学习。

在本书编写过程中，编者参考了大量相关的文献资料，其中包括丰富的网络资源，借此机会向这些作者深表敬意。

全书由北京石油化工学院曹建树、刘国印及合作企业的专家们合作编写，其中，上海明材数字科技有限公司冯德川、陈绪龙编写了第 10 章以及三维仿真案例的开发部分，深圳复兴智能制造有限公司陈勇参与典型案例编写和技术指导，上海犀浦智能系统有限公司孙其伟参与第 7 章的编写和设备调试。

由于编者水平有限，加之时间仓促，书中难免有疏漏之处，敬请读者批评指正。

编著者

2025 年 01 月于北京

本书配套资源

目 录

第6章 仿真的过程控制与协同设计   111

第7章 桌面式智能制造系统的仿真   130

第8章　虚拟调试技术　　　145

第9章　典型机电系统数字化设计案例　　　194

第 10 章　机电系统三维仿真案例　　267

参考文献　　299

机电系统数字化设计概述

导读

机电系统数字化设计是融合机械、电子、控制、计算机等多学科知识，利用数字化技术对机电系统进行设计的理论和方法。利用计算机技术、CAD/CAM 技术等手段对机电产品进行数字化建模、仿真、优化、虚拟调试等过程，以节约时间和成本，同时提高设计的精度和可靠性。本章重点介绍机电系统组成与特征、机电系统数字化设计及其在设计流程中的应用等。

1.1 机电系统数字化设计概述

1.1.1 机电系统组成与特征

凡是产品主体为经过机械加工的金属件并且由电气设备构成的系统或产品，通常均可称为机电系统或机电产品。机电系统（产品）就是机电一体化技术的实际应用和物理载体，是将机械技术、电工电子技术、微电子技术、信息技术、传感器技术、接口技术、信号变换技术等多种技术进行有机结合并综合应用于一体的产品设备或系统。机电系统主要包括机械系统（或机械本体）、电子系统、计算机系统和控制系统四大部分，或者细分为机械本体、传感器、信息处理单元、执行机构以及驱动与控制系统五大部分。

机电系统（产品）对提高人类生产力表现得越来越显著，对人们的生产和生活越来越便利。

随着机电系统（产品）广泛的应用和机电一体化技术的发展，机电系统或产品正朝着智能化、模块化、网络化、系统化的方向发展，也对工业装备在提高性能、扩展功能、简化结构、节约能源、增加可靠性等方面产生巨大影响。

（1）智能化

机电系统（产品）的智能化主要体现在微电子处理及相关控制程序的应用方面，同时借助机器学习、深度学习等前沿人工智能算法，机电系统能够实现自我学习、自我优化，对复杂多变的工况和环境做出智能响应与决策；实现精准的故障预测、智能的生产调度、高效的人机交互，向更高层次的智能化迈进。

（2）模块化

机电系统（产品）结构复杂，通常根据功能和结构将系统整体划分为多个模块，并采用整体设计、模块开发的研发思想。模块化设计开发的结果，使得产品必须做好模块间的接口设计，以便各部件、单元之间的相互匹配。这就导致产品在详细设计过程阶段，增加了一项重要的工作——接口设计。机电系统（产品）的接口类型主要包括机械接口、电气接口、动力接口、环境接口等。

（3）网络化

网络技术的兴起和飞速发展给机电系统（产品）的设计带来了巨大的变革。CAN、RS232、RS485、ARINC429、TCP/IP、UDP等总线和网络，在机电系统（产品）中被普遍采用，将机电设备连接成一个有机整体，实现了数据的高效传输与共享，极大地拓展了机电系统的功能和应用范围，系统可以灵活组态，并进行任意剪裁和组合；同时，可以寻求实现多子系统协调控制和综合管理。总线和网络技术的应用，使得机电系统（产品）在设计过程中，必须考虑数据通信对控制过程的影响。

（4）系统化

机电系统（产品）由原来的局部部件或子系统逐渐发展成为一个完整的系统整体。机电系统（产品）成为一个集机械、电子、控制、信息等多个子单元于一体的融合系统。机、电、液、控等多个学科领域耦合和嵌入式智能控制相结合，成为当前机电系统（产品）的典型系统特征。这也使得机电系统（产品）的设计必须从系统层面进行研究与分析。

（5）"信息"与"物理"相互融合

嵌入式、计算机、物联网、云计算、大数据等技术在机电系统（产品）中被广泛使用，不仅增加了系统中控制器的数量，也增加了大量的逻辑计算和数据通信。为区分于可见的机械、液压等物理对象，将不可见的逻辑计算和数据通信等称为"信息"（Cyber），除此之外的物理对象则称为"物理"（Physical）。当前机电系统（产品）中，"信息"与"物理"高度集成，两者不再是简单的逻辑控制关系，而是相互融合形成了复杂的系统结构和作用关系，并且也不能再简单地分开而独立设计和开发。

作为实现"信息"与"物理"相互融合的首选手段，信息物理系统（Cyber-Physical

System，CPS）和数字孪生（Digital Twin，DT）得到了学术界、工业界和政府的高度重视。

CPS 是一个集成了信息网络世界和动态物理世界的多维复杂的系统。通过计算、通信和控制（3C）的集成和协作，CPS 提供实时传感、信息反馈、动态控制等服务。通过紧密连接和反馈循环，物理和计算过程高度相互依赖。通过这种方式，信息世界与物理过程高度集成和实时交互，以便以可靠、安全、协作、稳健和高效的方式监控物理实体。

DT 是与信息物理融合相关的另一个概念。DT 是在虚拟空间中创建物理对象的高保真虚拟模型，以模拟其在现实世界中的行为并提供反馈。DT 反映了双向动态映射过程。它打破了产品生命周期的隔离，提供了完整的产品数字足迹。因此，DT 能够更快、更准确地预测和检测物理问题，优化制造流程，并生产更好的产品。

CPS 和 DT 大约在同一时间被提出。然而，直到 2012 年 NASA 和美国空军开始使用 DT 概念时 DT 才受到广泛关注。相比之下，自 Gill 提出 CPS，CPS 就受到了学术界和政府的广泛关注。"工业 4.0"将 CPS 列为核心。然而，经过几年的发展，DT 开始流行起来。在构成上，CPS 和 DT 都涉及物理世界和信息世界。通过信息物理交互和控制，CPS 和 DT 都实现了对物理世界的精确管理和操作。然而，对于信息世界，CPS 和 DT 各有侧重点。DT 更侧重于虚拟模型，从而在 DT 中实现一对一映射，而 CPS 强调 3C 功能，从而导致一对多映射关系。在 CPS 和 DT 的功能实现方面，传感器和执行器支持物理世界和信息世界之间的交互以实现数据和控制交换。相比之下，模型在 DT 中起着重要作用，有助于根据各种数据解释和预测物理世界的行为。从层次结构的角度看，二者均可分为单元级、系统级和 SoS 级。但是，由于它们具有不同的侧重点，CPS 和 DT 在每个级别上具有不同的组成部分。最后，通过与 New IT 的集成，CPS 和 DT 可以提供优化的解决方案，从而增强制造系统的能力，有助于实现智能制造。

CPS 和 DT 都通过"状态传感、实时分析、科学决策和精确执行"的闭环促进智能制造。然而，借助虚拟模型，DT 提供了更加直观和有效的手段。通过持续的数据集成（图 1-1），DT 提供相关解决方案的能力被加强，而虚拟模型可用作补充以丰富 CPS 的组成和功能。因此，DT 可被视为构建和实现 CPS 的必要基础。CPS 和 DT 的组合将帮助制造商实现更精确、更好、更高效的管理。

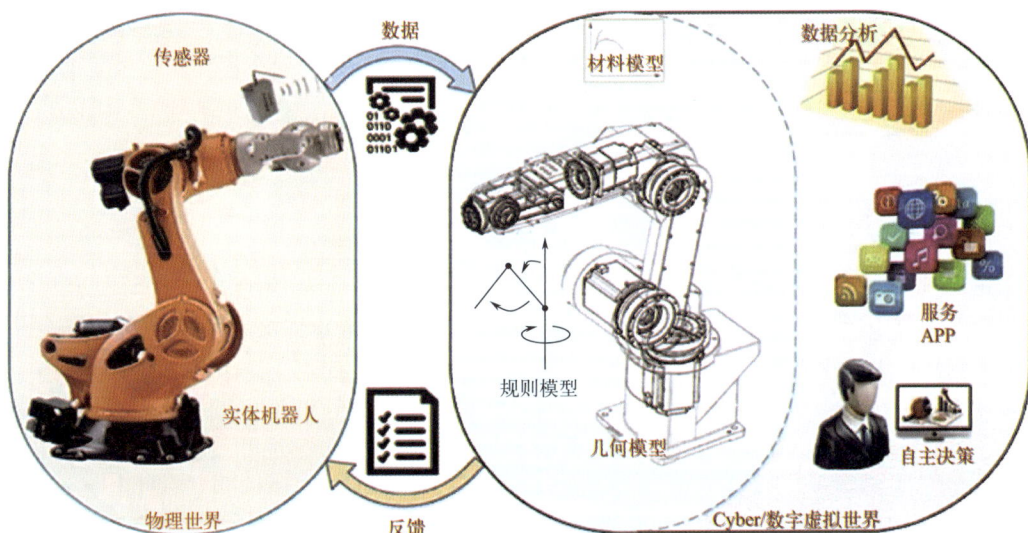

图 1-1 DT 和 CPS 的集成

1.1.2　机电系统数字化设计简介

数字化设计是随着计算机技术的发展而兴起的一门新兴学科，它结合了计算机科学、艺术、人机交互等多个领域的知识和技术，旨在创造更为丰富、生动和具有交互性的用户体验。数字化设计是指利用数字技术来设计和实现各种产品和系统的过程，是一种利用数字技术和工具对物理世界的设计和制造进行优化的方法。数字化设计涉及多个领域，包括硬件设计、软件开发、人工智能、机器学习、计算机视觉、大数据分析等。数字化设计的核心在于以数字方式呈现设计思想，实现设计过程的数字化、自动化和智能化。

数字化设计的发展经历了多个阶段。最早的数字化设计可以追溯到 20 世纪 80 年代的计算机图形学的发展，这一时期的数字化设计主要集中在二维图形的设计和制作上。随着计算机技术的不断发展，数字化设计逐渐向三维领域扩展，出现了如 3D 建模、虚拟现实等技术。近年来，随着人工智能、大数据等技术的不断发展，数字化设计正朝着智能化、自动化的方向发展。

在新一轮技术与产业革命的推动下，互联网 +、大数据、人工智能、产业智能网等新技术不断涌现，在此基础上发展出的智能技术成为这个时代的显著特征。

（1）保证产品对信息的准确获取与反馈

在数智时代，数据驱动的交互设计成为产品设计中的重要方法和策略。数据驱动的交互设计利用数据分析、机器学习和用户行为数据等技术，以数据为基础进行决策和改进，以提供更好的用户体验和个性化的交互设计。例如，收集用户的行为数据、偏好数据、兴趣数据等多种类型的数据，通过对这些数据的分析和挖掘，可以获得对用户行为和需求的深入洞察，了解用户的偏好和期望，为设计提供依据和指导。

（2）构建良好的人机交互与信息共享

人机融合的交互设计是指将人类用户与智能产品终端之间的交互方式和体验进行无缝结合，使用户能够自然、高效地与智能产品进行交互。在数智时代，人机融合的交互设计成为产品设计的重要趋势和挑战。以作品为中介将设计者和受众联系在一起，设计者首先要了解作品的设计目的、需求及想要达到的设计效果，在结合受众的情感和文化需求基础上，再实施设计创作活动。

（3）满足用户对于产品的情感化需求

消费升级使现阶段用户对于"品质生活"有了新的理解，正如唐纳德·A·诺曼在《情感化设计》一书中提出，"一件产品的成功与否，设计的情感要素也许比实用要素更为关键"。因此，坚持"以人为本"的设计理念，满足用户的情感需求，发挥工业设计的作用，生产出更具人性化、个性化的产品，应是传统企业及设计师在面对智能化时代众多同质化产品时转变的设计观念。

（4）利用工业设计"跨界与整合"的优势

传统企业应从"以市场营销为导向型"逐渐转为"以用户体验为导向型"，把用户的使用体验作为智能化时代创新产品的切入点，认识到设计是提升企业市场竞争力的关键因素，发挥工业设计师跨界与整合的专业优势，使设计参与到产品的调研环节、开发环节、营销环节中去。例如在进行工业设计时，常常会运用如问卷调查、用户画像、卡片分类、可用性测试等方法进行调研分析。

1.1.3　机电系统数字化设计技术发展趋势

机电系统（产品）的传统"瀑布模式"（图 1-2）与当前"V 模式"（图 1-3）的数字化设计过程，在当前复杂机电产品和基于 CPS 和 DT 数字化设计时，均存在一定的问题和应用限制，机电系统（产品）数字化设计必须支持"信息"与"物理"融合产品的研发、多领域统一建模、陈述式系统表达、多目标对象运行、半物理仿真以及产品设计流程与开发过程相结合。

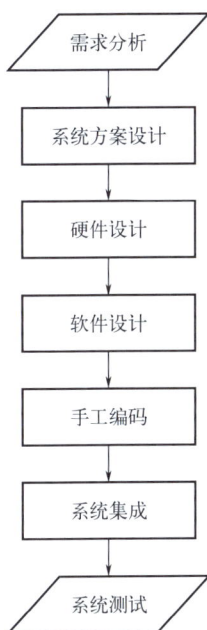

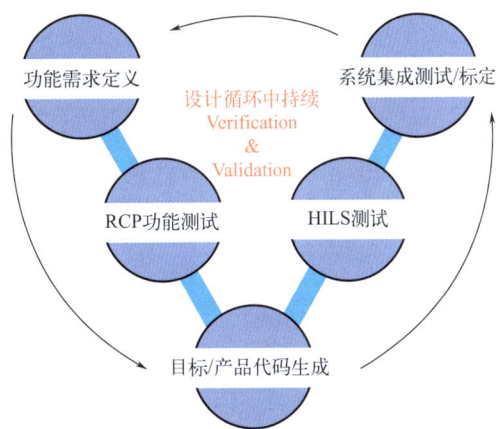

图 1-2　传统"瀑布模式"设计过程　　图 1-3　"V 模式"设计过程

基于 DT 和 CPS 的机电系统（产品）数字化设计主要包括两个开发阶段，分别是数字建模与仿真开发阶段和半物理建模与仿真开发阶段。机电系统（产品）数字化设计的基本框架及其与产品设计流程的关系如图 1-4 所示。

（1）数字建模与仿真开发阶段

① 全方位数字模型构建。首要任务是运用先进的建模软件和技术，对机电系统（产品）的各个组成部分进行精确的数字化描述。从机械结构的三维建模到每一个零部件的形状、尺寸、材质特性等参数的设定，确保模型能够高度还原实际物理部件的几何特征。同时，对于电气系统，要构建电路拓扑结构模型，明确各个电子元件的连接关系、电气参数以及信号传输路径。此外，还需考虑系统的控制逻辑，通过建立控制模型来模拟各种控制策略的执行过程。例如，在设计一款工业机器人时，不仅要精确构建机器人的机械手臂、关节等机械结构的数字模

型，还要搭建其驱动电机、传感器以及控制系统的模型，将这些模型有机整合，形成一个完整的机器人数字模型。

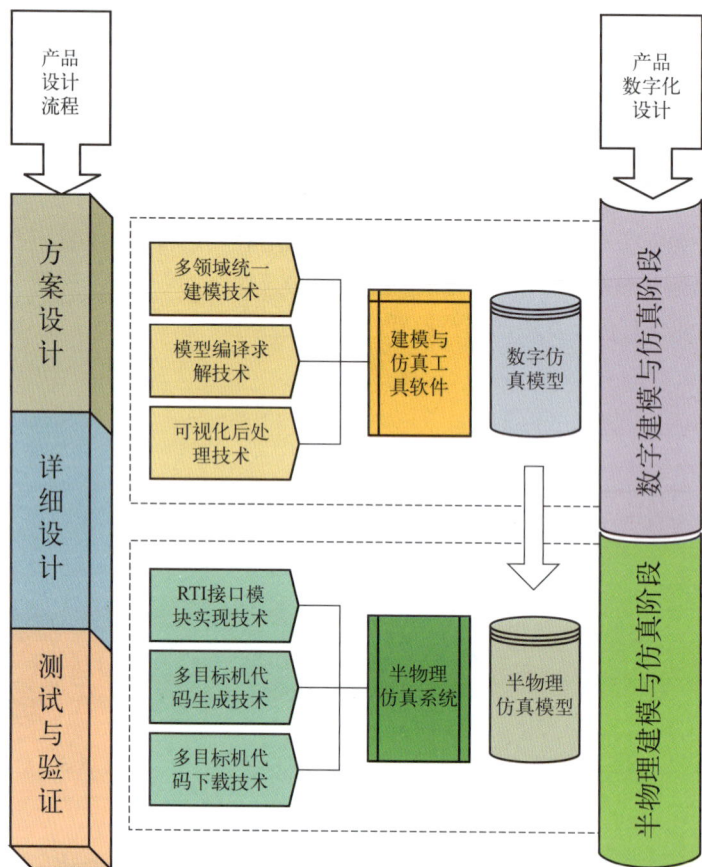

图 1-4　产品数字化设计的基本框架与产品设计流程的关系

② 多领域协同仿真分析。完成数字模型构建后，便进入多领域协同仿真环节。利用专业的仿真软件，结合力学、热力学、电磁学等多学科知识，对机电系统（产品）在各种工况下的性能进行模拟分析。在机械性能方面，通过仿真可以预测机械结构在不同负载条件下的应力分布、变形情况，评估其强度和刚度是否满足设计要求，从而优化结构设计，避免潜在的机械故障。对于热性能，能够模拟系统在运行过程中的热量产生、传递和散热情况，分析关键部件的温度变化，为散热设计提供依据，确保系统在适宜的温度范围内稳定运行。在电磁兼容性方面，仿真可以检测电气系统产生的电磁干扰对其他部件的影响，以及系统抵御外部电磁干扰的能力，进而采取相应的屏蔽、滤波等措施来优化电磁环境。例如，在汽车发动机的设计中，通过多领域协同仿真，可以综合分析发动机的燃烧过程、机械运动、热管理以及电磁干扰等问题，提前发现设计缺陷，提高发动机的整体性能和可靠性。

③ 虚拟测试与优化迭代。借助数字模型和仿真技术，在虚拟环境中对机电系统（产品）进行各种测试，模拟真实的使用场景和极端工况。通过虚拟测试，可以获取大量的性能数据，对设计方案进行全面评估。根据测试结果，运用优化算法对模型参数进行调整和优化，不断迭代设计方案，以达到最佳的性能指标。例如，在飞机机翼的设计中，通过虚拟风洞测试，模拟

不同飞行速度和角度下机翼的空气动力学性能，根据仿真结果优化机翼的外形和结构参数，降低飞行阻力，提高升力系数，从而提升飞机的燃油效率和飞行性能。经过多次优化迭代后，得到的设计方案在实际制造前已经经过充分的验证和改进，大大降低了研发成本和风险。

（2）半物理建模与仿真开发阶段

① 物理样机与数字模型融合。在半物理建模与仿真开发阶段，首先需要制造出部分物理样机，将其与前期建立的数字模型进行有机融合。物理样机通常选取机电系统（产品）中一些关键的、难以通过数字模型精确模拟的部分，或者是对实际性能影响较大的部件进行实物制造。例如，在电动汽车的开发中，电池系统和电机系统作为核心部件，其实际的物理特性和性能表现往往受到多种复杂因素的影响，难以完全通过数字模型准确模拟。因此，会制造出真实的电池组和电机作为物理样机，与其他部分的数字模型相结合，构建成半物理模型。通过特定的接口和通信技术，实现物理样机与数字模型之间的数据交互和协同工作，使整个系统能够更真实地模拟实际运行情况。

② 实时测试与反馈修正。半物理模型搭建完成后，进行实时测试。在测试过程中，通过传感器实时采集物理样机的各种运行数据，如温度、压力、振动、电流、电压等，并将这些数据传输给数字模型。数字模型根据接收到的物理样机数据，结合自身的仿真计算，对整个系统的运行状态进行实时评估和分析。同时，根据测试结果和预先设定的性能指标，及时发现系统存在的问题和不足，并将修正指令反馈给物理样机或数字模型进行相应的调整。例如，在航空发动机的半物理仿真测试中，通过传感器实时监测发动机燃烧室内的温度、压力等参数，将这些数据传输给数字模型进行分析。如果发现燃烧效率未达到设计要求，数字模型会计算出相应的调整方案，如调整燃油喷射量、进气量等，并将这些指令传输给物理样机的控制系统进行实时调整，从而实现对发动机性能的优化和改进。

③ 接近真实工况的验证与优化。半物理建模与仿真开发阶段的另一个重要优势是能够模拟更接近真实工况的运行环境。通过在测试平台上设置各种实际工作中可能遇到的条件，如不同的负载变化、环境温度和湿度、电磁干扰等，对机电系统（产品）进行全面的验证和优化。与单纯的数字仿真相比，半物理仿真能够更真实地反映系统在实际运行中的性能表现和潜在问题。例如，在工业自动化生产线的半物理仿真测试中，可以模拟生产线在不同生产节奏、物料供应情况以及设备故障等条件下的运行状态，通过对这些复杂工况的测试和分析，进一步优化生产线的布局、工艺流程和控制策略，提高生产线的稳定性和生产效率。经过半物理建模与仿真开发阶段的验证和优化，机电系统（产品）在正式投入生产和使用前能够更加接近实际需求，具备更高的可靠性和性能水平。

1.2　机电系统（产品）数字化设计在设计流程中的应用

1.2.1　产品设计流程

根据 CMMI（Capability Maturity Model Integration，能力成熟度模型集成）项目管理和新

产品开发流程管理等现代管理学及方法，新产品在立项及确定需求后，大致还需要经过以下几个主要的设计与开发阶段：方案设计与论证、详细设计与评审、测试与验证等。

（1）方案设计与论证

产品的方案设计是根据产品的各项需求，设计出产品的具体实现方案并进行规划。方案设计是产品设计开发过程中的一个重要阶段。该阶段主要是从分析需求出发，确定实现产品功能和性能所需要的技术，实现产品的功能与性能到技术的映像，并对技术进行初步的优化。

方案论证是对产品的设计方案进行评价。以往的产品方案论证方法主要是根据工程师的开发经验进行分析，或者对某些关键技术进行一定条件下的试验，根据试验结果进行分析判断。然而，随着机电产品的出现及系统复杂程度的增加，方案中的关键技术、关键参数及新问题等越来越多，设计经验已不能涵盖新问题，大量的关键技术已不能被一两个有限数量的试验所能验证。因此，必须通过科学的方法或手段，对产品的技术方案设计进行可行性判断。

（2）详细设计与评审

在完成总体方案设计及论证通过后，新产品便进入详细设计阶段，这就需要确定系统和各个模块的具体实现方法，以便最终建立一个完整的产品或系统。建立并实现系统及各个模型的过程就是产品的详细设计阶段。详细设计的主要工作包括模块间接口设计、单元功能设计等。详细设计阶段的工作核心主要是"设计—实现—测试"循环迭代进行。现在的产品详细设计开发过程中，多采用产品原型的概念与方法进行，将产品的各项性能指标尽可能地体现于原型中，通过对产品的原型分析与测试，来修正最终产品的详细设计。原型主要是以计算机中的模型方式存在或者以原型实际物体存在。详细设计阶段结束以产品的最终设计达到规定的技术要求并评审认可作为标志。

（3）测试与验证

产品的测试与验证是承接着产品的详细设计进行的。详细设计阶段后，就是对产品进行测试与验证。如果产品原型系统不能达到期望的性能，则应对产品的详细设计进行改进以弥补这一差异。产品的测试与验证要尽可能接近于实际使用工况；对于某些产品，还要进行极限工况测试与疲劳测试，以分析产品的性能是否满足设计指标要求。

1.2.2 机电系统（产品）数字化设计应用

产品的设计流程是产品成功研发的一个重要保障。科学、合理的设计流程对于提高产品研发过程中各相关企业或部门之间的协作开发能力具有明显的促进作用。因此，把产品的设计流程与设计方法进行有效结合，将更加有利于新产品的成功研发。根据机电产品的设计流程及其各个阶段的技术需求，基于 DT 和 CPS 的数字化设计及相关技术在机电系统（产品）设计流程中的应用及作用主要体现在以下几个方面：

① 在机电产品的设计初期，即方案设计和方案论证阶段，采用数字仿真技术，建立组件及系统模型，通过模型在环仿真技术和软件在环仿真技术，进行离线仿真分析，定义和初步确定主要技术参数，对机电产品的系统功能进行初步验证，论证技术方案的可行性，为系统方案

评审阶段提供重要的参考依据。随着设计的进行，可建立更加详细的系统模型，实现对机电产品的相关系统性能进行仿真分析与参数优化。

② 在机电产品的设计中后期，即产品的详细设计阶段，针对机电产品控制系统的实时性要求，采用快速原型、硬件在环等半物理仿真方法及相关技术，以较高逼真度的仿真结果，较全面地研究控制系统的逻辑算法的功能和性能，以及分析和优化控制逻辑算法对产品的功能和性能的影响。半物理仿真过程中，还可以加入各个子系统之间的物理连接关系和"人在环路"操作，实现对各个子系统的物理接口的设计与验证。

③ 在机电产品的硬件测试与试验阶段，通过硬件在环仿真技术、控制原型及产品原型技术，将机电产品的控制系统模型与机构真件或者控制器真件与产品机构模型两者进行交联，可以实现在无损、低耗、高效、安全、便捷的操作环境中，对机电产品的控制器的逻辑算法进行分析，对逻辑算法的可行性与有效性进行验证，并可实现机电产品的极限工况试验和"可再现"故障分析。

本章小结

本章首先介绍了机电系统由机械本体、传感器、信息处理单元、执行机构以及驱动与控制系统五大部分组成，目前正朝着智能化、模块化、网络化、系统化的方向发展。然后重点描述了机电系统数字化设计与发展趋势，数字化设计是随着计算机技术的发展而兴起的一门新兴学科，其核心在于以数字方式呈现设计思想，实现设计过程的数字化、自动化和智能化。最后介绍了产品设计流程以及数字化设计应用。

思考题

1. 简述机电系统的五个组成部分及其各自的作用。
2. 说明机电系统朝着智能化、模块化、网络化、系统化方向发展的意义。
3. 阐述数字化设计在机电系统产品设计流程中的具体应用。
4. 结合实际，论述数字化设计如何推动机电系统的发展，以及未来可能面临的挑战。
5. 分析机电系统发展趋势之间的相互关系，以及它们对现代工业生产的影响。

第2章

机电一体化概念设计基本理论

本书配套资源

→] **导读**

　　产品概念设计是实现产品创新的关键。因此，对产品的概念设计理论与方法的研究，得到了社会各层面的关注，目前已成为学术研究的热点。机电一体化概念设计（MCD）是一种全新的机电多学科解决方案，可实现创新性设计。本章重点介绍机电一体化概念设计的基本理论知识、应用案例以及设计软件等。

2.1　机电一体化概念设计概述

　　随着新工业革命的到来，企业面临着各种新挑战，包括日益增加的复杂性和更短的创新周期。同时，人们也认识到产品设计最重要、最复杂、最富有创造性的阶段是概念设计，产品的概念设计也是一个从无到有、从上到下、从模糊到清晰、从抽象到具体的过程。特别是近几年来，随着计算机图形学、虚拟现实、敏捷设计、多媒体、人工智能等技术的发展和CAD/CAM应用的深入，产品概念设计的研究也有了新的进展。

　　使用机电系统的跨学科系统模型来创建机器、装备或工厂的数字孪生，基于模型的设计允许同时进行机械、电气和软件方面的设计。特别是在大型复杂系统设计中，这种方法是一种很有前景的方法，可以应对产品开发中的复杂性、质量、时间和成本等挑战。

　　本章研究和描述的机电一体化概念设计系统（Mechatronics Concept Designer，MCD），是西门子PLM（Product Lifecycle Management）工业软件NX中集成的一个子系统，是一种全新的机电多学科解决方案，适用于机电一体化产品的概念设计，可对包含多物理场以及通常存在于机电一体化产品中的自动化相关行为的概念进行 3D 建模和仿真。MCD 支持功能设计方法，可集成上游和下游工程领域，包括需求管理、机械设计、电气设计以及软件 / 自动化工程，如图 2-1 所示。

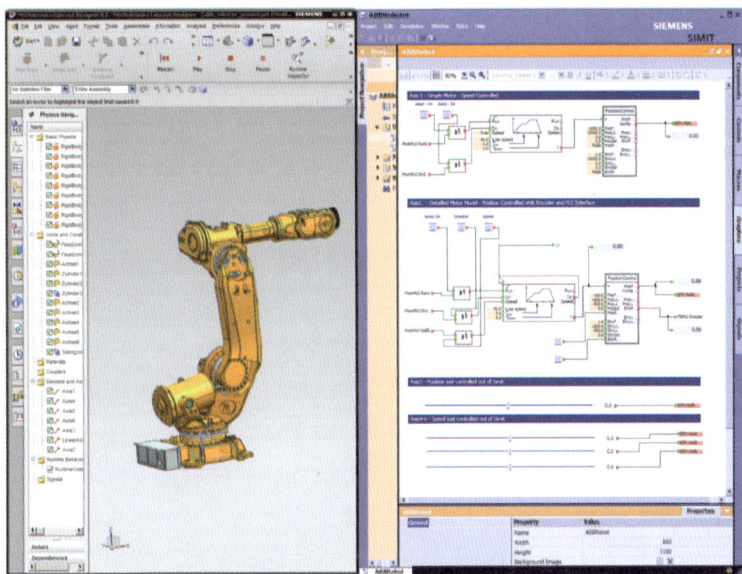

图 2-1　机电一体化概念设计系统

2.1.1　机电一体化概念设计简介

（1）概念设计

概念设计这一名词最早由 French 提出。他将概念设计定义为："设计首先是要弄清设计要求和条件，然后生成框架式的广泛意义上的解。在此阶段中对设计师的要求较高，但却可以极大地提高产品性能。它需要将工程科学、专业知识、产品加工方法和商业运作等各方面知识相互融合在一起，以做出一个在产品生命全周期内最为重要的决策。这'框架式的解'是指设计问题的一个轮廓，每个主要的功能都可以对应于其上，通过原理部件间的空间或结构上的关系，使它们有机地结合起来。从这个框架解中得到产品大致的成本、重量或总体尺寸以及在目前环境下的可行性等。这个框架只需对一些特征或部件有一个相对明确的描述，并不要求详细到具体的材料选型、精确的尺寸公差标注或者精细的工艺步骤等微观层面，因为此时的重点在于把握产品整体的架构与方向，确定其核心的功能实现方式和各部分之间的大致关联，从而为后续的详细设计阶段提供一个清晰且富有指导性的蓝图框架，后续的设计团队可以依据这个框架进一步深入研究、细化各个部分，逐步完善产品从概念到实际落地的转化过程，确保最终的产品既能满足最初设定的功能需求，又能在成本控制、生产可行性以及市场适应性等多方面达到一个较为理想的平衡状态。"

Pahl 和 Beitz 于 1984 年提出的设计过程分为明确任务（Clarification of Task）、概念设计（Conceptual Design）、具体设计（Embodiment Design）、详细设计（Detailed Design）四阶段模型，并将概念设计定义为"在确定任务之后，通过抽象化，拟定功能结构，寻求适当的作用原理及其组合等，确定出基本求解途径，得出求解方案"的这一部分设计工作。因此，概念设计描述为：根据产品生命周期各个阶段的要求，进行产品功能创造、功能分解以及功能和子功能的结构设计；进行满足功能和结构要求的工作原理求解和实现功能结构的工作原理载体方案的构思和系统化设计。

M.S. Hundal 在此基础上将概念设计分为问题本质的抽象识别、功能结构的建立、子功能—解原理的匹配、子结构的组合及基于设计规范的方案评价五个阶段。R.V. Welch 和 J.R. Dixon 将概念设计定义为由功能需求到抽象物理系统的转换过程，并将这一过程分为两个阶段：现象设计（Phenomenological Design）阶段——基于物理原理将功能需求抽象为行为的描述；具体设计（Embodiment Design）阶段——将行为的描述具体为能够实现行为的物理系统。

在工程设计的全过程中，概念设计的内涵是十分广泛和深刻的。它不仅进行产品功能创造、功能分解以及功能和子功能的构成设计，而且进行满足功能和结构要求的工作原理求解以及进行实现功能结构的工作原理、载体方案的构思和系统化设计。

概念设计阶段实际投入的费用只占产品开发总成本的5%，却决定了产品总成本的70%。在设计过程中，概念设计是最重要的阶段。因为概念设计决定了产品的基本特征和主要框架，在概念设计结束后，设计的主要方面就被决定下来，而后续的过程是保证概念设计结果对设计需求的满足。目前，关于概念设计、创新设计等的研究已成为现代设计、智能设计、先进制造与自动化技术、智能制造等领域的热点问题。概念设计、创新设计等的内涵也随着科技的发展而不断被赋予新的含义。

概念设计是设计过程的早期阶段，其目标是获得产品的基本形状和组成，包含了从产品的需求分析到进行详细设计之前的设计过程，如图2-2所示，它包括功能设计、原理设计、形状设计、布局设计和初步的结构设计。这几个部分虽存在一定的阶段性和相互独立性，但在实际的设计过程中，由于设计类型的不同，往往具有侧重性，而且互相依赖，互相影响。

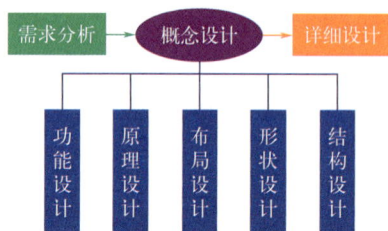

图2-2 概念设计的基本概念

（2）机电一体化概念设计

由于机电一体化系统的学科交叉性、集成性、融合性及复杂性等特点，现有机械产品的概念设计理论不适用于机电一体化产品的概念设计，必须结合机电一体化系统的自身特点，建立一套系统的、完整的概念设计理论和方法，指导机电一体化产品的创新设计。

机电一体化概念设计的基本过程包括：市场需求和设计要点、总功能分析描述、工艺动作过程分解及动作流程确定（行为分析）、子功能确定、软硬件分配、机电一体化集成、建模与仿真、系统评价等，如图2-3所示。

概念设计是产品创新的核心。产品的概念设计过程是最重要、最复杂，同时又是最活跃、最富有创造性的设计阶段。在产品概念设计过程中，选择方案的自由度是整个产品开发过程最大的。因为自由度大，对设计者的约束也相对较少，创新的空间大，但不确定因素多，是发挥创造力可能取得最好效果也是带来设计决策风险最大的时候。

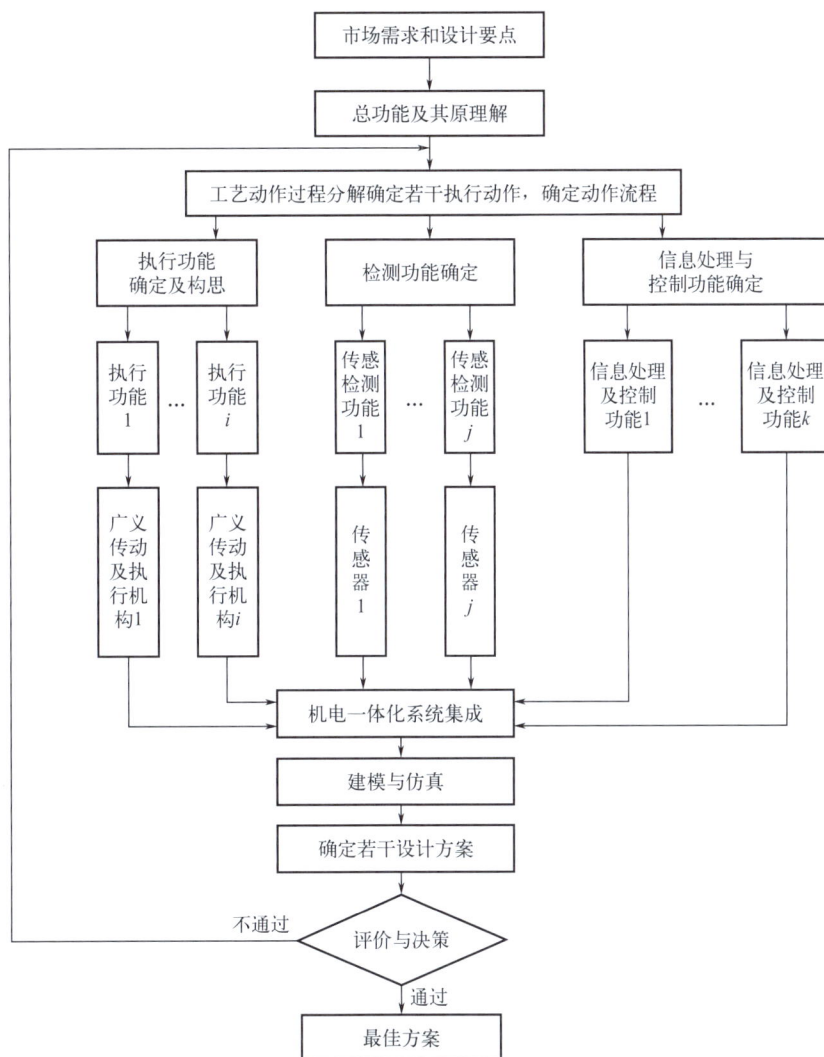

```
┌─────────────────────────┐
│   市场需求和设计要点        │
└─────────────────────────┘
            │
┌─────────────────────────┐
│   总功能及其原理解          │
└─────────────────────────┘
            │
┌─────────────────────────────────────────┐
│ 工艺动作过程分解确定若干执行动作，确定动作流程  │
└─────────────────────────────────────────┘
```

图2-3　机电一体化概念设计的过程模型

由于概念设计本身包含多个子过程（子阶段），每个子过程的创新层次与创新方法都不同，可以认为在机电一体化产品概念设计阶段有以下6个层次的创新：

① 任务创新。设计的动力来源于市场的需求，需求的产生则为设计提供了对象和任务。作为产品设计的出发点和归宿，新需求的发现与满足往往会开辟一个新的广阔市场空间，极大地实现产品设计的最终目标，即满足市场从而占领市场，获取最大利润。因此，需求创新或者说任务创新是产品创新中最高层次的创新。

② 功能创新。为了描述和解决设计任务，可采用"黑箱法"分析提取功能，用功能来代表一个系统的输入和输出之间，以完成任务为目的的总的相互关系。功能应该是抽象地规定任务，而不偏向某种解。所谓功能创新，有两个层面的含义：一个是通过对市场需求信息和设计任务书的创造性分析而得到的新的功能需求，新功能若符合市场需要，则会得到认可，这实际上是与任务创新中的隐性需求发现相辅相成的；另一个则是指对产品总功能的创造性描述和抽

象，从而更易于引发不同的求解思路，有可能导致更佳的产品方案。

③ 原理创新。在规定产品的功能要求时，如何实现功能，有一个原理确定问题。同一个功能总会有很多方案可以实现，而这主要取决于实现原理的创造性决策。实现原理可细分为工作原理和技术原理两类：所谓工作原理，是指该产品赖以实现功能的根本性原理，或者说物理性原理；技术原理则是为保证该工作原理的实现而采用的技术手段。工作原理创新总会导致全新产品，而技术原理创新往往使产品种类更为丰富。

④ 行为创新。行为创新也称工艺动作过程创新，对机电一体化产品运动方案而言，同一种技术原理也可能有多种具体动作方案（即多种工艺动作过程）。因此，对于同一种技术原理，行为创新即工艺动作过程创新也会带来一些新方案。

⑤ 结构创新。结构创新包括机构、布局、控制系统及使用的机、电、检测元器件的组成等，是技术原理创新和行为创新的延伸和具体实现。

⑥ 控制创新。控制创新是信息处理的新方法，新的控制算法的使用和创新，往往能使机电一体化系统的性能大幅度提高，可以认为是结构创新向软件的进一步延伸。

（3）NX MCD 机电一体化概念设计

NX MCD 机电一体化概念设计融合了需求管理、系统工程、仿真建模、机械设计、电气设计、工业自动化、智能重用以及调试验证等模块，并完善了各模块之间的接口，通过与 TC（Teamcenter）管理系统的结合，使其能够整合从机电产品概念设计到产品制造完成的所有信息，从而可对将要开发的产品做一套全新的解决方案，以满足在"工业 4.0"背景下机电一体化产品的智能设计与验证。基于 MCD 这个平台可将各个工程部门的工作整合在一起，促进协同开发，这些工程部门包括需求管理、概念设计、机械设计、电气设计、软件开发及自动化工程，使其能完成从概念设计到系统仿真验证的过程，如图 2-4 所示。

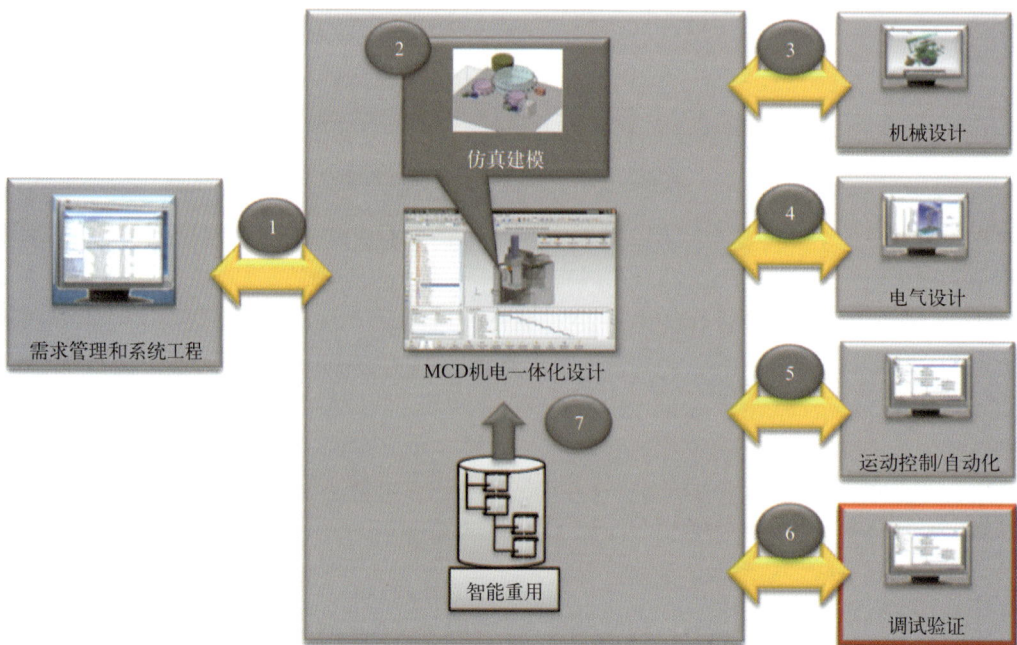

图 2-4　NX MCD 机电一体化概念设计

2.1.2　机电一体化概念设计原理

机电产品在 MCD 系统下的设计原理如图 2-5 所示。首先，可使用需求管理和系统工程对要设计的产品提出需求和开发前期的建议，同时可在 PLM 管理系统 TC 中对早期的需求模型数据进行管理。其次，进入方案设计阶段，可以根据管理系统的需求进行分模块设计，由于 MCD 系统与其相关的电气设计、机械设计以及控制自动化软件或者系统已经做好了接口，设计完之后再集成到 MCD 系统进行调试与验证。最后，对调试的方案进行评估，不能达到标准则重新修改，直到方案评估通过，完成一套机电一体化概念设计方案，这为后续的优化和详细设计打下了坚实的基础，在这个过程中并不需要做出实物来验证，所以在时间和成本上占了优势，也为产品更早地抢占市场提供了基础，官方数据显示最高可将上市时间缩短 30%。

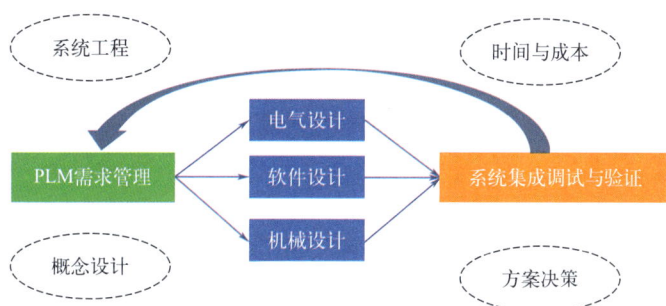

图 2-5　NX 机电一体化概念设计原理

2.1.3　机电一体化概念设计的特点与功能

MCD 提供了一个协作开发环境，允许以下角色同时进行：

① 系统工程师可以管理需求并促进跨学科交流。

② 机械工程师可以根据 3D 形状和运动学创建设计。

③ 电气工程师可以选择和定位传感器和执行器。

④ 自动化程序员可以设计机器的基本逻辑行为，从基于时间的行为开始，然后将其发展为基于事件的控制。

（1）NX 机电一体化概念设计的特点

NX 机电一体化概念设计将 Siemens NX 作为技术平台，提供世界一流的解决方案，能够增强产品构思、开发和制造流程和成果。NX 建立在所有主要 CAD/CAM/CAE 解决方案中最现代的架构之上，每个 NX 版本都为客户部署做好准备，NX 是一种开放式解决方案，可与现有的 IT 系统"即插即用"，能够在当前版本中使用来自先前 NX 和 Unigraphics 版本的数据，NX 因其用于产品开发和制造的集成、灵活和开放的解决方案而被广泛应用于许多行业。

同步技术将直接建模的速度和灵活性与参数驱动建模方法的精确控制相结合。没有其他解决方案可以将多学科计算如此紧密地集成到开发过程中。

NX 不仅仅是用于计算机辅助设计、计算机辅助制造和计算机辅助工程（CAD/CAM/CAE）的工具集，更凭借其最全面、性能最佳、集成度最高的应用程序套件，提高了生产力，帮助企业做出更明智的决策，并更快、更高效地将更好的产品推向市场。NX 通过用于设计、模拟和制造的集成软件解决方案转变整个产品开发过程，NX 支持产品开发的各个方面，从概念开发到设计和制造。为此，NX 集成了用于协调各个学科、保护数据完整性和设计意图以及简化和优化整个开发过程的工具。

NX 机电一体化概念设计具有如下特点。

① 系统性验证。建立产品的三维数据模型，借助三维设计软件完成产品装配图。进入 MCD，根据 TC 管理系统所提出的需求，进行概念设计，主要是定义仿真的物理属性和运动控制属性，如运动刚体、运动副、传感器、控制时序等。对产品三维部件添加仿真的各种属性，定义各部件的运动及方式，设置对应的运动参数和控制检测参数。定义运动的逻辑控制序列，定义各运动部件的作用时间，以及传感器的事件参数，使机床的仿真按照计划执行，效果类似于 PLC 的逻辑程序。最后就是 MCD 系统下的调试验证，产品在 MCD 下进行虚拟和半实物调试验证。在调试时可以直观地观察仿真模型的运动和行为，发现缺陷则让负责各个模块的工作人员立即修改，然后再调试，直至完成一套完整的解决方案。

② 多学科协同。NX MCD 提供一套完整机电一体化概念设计调试仿真方案，集机械、电气和自动化设计于一体，可以进行多学科协同设计。

MCD 支持多学科的知识重用，对现有的设计进行入库，在新的设计过程中，从知识库中搜寻已有的设计，加入新的设计中，可以缩短开发时间。

MCD 与电气及自动控制系统的数据集成：MCD 与其他工程系统具有开放式的接口，从而实现协成、集成的产品设计。

MCD 与 SIZER 的集成（图 2-6）：在 MCD 的概念设计阶段，电机的速度曲线和控制曲线可以输出到 SIZER 软件，然后在 SIZER 软件中进行电机的选择。选好的电机型号可以到电机模型库进行电机模型的选择，最后，模型可以加入装配中，从而实现产品从概念模型到详细模型的不断进化。

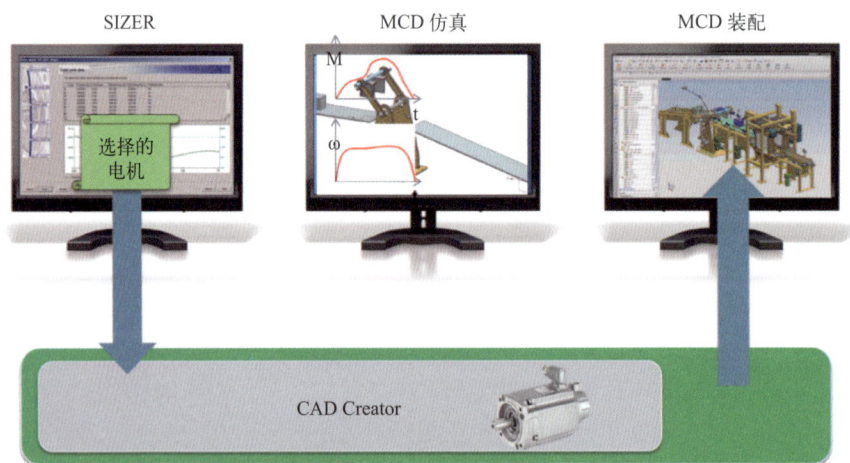

图 2-6　MCD 与 SIZER 的集成

MCD 与 ECAD 的集成（图 2-7）：在产品的概念模型设计阶段，MCD 可以输出元件列表到 ECAD 的系统，在 ECAD 的系统里面进行元件的排布，然后到元件模型库里面进行元件的选择，最后把模型加到装配，实现概念模型到详细模型的不断进化。

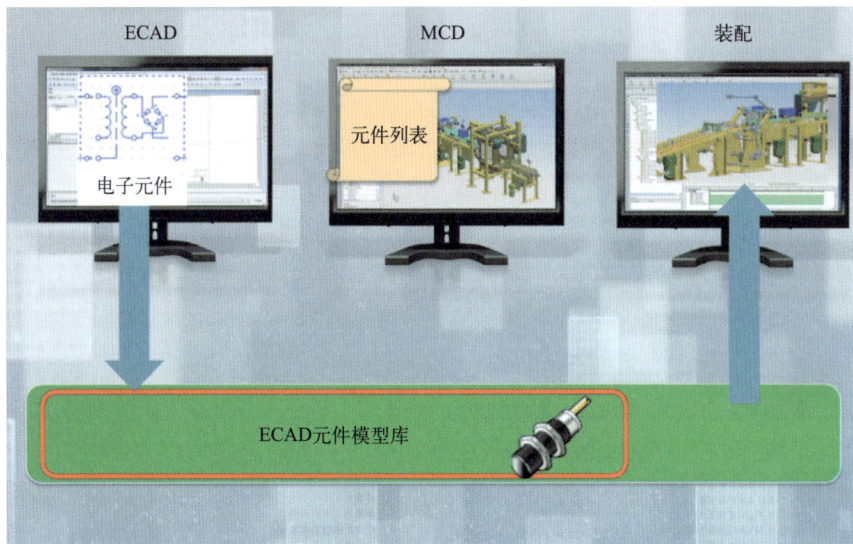

图 2-7　MCD 与 ECAD 的集成

　　MCD 与 PLC 软硬件的集成（图 2-8）：MCD 的运动序列可以输出成 PLC Open XML 的格式，再导入 PLC 的编程环境，生成 PLC 的代码，编译后下载到硬件，进而驱动 MCD 的数字化模型。

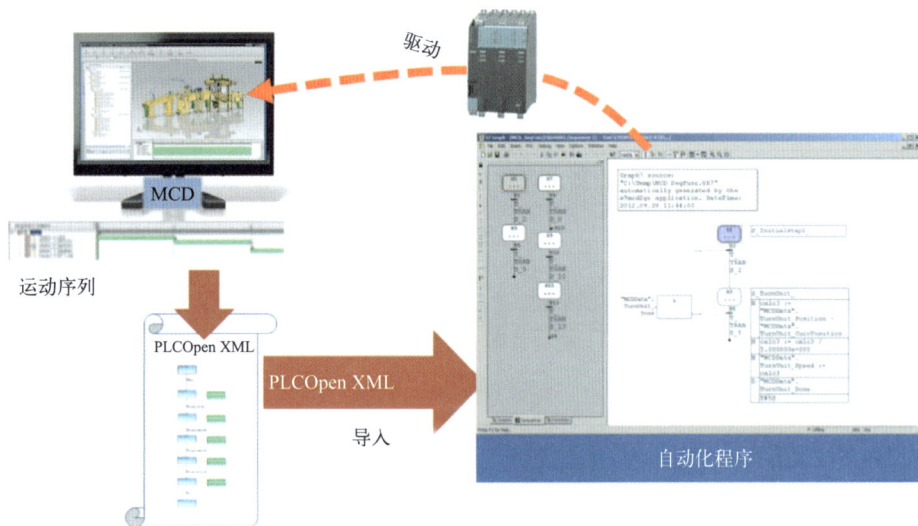

图 2-8　MCD 与 PLC 软硬件的集成

　　MCD 控制运动软硬件的集成（图 2-9）：MCD 设计的运动曲线可以导入 SCOUT 进行编辑优化，然后再返回到 MCD 系统，从而实现两个系统的双向数据交换。

　　③ 整合平台。NX MCD 机电一体化概念设计系统集成了机械计算机辅助设计（MCAD）、电子计算机辅助设计（ECAD）、Automation Designer、Scout Starter、Sizer 以及博途平台多领域的软硬件平台，实现并行工作，共享数据。博途是西门子 PLC 编程的集成开发环境（IDE），搭配 PLCSIM Advanced 实现在没有真实 PLC 的情况下进行仿真。

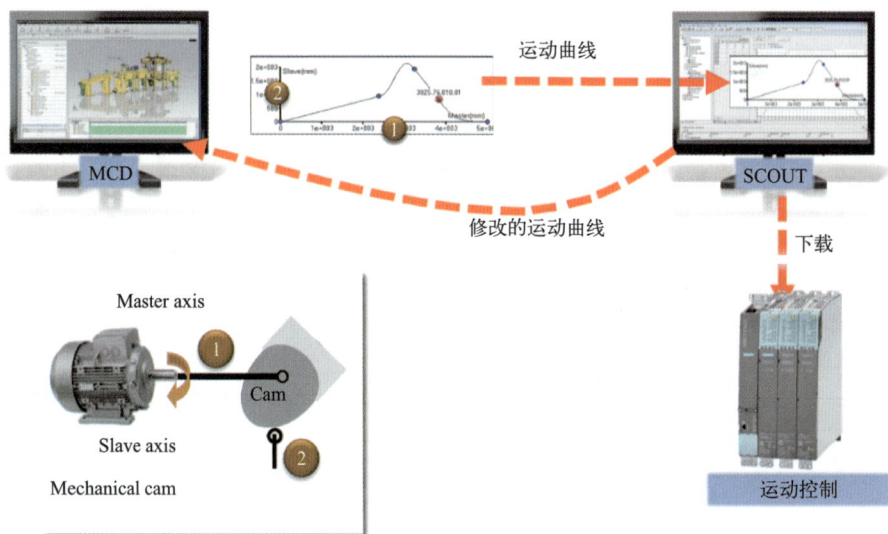

图 2-9　MCD 运动控制软硬件的集成

④ SiL/HiL 仿真。具有软件在环仿真（Software in Loop，SiL）和硬件在环仿真（Hardware in Loop，HiL）功能，SiL 在 PC 上验证模型是否与代码功能一致，HiL 可以进行数字化样机调试。MCD 软件在环仿真如图 2-10 所示。MCD 硬件在环数字化样机调试如图 2-11 所示。

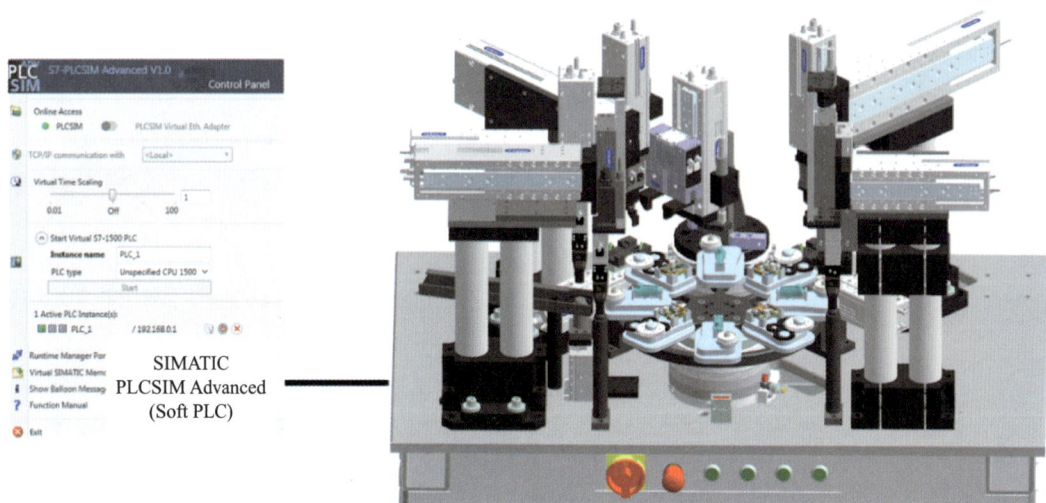

图 2-10　MCD 软件在环仿真

⑤ 设计最佳化。机电一体化概念设计解决方案（MCD）为产品的机电一体化并行设计提供了平台，加速了虚拟设计与物理制造之间的融合，同时降低了产品复杂性风险。该解决方案可使工程设计人员只需几步就可以获得机械概念、所需功能以及机械行为的虚拟定义，并支持 3D 建模以及机电一体化产品中常见的多体物理学和自动化相关行为的概念仿真，寻找方案最优解。通过支持不同部门在产品开发早期就参与协同并行工作，同时支持现有设计的重复使用，机电一体化概念设计解决方案可以帮助机械制造企业从传统的串行设计流程升级为多学科协同研发，以显著加快产品设计速度，最高可将产品上市时间缩短 30%，从而提升企业的竞争

力。NX 机电一体化概念设计特点如图 2-12 所示。

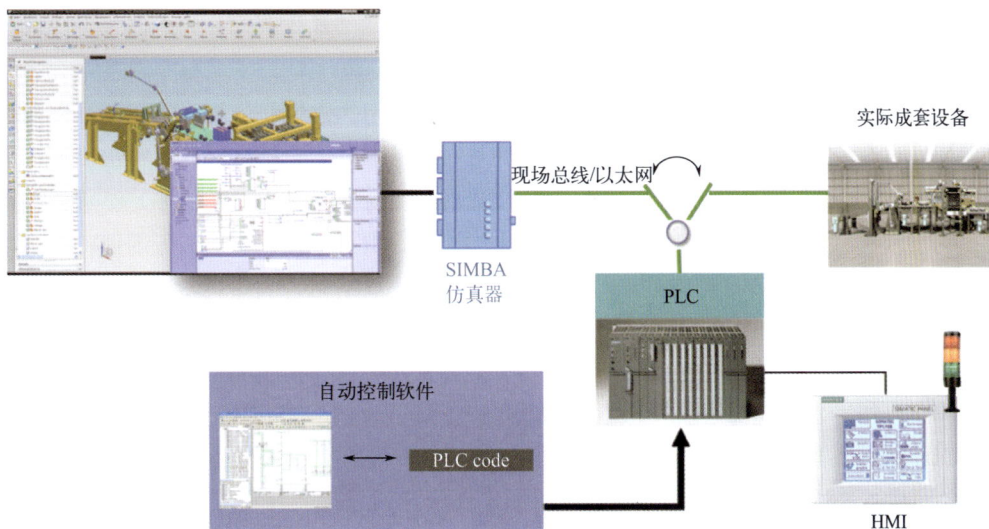

图 2-11　MCD 硬件在环数字化样机调试

系统型验证	多学科协同	整合平台	SiL/HiL仿真	设计最佳化
机械结构设计运动关系验证	基础机械学的协同	MCAD	虚拟调试与验证	需求定义与分解
传感器信号验证执行器验证	基于电气学的协同	ECAD	自动化驱动3D模型	模组化设计
PLC逻辑信号验证	基于自动化许可的协同	AUTOMATION界面	支持PLC硬件	模拟与最佳化
优化机器设计步序、运动路径、电机速度、传感器位置	控制系统的协同	博途平台	支持PLCSIM advanced	多部门并行设计

图 2-12　NX 机电一体化概念设计特点

（2）NX 机电一体化概念设计的主要功能

① 集成式系统工程方法。MCD 可为功能机械设计的全新方法提供支持。功能分解作为机械、电气以及软件 / 自动化学科之间的通用语言，可使这些学科并行工作。此方法可确保从产品开发的最初阶段就能获得机电一体化产品的行为和逻辑特性需求，并获得支持。MCD 可与 Siemens PLM Software 的 Teamcenter 产品生命周期管理软件结合使用，以提供端到端机械设计解决方案。在开发周期开始时，设计人员可以使用 Teamcenter 的需求管理和系统工程功能构建工程模型，体现出客户的意见。Teamcenter 采用结构化层次结构收集、分配和维护产品需求，可从客户角度描述产品。开发团队可以分解功能部件，并对各种变型进行描述，将它们与需求直接联系起来。这种功能模型可促进跨学科协同，并可确保在整个产品开发过程中满足客户期望。

19

通过这种功能机械设计方法，MCD 可在早期阶段促进跨学科概念设计。所有工程学科可以并行协同设计一个项目：机械工程师可以根据三维形状和运动学创建设计；电气工程师可以选择并定位传感器和驱动器；自动化编程人员可以设计机械的基本逻辑行为，首先设计基于时间的行为，然后定义基于事件的控制。

② 概念建模和基于物理场的仿真。MCD 提供易于使用的建模和仿真，可在开发周期的最初阶段迅速创建并验证备选概念。借助早期验证可帮助检测并纠正错误，此时解决错误成本最低。MCD 可从 Teamcenter 直接载入功能模型，以加快机械概念设计速度。对于模型中的每项功能，可为新部件创建基本几何模型，或从重用库中添加现有部件。对于每个部件，可通过直接引用需求和使用交互式仿真来验证正确操作，迅速指定运动副、刚体、运动、碰撞行为及运动学和动力学的其他方面。通过添加诸如传感器和驱动器等其他细节，可为具体电气工程和软件开发准备好模型。可为驱动器定义物理场、位置、方向、目标和速度。MCD 包括多种工具，可用于指定时间、位置和操作顺序。

MCD 中的仿真技术基于游戏物理场引擎，可以基于简化数学模型将实际物理行为引入虚拟环境。该仿真技术易于使用，借助优化的现实环境建模，只需几步即可迅速定义机械概念和所需的机械行为。仿真过程采用交互方式，因此可以通过鼠标指针施加作用力或移动对象。MCD 可对一系列行为进行仿真，包括验证机械概念所需的一切，涉及运动学、动力学、碰撞、驱动器弹簧、凸轮、物料流等方面。

③ 通过智能对象封装机电系统。通过模块化和重用，MCD 可帮助最大限度提高设计效率。借助该解决方案，可获取智能对象中的机电一体化知识，并将这些知识存储在库中，供以后重用。在重用过程中，因为能够基于经验证的概念进行设计，所以可提高质量，并且可通过消除重新设计和返工加快开发速度。借助 MCD，可以在一个文件中获取所有学科的所有机电一体化数据，这些数据包括三维几何体和图形、诸如运动学和动力学等方面的物理数据、传感器和驱动器及其接口、凸轮、功能以及操作，这些智能对象可以通过简单的拖放操作从重用库应用于新设计中。

④ 面向其他工具的开放式接口。MCD 的输出结果可以直接用于多个学科的具体设计工作。

机械设计：由于 MCD 基于 NX CAD 平台，因此可以提供高级 CAD 设计需要的所有机械设计功能。MCD 还可将模型数据导出到很多其他 CAD 工具，包括 NX、Catia、Pro/ENGINEER、SolidWorks 以及独立于 CAD 的 JT 格式。

电气设计：借助 MCD，可以开发传感器和驱动器列表，并以 HTML 或 Excel 电子表格格式输出，电气工程师可以使用此列表选择传感器和驱动器。

自动化设计：MCD 可通过提供零部件和操作顺序支持更高效的软件开发，操作顺序甘特图能以 PLCopen XML 标准格式导出，用于行为和顺序描述，这种格式被广泛用于开发可编程逻辑控制器（PLC）代码的自动化工程工具中。

2.1.4 机电一体化概念设计系统的调试功能

MCD 的虚拟调试功能（图 2-13）：能让使用者直观可视虚拟三维模型的动态仿真，通过 MCD 连接自动化控制软件，如 SIMIT、MATLAB、LMS 或 OPC（OLE for Process Control，用于过程控制的 OLE）servers，通过 OPC 或者内存共享，来实现 MCD 与自动化控制软件的数据交换，从而在 MCD 系统下显示仿真模型的运动和行为。虚拟调试的功能在现阶段的各大工业设计或仿真软件都有涉足，所以可以归纳为比较成熟的技术，只是各个软件所偏向的领域有所差别，基本以公司的客户为对象来扩展功能。

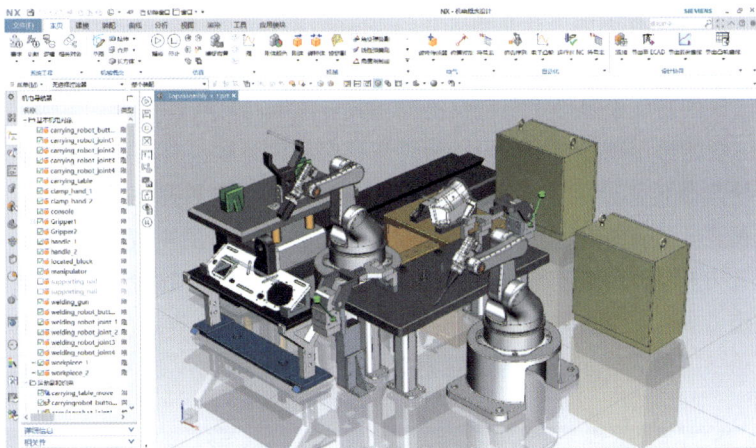

图 2-13　NX MCD 的虚拟调试功能

　　MCD 的半实物调试功能：具有独创性，能使三维模型与实物（PLC 或数控系统）联合起来进行调试，实现半实物的仿真调试与验证功能，即可以通过 OPC 或者内存共享来实现实物与 MCD 系统的数据交换（具体实现方法涉及工业以太网数据传输协议），从而在 MCD 下显示仿真模型的运动和行为。图 2-14 展示的是一台机床加工过程的半实物调试。

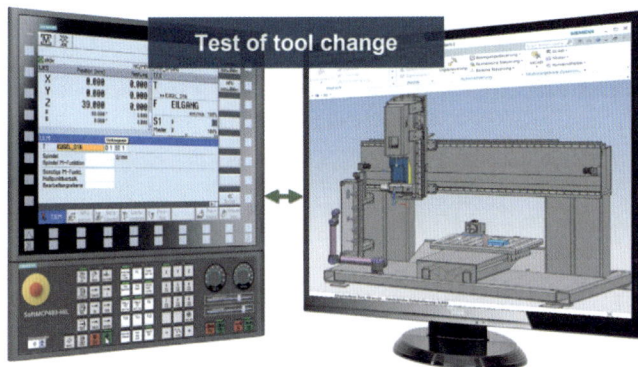

图 2-14　NX MCD 的半实物调试功能

2.1.5　机电一体化概念设计的技术优势

　　工程师可以使用机电一体化概念设计在开发的每个步骤之后验证模型是否符合要求，而无须构建昂贵、易损坏的原型。这种方法可以防止他们长时间追求次优设计路径，并确保可以在短时间内满足要求。同样，机器或工厂的数字孪生可用于在虚拟调试期间验证和优化控制软件代码，该验证大大提高了安装时的软件质量，大大减少了在实际系统调试期间在工厂车间的不利环境中进行现场编程的时间。由于传统上在开发周期结束时实施现场编程，所需的软件修改可能非常耗时、压力大且成本高。机电一体化设计（MCD）将虚拟调试与基于模型的设计相结合，在整个开发阶段使用数字孪生进行永久调试，通过更紧密地整合所有相关学科来改进现有产品开发流程。NX MCD 机电一体化概念设计技术优势如图 2-15 所示。

① 多学科工程使工程师能够在机械、电气和自动化领域之间进行协作。

② 使用 CAM 曲线进行多轴同步运动的运动设计和文档。

③ 利用 MCD 的物理引擎确定驱动器的尺寸。

④ 利用 MCD 的操作顺序和运动设计信息进行自动化编程，并消除了对真机的风险。

⑤ 在设计早期就了解机器吞吐量、组件的能耗，验证操作以避免机器损坏。

⑥ 在数字机器上培训操作员（成本更低，培训更快，避免损坏风险）。

⑦ 用于设计分析的交互式实时运动学，在提案阶段与客户一起管理范围蔓延。

⑧ 支持改造业务、升级、利用未来业务。

⑨ 将高价值的工程人才留在内部，而不是在客户现场"灭火"。

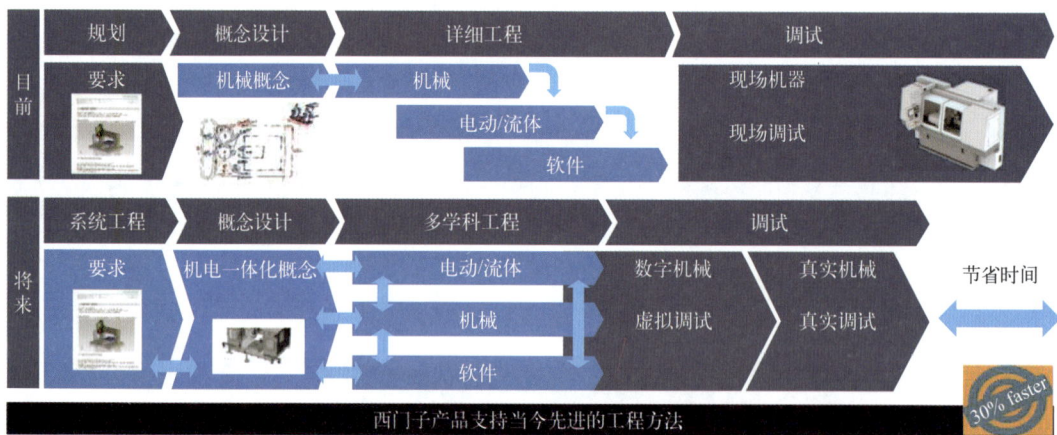

图 2-15 NX MCD 机电一体化概念设计技术优势

2.1.6 机电一体化概念设计流程

机电一体化概念设计解决方案是基于功能开发的解决方案，设计流程如图 2-16 所示。在概念设计阶段，通过 Teamcenter 来管理和分解该模型功能的需求，在 MCD 系统中需要创建机电一体化功能模型，同时也要与需求建立互相对应的关系。将 MCD 中建立的各功能单元模型分解到不同的软件工具中进行机械、运动、电气控制等多方面的设计，分开设计后通过系统再集成在一起进行调试验证，实现协同设计。

机电一体化概念设计的典型工作流程如下：

1）定义设计需求

① 搜集、构建如响应时间和消耗等项目设计的必要条件。

② 添加源于主条件的次要需求条件。

③ 把各个需求条件连接在一起。

④ 添加各个需求的详细信息。

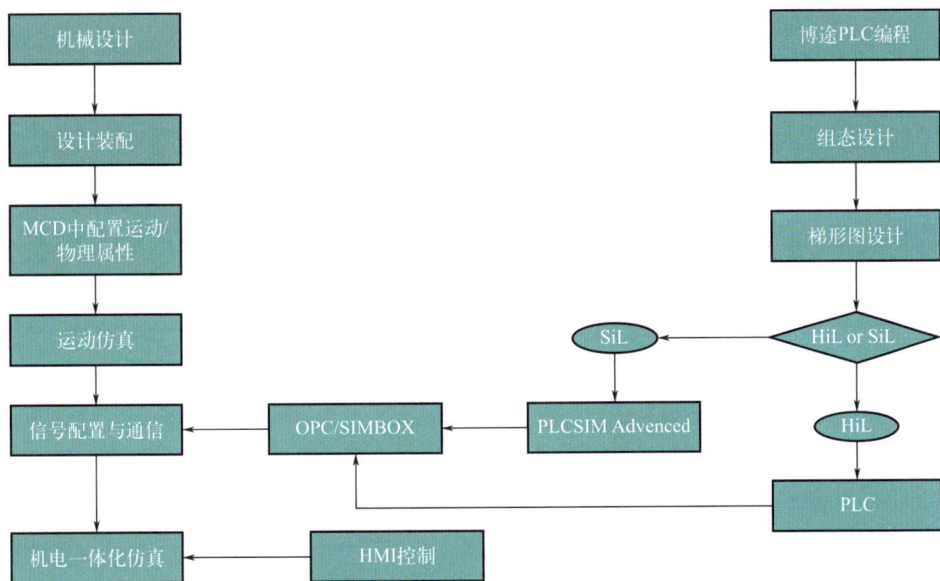

图 2-16　NX MCD 机电一体化设计流程

2）创建功能模型

① 定义系统的基本功能。

② 基于功能分解，进行分层处理。

③ 为功能设计建立可选项。

④ 建立可重用的功能单元。

⑤ 添加参数化表达功能单元的输出和需求的必要条件。

3）创建逻辑模块

① 定义系统的逻辑模块。

② 使参数化模块与模块功能相结合。

4）创建连接

表明功能单元与逻辑模块之间的从属关系。

5）定义机电概念

① 草拟定义机电模型。

② 为功能单元和逻辑模块分配机械对象。

③ 添加运动学和动力学条件。

6）添加基本的物理学约束和信号

① 添加基本的物理学速度约束和位置执行器。

② 添加信号适配器。

③ 为功能单元和逻辑模块分配信号适配器对象。

7）定义时间顺序执行序列

① 定义执行器操作控制源。

② 设计基于时间的执行序列。

③ 为相应的功能树分配执行操作。

④ 对相应的逻辑树分配执行操作。

8）添加传感器

用于触发系统中各个带有传感对象组件的碰撞事件，或者被设定为信号适配的传感器。

9）定义基于操作的事件

① 定义能够被事件触发的操作，触发条件可以是传感器或机电系统中的其他对象，如执行器是否到达了某个位置等。

② 为功能树中相关的功能分配操作。

10）虚拟调试

① 用详细模型替换概念模型，并且转换物理对象从粗糙几何体到详细几何体。

② 用 ECAD 分配传感器和执行器。

③ 依照 PLC Open XML 格式导出顺序操作，在 TIA 等工程软件中实现顺序操作的编程。

④ 通过 OPC 或 SIMIT 等连接测试 PLC 程序的功能。

NX MCD 机电一体化设计虚拟调试示例如图 2-17 所示。

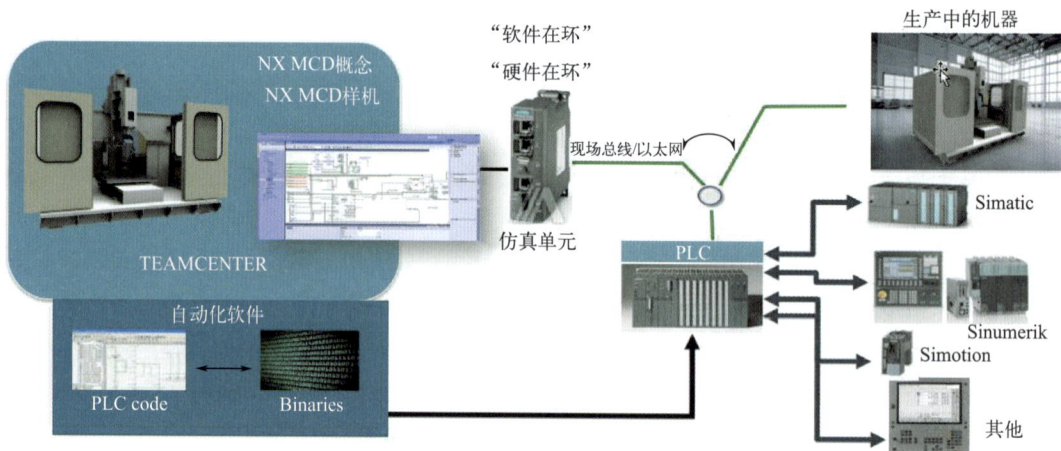

图 2-17　NX MCD 机电一体化设计虚拟调试

2.2　机电一体化概念设计软件 NX MCD

机电一体化概念设计软件 NX MCD 是西门子 PLM（Product Lifecycle Management）工业软件 NX 中集成的一个子系统。MCD 融合了需求管理、系统工程、仿真建模、机械设计、电气设计、工业自动化、智能重用以及调试验证等模块，并完成了各模块之间的接口，其虚拟调试流程如图 2-18 所示。

启动 NX 后，打开如图 2-19 所示的 NX 2206 启动界面，新建"机电概念设计"，如图 2-20 所示，进入 NX"机电概念设计"应用模块，在"机电概念设计"应用模块中，首先看到的是主页功能区，如图 2-21 所示。打开已有的设计模型，设计界面如图 2-22 所示，仿真运行时的界面如图 2-23 所示。

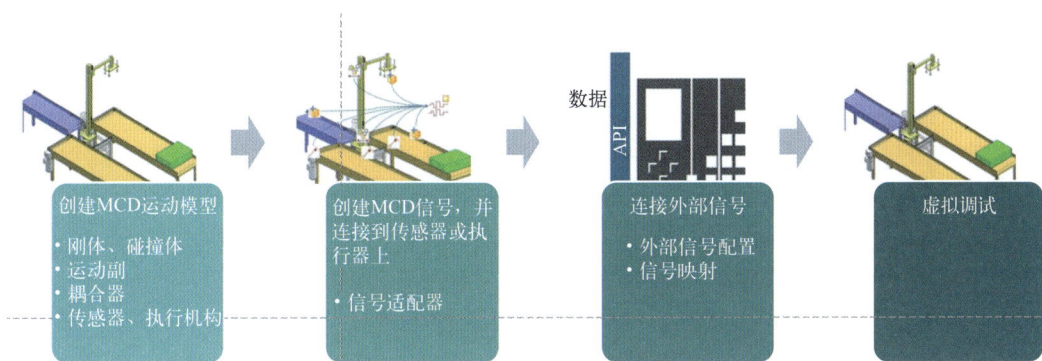

图 2-18 NX MCD 虚拟调试流程

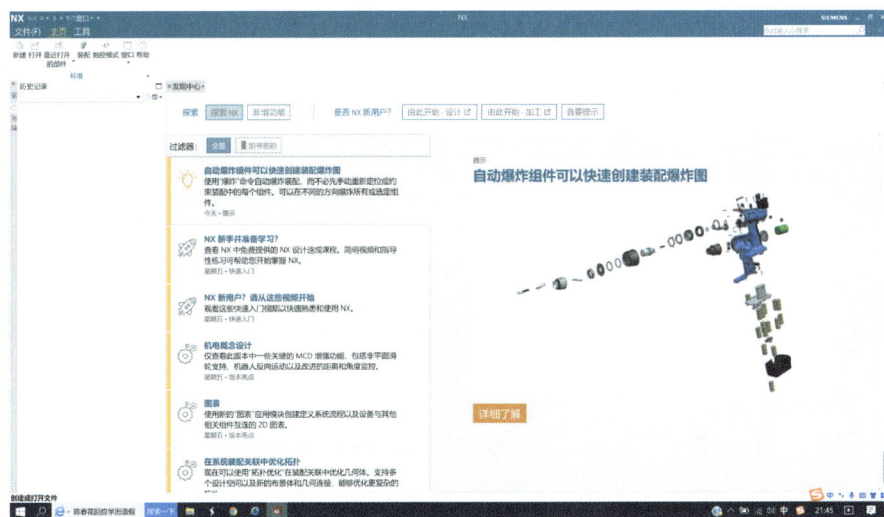

图 2-19 NX 2206 启动界面

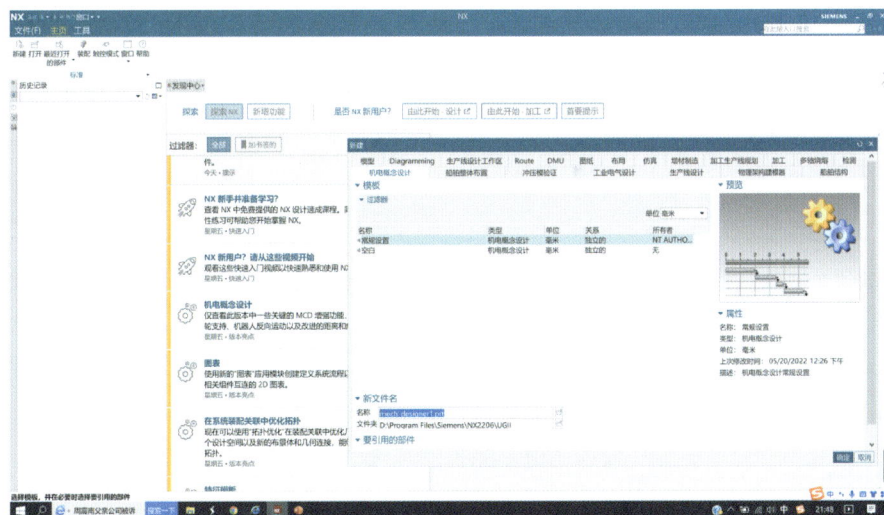

图 2-20 NX 2206 新建"机电概念设计"

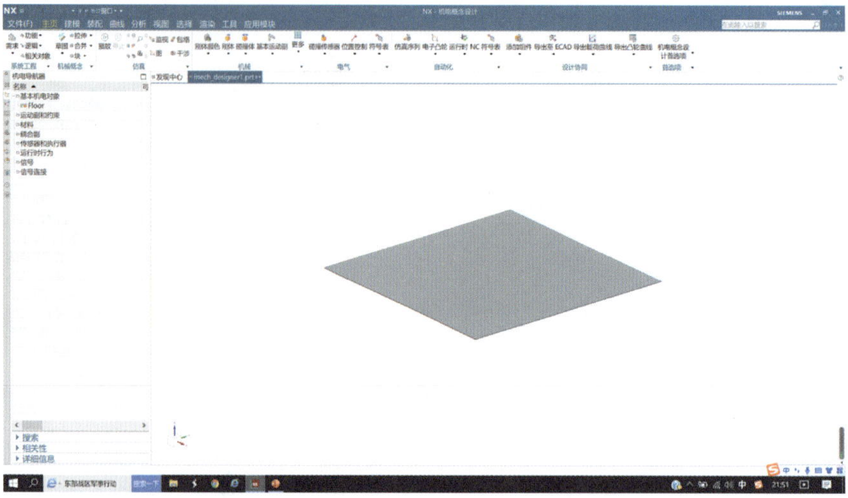

图 2-21　NX 2206"机电概念设计"应用模块主界面

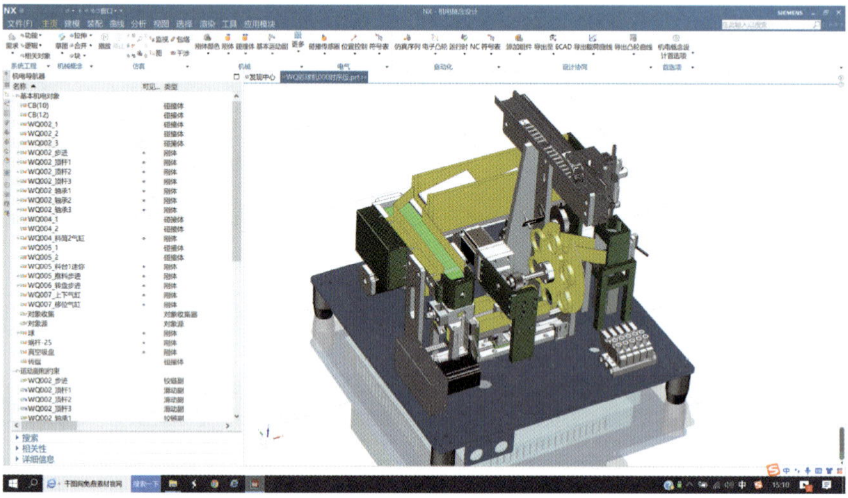

图 2-22　NX 2206"机电概念设计"应用模块打开已有模型界面

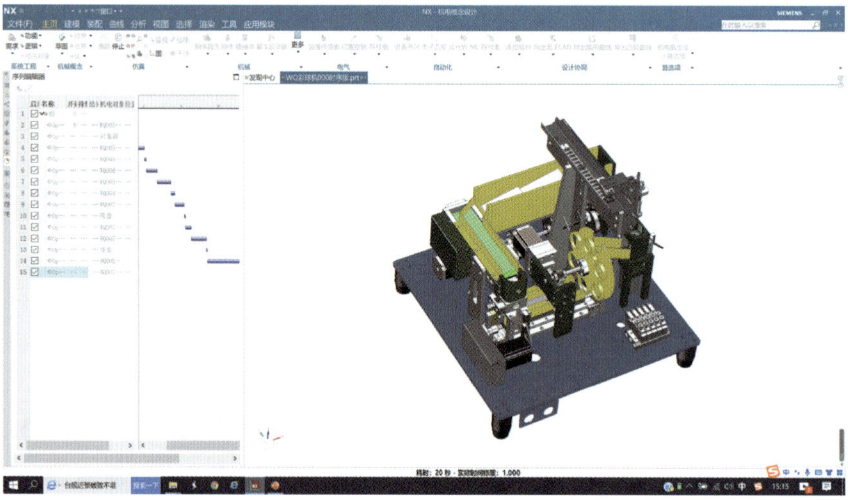

图 2-23　NX 2206"机电概念设计"仿真运行界面

2.3　数字孪生

数字孪生技术作为解决数字模型与物理实体交互难题，践行数字化转型理念与目标的关键使能技术，在支撑产品研制业务全流程、助力科研生产和管理的融合创新方面将发挥重要作用。近年来，数字孪生技术已经成为国内外学者、研究机构和企业的研究热点，全球最具权威的研究与顾问咨询公司高德纳（Gartner）自 2016 年起连续 4 年将数字孪生列为十大战略科技发展趋势之一。自 2010 年美国国家航空航天局（NASA）在太空技术路线图中引入数字孪生概念以来，美国空军研究实验室、洛克希德·马丁、波音、诺斯洛普·格鲁门、通用汽车公司等国外科研机构及企业在航空航天领域积极研究和探索数字孪生技术。国内研究学者也针对数字孪生技术开展了大量研究，学术界自 2017 年开始每年举办有关数字孪生的学术会议，工信部下属中国电子信息产业发展研究院、中国电子技术标准化研究院和工业互联网产业联盟分别发布了《数字孪生白皮书》《数字孪生应用白皮书》和《工业数字孪生白皮书》，为凝聚和深化数字孪生技术共识，加速数字孪生技术创新和应用实践奠定基础。

2.3.1　数字孪生概念

数字孪生的雏形"镜像空间模型"最早由美国密歇根大学的 Michael Grieves 于 2003 年在产品全生命周期管理（PLM）课程提出，包括三个部分：真实世界的物理产品、虚拟世界的虚拟产品、连接虚拟和真实空间的数据和信息，如图 2-24、图 2-25 所示。随后在与 NASA 和美国空军的合作过程中对该概念进行了丰富，强化了基于模型的产品性能预测与优化等要素，并将其定义为"数字孪生"。

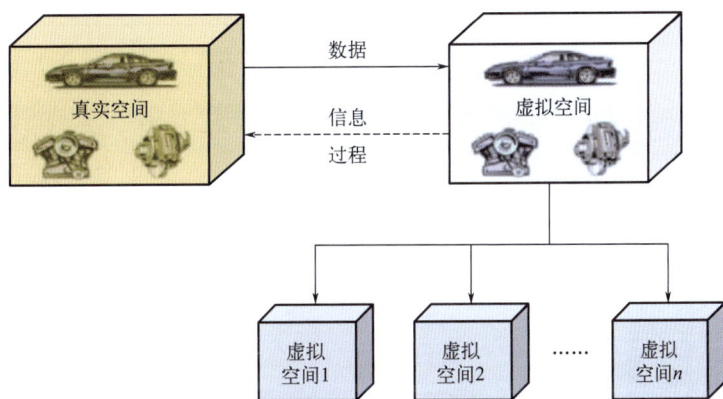

图 2-24　数字孪生最初概念模型及其术语名词的前身——PLM 的概念化理想

随后，学术界和工业界对数字孪生概念进行了广泛的研究讨论。2011 年，NASA 和美国空军研究实验室将数字孪生概念定义为一个集成了多物理场、多尺度、概率性的仿真模型，可以用于预测飞行器健康状态及剩余使用寿命等，进而激活自修复机制或任务重规划，以减缓系统损伤和退化；2012 年，Glaessgen 等认为数字孪生是一个综合多物理、多尺度、多概率模拟的复杂系统，基于物理模型、历史数据以及传感器实时更新数据，镜像其相应飞行器数字孪生体的生命；Grieves 等于 2017 年进一步将数字孪生阐述为从微观原子级到宏观几何级描述产品的虚拟信息结构，构建数字孪生能获得实际检测产品时的所有信息；2018 年，北京航空航天大学的陶飞教授等将数字孪生定义为是 PLM 的一个组成部分，利用产品生命周期中的物理数据、虚拟数据和交互数据对产品进行实时映射；Haag 等定义数字孪生为产品的全面数字化描述，能模拟现实模型的行为特征。

图 2-25 西门子数字孪生

软件工业界也推出了各自的数字孪生理念。美国参数技术公司 PTC 主张智能互联理念，将数字孪生打造为实体产品的实时动态数字模型，真正实现虚拟世界和现实世界的融合；西门子公司运用价值链整合理念，提出数字孪生包括产品数字孪生、生产工艺流程数字孪生及设备数字孪生；达索公司则主张虚拟互动理念，提出数字孪生创新协作和验证的流程。

结合国内外对数字孪生的认识和理解，可将数字孪生定义为对产品实体的精细化数字描述，能基于数字模型的仿真实验更真实地反映出物理产品的特征、行为、形成过程和性能等，能对产品全生命周期的相关数据进行管理，并具备虚实交互能力，实现将实时采集的数据关联映射至数字孪生体，从而对产品识别、跟踪和监控，同时通过数字孪生体对模拟对象行为进行预测及分析、故障诊断及预警、问题定位及记录，实现优化控制，如图 2-26 所示。

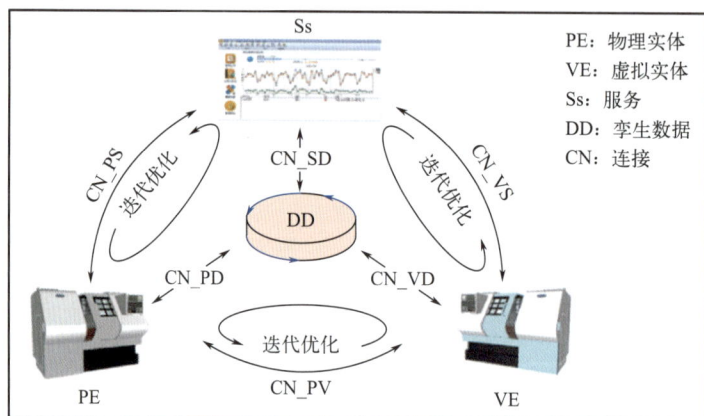

图 2-26 数字孪生五维概念模型

2.3.2 数字孪生的特征

（1）多领域综合的数字化模型

① 数字孪生是仿真应用的发展和升级。例如，产品数字孪生不仅具备传统产品仿真的特

点，从概念模型和设计阶段着手，先于现实世界的物理实体构建数字模型，而且数字模型与物理实体共生，贯穿实体对象的整个生命周期，建立数字化、单一来源的全生命周期档案，实现产品全过程追溯，完成物理实体的细致、精准、忠实的表达。

② 多领域的知识集成。多个物理系统融合，多学科、多领域融合。

③ 数字孪生体和物理实体应该是"形神兼似"。

④ 数据驱动的建模方法有助于处理仅仅利用机理 / 传统数学模型无法处理的复杂系统，通过保证几何、物理、行为、规则模型与刻画的实体对象保持高度的一致性来让所建立模型尽可能逼近实体。

（2）以模型为核心的数据采集与组织

① 数据是数字孪生的基础要素，其来源包括两部分，一部分是物理实体对象及其环境采集而得，另外一部分是各类模型仿真后产生。多种类、全方位、海量动态数据推动实体 / 虚拟模型的更新、优化与发展。

② 物理系统的智能感知与全面互联互通是物理实体数据的重要来源，是实现模型、数据、服务等融合的前提。

③ 数据的组织以模型为核心。

（3）双向映射、动态交互、实时连接和迭代优化

① 物理系统、数字模型通过实时连接，进行动态交互，实现双向映射。

② 适合应用场景的实时连接。

③ 数字孪生系统必须能不断地迭代优化，即适应内外部的快速变化并做出针对性的调整，能根据行业、服务需求、场景、性能指标等不同要求完成系统的拓展、裁剪、重构与多层次调整。这个优化首先在数字空间发生，也同步在物理系统中发生。

（4）推演预测与分析等智能化功能

① 数字孪生将真实运行物体的实际情况结合数字模型在软件界面中进行直观呈现，这是数字孪生的监控功能。

② 数字孪生系统具备模拟、监控、诊断、推演预测与分析、自主决策、自主管控与执行等智能化功能。

③ 预测是数字孪生的核心价值所在。动态预测的基础正是系统中全面互联互通的数据流、信息流以及所建立的高拟实性数字化模型。

④ 数字孪生可看作一种技术、方法、过程、思路、框架和途径。

2.3.3　数字孪生关键技术分析

数字孪生技术架构可以按技术特性分解为专业分析层、虚实交互层和基础支撑层（图 2-27），以安全互联技术、高性能并行计算技术为数字孪生基础，利用基于 PLM 的数据管理技术支撑产品全生命周期的数据管理，通过精细化建模与仿真技术实现对产品的精细化数字表达，基于信息物理系统 CPS 对数据进行实时采集，结合数据模型融合技术和交互与协同技术进行虚实

交互，从而实现智能决策、诊断预测、可视监控、优化控制等。

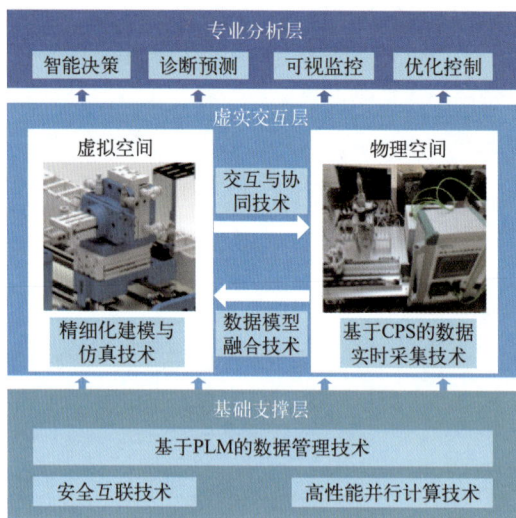

图 2-27　数字孪生技术架构

（1）精细化建模与仿真技术

精细化建模与仿真指从几何、功能和性能等方面对产品进行精细化建模与跨领域多学科耦合仿真，连接不同时间尺度的物理过程构建模型，从而精确地表达物理实体的形状、行为和性能等。目前，精细化建模与仿真技术的研究主要包括精细化几何建模、逻辑建模、有限元建模、多物理场建模、多学科耦合建模与仿真实验等方面，通过这些技术的突破实现对物理实体的高保真模拟和实时预测，主要方法包括：基于特征的三维建模技术，基于 SysML 的逻辑建模技术，基于有限元的多物理场耦合仿真技术，多学科耦合性能仿真技术，基于数据库的微内核数字孪生平台架构、自动模型生成和在线仿真的数字孪生建模方法等。

模型是对现实系统有关结构信息和行为的某种形式的描述，是对系统的特征与变化规律的一种定量抽象，是人们认识事物的一种手段或工具。模型大致可以分为三类：

① 物理模型：指不以人的意志为转移的客观存在的实体，如飞行器研制中的飞行模型、船舶制造中的船舶模型等。

② 形式化模型：用某种规范表述方法构建的、对客观事物或过程的一种表达。形式化模型实现了一种客观世界的抽象，便于分析和研究。例如，数学模型，是从一定的功能或结构上进行抽象，用数学的方法来再现原型的功能或结构特征。

③ 仿真模型：指根据系统的形式化模型，用仿真语言转化为计算机可以实施的模型。

模型的构建，一般会有一套规范的建模体系，包括模型描述语言、模型描述方法、模型构建方法等。数学就是一种表达客观世界最常用的建模语言。在软件工程中常用的统一建模语言（UML）也是一种通用的建模体系，支持面向对象的建模方法。

在对一个已经存在或尚不存在但正在开发的系统进行研究的过程中，为了了解系统的内在特性，必须进行一定的实验，由于系统不存在或其他一些原因，无法在原系统上直接进行实验，只能设法构造既能反映系统特征又能符合系统实验要求的系统模型，并在该系统模型上进行实验，以达到了解或设计系统的目的，于是，仿真技术就产生了。

仿真（Emulation）主要是用硬件来全部或部分地模仿某一数据处理系统，使得模仿的系统能像被模仿的系统一样接收同样的数据、执行同样的程序，获得同样的结果。建立系统的模型（数学模型、物理模型或数学—物理效应模型），并在模型上进行实验。

（2）数据模型融合技术

数据模型融合指基于数据对多领域模型进行实时更新、修正和优化，实现动态评估。目前，国内外研究学者将结构、流程、多物理场等模型，通过神经网络、遗传算法、强化学习等数据分析技术，实现数据模型融合。

（3）基于CPS的数据实时采集技术

基于信息物理系统CPS的数据实时采集指基于CPS通过可靠传感器及分布式传感网络实时准确地感知和获取物理设备数据。目前，国内外研究学者主要提出了传感技术、现代网络及无线通信技术、嵌入式计算技术、分布式信息处理技术等关键技术，并在拓扑控制、路由协议、节点定位方面取得突破。

（4）基于PLM的数据管理技术

基于PLM的数据管理指以平台架构为基础，形成集成产品信息的框架，使所有与产品相关的数据高度集成、协调、共享。目前基于PLM的数据管理技术主要包括：与应用软件集成的面向对象的嵌入与连接技术，支持产品生命周期数据建模与管理的对象建模技术，实现数据集成和决策的数据仓储管理技术和成组技术等。

（5）交互与协同技术

交互与协同指利用虚拟现实（Virtual Reality，VR）、增强现实（Augmented Reality，AR）、混合现实（Mixed Reality，MR）等沉浸式体验人机交互技术，实现数字孪生体与物理实体的交互与协同。目前，仿真协同分析技术主要用于作为视觉、声觉等呈现的接口针对物理实体进行智能监测、评估，从而实现指导和优化复杂装备的生产、试验及运维。

（6）安全互联技术

安全互联技术指对数字孪生模型和数据的完整性、有效性和保密性进行安全防护、防篡改的技术。当前的研究包括：对于数字孪生模型和数据管理系统可能遭受的攻击进行预测并获得最优防御策略，基于区块链技术组织和确保孪生数据不可篡改、可追踪、可追溯等。

（7）高性能并行计算技术

高性能并行计算指通过优化数据结构、算法结构等提升数字孪生系统搭载的计算平台的计算性能、传输网络实时性、数字计算能力等。目前，基于云计算技术的平台通过按需使用与分布式共享的计算模式，能为数字孪生系统提供满足数字孪生计算、存储和运行需求的云计算资源和大数据中心。

通过构建与实物产品完全对应的数字孪生体，在安全互联技术、高性能并行计算技术提供支撑的基础上，利用基于 PLM 的数据管理技术对产品全生命周期的数据进行管理，可以从设计、生产、试验、培训、运维 5 个方面推进面向产品全生命周期开展数字孪生技术的研究与应用，如图 2-28 所示。

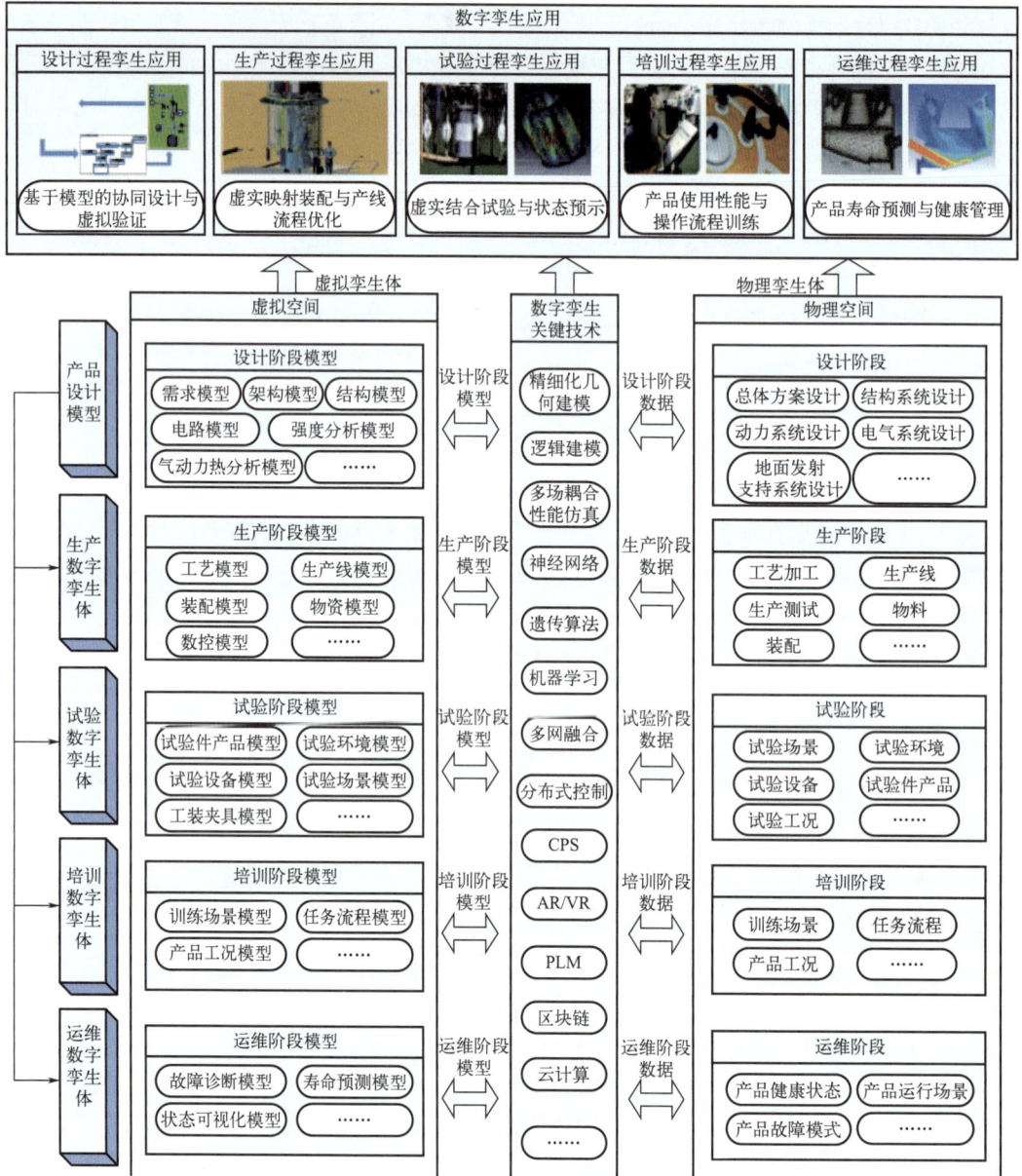

图 2-28　面向产品全生命周期的数字孪生体体系架构设想

2.3.4　数字样机

数字样机（Digital Mock-Up，DMU）和数字孪生用于定义理想产品和描述物理产品，从两个角度出发，可以在由数字虚拟身体、机器实体和意识人体组成的网络物理中形成有机统一。DMU 体现了设计师的意识，期待通过数字手段对产品进行全方位描述，不仅仅是为了在某些属性上具有直观印象，更是期待通过 DMU 来描述更深层次的东西，针对特定工况设计的 DMU 可用来实现仿真模拟，被广泛用于产品设计和验证。DMU 与物理实体衍生出数字孪生，体现了网络空间、物理空间、意识空间的高度融合。因此，数字孪生将成为"人与机器之间深度沟通的中间件"。

（1）数字样机简介

数字样机技术兴起于 20 世纪 90 年代。数字样机技术是以 CAD/CAE/DFx（Design for X，是一种面向产品生命周期的设计理念，其中"X"代表产品生命周期中某一环节，如以装配、安装、维护等）技术为基础，以机械系统运动学、动力学和控制理论为核心，融合计算机图形技术、仿真技术以及虚拟现实技术，将多学科的产品设计开发和分析过程集中到一起，使产品的设计者、制造者和使用者在产品设计研制的早期就可以直观形象地对产品数字原型进行设计优化、性能测试、制造仿真和使用仿真，为产品的研发提供了全新的数字化设计方法，如图 2-29、图 2-30 所示。

图 2-29　江淮 SRV 虚拟仿真模型

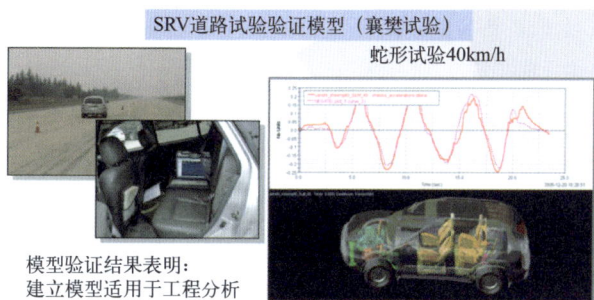

图 2-30　江淮汽车的数字样机及其道路模拟（来源：江淮汽车集团）

数字化样机技术从设计及制造的角度出发，借助计算机技术对产品的各项参数进行设计、分析、仿真与优化，达到替代或精简物理样机的目的。

狭义的数字样机认识从计算机图形学角度出发，认为数字样机是利用虚拟现实技术对产品模型的设计、制造、装配、使用、维护与回收利用等各种属性进行分析与设计，在虚拟环境中逼真地分析与显示产品的全部特征，以替代或精简物理样机。

广义的数字样机从制造的角度出发，认为数字样机是一种基于计算机的产品描述，从产品设计、制造、服务、维护直至产品回收整个过程中全部所需功能的实时计算机仿真，通过计算机技术对产品的各种属性进行设计、分析与仿真，以取代或精简物理样机。

（2）数字样机分类

① 按照实现功能的不同，可分为结构数字样机、功能数字样机、结构与功能综合数字样机。结构数字样机主要用来评价产品的外观、形状和装配。新产品设计首先表现出来的就是产品的外观形状是否满意，其次，零部件能否按要求顺利安装，能否满足配合要求，这些都是在产品的数字样机中得到检验和评价的。功能数字样机主要用于验证产品的工作原理，如机构运动学仿真和动力学仿真。新产品在满足了外观形状的要求以后，就要检验产品整体上是否符合基于物理学的功能原理。这一过程往往要求能实时仿真，但基于物理学功能分析，计算量很

大，与实时性要求经常冲突。

② 按照数字样机反映机械产品的完整程度，分为全机样机和子系统样机。全机样机包含整机或系统全部信息的数字化描述，是对系统所有结构零部件、系统设备、功能组成、附件等进行完整描述的数字样机；子系统样机是按照机械产品不同功能划分的子系统包含的全部信息的数字化描述，如动力系统样机、传动系统样机、控制系统样机等。

③ 按照数字样机研制流程或生命流程阶段，分为方案样机、详细样机和生产样机。方案样机指在产品方案设计阶段，包含产品方案设计全部信息的数字化描述；详细样机指在产品详细设计阶段，包含产品详细设计全部信息的数字化描述；生产样机指在产品生产阶段，包含产品制造、装配全部信息的数字化描述。

④ 按照数字样机的特殊用途或使用目的，可分为几何样机、功能样机、性能样机和专用样机等。几何样机侧重于产品几何描述；功能样机侧重于产品功能描述；性能样机侧重于产品性能描述；专用样机能够支持仿真、培训、市场宣传等特殊目的。

（3）数字样机特点

无论是狭义的还是广义的数字样机，都具有以下三个技术特点：

1）真实性

真实性是数字样机最本质的属性。采用数字样机的根本目的是取代或者精简物理样机。因此，数字样机应是"具有一定的原型产品或系统真实功能，并能够与物理原型相媲美的计算机仿真模型"，可以在几何、物理与行为各个方面逼近物理样机。

① 几何真实性。数字样机具有和实际产品相同的几何结构与几何尺寸，相同的颜色、材质与纹理，使得设计者能真实地感知产品的几何属性。

② 物理真实性。数字样机具有和实际产品相同或相近的运动学与动力学属性，能够在虚拟环境中模拟零件间的相互作用。

③ 行为真实性。在外部环境的激励下，数字样机能够做出与实际产品相同或相近的行为响应。

2）面向产品全生命周期

数字样机技术是对物理产品全方位的计算机仿真技术，而传统的工程仿真只是对产品某方面进行测试，以获得产品在该方面的性能。数字样机是由分布的、不同工具开发的甚至是异构子模型所组成的模型联合体，包括产品的 CAD 模型、外观表示模型、功能和性能仿真模型、各种分析模型（可制造性、可装配性等）、使用模型、维护模型和环境模型。

3）多领域多学科

复杂产品设计往往会涉及机械、控制、电子、液压、气动等多个不同的领域。要想对这些复杂产品进行完整、准确的仿真分析，必须将多个不同学科领域的子系统作为一个整体进行仿真分析，使得数字样机能够满足设计者对产品进行功能验证与性能分析的要求。

2.3.5 西门子"数字化双胞胎"

数字化双胞胎，即 Digital Twin，是西门子率先在市场上提出并发扬光大的数字模型概念。2017 年，西门子以"数字化双胞胎"为核心的数字化企业解决方案还入选了"世界智能制造十大科技进展"。

数字化双胞胎是实际产品或流程的虚拟表示，用于理解和预测对应物的性能特点。在投资实体原型和资产之前，可使用数字化双胞胎在整个产品生命周期中仿真、预测和优化产品与生产系统。

通过结合多物理场仿真、数据分析和机器学习功能，数字化双胞胎不再需要搭建实体原型，即可展示设计变更、使用场景、环境条件和其他无限变量所带来的影响，同时缩短开发时间，并提高成品或流程的质量。

为确保在产品或其生产的整个生命周期内进行精确建模，数字化双胞胎采用了安装在实际对象上的传感器数据来确定对象的实时性能、操作条件，以及随时间产生的更改。使用这些数据，数字化双胞胎将不断演进并持续更新，从而反映整个产品生命周期中实际对应物的变化，在虚拟环境中打造闭环反馈，使公司能够以最低的成本不断优化其产品、生产和性能。

数字化双胞胎的潜在应用取决于建模产品生命周期所处的阶段。一般来说，数字化双胞胎有三种类型——产品、生产和性能，下面将对其进行详细说明。三种数字化双胞胎随着共同的演进而进行的组合和集成统称为数字化主线。使用术语"主线"是因为该过程融入了产品和生产生命周期的所有阶段并将数据汇集在一起。

西门子的核心价值主张和技术路线就是通过数字化技术打造三个"数字化双胞胎"，如图 2-31 所示。

① 在企业的研发环节，建立企业所要生产、制造的产品数字化双胞胎。

② 企业在规划的产品被研发出来，准备制造时，建立包括工艺、制造路线、生产线等内容的生产数字化双胞胎。

③ 当产品和产线投入使用时，建立反映实际工作性能的性能数字化双胞胎。

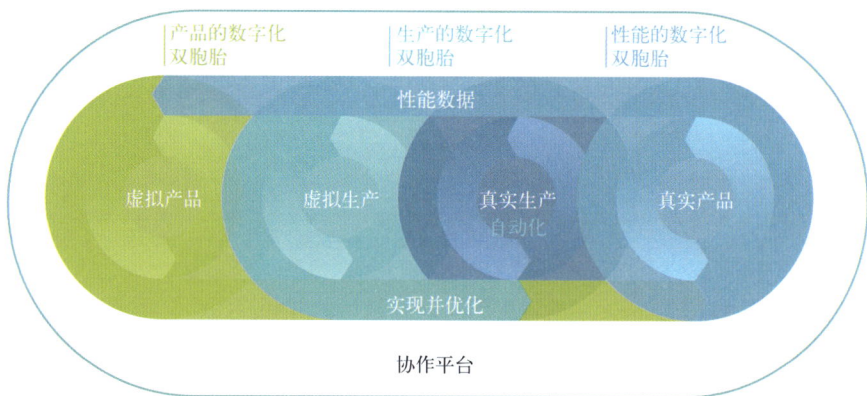

图 2-31　西门子数字化双胞胎

对于多数企业来说，要实现三个数字化双胞胎是比较困难的，特别是当前并没有一个贯穿整个数字化线程的软件平台。为了能通过降低技术门槛来加速三个数字化双胞胎的应用，西门子在 2019 年推出了强大的软件平台 Xcelerator。西门子 Xcelerator 最大的价值是把产品集成到 PLM、Teamcenter、MindSphere、Mendix 甚至是 EDA 环境中，这就是 Xcelerator 能够做到三个数字化双胞胎的原因。

Xcelerator 已成为西门子数字化工业软件的旗帜，涵盖了产品生命周期管理（PLM）、电子设计自动化（EDA）、应用程序生命周期管理（ALM）、制造运营管理（MOM）、嵌入式软件和物联网（IoT）等多种应用解决方案。尤其是其低代码应用开发平台 Mendix 和物联网平台 MindSphere，赋予了 Xcelerator 巨大的张力。集成的软件、服务与应用开发平台方案组合，助力企业数字化转型，释放强大的工业互联网效益，消除传统的机械、电子与软件的工程界限，帮助各类规模的企业创建并充分利用数字孪生，为机构带来全新的洞察、机遇和自动化水平，促进创新，如图 2-32 所示。

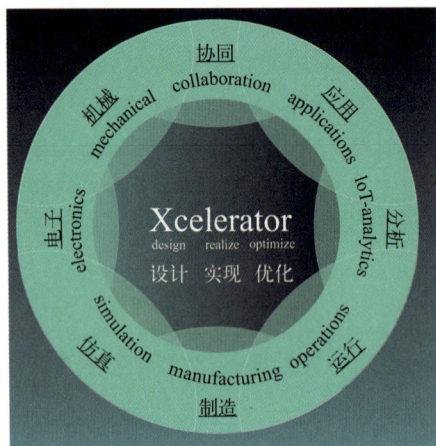

图 2-32 西门子 Xcelerator

本章小结

　　本章首先介绍了机电一体化概念设计的基本理论知识、特点与功能以及技术优势，然后重点列举了自动倒圆角机应用案例以及西门子 NX MCD，最后介绍了数字孪生的基本概念、特征、关键技术、数字样机和西门子"数字化双胞胎"等基本知识。

思考题

1. 简述机电一体化概念设计的概念和内涵。
2. 简述机电一体化概念设计的特点与功能。
3. 简述机电一体化概念设计的技术优势。
4. 简述数字孪生的基本概念与内涵。
5. 简述西门子"数字化双胞胎"的概念和内涵。
6. 简述机电一体化概念设计软件 NX MCD 的作用。
7. 分析数字孪生与机电一体化概念设计的关系。

第3章

智能设计基本理论

本书配套资源

导读

> 智能设计是指应用现代信息技术，采用计算机模拟人类的思维活动，提高计算机的智能水平，从而使计算机能够更多、更好地承担设计过程中各种复杂任务，成为设计人员的重要辅助工具。本章重点介绍智能设计的概念、分类、关键技术、设计流程以及发展趋势和研究内容等。

智能设计是以设计学为基础，以人工智能技术为手段，科学、人文和艺术多学科交叉，人、机、环境多因素交互的新一代创新设计方法。智能设计实质上是人工智能驱动的创新设计，强调基于人工智能的认知与人机融合的创新，实现设计过程由传统人脑驱动创新向人机交互驱动创新发展。

3.1 智能设计概述

智能设计是一个跨学科领域，融合了人工智能、设计理论、计算机科学等多方面的知识和技术，通过对设计过程的数据和知识进行挖掘、分析和处理，实现设计过程的自动化和智能化，其目的是提高设计的效率和质量，降低设计成本，为产品创新和市场竞争提供有力支持。智能设计具有如下的特点：

① 以设计方法学为指导。智能设计的发展，从根本上取决于对设计本质的理解。设计方法学对设计本质、过程设计思维特征及其方法学的深入研究是智能设计模拟人工设计的基本依据。

② 以人工智能技术为实现手段。借助专家系统技术在知识处理上的强大功能，结合人工

神经网络和机器学习技术，较好地支持设计过程自动化。

③ 以传统 CAD 技术为数值计算和图形处理工具。提供对设计对象的优化设计、有限元分析和图形显示输出上的支持。

④ 面向集成智能化。不但支持设计的全过程，而且考虑到与 CAM 的集成，提供统一的数据模型和数据交换接口。

⑤ 提供强大的人机交互功能。使设计师对智能设计过程的干预，即与人工智能融合成为可能。

3.2 智能设计的分类

（1）原理方案智能设计

方案设计的结果将影响设计的全过程，对于降低成本、提高质量和缩短设计周期等有至关重要的作用。原理方案设计是寻求原理解的过程，是实现产品创新的关键。原理方案设计的过程是：总功能分析—功能分解—功能元（分功能）求解—局部解法组合—评价决策—最佳原理方案。按照这种设计方法，原理方案设计的核心归结为面向分功能的原理求解。面向通用分功能的设计目录能全面地描述分功能的要求和原理解，且隐含了从物理效应向原理解的映射，是智能原理方案设计系统的知识库初始文档。基于设计目录的方案设计智能系统，能够较好地实现概念设计的智能化。

（2）协同求解

智能 CAD 应具有多种知识表示模式、多种推理决策机制和多个专家系统协同求解的功能，同时需把同理论相关的基于知识程序和方法的模型组成一个协同求解系统，在元级系统推理及调度程序的控制下协同工作，共同解决复杂的设计问题。

（3）知识获取、表达和专家系统技术

知识获取、表达和利用专家系统技术是 ICAD 的基础，其面向 CAD 应用的主要发展方向可概括为：

① 机器学习模式的研究，旨在解决知识获取、求精和结构化等问题。

② 推理技术的深化，要有正、反向和双向推理流程控制模式的单调推理，又要把重点集中在非归纳、非单调和基于神经网络的推理等方面。

③ 综合的知识表达模式，即如何构造深层知识和浅层知识统一的多知识表结构。

④ 基于分布和并行思想求解结构体系的研究。

⑤ 黑板结构模型。黑板结构模型侧重于对问题整体的描述以及知识或经验的继承。这种问题求解模型是把设计求解过程看作先产生一些部分解，再由部分解组合出满意解的过程。其核心是由知识源、全局数据库和控制结构三部分组成。全局数据库是问题求解状态信息的存放处，即黑板。将解决问题所需的知识划分成若干知识源，它们之间相互独立，需通过黑板进行通信、合作并求出问题的解。通过知识源改变黑板的内容，从而导出问题的解。在问题求解过

程中所产生的部分解全部记录在黑板上。各知识源之间的通信和交互只通过黑板进行，黑板是公共可访问的。控制结构则按人的要求控制知识源与黑板之间的信息更换过程，选择执行相应的动作，完成设计问题的求解。黑板结构模型是一种通用的适于大空间解和复杂问题的求解模型。

（4）基于实例的推理

基于实例的推理（Case-Based Reasoning，CBR）是一种新的推理和自学习方法，其核心精神是用过去成功的实例和经验来解决新问题。研究表明，设计人员通常依据以前的设计经验来完成当前的设计任务，并不是每次都从头开始。CBR 的一般步骤为提出问题，找出相似实例，修改实例使之完全满足要求，将最终满意的方案作为新实例存储到实例库中。CBR 中最重要的支持是实例库，关键是实例的高效提取。

CBR 的特点是对求解结果进行直接复用，而不用再次从头推导，从而提高了问题求解的效率。另外，过去求解成功或失败的经历可用于动态地指导当前的求解过程，并使之有效地取得成功，或使推理系统避免重犯已知的错误。

3.3 智能设计关键技术

智能设计系统的关键技术包括：设计过程的再认识、设计知识表示、多专家系统协同技术、再设计与自学习机制、多种推理机制的综合应用、智能化人机接口等。

（1）设计过程的再认识

智能设计系统的发展取决于对设计过程本身的理解。尽管人们在设计方法、设计程序和设计规律等方面进行了大量探索，但从计算机化的角度看，设计方法学还远不能适应设计技术发展的需求，仍然需要探索适合于计算机处理的设计理论和设计模式。

（2）设计知识表示

设计过程是一个非常复杂的过程，它涉及多种不同类型知识的应用，因此单一知识表示方式不足以有效表达各种设计知识，如何建立有效的知识表示模型和有效的知识表示方式，始终是设计类专家系统成功的关键。

（3）多专家系统协同技术

较复杂的设计过程一般可分解为若干个环节，每个环节对应一个专家系统，多个专家系统协同合作、信息共享，并利用模糊评价和人工神经网络等方法以有效解决设计过程多学科、多目标决策与优化难题。

（4）再设计与自学习机制

当设计结果不能满足要求时，系统应该能够返回到相应的层次进行再设计，以完成局部和全局的重新设计任务。同时，可以采用归纳推理和类比推理等方法获得新的知识，总结经验，不断扩充知识库，并通过再学习达到自我完善。

（5）多种推理机制的综合应用

智能设计系统中，除了演绎推理外，还应该包括归纳推理、基于实例的类比推理、各种基于不完全知识的模糊逻辑推理方式等。上述推理方式的综合应用，可以博采众长，更好地实现设计系统的智能化。

（6）智能化人机接口

良好的人机接口对智能设计系统是十分必要的，对于复杂的设计任务以及设计过程中的某些决策活动，在设计专家的参与下，可以得到更好的设计效果，从而充分发挥人与计算机各自的长处。

3.4 智能设计流程

随着市场及用户数据的采集、分析、挖掘，基于偏好的推荐，以及参与式设计支撑技术的发展，传统的设计流程已经可以实现从以设计师主导的为用户设计向基于用户需求的智能化设计的转变。

与传统设计的典型流程相比，智能化的设计流程可以被分解为：①智能化的需求产生以及基础设计数据获得的过程；②智能化的用户参与式的设计过程；③设计信息和生产信息的智能化集成。与传统的市场分析、用户调研不同，智能化设计始于基于市场与用户数据分析的智能需求定位。产品功能与形式的设计也不再是设计师基于用户调研结果的主观行为，而是用户直接参与的基于自身喜好的产品定制过程。设计方案对具体实现的控制也可以通过设计信息与生产信息的联动得以智能化。智能化的设计流程是从用户到用户的。它体现了设计历史上从为用户设计，到帮助用户设计，到用户为自己设计的转变，如图 3-1 所示。

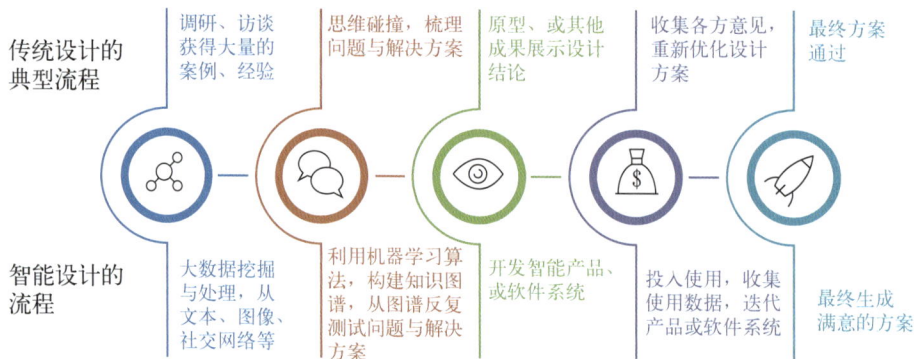

图 3-1　智能设计的流程

（1）智能化设计的参与人群

在智能化设计中，大众变成了技术创新的主体，其意识、需求贯穿生产链，其创新逐步得到重视，影响着设计以及生产的决策。产品和服务提供方也由单向的技术创新、生产产品和服务体系投放市场，等待客户体验，转变为主动与用户服务的终端接触，进行良性互动，协同开发产品。专家不再是技术创新的垄断者，而成为在消费端、使用端、生产端之间的汇集各方资源的组织者，在这个生产链巨大网络下起到推动作用。不仅是政府，商业机构、企业等都会共同为这个多元主体技术创新提供空间和平台。

虽然在智能化的设计过程中专家不再像以往一样在表面上处于主导地位，其作用仍然是不可低估的。专家一方面要根据设计经验和对用户的理解设计出体验良好并且能够获取产品关键属性信息的支持用户参与设计的流程节点与框架，另一方面还要为智能用户需求理解及实现平台的搭建提供大量的设计元素、语汇及其组合规律的专业知识素材。同时，专家还要负责定义市场需求及用户模型信息在设计模板上的体现，以及负责定义设计结果在对生产工艺的预期、生产加工精度的把握、材料成型方式的估计等方面的影响因子。

（2）智能化设计的支撑平台

对应于智能化设计流程的3个重要环节，智能化设计的实现需要3个支撑平台系统。具体如下：

① 市场及用户信息采集与分析平台。系统需要通过对市场及用户数据的收集与积累，提取对构建设计方向有指导价值的信息，并通过对这些信息的分析与整理，发现产品需求，目标用户特点与偏好，以及市场预期等重要的设计导向信息，进而总结出一系列用于指导设计进行的结论，提供给智能化设计平台，用以设置智能化设计的核心参数与模板。它的主要特点有：通过广泛且灵活的信息来源，充分收集全面反映用户偏好、习惯和特征的原始数据；通过建立数据分析标准和机制以筛选可用数据并组织关联信息，以提供真实可靠的用户模型和市场偏好；通过全面的信息处理能力，预测设计结果，完成设计方向的制定。

② 智能化用户参与设计平台。系统的建立必须基于对用户需求的充分理解和专业知识库的不断完善。它是一个将设计原理和信息集成、分析、处理、呈现技术相结合的综合平台，它不仅能通过调整产品和服务的特征参数控制设计模型，而且能将专家人员在设计过程中采用的设计思想、准则、原理等以容易理解的方式表达出来，比传统设计流程更能体现产品特征，更适应现代设计的发展需要。它的主要特点有：基于设计本身和整个设计过程的信息建立设计方案特征的模型库；以知识库为基础，用设计、分析方法和用户模型等构成设计条件，联合构建设计模型；根据主动获取和集成的设计知识等自动修改模型，提高设计对象的自适应能力；利用之前建立的特征模型，与现有的设计标准进行整合、优化，形成新的设计模式；将产品和设计过程的设计经验、规范、思想等多领域和多种描述形式的设计知识采用显性表达，并储入知识库中，成为显性知识，以便在基于知识的智能化设计过程中加以充分运用。

③ 智能设计信息与生产信息集成平台。系统可以自主地将设计要求转化成生产标准，由产品特性智能地选择最优的生产流程和工艺，保证设计质量的可靠性，并且能够引导设计过程向着可持续、环境友好、高效能的方向发展。它的主要特点有：有较好的理解能力和翻译能力，能够将设计过程的一系列要素转化为生产过程的具体实施细则；具有足够充足的预制方案来完成设计要求的转化，并能够随着新技术和工艺的出现自主地更新预案；平台具有选择和决策能力，能够通过各种因素的权衡提供最优生产方案；平台以用户需求和社会效益为导向，以保证设计预期效果的实现为原则。

3.5　智能设计的发展趋势

智能设计最初产生于解决设计中某些困难问题的局部需要，近几十年来智能设计的迅速发展应归功于 CIM 技术的推动。智能设计作为 CIM 技术的一个重要环节和方面，在整体上要服从 CIM 的全局需要和特点。由于 CIM 技术的发展和推动，智能设计由最初的设计型专家系统发展到人机智能化设计系统。

虽然人机智能化设计系统也需要采用专家系统技术，但它只是将其作为自己的技术基础之一，两者仍有较根本的区别，主要表现在以下 4 个方面：

① 设计型专家系统只处理单一领域知识的符号推理问题；而人机智能化设计系统则要处理多领域知识和多种描述形式的知识，是集成化的大规模知识处理环境。

② 设计型专家系统一般只能解决某一领域的特定问题，因此比较孤立和封闭，难以与其他知识系统集成；而人机智能化设计系统则是面向整个设计过程，是一种开放的体系结构。

③ 设计型专家系统一般局限于单一知识领域范畴，相当于模拟设计专家个体的推理活动，属于简单系统；而人机智能化设计系统涉及多领域、多学科的知识范畴，用于模拟和协助人类专家群体的推理决策活动，属于人机复杂系统。

④ 从知识模型角度看，设计型专家系统只是围绕具体产品设计模型或针对设计过程某些特定环节（如有限元分析或优化设计）的模型进行符号推理；而人机智能化设计系统则要考虑整个设计过程的模型，设计专家思维、推理和决策的模型（认知模型）以及设计对象（产品）的模型，特别是在 CIMS 环境下的并行设计，更鲜明地体现了智能设计的这种整体性、集成性、并行性。

3.6　智能设计的研究内容

（1）设计知识智能处理

智能设计的发展经历了设计型专家系统和人机智能化设计系统两个阶段，设计自动化程度和创新能力正在逐步提高。以进化涌现等自然法则为核心思想的遗传算法为进一步提高设计自动化程度和创新能力提供了新的思路。利用智能算法的编码、选择、交叉、变异、适应度评价等操作进行产品方案设计是设计知识智能处理的主要方法。

（2）概念设计智能求解

功构映射是通过系统化与智能化的方法，将抽象的功能性描述转化为具有几何尺寸与物理关系的零部件，实现产品的功能约束与物理结构的多对多映射求解。由于在设计早期约束信息具有模糊不确定性，性能适配需要以智能化的方法为依托，围绕模糊约束信息展开，以约束为设计边界，在功构映射与结构综合阶段准确地传递与满足性能约束，从而获得结构性能较为优良的设计结果。

（3）设计方案智能评价

智能设计系统的方案评价根据智能设计决策的需求围绕可接受性决策展开讨论，近年来的研究焦点主要集中于如何使用智能化的方法处理产品设计方案评价过程中评价信息的模糊性、不精确性和不完备性等不确定性问题。该方法可接受实际需求性决策的核心内容和关键问题，对设计方案进行评价，而这种智能评价的方式要综合考虑所设计产品的技术指标、经济指标、社会指标等诸多方面的情况，同时设计方案的评价与选择将对整个产品研发过程的效率、成本、客户满意度等方面产生重要的影响。

（4）设计参数智能优化

产品设计涉及机械、控制、电子、液压和气动等多学科领域，设计参数繁多，并且参数之间彼此关联，其涉及的参数往往有百余个且大部分参数之间具有关联性。

近年来，国内外学者对产品设计参数数据的获取与分析主要采用单纯的解析方法或数值方法。但是对于复杂产品设计，单纯的解析方法或单纯的数值方法与实际设计对设计参数数据的需求尚有一些差距或难以实现，设计参数的智能优化也就极为重要。

本章小结

本章重点介绍了智能设计的概念，指出其本质是人工智能驱动的创新设计范式，基于人工智能认知与人机融合的创新，推动设计从人脑驱动向人机交互驱动转变。详细阐述了智能设计的分类、关键技术、设计流程和发展趋势。最后介绍了智能设计的研究内容，主要包括设计知识智能处理、概念设计智能求解、设计方案智能评价和设计参数智能优化等。

思考题

1. 智能设计的本质是什么？
2. 简述智能设计如何推动设计从人脑驱动向人机交互驱动转变。
3. 请阐述智能设计的设计流程包含哪些主要环节。
4. 结合实际，论述智能设计的发展趋势对设计行业可能产生的影响。
5. 详细论述智能设计研究内容中设计知识智能处理的重要性及实现方式。

第4章

机电一体化概念设计软件简介

本书配套资源

导读

　　机电一体化概念设计是机电一体化产品系统设计的核心环节，对产品创新起着至关重要的作用。只有奠定在优良概念设计的基础之上，才能打造出卓越的机电一体化产品。本章重点阐述机电一体化概念设计的重要地位，并简要介绍 NX MCD、TIA Portal 和 S7-PLCSIM Advanced 软件的应用，旨在帮助使用者更好地了解和掌握软件。

4.1　NX MCD 软件环境简介

4.1.1　进入机电一体化概念设计软件环境

　　启动 NX 软件。单击菜单中"文件"→"新建"命令，在弹出的"新建"提示框中选择"机电概念设计"选项。操作完成后，将会出现两种选项："常规设置"和"空白"，如图 4-1 所示。

　　若选中"空白"选项并输入文件名称后，进入"机电概念设计"界面，系统不会创建任何物体，可根据自身的需求从零开始进行设计和构建，如图 4-2 所示。

　　若选中"常规设置"并输入文件名称后，在"机电概念设计"界面中，系统会创建一个平面。这个平面在机电概念设计中扮演着重要角色，它提供了展示和构建机电设计内容的基石，让创意和设计得以清晰展现，如图 4-3 所示。

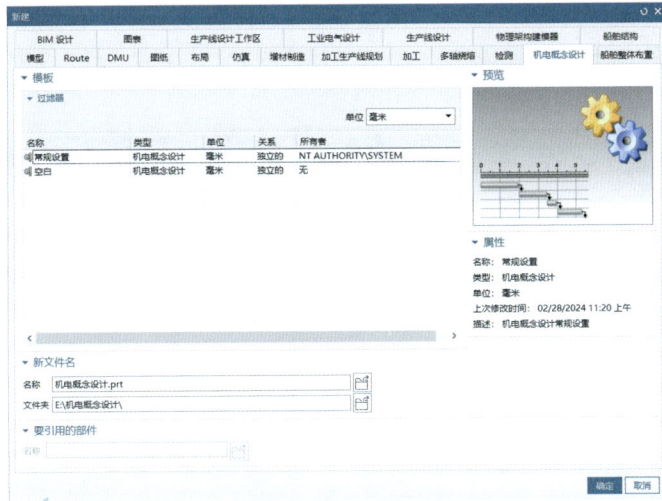

图 4-1　创建机电概念设计

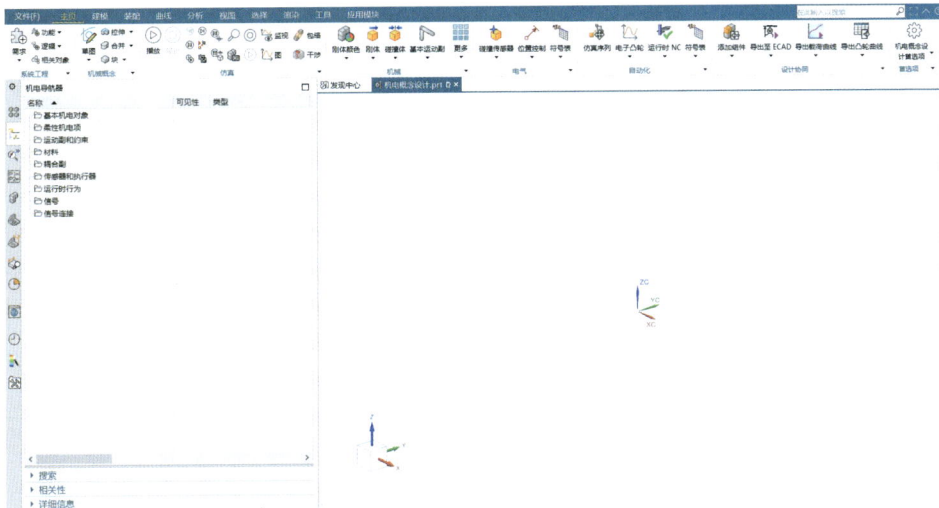

图 4-2　空白设置

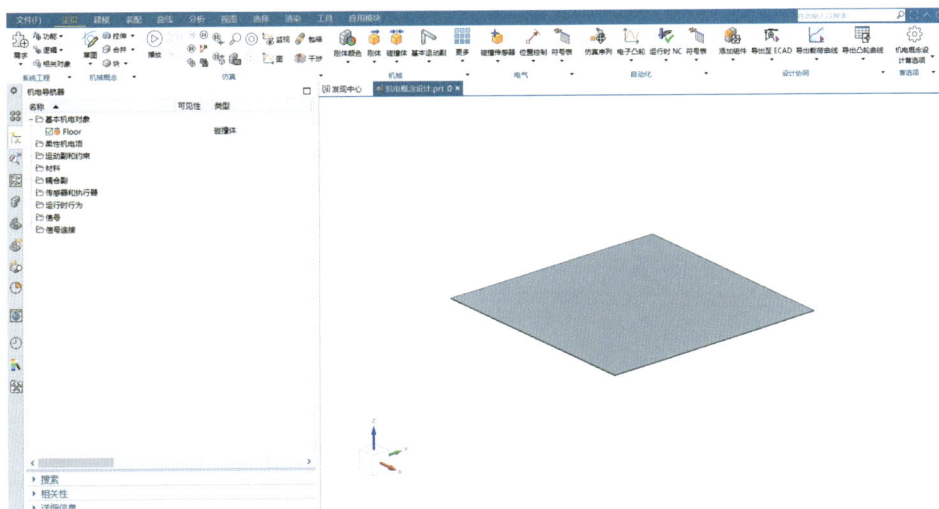

图 4-3　常规设置

　　除了上述创建方式，也可以打开一个已经创建好的 MCD 项目。单击菜单中"文件"→"打开"命令。在弹出图的对话框中，选择一个已经创建的 MCD 工程文件，如图 4-4 所示。

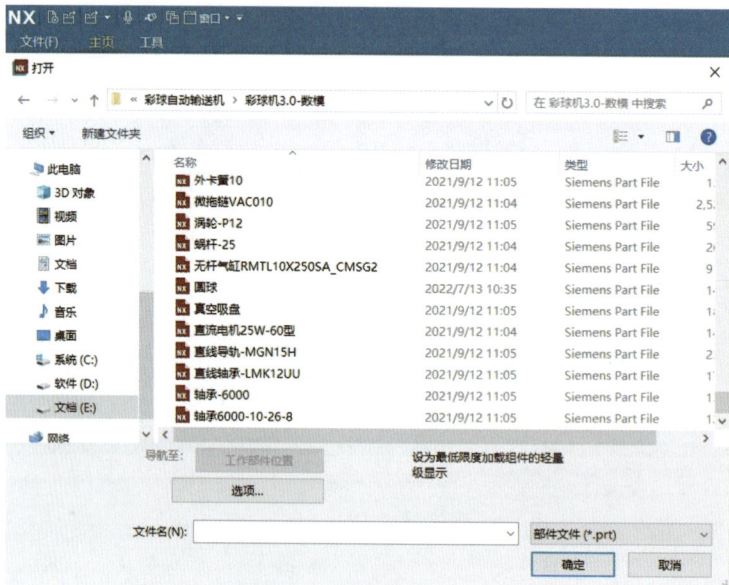

图 4-4　打开已创建的 MCD 项目

4.1.2　文件命令

　　"文件"命令下，有"新建""打开""保存""首选项""打印""导入""导出""实用工具"等不同的选项，如图 4-5 所示。各选项的含义如表 4-1 所示。

图 4-5　"文件"命令

表 4-1　"文件"命令中各选项的含义

序号	名称		含义
1	新建		创建所需的模块项目，如模型、图纸、仿真、机电概念设计等
2	打开		打开已经创建好的工程项目
3	关闭		根据所需，关闭不需要的单独零部件（或者装配体）
4	保存		根据所需，保存或另存已修改的单独零部件（或者装配体）
5	首选项		使用"首选项"命令可定义新对象、名称、布局和视图的显示参数。（使用"首选项"命令所做的更改，可替代相同功能的任何对应用户默认设置）
6	导入		将文件的内容复制到工作部件，或者如果导入的是IGES、STEP203、STEP214以及DXF文件，则也会复制到一个新的部件。（只要用户具备读权限，用户导入的部件可以来自任何可访问的磁盘目录）
7	导出		将NX数据复制到本机操作系统。（只要有可写访问权，正在导出的文件可以发送到任何可访问的磁盘）
8	实用工具	用户默认设置	在此定制的NX启动设置。用户默认设置控制许多功能和对话框的最初设置和参数。（所做的更改要到下一个NX会话才会生效。必须关闭再重新打开NX，然后才能看到更改）
		抢先体验功能	显示抢先体验功能的列表。通过这些功能，可以在默认启用之前启用新的生产功能，或在默认启用新功能后恢复到原有功能
		编辑其他部件文件头	此选项允许用户查看部件文件的创建日期和时间，并修改其状态和描述。编辑其他部件文件头指的是从"文件选择"对话框选择的部件文件。当选择一个部件时，系统显示"编辑工作部件文件头"对话框。该功能仅应用于部件文件，不能应用于其他文件类型

4.1.3　工具栏命令

在"机电概念设计"功能模块中，有以下选项："主页""建模""装配""曲线""分析""视图""渲染""工具"及"应用模块"。其中，"主页"集中了 MCD 模块的核心命令，便于快速访问，如图 4-6 所示。

图 4-6　"主页"选项下的命令

其余选项则分别涵盖了 NX 软件中其他模块的功能指令。每个选项都有其独特用途："建模"用于创建三维模型，"装配"用于组合部件，"曲线"用于处理线条设计，"分析"用于进行性能评估，"视图"用于调整观察角度，"渲染"用于实现视觉呈现，"工具"用于提供辅助功能，而"应用模块"则集合了更多专业应用。工具栏命令的含义如表 4-2 所示。

表 4-2　工具栏命令的含义

序号	模块	含义
1	系统工程	提供了从机电一体化概念设计器到Temacenter需求模型、功能模型和逻辑模型的链接。一般情况下，需求、功能、逻辑模型等需要在Teamcenter里创建，并且需要建立它们相互之间的连接。当在系统管理器中打开时，我们可以通过这些连接（Link）找到需要的逻辑、功能或者需求。系统工程模型分为三种：需求模型、功能模型和逻辑模型
2	机械概念	主要用于机械部件的三维建模，包括：草图绘制相关命令、拉伸/旋转草图生成三维模型的命令，以及对三维特征的逻辑操作（合并、减去、相交）和创建标准几何特征（长方块、圆柱、圆球等）的命令
3	仿真	主要用于控制仿真的启停、调整时间标度等，以及能够进行快照、运动干涉验证等操作
4	机械	主要用于建立机电一体化概念设计的操作指令。包含基本机电对象、运动副、耦合副等创建命令，标记表、标记表单、读写设备等过程标识命令，以及材料转换、对象转换等转换命令
5	电气	主要用于配置部件的电气属性与信号连接，如各类传感器、运动控制、信号等命令。电气组的命令可对部件进行电气信号、运动驱动等的配置，给予模型运动特性，是机电一体化概念设计的主要部分之一
6	自动化	主要用于设置时间顺序控制、凸轮曲线的导入/导出、外部控制器的信号连接等，如仿真序列、电子凸轮，以及配置外部信号等。自动化组的命令可对模型进行仿真调试、信号配置等操作，在机电一体化概念设计中承担控制功能
7	设计协同	主要用于对组件的添加、移动等操作和ECAD的导入/导出、载荷曲线导出、电机模型导入等操作，可让设计者在进行NX MCD设计时提高效率
8	首选项	主要用于对系统参数进行设置。在此首选项设置的参数仅对当前NX有效，重启NX后参数将会恢复默认

4.1.4　资源条工具栏命令

在机电概念设计的界面中，资源条工具栏占据着显著位置，如图 4-7 所示的最左侧竖状工具条。这　工具栏扮演着至关重要的角色，它为用户提供了便捷的访问途径，能够直接调用MCD 中那些特定于应用模块的导航器。这些导航器是设计过程中的得力助手，而它们就巧妙地嵌入在资源条工具栏之中，方便用户随时取用，从而极大地提升了设计效率与便捷性。资源条工具栏命令中各选项的含义如表 4-3 所示。

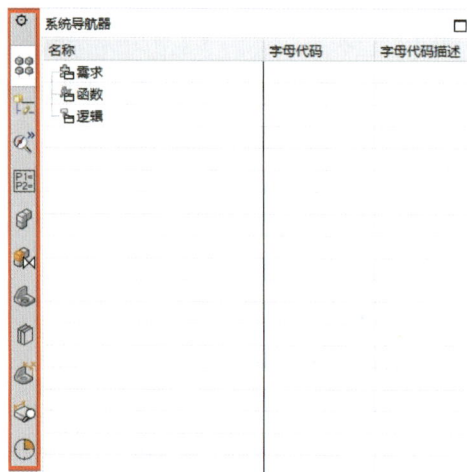

图 4-7　资源条工具栏命令

表 4-3   资源条工具栏命令中各选项含义

序号	名称	含义
1	资源条选项	用于设置选项卡的内容和资源条的位置
2	系统导航器	用于组织需求、功能和逻辑树，并提供机械、电气和机电对象的跟踪链接
3	机电导航器	用于创建MCD模型，添加几何体组件的MCD特征，或者改变特征，设置运动副、耦合副，添加运动控制、运动约束、信号、传感器、执行器等，最终创建出可用于仿真的机电一体化概念设计MCD模型系统
4	运行时查看器	用于在仿真过程中对运行时的参数进行控制、监视和绘图，导出仿真数据，以及管理仿真录制内容
5	运行时表达式	在这里可以添加、设置或者查看"运行时表达式"
6	装配导航器	显示顶层显示部件的装配结构
7	约束导航器	显示某个项目中各个部件在装配时的约束关系
8	部件导航器	包含模型视图、摄像机视图和模型历史记录等，以详细的图形树形式显示部件的各个方面
9	重用库	可访问重用对象和组件，可重用组件将作为组件添加到装配中，用于建立装配模型
10	MBD导航器	提供一种全面的工作流程导向方式，来管理部件或装配中的所有PMI对象，含PMI的模型视图和PMI规则
11	MBD查询	用于搜索部件中特定的非抑制PMI对象和与PMI关联的其他数据
12	序列编辑器	提供甘特图用来创建和管理仿真序列

4.1.5　运行机电概念设计仿真

（1）创建或导入模型

创建模型：在 NX 环境中，可以使用各种建模工具创建三维模型，确保模型的几何形状、尺寸和细节都符合设计要求。

导入模型：如果已经有在其他 CAD 软件中创建的模型，可以将其导入 NX 中。支持多种格式，如 STEP、IGES 等。

（2）配置物理属性

为模型中的各个部件添加物理属性，如刚体、碰撞体、摩擦面等。设置重力方向、初始速度等参数。

（3）添加运动副和约束

根据机电系统的运动要求，为部件添加适当的运动副和约束，如滑动副、铰链副、固定副等。

（4）（如需要）配置电气信号和 PLC 连接

映射信号：如果需要与外部 PLC 进行联合仿真，需要将 NX MCD 中的电气信号与外部

PLC 的信号进行映射。

配置 PLC 连接：设置 PLC 与 NX MCD 之间的通信参数，确保数据能够正确传输。

（5）设置仿真参数

在仿真开始之前，设置仿真参数，如时间步长、仿真速度等。

（6）启动仿真

单击仿真启动按钮，开始运行机电概念设计仿真。在仿真过程中，可以观察模型的运动情况，检查是否存在干涉、碰撞等问题。

（7）监控和调试

使用 NX MCD 提供的工具监控仿真的运行情况，如变量数值、运动轨迹等。根据需要调整模型参数或仿真参数，进行迭代调试。

（8）分析结果

仿真结束后，分析仿真结果，如运动轨迹、受力情况、能耗等。根据分析结果评估机电系统的性能和可行性。

（9）优化设计

根据仿真结果和优化目标，对机电系统进行优化设计。重复仿真步骤，验证优化效果。

4.2　NX MCD 软件应用概述

（1）软件功能与应用领域

功能设计：MCD 可用于交互式设计和模拟机电系统的复杂运动，融合了机械、电气、流体和自动化等多个学科。它提供了机电设备设计过程中硬件在环境中仿真调试的功能，支持功能设计方法，可集成上游和下游工程领域，包括需求管理、机械设计、电气设计以及软件 / 自动化工程。

应用领域：MCD 主要应用于机电一体化产品的概念设计，涵盖了机械、电气伺服驱动、液压气动、传感器、自动化设计、程序编制、信息通信等诸多领域。它是工作领域中不可或缺的工具，可加快机械、电气和软件设计学科产品的开发速度，使这些学科能够同时工作，专注于包括机械部件、传感器、驱动器和运动的概念设计。

（2）软件特点与优势

创新性设计技术：MCD 可实现创新性的设计技术，帮助机械设计人员满足日益提高的要求，不断提高机械的生产效率、缩短设计周期并降低成本。

多学科支持：MCD 是一种为多学科并行协作而设计的开发环境，支持从产品开发的概念阶段到最终工程制造的各个环节，有效协调不同学科，致力于保证数据完整性，彻底实现设计者的设计意图。

早期系统验证：MCD 提供了基于仿真引擎的验证技术，能够在开发过程的初期帮助设计人员获取电动机、伺服等驱动动力的仿真，初步验证概念设计的有效性。

智能对象封装：MCD 通过智能对象封装机电系统，面向其他工具的开放式接口，具有强大的机电数据一体化模块，包括三维几何、动力学、机械、传感器等组合模块，可帮助最大限度提高设计效率。

（3）软件操作与界面

界面组成：NX MCD 的界面主要包括"文件"菜单、选项卡栏、命令栏、资源条、上 / 右边框条、世界坐标和提示行等部分。其中，"文件"菜单用于对文件的操作、系统设置、导入 / 导出不同格式的文件等功能；选项卡栏包含了"主页""建模""装配""曲线""分析""视图""选择""渲染""工具"和"应用模块"等多个选项卡。

常用功能：MCD 的常用功能包括机械概念设计、仿真、机械、电气、自动化及协同设计等。例如，机械概念设计组可以进行草图绘制、拉伸 / 旋转草图生成模型、模型合并 / 减去、快速创建标准几何体等操作；仿真组则控制仿真的启停、调整时间标度等，并能够进行快照、运动干涉验证等操作。

（4）软件应用案例与效果

虚拟调试：NX MCD 支持虚拟调试，即在没有真实设备的情况下，通过建立设备 3D 模型和搭配外部控制信号，实现虚拟工艺调试。这可以缩短设备开发周期，降低设备打样成本，满足柔性生产需求。

多学科协同设计：MCD 通过支持不同部门在产品开发早期就参与协同工作，同时支持现有设计的重复使用，可以帮助机械制造企业从传统的串行设计流程升级为多学科协同研发。这可以显著加快产品设计速度，最高可将产品上市时间缩短 30%，从而提升企业的竞争力。

4.3　TIA Portal 软件简介

TIA Portal 是西门子的自动化编程软件平台，具备集成化、多语言支持和直观界面等特性，提供统一开发环境，支持多种 PLC 编程语言，操作简便。其涵盖项目管理、硬件组态、编程、调试与监控等功能模块，可集中管理项目信息、配置硬件、编写程序及调试监控，广泛应用于制造业、能源、交通等工业自动化领域，提升生产效率与质量。

4.3.1　进入 TIA Portal 软件环境

启动 TIA Portal 软件。单击菜单中"创建新项目"命令，在弹出的"创建新项目"提示框中设置名称和路径，并单击"创建"按钮。完成后单击"打开项目视图"，如图 4-8 所示。

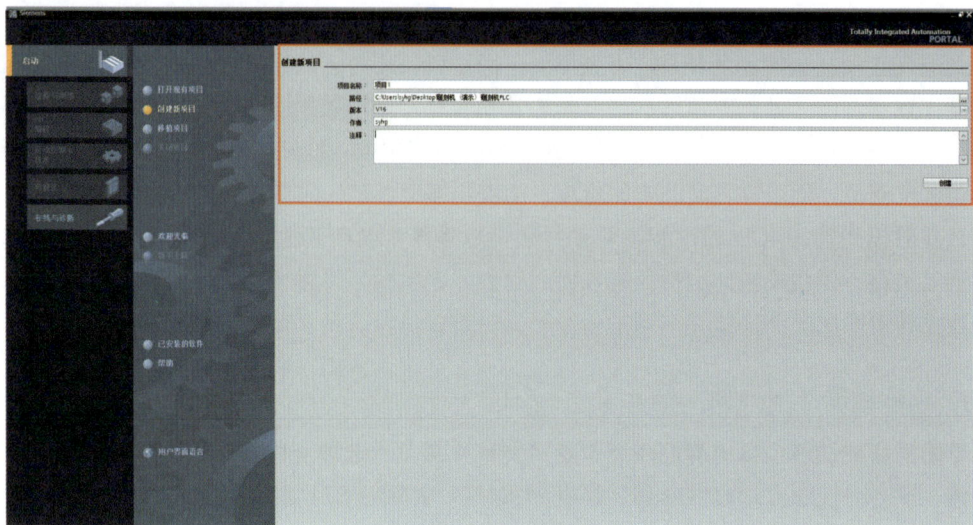

图 4-8　创建新项目

若选择"打开现有项目"，在弹出的提示框中选择需要打开的项目，完成后单击"打开项目视图"，如图 4-9 所示。

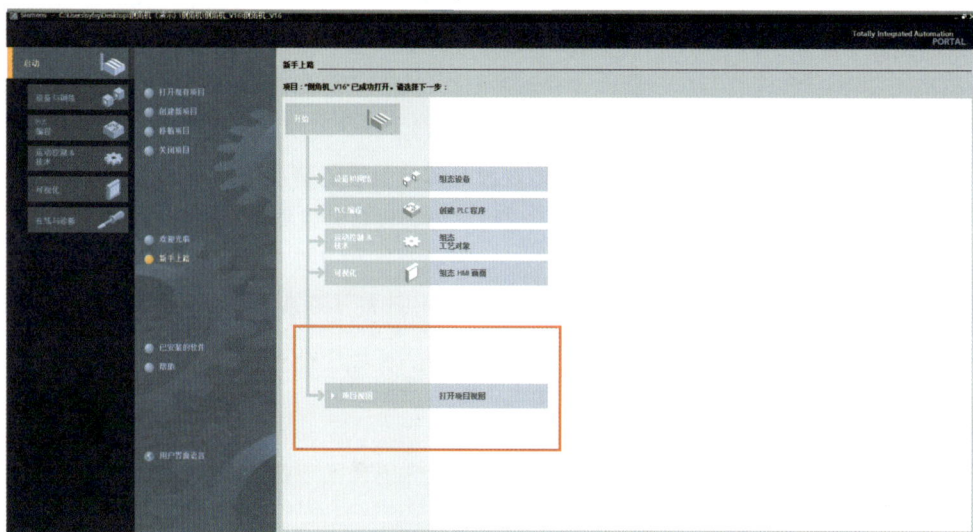

图 4-9　打开现有项目

4.3.2　界面介绍

① 菜单和工具栏：菜单栏包含项目、编辑、视图、插入、在线、选项和帮助等选项，工具栏包含新建、保存、编译、下载等选项。它们都是用户与软件交互的关键元素，助力高效完成任务，如图 4-10 所示。

② 项目树：项目的层次化组织结构视图，像地图索引般列出所有元素及其关系。涵盖设备与网络，用于硬件配置；程序块，存放控制逻辑代码；变量和 PLC 变量表，定义管理各类变量；监控表，在线监视修改变量；还有工艺对象（若适用）实现复杂工艺控制，方便用户管理项目资源。

③ 详细视图：展示所选对象的详细信息，如选中程序块，会显示编程语言、块编号等属性；选硬件设备，呈现订货号、固件信息等；选变量，则展示数据类型、初始值等内容，帮助用户全面了解对象，以便进行配置、排查故障和理解程序逻辑。

④ 工作区域：项目实操核心区域。编写 PLC 程序时，它展示编程编辑器；配置硬件设备，呈现详细配置界面；设计 HMI 画面，提供绘制、添加控件等操作空间，用户在这里完成编程、配置、界面设计等关键操作。

⑤ 任务卡：关联当前工作区操作的快捷区域，会依据操作场景展示对应工具与命令，如硬件配置时可快速添加模块，编程时能便捷插入指令，还能提供提示，提升操作效率。

⑥ 巡检窗口：用于快速检查项目状态。它能集中展示项目中设备、程序块等元素的状态信息，如设备的在线 / 离线状态、程序块是否有错误等。通过巡检窗口，用户无须逐个查看各对象，就能迅速掌握项目整体健康状况，及时发现潜在问题并进行处理，提高项目调试与维护效率。

⑦ 编辑器栏：用户创建与修改项目内容的关键区域。依据当前操作对象，它会呈现不同类型的编辑器。

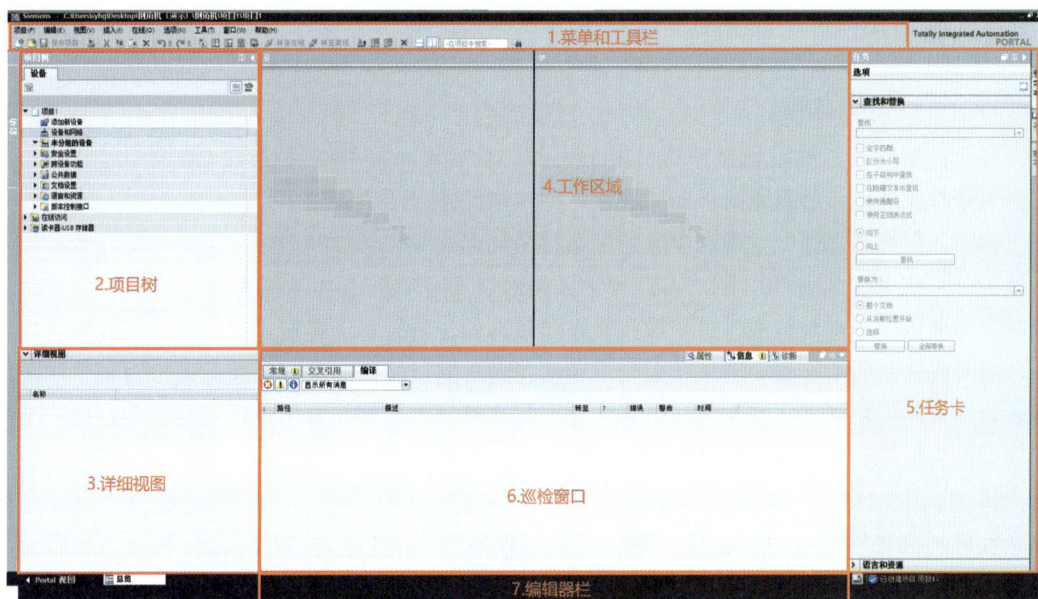

图 4-10　界面介绍

4.3.3　PLC 软件编程

（1）PLC 编程概述

硬件配置与连接：首先，通过"设备和网络"编辑器添加硬件设备，如将西门子 S7 - 1200 系列 PLC 拖入设备视图，复杂系统还可添加分布式 I/O 模块；接着，配置设备参数，包括 PLC 的时钟存储器字节、启动模式，HMI 的显示和通信参数；最后，对各种扩展模块进行配置，如设置模拟量输入模块的信号类型和量程，且添加和配置模块时要确保物理安装与软件配置顺序对应，保证 PLC 准确读写各模块数据。

逻辑编程：PLC 编程的核心部分。在逻辑编程阶段，使用编程语言（如梯形图、结构化文本、指令列表等）来编写逻辑程序。这些程序定义了对输入信号进行监测和对输出信号进行控制的逻辑。

数据处理和算法：在许多 PLC 应用中，需要进行数据处理和算法运算。这可能涉及实时数据采集、数据过滤、算术运算、逻辑判断、模拟计算等操作。PLC 编程需要定义适当的数据结构和变量，并编写相应的算法来处理这些数据。

电机运动控制：项目树添加匹配实际的 PLC 设备及运动控制模块并配置参数；接着在"工艺对象"里新增运动轴对象，设置轴的基本、机械及驱动参数；然后创建 OB 块作为主程序循环块，调用如 MC_Home、MC_MoveRelative 等运动控制指令编写程序，设置指令输入参数；之后定义运动控制所需变量并与指令输入输出参数连接；再对 PLC 与驱动器通信网络进行组态，设置通信参数保障正常通信；最后将程序下载到 PLC，利用监控功能调试，调整参数至电机达到理想控制效果。

通信和网络：对于分布式控制系统或多个 PLC 之间的通信，PLC 编程还需要涉及网络和通信方面。这包括与其他设备（如人机界面、上位机、传感器等）进行数据交换、使用各种通信协议（如 MODBUS、Ethernet/IP 等）、配置网络参数等。

（2）PLC 编程语言

PLC 的编程语言有梯形图语言（LAD）、结构化文本语言（ST）、顺序功能图语言（SFC）、指令表语言（IL）和功能块图语言（FBD）。其中前三种语言较为常用。

梯形图语言：以类似继电器电路的图形符号和连线来表示控制逻辑。主要图形元素有触点和线圈，触点分为常开和常闭，可代表输入信号、条件判断；线圈代表输出结果，如驱动负载。梯形图由多个梯级构成，每个梯级从左母线开始，通过触点连接，最后连接到线圈或功能块，右母线通常省略不画。遵循从上到下、从左到右的扫描原则。PLC 按此顺序对每个梯级进行逻辑运算，依据触点状态决定线圈是否通电，运算结果存储在输出映像寄存器中，待一个扫描周期结束后统一输出到外部设备。

结构化文本语言：采用结构化编程理念，由变量声明、程序语句和函数调用等部分构成。编程时要先声明变量，明确其数据类型，像整数（INT）、实数（REAL）等，之后使用各类语句编写程序逻辑。语句包括赋值语句、条件语句（IF-THEN-ELSE）、循环语句（FOR、WHILE）等，这些语句可嵌套使用以实现复杂逻辑。

顺序功能图语言：步、转换和动作是核心要素。步代表系统的稳定状态，像自动化生产线中的上料、加工、下料阶段，包含初始步（顺序控制起始点）和一般步。转换是相邻两步间的切换条件，以布尔表达式呈现，例如传感器检测到产品到位触发从"上料步"到"加工步"的转换。动作则与步关联，系统处于某步时执行对应操作，如输出信号的置位、复位或调用其他程序块。

（3）常用功能介绍

程序块：实现了模块化编程，将不同功能封装于各个程序块，使程序结构清晰，便于开发时分工协作，调试时能快速定位问题，维护时可高效修改局部功能；支持代码复用，功能块和功能可多次调用，避免代码重复编写，大大提高开发效率，减少编程工作量；还提升了程序可读性，每个程序块功能明确，结合名称和注释，能让开发者迅速理解整体程序逻辑。

工艺对象：工艺对象代表自动化系统中特定的工艺功能实体，把硬件设备、控制参数和控制功能集成，方便用户进行统一管理和配置。在运动控制中，工艺对象可代表一个运动轴；在过程控制中，能代表一个温度、压力等控制回路。

PLC 变量：内存中具有唯一名称和确定数据类型的特定存储区域，在程序运行期间可被读取、写入或修改。它在自动化控制系统中发挥着关键作用，既能存储各类数据，如传感器采集的温度、压力值以及开关状态信息，又充当着数据交互的桥梁，实现 PLC 与外部设备（传感器、执行器）以及不同程序块之间的数据传递，还能依据自身存储的值决定控制逻辑的执行流程，例如当代表液位的变量达到设定值时，PLC 控制相应阀门开启或关闭。

监控表和强制表：监控表和强制表是调试与维护 PLC 程序的重要工具。监控表能实时查看 PLC 变量当前值，有助于确认程序逻辑和设备状态；强制表可对变量强制赋值，用于模拟特定输入输出状态以测试程序，操作结束需及时解除强制。

4.4 S7-PLCSIM Advanced 软件简介

S7-PLCSIM Advanced 是西门子用于 S7-1500 系列 PLC 程序虚拟测试调试的软件。它高度真实模拟硬件行为功能，涵盖 CPU、I/O 等模块，支持运动控制等复杂工艺对象。与 TIA Portal 无缝集成，可直接在其环境使用。具备程序调试功能，如单步执行、断点设置，还能模拟硬件故障等异常情况。

4.4.1 界面介绍

① 设置访问方式。第一种："PLCSIM" 使用本地总线访问 CPU 实例（仅能在同一台电脑内部使用）。第二种："PLCSIM Virtual Eth.Adapter" 通过虚拟网卡，以 TCP/IP 协议的方式访问 CPU 实例。使用后者必须在安装软件时勾选 NPCap（4.0 版本适用，早期使用 WinPCap），如图 4-11 所示。

② 设置 TCP/IP 的通信方式，有本地和以太网两种。如果是在两台计算机之间实现仿真，需选择"以太网"。

③ 严格的运动时间。当调整时，将对运动控制组织块（Motion OB）缓冲区溢出进行检测，运动控制器伺服时钟与 PLC 周期同步，确保同硬件 PLC 有类似的功能；若设置"Off"时，则不检测缓冲区溢出。（这种情况下仿真实例不会因缓冲区溢出而切换到停机状态，可提高仿真性能，但可能不精确）

④ 创建仿真实例。包括实例的名称、IP 地址、子网掩码、网关及 CPU 的型号。

⑤ PLC 实例运行状态区。

⑥ 辅助功能区。其中"Virtual SIMATIC Memory Ca"可打开已创建的仿真实例文件夹，若某个实例不需要时可直接删除。

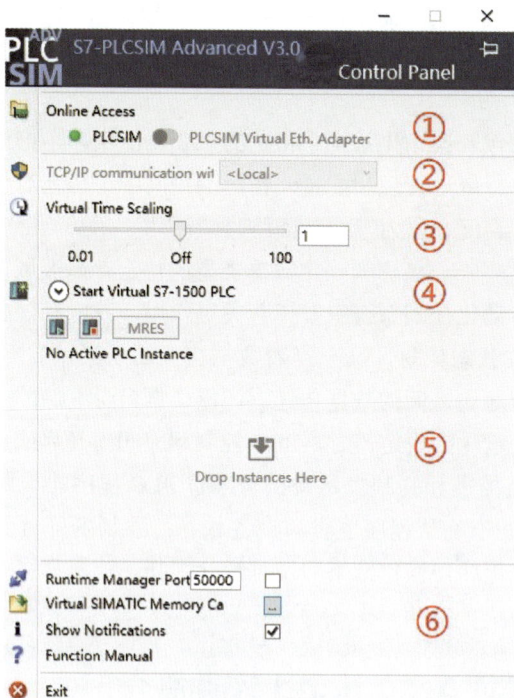

图4-11 界面介绍

4.4.2 软件的工作模式及原理

（1）本地总线模式

当将模式选择开关设置为"PLCSIM"时，即"本地总线模式"。该模式下，博途项目和CPU仿真实例在同一台计算机中，两者之间通过本地总线（SoftBus）进行通信，如图4-12所示。

注：这种模式下，PLC程序下载时，PG/PC接口应选择"PLCSIM"。

（2）本地虚拟网卡模式

当将模式选择开关设置为"PLCSIM Virtual Eth. Adapter"时，TCP/IP通信选择＜本地＞或＜以太网＞都可以，即"本地虚拟网卡模式"。该模式下，博途项目和CPU仿真实例在同一台计算机中，两者之间通过PLCSIM虚拟网卡通信（S7-PLCSIM安装后会在网络适配器视图中生成一个虚拟网卡），如图4-13所示。

注：设置虚拟网卡的IP地址与CPU仿真实例的IP地址在同一子网中。

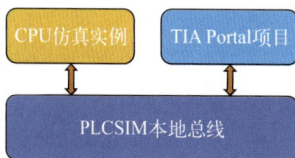

图4-12 本地总线模式

图4-13 本地虚拟网卡模式

（3）异地模式

该模式下，博途项目和 CPU 仿真实例不在同一台计算机中。对于 B 而言，需将其 PLCSIM 软件的模式选择开关设置为"PLCSIM Virtual Eth. Adapter"，TCP/IP 通信选择＜以太网＞，如图 4-14 所示。

注：A 的物理网卡 IP 地址、B 的物理网卡 IP 地址、PLCSIM 虚拟网卡的 IP 地址及 CPU 仿真实例的 IP 地址设置在同一子网中。

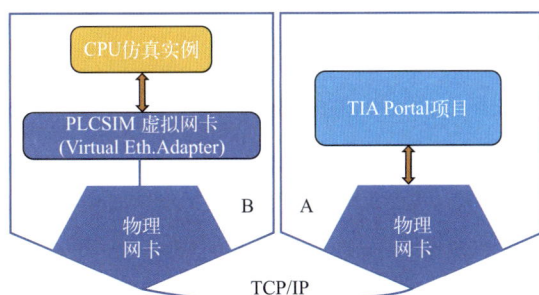

图 4-14　异地模式

本章小结

　　本章重点阐述了机电一体化概念设计的重要地位，并简要介绍了 NX MCD、TIA Portal 和 S7-PLCSIM Advanced 软件的应用。在 NX MCD 中，会发现一系列精心设计的命令和功能，它们分布在菜单、工具栏和资源条中，旨在帮助用户更高效地进行设计工作。

　　NX MCD 的软件环境以其直观易用的界面、丰富多样的命令和功能，以及强大的设计资源支持，为用户提供了卓越的设计体验。无论是新手还是资深设计师，都能在这款软件中找到需要的工具和功能，实现机电一体化概念设计的创新与突破。

思考题

1．在"机电概念设计"新建对话框中，"常规设置"和"空白"的区别是什么？
2．简述"机电概念设计"功能模块下各选项的功能。
3．简述"资源条"中各导航器的功能。
4．简述机电一体化概念设计的特点。
5．简述 S7-PLCSIM Advanced 的工作模式及原理。

第5章

基于物理特性的运动仿真基础

➡ 导读

本章聚焦机电一体化概念设计（NX MCD）的核心要素：机电对象、执行器、运动副和传感器。它们分别承载系统特性、驱动运动、定义运动关系及提供反馈。在 NX MCD 中，将这些特征融入三维模型，可实现高精度运动仿真，提升设计逼真度与准确性，加速机电一体化产品创新，推动领域发展。

5.1 基本机电对象与执行器

5.1.1 基本机电对象与执行器概述

（1）基本机电对象

机电一体化概念设计的基本机电对象包括刚体、碰撞体、对象源、对象收集器、对象变换器等。创建基本机电对象的操作过程为：①建立几何对象的三维模型；②在 NX MCD 中设定这些几何体模型为基本机电对象。在几何体三维模型没有被赋予机电对象属性之前，它并不具备重力、碰撞等物理属性，只有赋予几何体三维模型的基本机电对象特征之后，才能够进行物理属性的运动仿真。

（2）执行器

机电一体化概念设计中的运动仿真包含执行器和运动副。执行器包括传输面、速度控制、位置控制、液压缸、液压阀、气缸、气阀以及力 / 力矩控制等。

5.1.2　创建机电一体化概念设计训练平台

（1）创建项目

① 双击桌面 NX 软件，进入软件系统。

② 单击"新建"命令，在弹出的对话框中，选择"机电概念设计"→"常规设置"并对项目进行命名。以上操作完成后，就建立了一个简单的 NX MCD 训练环境，软件会自动生成一个几何体（其名称为"Floor"），如图 5-1 所示。

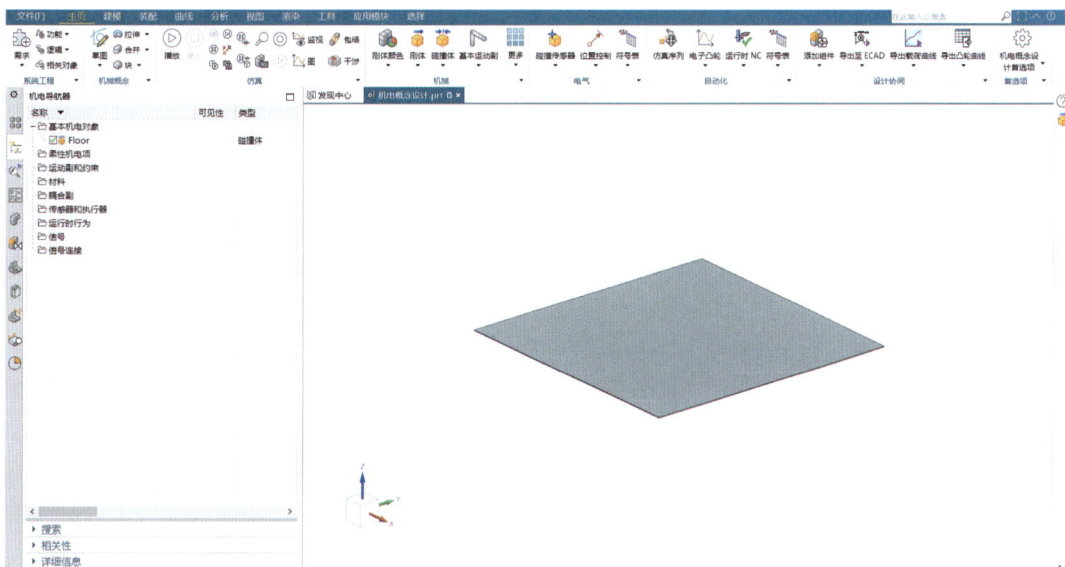

图 5-1　创建项目

（2）界面介绍

① 菜单栏：由"文件""主页""建模""装配""曲线""分析""视图""选择""渲染""工具"和"应用模块"组成。

② 指令栏：显示菜单栏中每个模块的指令，以便快捷操作。

③ 资源条：由不同的导航器组成，所下达的指令会在相应的导航器中显示。

④ 右边框条：显示最近使用的命令和预测可能会使用的命令。

⑤ 坐标系：可通过单击坐标系变换不同视图。

⑥ 提示栏：显示当前的操作或运行状态，如图 5-2 所示。

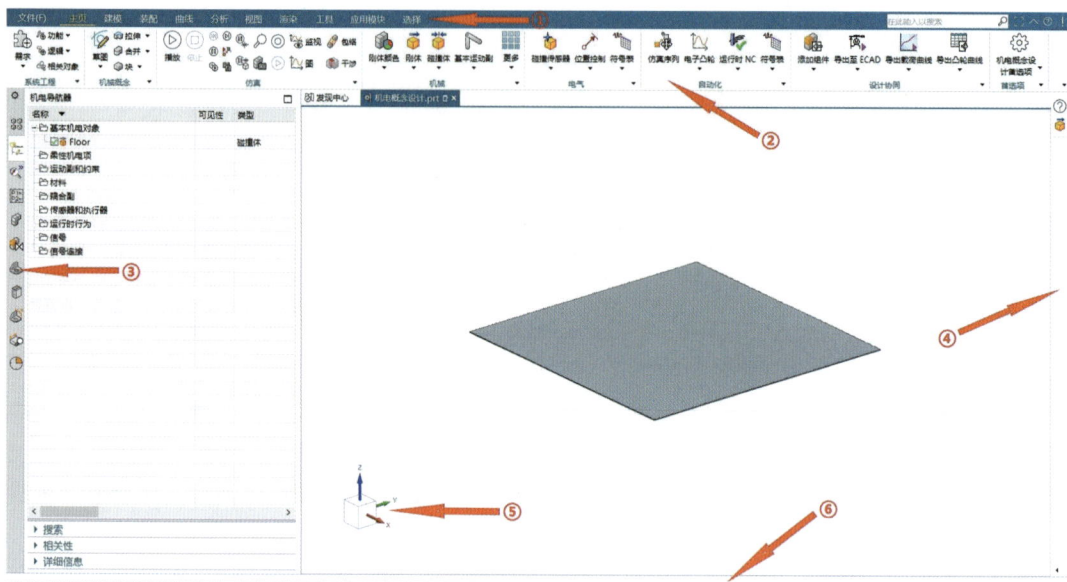

图 5-2　界面介绍

5.1.3　基本机电对象

（1）刚体

① 刚体的概念

刚体指的是在运动过程中和受力作用后，形状、大小不变和内部各点相对位置不变的物体。在 NX MCD 中，对三维模型设置刚体对象后，该模型在仿真过程中将具备质量、惯性、平移和角速度等物理属性，没有设置刚体的模型则是完全静止的。

需要注意的是，一个或多个模型上只能设置一个刚体对象。

② 创建刚体的方法

创建刚体的方式有两种。

方式一：选择"主页"选项卡→"机械"组→"刚体"，如图 5-3 所示。

方式二：选择资源条中的"机电导航器"→右键单击"基本机电对象"→选择"刚体"，如图 5-4 所示。

图 5-3　刚体创建方式一

图 5-4　刚体创建方式二

③ 刚体参数的含义

在"刚体"对话框中，可以对刚体对象、质量属性、速度、颜色、名称等进行设置，如图 5-5 所示。各名称的含义如表 5-1 所示。

图 5-5　"刚体"对话框

表 5-1　"刚体"对话框中各名称的含义

序号	设置名称	含义
1	选择对象	选择一个或多个对象，将会根据所选择的对象生成刚体
2	质量属性	自动：系统根据材料属性计算质量和惯性矩 用户自定义：用户手动输入参数（一般选择为"自动"）
3	指定质心	选择一个点作为刚体的质心
4	指定对象的坐标系	定义对象的坐标系，此坐标系将作为计算惯性矩的依据
5	质量	定义对象的质量值
6	惯性矩	设置惯性矩以定义惯性矩阵
7	初始平移速度	设置平移速度（当平移速度值不等于0时，可选择矢量以指定平移速度的方向）
8	初始旋转速度	设置旋转速度（当旋转速度值不等于0时，可选择矢量以指定旋转速度的方向）
9	刚体颜色	用于使用颜色样本指定显示颜色
10	标记	选择标记表单：以在仿真过程中使用读写设备命令更改机电属性 选择标记表：以使用读写设备命令为多个标记表单实例设置不同的值
11	名称	设置刚体的名称

（2）碰撞体

① 碰撞体的概念

碰撞体指的是能够与其他物理对象发生干涉。在 NX MCD 中，碰撞体需要与刚体一起设置在模型上，这样才能触发碰撞。在仿真过程中，若是两个刚体都设置了碰撞体，它们之间能够发生碰撞；若是刚体没有设置碰撞体，它们之间会彼此相互穿过。

② 创建碰撞体的方法

创建碰撞体的方式有两种。

方式一：选择"主页"选项卡→"机械"组→"碰撞体"，如图 5-6 所示。

方式二：选择资源条中的"机电导航器"→右键单击"基本机电对象"→选择"碰撞体"，如图 5-7 所示。

图 5-6　碰撞体创建方式一

图 5-7　碰撞体创建方式二

③ 碰撞体参数的含义

在"碰撞体"对话框中，可以对碰撞体对象、碰撞材料、碰撞类型、碰撞类别等进行设置，如图 5-8 所示。各名称的含义如表 5-2 所示。

图 5-8　"碰撞体"对话框

表 5-2　"碰撞体"对话框中各名称的含义

序号	设置名称	含义
1	选择对象	选择一个或多个对象，将会根据所选择的对象生成碰撞体
2	碰撞形状	选择要应用于几何体的碰撞形状

续表

序号	设置名称	含义
3	形状属性	自动：系统将根据所选对象自动计算碰撞体 用户自定义：用户手动输入相关参数
4	指定坐标系	选择用户定义时可用，用于选择碰撞形状的中心点
5	碰撞形状参数和尺寸	根据所选的碰撞形状，用户可自定义碰撞形状的参数和尺寸
6	碰撞材料	为碰撞体设置碰撞材料或新建碰撞材料。碰撞材料决定以下属性：动摩擦滚动摩擦系数、恢复系数
7	碰撞类别	碰撞体类别默认为0，0代表能够与任何其他类别的碰撞体发生碰撞。如果设置不同的碰撞类别，则碰撞体仅与具有相同的碰撞类别或碰撞类别为0的碰撞体交互
8	碰撞设置	碰撞时高亮显示：当接触其他几何体（应用了相同碰撞类别时），强制碰撞形状高亮显示 碰撞时粘连：设置碰撞体附到另一个碰撞体（对于要附着的两个对象，必须均选中"碰撞时粘连"） 碰撞后暂停：（用于使用特定碰撞时暂停命令）在发生碰撞时暂停仿真
9	名称	设置碰撞体的名称

（3）传输面

① 传输面的概念

传输面是将所选的平面转化为"传送带"的一种机电"执行器"特征。一旦有其他物体放置在传输面上，此物体将会按照传输面指定的速度和方向运输到相应位置。传输面的运动可以是直线，也可以是圆（具体通过用户的设置而定）。需要注意的是，传输面必须是一个平面，同时是碰撞体。

② 创建传输面的方法

创建传输面的方式有两种。

方式一：选择"主页"选项卡→"电气"组→"传输面"，如图5-9所示。

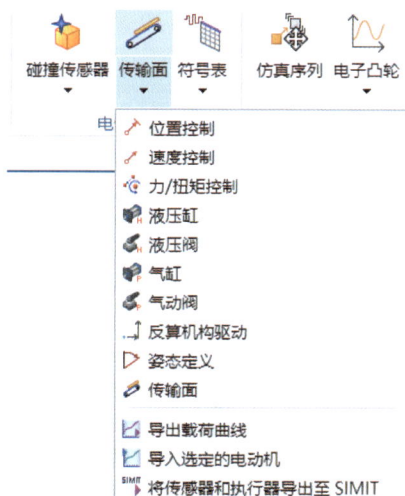

图5-9 传输面创建方式一

方式二：选择资源条中的"机电导航器"→右键单击"传感器和执行器"→选择"传输面"，如图5-10所示。

③ 传输面参数的含义

在"传输面"对话框中，可以对速度、位置、碰撞材料等进行设置，如图5-11所示。"传输面"对话框中各名称的含义如表5-3所示。

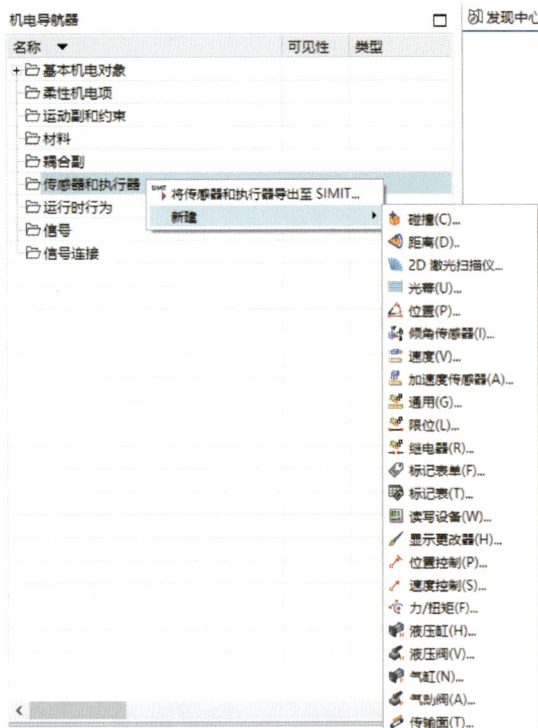

图 5-10 传输面创建方式二

图 5-11 "传输面"对话框

表 5-3 "传输面"对话框中各名称的含义

序号	设置名称		含义
1	传输面类型	传送带	创建皮带式传送带
		从滚子	创建由多个滚子组成的运输系统
		多个轨道	创建具有多个皮带式传送带的传送系统
2	传送带面		从工作部件中选择面，以指定为传输面
	从滚子	选择滚子	选择圆柱面以自动判断单个传输面路径
		封闭路径	选中时，则将滚子路径设为连续循环。或取消选择滚子路径以创建终止系统
		列表	选择并重排序要指派为滚子的几何体
	多个轨道	选择面	从工作部件中选择面，以指定为传输面
		添加单独传输面	将选定的面添加到传送带列表中，以便为另一个传送带轨道选择新面
		传送带列表	从传输面查看和删除传送带轨道

续表

序号	设置名称			含义
3	运动类型	平直	起点	指定传输面的速度矢量的起点（当选择多个平的面或至少一个非平面时显示）
			指定矢量	指定传输方向的矢量
			速度	平行：设置选定矢量方向的速度 垂直：设置垂直于选定矢量的方向的速度
			起始位置	平行：设置传输面的平行开始位置。当通过位置控制执行器设置运动范围时，可以使用此选项来设置初始位置 垂直：设置使用位置控制执行器时的垂直开始位置
		圆	速度类型	将传输面的速度设为线性或角度
			中心点	选择圆形运动的中心点
			中间速度	设置半径中位数处的旋转速度
			起始位置	设置传输面的初始位置。当通过位置控制执行器设置运动范围时，可以使用此选项来设置初始位置
		螺旋或组合直线和圆	路径曲线	选择曲线以定义传输面的运动方向
			路径速度	设置沿传输面路径移动的对象的速度
			圆的角速度	确定圆周运动是否保持线性速度
			起始位置	设置传输面的初始位置。当通过位置控制执行器设置运动范围时，可以使用此选项来设置初始位置
4	碰撞材料			选择要指派给传输面的可用材料
5	碰撞体			在选择面时可用。为传输面创建碰撞体，使其可与刚体交互
6	名称			设置传输面的名称

（4）对象源

① 对象源的概念

对象源可基于时间（或基于事件）触发，并且可创建复制多个外观、属性相同的对象（适用于物料流案例中，可以模拟不断产生相同物件的情况）。在 NX MCD 中，对象源常与刚体（或碰撞体）一同使用。

② 创建对象源的方法

创建对象源的方式有两种。

方式一：选择"主页"选项卡→"机械"组→"对象源"，如图 5-12 所示。

图 5-12 对象源创建方式一

方式二：选择资源条中的"机电导航器"→右键单击"基本机电对象"→选择"对象源"选项，如图 5-13 所示。

③ 对象源参数的含义

在"对象源"对话框中，可以对触发方式、时间间隔（基于时间）、起始偏置（基于时间）等进行设置，如图 5-14 所示。"对象源"对话框中各参数的含义如表 5-4 所示。

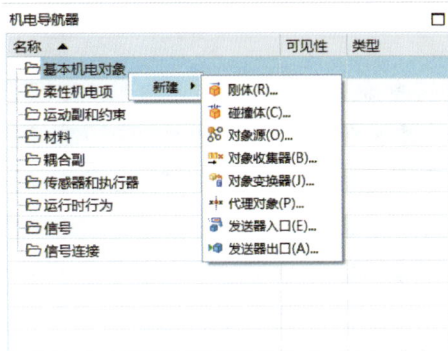

图 5-13　对象源创建方式二

图 5-14　"对象源"对话框

表 5-4　"对象源"对话框中各参数的含义

序号	设置名称	含义
1	选择对象	选择要在系统中复制的对象
2	触发	基于时间：复制按特定时间间隔进行 每次激活一次：每次激活仅发生一次复制
3	时间间隔（基于时间）	设置时间间隔，以秒为单位设置时间间隔
4	开始偏置（基于时间）	设置等待创建第一个对象的秒数
5	名称	设置对象源的名称

（5）对象收集器

① 对象收集器的概念

对象收集器与对象源的作用相反。当对象源生成的对象触碰到对象收集器后，将消除对象源生成的对象。在 NX MCD 中，对象收集器需要与碰撞传感器搭配使用。

② 创建对象收集器的方法

创建对象收集器的方式有两种。

方式一：选择"主页"选项卡→"机械"组→"对象收集器"，如图 5-15 所示。

图 5-15　对象收集器创建方式一

方式二：选择资源条中的"机电导航器"→右键单击"基本机电对象"→选择"对象收集器"选项，如图 5-16 所示。

③ 对象收集器参数的含义

在"对象收集器"对话框中，可以对收集来源、名称等进行设置，如图 5-17 所示。"对象收集器"对话框中各参数的含义如表 5-5 所示。

图 5-16 对象收集器创建方式二

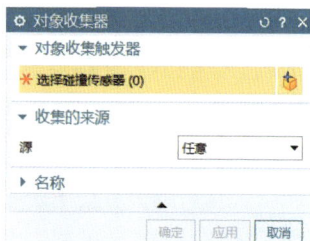

图 5-17 "对象收集器"对话框

表 5-5 "对象收集器"对话框中各参数的含义

序号	设置名称	含义
1	选择碰撞传感器	选择碰撞传感器，以触发收集命令
2	收集的来源	任意：当对象源生成的副本与碰撞传感器碰撞，将删除每个副本 仅选定的：当特定对象源生成的副本与碰撞传感器碰撞，将删除特定副本
3	选择对象（仅选定的）	从图形窗口中选择对象源
4	名称	设置对象收集器的名称

（6）对象变换器

① 对象变换器的概念

对象变换器能够将一个几何体变换为另一个几何体（碰撞传感器作为触发器）。在 NX MCD 中，对象变换器常用于模拟物料外观的改变。

② 创建对象变换器的方法

创建对象变换器的方式有两种。

方式一：选择"主页"选项卡→"机械"组→"对象变换器"，如图 5-18 所示。

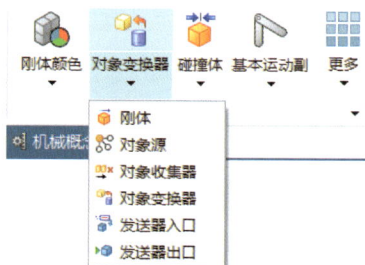

图 5-18 对象变换器创建方式一

方式二：选择资源条中的"机电导航器"→右键单击"基本机电对象"→选择"对象变换器"选项，如图 5-19 所示。

③ 对象变换器参数的含义

在"对象变换器"对话框中，可以对变换触发器、变换源、名称等进行设置，如图 5-20 所示。"对象变换器"对话框中各参数的含义如表 5-6 所示。

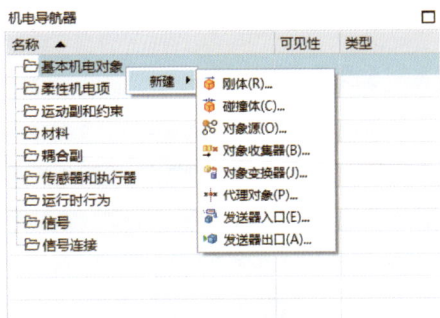

图 5-19 对象变换器创建方式二

图 5-20 "对象变换器"对话框

表 5-6 "对象变换器"对话框中各参数的含义

序号	设置名称	含义
1	选择碰撞传感器	选择碰撞传感器以触发对象变换器（碰撞传感器所在位置则是刚体将被替换为另一个刚体的位置）
2	变换源	源指的是对象源，指定对象变换器要变换的对象 任意：当对象源在与碰撞传感器碰撞时，每个对象源都会触发变换 仅选定的：当指定的对象源在与碰撞传感器碰撞时，才会触发变换
3	选择刚体	选择在触发变换之后产生的刚体
4	每次激活时执行一次	若是勾选，则对象变换器仅发生一次变换
5	名称	设置对象变换器的名称

（7）碰撞材料

① 碰撞材料的概念

碰撞材料的属性包含动摩擦、滚动摩擦系数、恢复系数。在 NX MCD 仿真过程中，设置不同的属性，会呈现不同的运动行为。在 NX MCD 中，碰撞材料可以分配给碰撞体和传输面。

② 创建碰撞材料的方法

创建碰撞材料的方式有两种。

方式一：选择"主页"选项卡→"机械"组→"碰撞材料"，如图 5-21 所示。

图 5-21 碰撞材料创建方式一

方式二：选择资源条中的"机电导航器"→右键单击"材料"→选择"碰撞材料"选项，如图 5-22 所示。

③ 碰撞材料参数的含义

在"碰撞材料"对话框中，可以对动摩擦、滚动摩擦系数、恢复系数等进行设置，如图 5-23 所示。"碰撞材料"对话框中各参数的含义如表 5-7 所示。

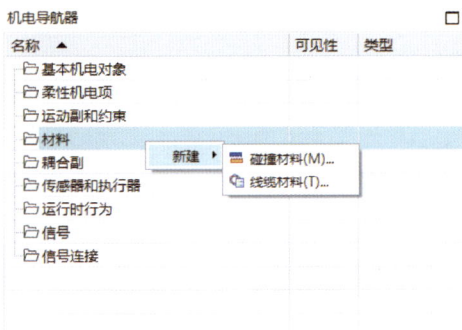

图 5-22　碰撞材料创建方式二　　　图 5-23　"碰撞材料"对话框

表 5-7　"碰撞材料"对话框中各参数的含义

序号	设置名称	含义
1	动摩擦	物体在另一物体表面运动时，接触面所产生的阻力
2	滚动摩擦系数	指定材料的滚动摩擦系数，默认值为0
3	恢复系数	恢复系数介于0和1之间，指的是两个物体在碰撞后的反弹程度。若恢复系数为1，则此碰撞为弹性碰撞；若恢复系数小于1而大于或等于0，则此碰撞为非弹性碰撞；若恢复系数为0,则此碰撞为完全非弹性碰撞
4	名称	设置碰撞材料的名称

5.1.4　执行器

（1）传输面

相关内容见本章 5.1.3 节的"（3）传输面"。

（2）速度控制

① 速度控制的概念

速度控制用于运动副中，作为速度驱动参数的执行器，可控制运动几何体的目标速度。

② 创建速度控制的方法

创建速度控制的方式有两种。

方式一：选择"主页"选项卡→"电气"组→"速度控制"，如图 5-24 所示。

方式二：选择资源条中的"机电导航器"→右键单击"传感器和执行器"→选择"速度控

制"选项，如图 5-25 所示。

图 5-24　速度控制创建方式一

图 5-25　速度控制创建方式二

③ 速度控制参数的含义

在"速度控制"对话框中，可以对速度、限制加速度、限制力等进行设置，如图5-26所示。"速度控制"对话框中各参数的含义如表5-8所示。

图 5-26　"速度控制"对话框

表 5-8　"速度控制"对话框中各参数的含义

序号	设置名称	含义
1	选择对象	选择运动副，以使用执行器移动
2	轴类型	（仅当选择柱面副时可用）将轴类型指定为角度或线性
3	方向	（仅当选择传输面时可用）用于设置传输面的方向
4	虚拟轴类型	（仅当选择虚拟轴作为机电对象时可用）用于在图形窗口中过滤轴
5	速度	设置移动的恒定速度
6	限制加速度	设置最大加速度
7	限制加加速度	（仅当选择限制加速度时才可用）用于设置最大加加速度值，以限制加速度的变化率
8	限制力	（仅当轴类型设为线性时可用）设置正向力和反向力的限制，然后选择一个信号与执行器的力作比较，以确定是否过载
9	限制扭矩	（仅当轴类型设为角度时可用）用于设置正向和反向的扭矩限制，并选择信号与执行器的扭矩进行比较，以确定电动机是否过载
10	图形视图	根据约束组值显示运动特征
11	名称	设置速度控制的名称

（3）位置控制

① 位置控制的概念

位置控制用于运动副或传输面中，作为位置驱动参数的执行器，可控制运动几何体的目标位置。

② 创建位置控制的方法

创建位置控制的方式有两种。

方式一：选择"主页"选项卡→"电气"组→"位置控制"，如图5-27所示。

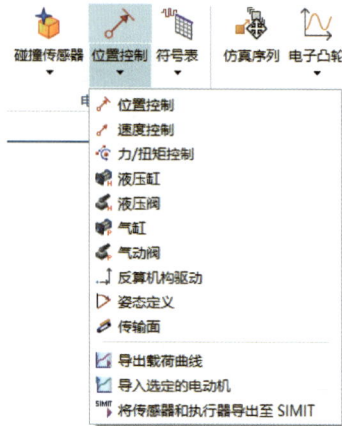

图 5-27　位置控制创建方式一

方式二：选择资源条中的"机电导航器"→右键单击"传感器和执行器"→选择"位置控制"选项，如图 5-28 所示。

图 5-28　位置控制创建方式二

③ 位置控制参数的含义

在"位置控制"对话框中，可以对速度、加速度、限制力等进行设置，如图 5-29 所示。"位置控制"对话框中各参数的含义如表 5-9 所示。

图 5-29　"位置控制"对话框

表 5-9　"位置控制"对话框各参数的含义

序号	设置名称	含义
1	选择对象	选择要使用执行器移动的运动副或传输面
2	轴类型	（仅当选择柱面副时可用）将轴类型指定为角度或线性
3	方向	（仅当选择传输面时显示）用于设置传输面的方向
4	虚拟轴类型	（仅当选择虚拟轴作为机电对象时可用）用于在图形窗口中过滤轴
5	源自外部的数据	停用约束组，以使位置控制执行器可由机床控制器控制
6	角路径选项	（仅当轴类型设为角度时可用）指定旋转的方向
7	目标	设置运动副的最终位置
8	速度	设置运动副的恒定速度
9	限制加速度	设置最大加速度和最大减速度
10	限制加加速度	（仅当选择限制加速度时可用）用于设置最大加加速度值以限制加速度的变化率
11	限制力	（仅当轴类型设为线性时可用）设置正向力和反向力的限制，然后选择一个信号与执行器的力作比较，以确定是否过载
12	限制扭矩	（仅当轴类型设为角度时可用）用于设置正向和反向的扭矩限制，并选择信号与执行器的扭矩进行比较，以确定电动机是否过载
13	图形视图	根据约束组值显示运动特征
14	名称	设置位置控制的名称

5.2　运动副

5.2.1　铰链副

① 铰链副的概念

铰链副是指在两个实体之间创建一个仅能转动的运动副，允许沿轴有一个旋转自由度。在

NX MCD 中，铰链副的基本件一般不做选择，使其相对地面运动。

② 创建铰链副的方法

创建铰链副的方式有两种。

方式一：选择"主页"选项卡→"机械"组→"基本运动副"→"铰链副"，如图 5-30 所示。

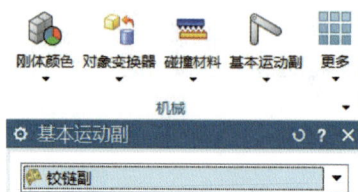

图 5-30　铰链副创建方式一

方式二：选择资源条中的"机电导航器"→右键单击"运动副和约束"→选择"铰链副"选项，如图 5-31 所示。

③ 铰链副参数的含义

在"铰链副"选项中，可以对连接体、基本体、起始角等进行设置，如图 5-32 所示。"铰链副"选项中各参数的含义如表 5-10 所示。

图 5-31　铰链副创建方式二

图 5-32　"铰链副"选项

表 5-10　"铰链副"选项中各参数的含义

序号	设置名称	含义
1	选择连接体	选择要受铰链副约束的刚体
2	选择基本体	选择连接体所链接的刚体。如果此参数为空，连接体将链接到背景
3	指定轴矢量	指定矢量，运动副将绕该矢量旋转

续表

序号	设置名称		含义
4	指定锚点		指定铰链副应围绕其旋转的锚点
5	起始角		设置连接体在仿真未运行时相对于其在图形窗口中位置的初始位置
6	上限		以设置的轴矢量正方向为准，顺时针方向为上限，一般用于设置旋转的最大角度
7	下限		以设置的轴矢量正方向为准，逆时针方向为下限，一般用于设置旋转的最小角度
8	运动类型	动力学	在仿真过程中使用机电求解器执行精确的运动副计算
		运动学	执行简单的运动学计算，不使用机电求解器，以提高仿真性能
		铰接运动	为需要精确值的运动副优化运动学计算，以适应紧密公差
9	名称		设置铰链副的名称

5.2.2 固定副

① 固定副的概念

固定副是指将一个部件固定到另一个部件的运动副，自由度全部被约束。一般用于将一个部件固定于大地中（基本件不做选择），使其作为参考部件，便于其余部件的装配。

② 创建固定副的方法

创建固定副的方式有两种。

方式一：选择"主页"选项卡→"机械"组→"基本运动副"→"固定副"，如图 5-33 所示。

方式二：选择资源条中的"机电导航器"→右键单击"运动副和约束"→选择"固定副"选项，如图 5-34 所示。

图 5-33 固定副创建方式一

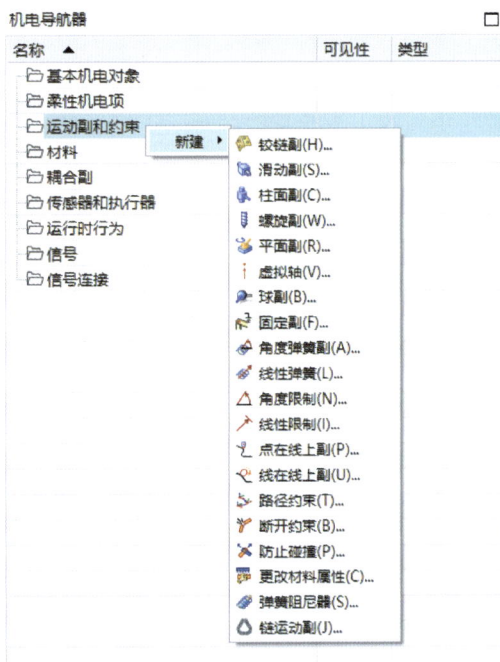

图 5-34 固定副创建方式二

③ 固定副参数的含义

在"固定副"选项中，可以对连接体、基本体、运动类型等进行设置，如图 5-35 所示。"固定副"选项中各参数的含义如表 5-11 所示。

图 5-35　"固定副"选项

表 5-11　"固定副"选项中各参数的含义

序号	设置名称		含义
1	选择连接体		选择要使用固定副约束的刚体
2	选择基本体		选择连接体所要固定到的刚体。如果未选择基本体，则连接体固定在空中
3	运动类型	动力学	在仿真过程中使用机电求解器执行精确的运动副计算
		运动学	执行简单的运动学计算，不使用机电求解器，以提高仿真性能
		铰接运动	为需要精确值的运动副优化运动学计算，以适应紧密公差
4	名称		设置固定副的名称

5.2.3　滑动副

① 滑动副的概念

滑动副是指在两个实体之间创建一个仅能移动的运动副，允许沿矢量方向有一个平移自由度。

② 创建滑动副的方法

创建滑动副的方式有两种。

方式一：选择"主页"选项卡→"机械"组→"基本运动副"→"滑动副"，如图 5-36 所示。

图 5-36　滑动副创建方式一

方式二：选择资源条中的"机电导航器"→右键单击"运动副和约束"→选择"滑动副"选项，如图 5-37 所示。

③ 滑动副参数的含义

在"滑动副"选项中，可以对连接体、基本体、轴矢量、运动类型等进行设置，如图 5-38 所示。"滑动副"选项中各参数的含义如表 5-12 所示。

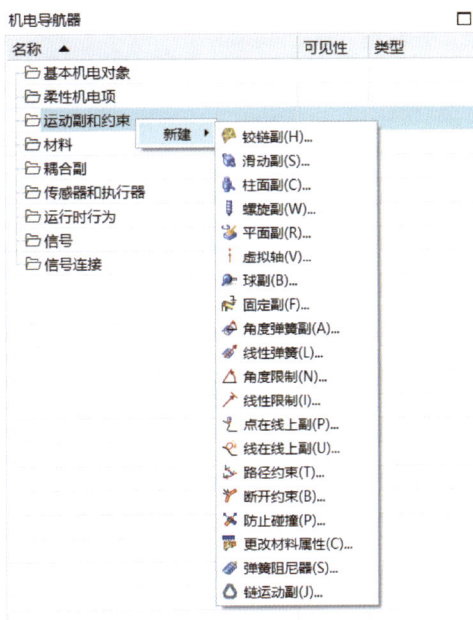

图 5-37　滑动副创建方式二　　　图 5-38　"滑动副"选项

表 5-12　"滑动副"选项中各参数的含义

序号	设置名称		含义
1	选择连接体		选择要受滑动副约束的刚体
2	选择基本体		选择连接体所链接的刚体。如果此参数为空，连接体将链接到背景
3	指定轴矢量		指定矢量，运动副将沿该矢量滑动
4	偏置		设置连接体相对于仿真未运行时，其在图形窗口中位置的初始位置
5	上限		设置的轴矢量正方向为上限，一般用于设置滑动的最大位置
6	下限		设置的轴矢量负方向为下限，一般用于设置滑动的最小位置
7	运动类型	动力学	在仿真过程中使用机电求解器执行精确的运动副计算
		运动学	执行简单的运动学计算，不使用机电求解器，以提高仿真性能
		铰接运动	为需要精确值的运动副优化运动学计算，以适应紧密公差
8	名称		设置滑动副的名称

5.2.4　柱面副

① 柱面副的概念

柱面副是指在两个实体之间创建一个既能转动又能移动的运动副，允许沿矢量方向有一个旋转自由度和一个平移自由度。使用柱面副后，两个实体可以相对于彼此绕着或沿着一个矢量任意旋转或平移。

② 创建柱面副的方法

创建柱面副的方式有两种。

方式一：选择"主页"选项卡→"机械"组→"基本运动副"→"柱面副"，如图 5-39 所示。

方式二：选择资源条中的"机电导航器"→右键单击"运动副和约束"→选择"柱面副"选项，如图 5-40 所示。

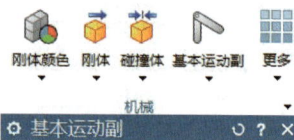

图 5-39 柱面副创建方式一

③ 柱面副参数的含义

在"柱面副"选项中，可以对连接体、基本体、偏置、运动类型等进行设置，如图 5-41 所示。"柱面副"选项中各参数的含义如表 5-13 所示。

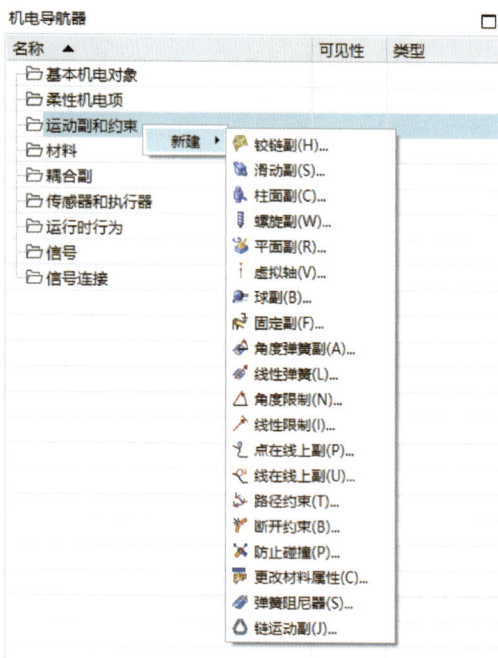

图 5-40 柱面副创建方式二

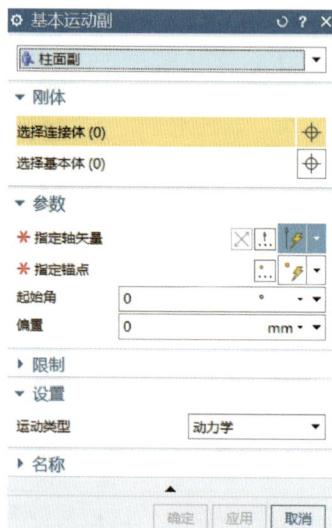

图 5-41 "柱面副"选项

表 5-13 "柱面副"选项中各参数的含义

序号	设置名称	含义
1	选择连接体	选择要使用柱面副进行约束的刚体
2	选择基本体	选择连接体所链接的刚体。如果此参数为空，连接体将链接到背景
3	指定轴矢量	指定矢量以使运动副绕其旋转，以及使运动副沿其滑动
4	指定锚点	指定柱面副应围绕其旋转的锚点
5	起始角	设置连接体相对于仿真未运行时其在图形窗口中位置的、与旋转移动相关的初始位置
6	偏置	设置连接体相对于仿真未运行时其在图形窗口中位置的、与线性移动相关的初始位置
7	线性上限	设置的轴矢量正方向为线性上限，一般用于设置滑动的最大位置
8	线性下限	设置的轴矢量负方向为线性下限，一般用于设置滑动的最小位置
9	角度上限	以设置的轴矢量正方向为准，顺时针方向为角度上限，一般用于设置旋转的最大角度
10	角度下限	以设置的轴矢量正方向为准，逆时针方向为角度下限，一般用于设置旋转的最小角度

续表

序号	设置名称		含义
11	运动类型	动力学	在仿真过程中，使用机电求解器执行精确的运动副计算
		运动学	执行简单的运动学计算，不使用机电求解器，以提高仿真性能
		铰接运动	为需要精确值的运动副优化运动学计算，以适应紧密公差
12	名称		设置柱面副的名称

5.2.5　球副

① 球副的概念

球副是指在两个实体之间创建一个仅能转动的运动副，允许有三个旋转自由度。

② 创建球副的方法

创建球副的方式有两种。

方式一：选择"主页"选项卡→"机械"组→"基本运动副"→"球副"，如图 5-42 所示。

图 5-42　球副创建方式一

方式二：选择资源条中的"机电导航器"→右键单击"运动副和约束"→选择"球副"选项，如图 5-43 所示。

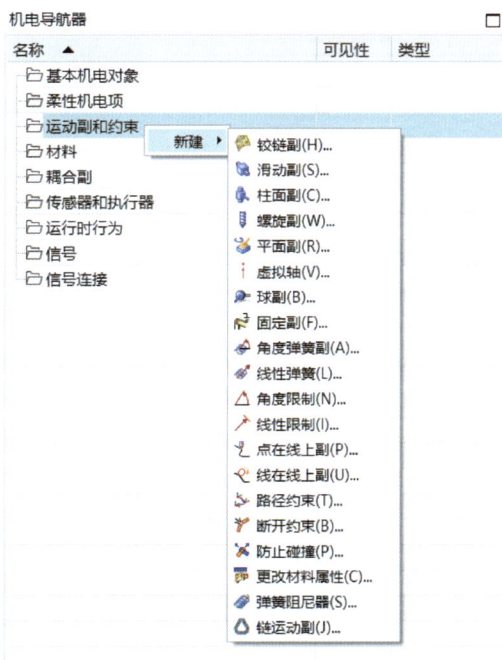

图 5-43　球副创建方式二

③ 球副参数的含义

在"球副"选项中，可以对连接体、基本体、锚点、运动类型等进行设置，如图5-44所示。"球副"选项中各参数的含义如表5-14所示。

图 5-44　"球副"选项

表 5-14　"球副"选项中各参数的含义

序号	设置名称		含义
1	选择连接体		选择要使用球副进行约束的刚体
2	选择基本体		选择连接体所链接的刚体。如果此参数为空，连接体将链接到背景
3	指定锚点		指定球副应围绕其旋转的点
4	运动类型	动力学	在仿真过程中使用机电求解器执行运动副计算
		铰接运动	为需要精确值的运动副优化运动学计算，以适应紧密公差
5	名称		设置球副的名称

5.2.6　螺旋副

① 螺旋副的概念

螺旋副能够使刚体围绕轴旋转并沿轴平移，例如模拟螺栓的运动。

② 创建螺旋副的方法

创建螺旋副的方式有两种。

方式一：选择"主页"选项卡→"机械"组→"基本运动副"→"螺旋副"，如图5-45所示。

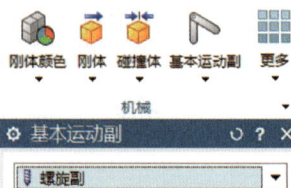

图 5-45　螺旋副创建方式一

方式二：选择资源条中的"机电导航器"→右键单击"运动副和约束"→"螺旋副"，如图 5-46 所示。

③ 螺旋副参数的含义

在"螺旋副"选项中，可以对连接体、基本体、锚点、运动类型等进行设置，如图 5-47 所示。"螺旋副"选项中各参数的含义如表 5-15 所示。

图 5-46　螺旋副创建方式二

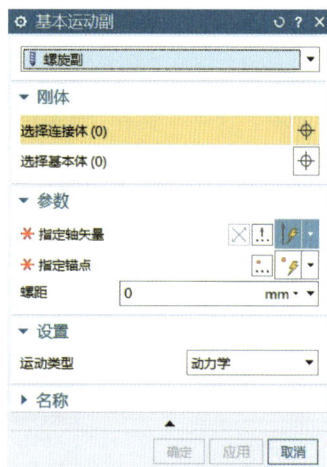

图 5-47　"螺旋副"选项

表 5-15　"螺旋副"选项中各参数的含义

序号	设置名称		含义
1	选择连接体		选择要由螺旋副约束的刚体
2	选择基本体		连接件链接到的刚体。如果此参数为空，连接体将链接到背景
3	指定轴矢量		指定螺旋副应围绕其旋转的方向
4	指定锚点		指定螺旋副应围绕其旋转的锚点
5	螺距		指定螺纹的螺距
6	运动类型	动力学	在仿真过程中使用机电求解器执行运动副计算
		铰接运动	为需要精确值的运动副优化运动学计算，以适应紧密公差
7	名称		设置螺旋副的名称

5.2.7　平面副

① 平面副的概念

平面副是指在两个实体之间具有三个自由度（两个平移自由度和一个旋转自由度）。保持平面接触的两个实体可以相对彼此滑动和旋转。

② 创建平面副的方法

创建平面副的方式有两种。

方式一：选择"主页"选项卡→"机械"组→"基本运动副"→"平面副"，如图 5-48 所示。

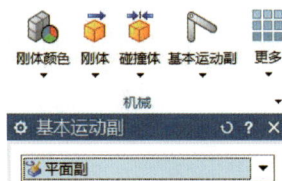

图 5-48　平面副创建方式一

方式二：选择资源条中的"机电导航器"→右键单击"运动副和约束"→选择"平面副"选项，如图 5-49 所示。

③ 平面副参数的含义

在"平面副"选项中，可以对连接体、基本体、轴矢量、运动类型等进行设置，如图 5-50 所示。"平面副"选项中各参数的含义如表 5-16 所示。

图 5-49　平面副创建方式二

图 5-50　"平面副"选项

表 5-16　"平面副"选项中各参数的含义

序号	设置名称		含义
1	选择连接体		选择要由平面副约束的刚体
2	选择基本体		连接件链接到的刚体。如果此参数为空，连接体将链接到背景
3	指定轴矢量		指定矢量，该矢量垂直于连接两个刚体的平面
4	运动类型	动力学	在仿真过程中使用机电求解器执行运动副计算
		铰接运动	为需要精确值的运动副优化运动学计算，以适应紧密公差
5	名称		设置平面副的名称

5.2.8 弹簧副

① 弹簧副的概念

弹簧副有两种，分别是角度弹簧副和线性弹簧副，两者都是在两个对象之间施加弹簧性质力的运动副。角度弹簧副会随着对象之间相互围绕角度变化的增大而增大；线性弹簧副会随着对象之间线性距离变化量的增大而增大。二者之间的作用力与位置变化量呈现出一定的比例关系。

② 创建弹簧副的方法

创建弹簧副的方式有两种。

方式一：选择"主页"选项卡→"机械"组→"更多"→"角度（或线性）弹簧副"，如图 5-51 所示。

图 5-51 弹簧副创建方式一

方式二：选择资源条中的"机电导航器"→右键单击"运动副和约束"→选择"角度弹簧副（或线性弹簧）"选项，如图 5-52 所示。

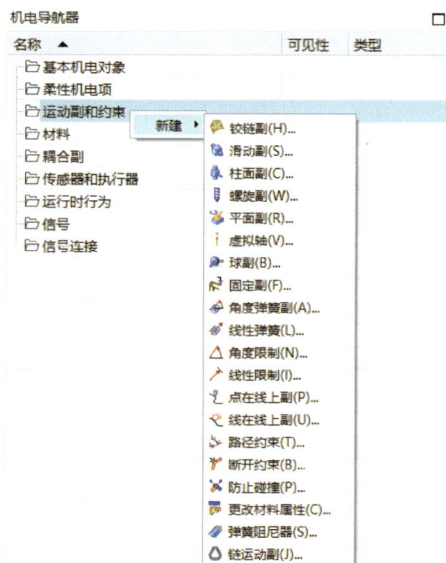

图 5-52 弹簧副创建方式二

③ 角度弹簧副参数的含义

在"角度弹簧副"对话框中，可以对连接体、基本体、参数等进行设置，如图 5-53 所示。"角度弹簧副"对话框中各参数的含义见表 5-17。

图 5-53 "角度弹簧副"对话框

表 5-17 "角度弹簧副"对话框中各参数的含义

序号	设置名称		含义
1	连接体	选择对象	选择第一个刚体
		指定方向（角度）	指定连接体的矢量，用于测量连接体和基本体之间的夹角
		指定点（线性）	为连接体指定一个点，用于测量连接体和基本体之间的距离
2	基本体	选择对象	选择第二个刚体
		指定方向（角度）	指定基本体的矢量，用于测量连接体和基本体之间的夹角
		指定点（线性）	为基本体指定一个点，用于测量连接体和基本体之间的距离
3	弹簧常数		设置弹簧的刚度
4	阻尼		设置弹簧的阻尼系数
5	松弛位置		设置不施加弹簧力时的位置
6	名称		设置弹簧副的名称

5.2.9 弹簧阻尼器

① 弹簧阻尼器的概念

弹簧阻尼器可以给轴运动副施加力或力矩（设置松弛位置参数以指定力为零的位置）。

② 创建弹簧阻尼器的方法

创建弹簧阻尼器的方式有两种。

方式一：选择"主页"选项卡→"机械"组→"更多"→"弹簧阻尼器"，如图 5-54 所示。

图 5-54 弹簧阻尼器创建方式一

方式二：选择资源条中的"机电导航器"→右键单击"运动副和约束"→选择"弹簧阻尼器"选项，如图 5-55 所示。

图 5-55　弹簧阻尼器创建方式二

③ 弹簧阻尼器参数的含义

在"弹簧阻尼器"对话框中，可以对轴运动副、轴类型等进行设置，如图 5-56 所示。"弹簧阻尼器"对话框中各参数的含义如表 5-18 所示。

图 5-56　"弹簧阻尼器"对话框

表 5-18　"弹簧阻尼器"对话框中各参数的含义

序号	设置名称	含义
1	选择轴运动副	选择要使用弹簧阻尼器进行约束的运动副
2	轴类型	选择角度轴或线性轴
3	弹簧常数	设置弹簧的刚度
4	阻尼	设置弹簧的阻尼系数
5	松弛位置	设置不施加弹簧力时的位置
6	名称	设置弹簧阻尼器的名称

5.2.10 限制副

① 限制副的概念

限制副包含线性限制副和角度限制副两种，均是指对象之间相对位置的限制，即当对象位置超出设定的范围时，就停止工作。

② 创建限制副的方法

创建限制副的方式有两种。

方式一：选择"主页"选项卡→"机械"组→"更多"→"角度（或线性）限制副"，如图 5-57 所示。

图5-57 限制副创建方式一

方式二：选择资源条中的"机电导航器"→右键单击"运动副和约束"→选择"角度（或线性）限制"选项，如图 5-58 所示。

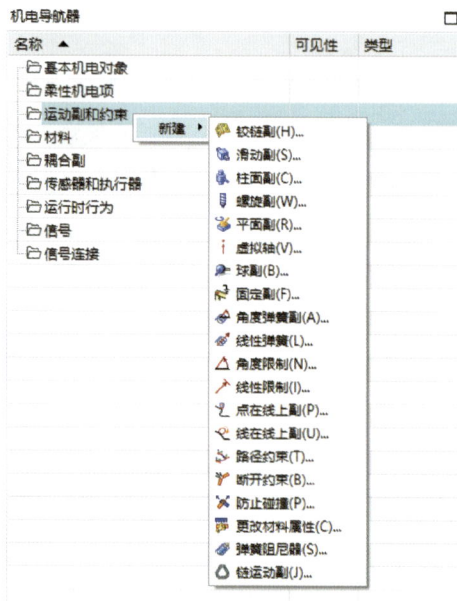

图5-58 限制副创建方式二

③ 角度限制副参数的含义

在"角度限制副"对话框中，可以对连接体、基本体、最小位置、最大位置等进行设置，如图 5-59 所示。"角度限制副"对话框中各参数的含义如表 5-19 所示。

图 5-59　"角度限制副"对话框

表 5-19　"角度限制副"对话框中各参数的含义

序号	设置名称		含义
1	连接体	选择对象	选择第一个刚体
		指定方向（角度）	指定连接体的矢量，用于测量连接体和基本体之间的夹角
		指定点（线性）	为连接体选择一个点，用于测量连接体和基本体之间的距离
2	基本体	选择对象	选择第二个刚体
		指定方向（角度）	指定基本体的矢量，用于测量连接体和基本体之间的夹角
		指定点（线性）	为基本体选择一个点，用于测量连接体和基本体之间的距离
3	最小位置		连接体距离基本体的最小位置（或角度）
4	最大位置		连接体距离基本体的最大位置（或角度）
5	名称		设置限制副的名称

5.2.11　点在线上副

① 点在线上副的概念

点在线上副是指一个实体上的一点始终沿着一条曲线运动。

② 创建点在线上副的方法

创建点在线上副的方式有两种。

方式一：选择"主页"选项卡→"机械"组→"基本运动副"→"点在线上副"，如图 5-60 所示。

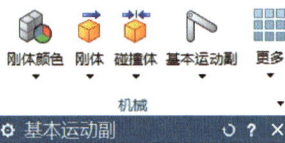

图 5-60　点在线上副创建方式一

方式二：选择资源条中的"机电导航器"→右键单击"运动副和约束"→选择"点在线上副"选项，如图 5-61 所示。

③ 点在线上副参数的含义

在"点在线上副"选项中，可以对连接体、曲线、零位置点等进行设置，如图 5-62 所示。"点在线上副"选项中各参数的含义如表 5-20 所示。

图 5-61　点在线上副创建方式二

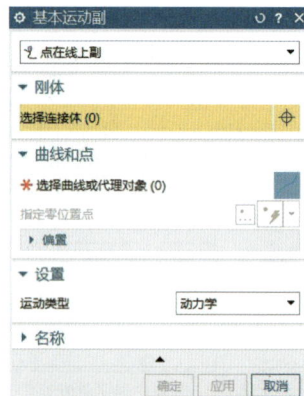

图 5-62　"点在线上副"选项

表 5-20　"点在线上副"选项中各参数的含义

序号	设置名称		含义
1	选择连接体		选择要使用点在线上副进行约束的刚体
2	选择曲线或代理对象		引导曲线以使刚体沿其移动
3	指定零位置点		刚体质心沿曲线移动的参考零点（一般设为曲线与刚体的接触点，或刚体与曲线垂直交点）
4	偏置		设置连接体相对于仿真未运行时，其在图形窗口中位置的初始位置
5	运动类型	动力学	在仿真过程中使用机电求解器执行运动副计算
		运动学	执行简单的运动学计算，不使用机电求解器，以提高仿真性能
6	使用定位矢量		（仅在运动学可使用）使用矢量或两到三点，在线上副来限制运动方向
7	名称		设置点在线上副的名称

5.2.12　路径约束运动副

① 路径约束运动副的概念

路径约束运动副是指让工件按照指定的坐标系或者指定的曲线运动，可基于所需方向和定位限制刚体的空间运动。

② 创建路径约束运动副的方法

创建路径约束运动副的方式有两种。

方式一：选择"主页"选项卡→"机械"组→"基本运动副"→"路径约束运动副"，如图 5-63 所示。

图 5-63　路径约束运动副创建方式一

方式二：选择资源条中的"机电导航器"→右键单击"运动副和约束"→选择"路径约束"选项，如图 5-64 所示。

③ 路径约束运动副参数的含义

在"路径约束运动副"选项中，可以对连接体、路径、方位等进行设置，如图 5-65 所示。"路径约束运动副"选项中各参数的含义如表 5-21 所示。

图 5-64　路径约束运动副创建方式二

图 5-65　"路径约束运动副"选项

表 5-21　"路径约束运动副"选项中各参数的含义

序号	设置名称		含义
1	选择连接体		选择要使用路径约束运动副的刚体
2	路径类型	基于坐标系	使用坐标系创建路径，以对点绘图和连接点
		基于曲线	选择现有曲线，以将刚体运动约束至该曲线
3	选择曲线		（在路径类型设为基于曲线时可用）在图形窗口中选择曲线以创建运动范围
4	指定方位		选择如何在图形窗口中对点绘图
5	曲线类型		（在路径类型设为基于坐标系时可用）选择所创建的点之间的曲线类型
6	相对路径参数		应用路径公差
7	添加新集		添加新截面以引导运动路径

续表

序号	设置名称	含义
8	列表	查看在路径中应用的所有运动限制，还可以将坐标系重排序或删除坐标系
9	指定零位置点	刚体质心沿曲线移动的参考零点（一般设为曲线与刚体的接触点，或刚体与曲线垂直交点）
10	名称	设置路径约束运动副的名称

5.2.13　线在线上副

① 线在线上副的概念

线在线上副可以约束两个对象的一组曲线相切并接触，常用来模拟凸轮机构的运行。在运动过程中，线在线上副的两参考曲线始终保持接触，不可脱离。故在构建模型时，最好预先将两组曲线调整到接触并相切的位置。

② 创建线在线上副的方法

创建线在线上副的方式有两种。

方式一：选择"主页"选项卡→"机械"组→"基本运动副"→"线在线上副"，如图 5-66 所示。

图 5-66　线在线上副创建方式一

方式二：选择资源条中的"机电导航器"→右键单击"运动副和约束"→选择"线在线上副"选项，如图 5-67 所示。

图 5-67　线在线上副创建方式二

③ 线在线上副参数的含义

在"线在线上副"选项中，可以对连接体、曲线、零位置点等进行设置，如图 5-68 所示。"线在线上副"选项中各参数的含义如表 5-22 所示。

图 5-68　"线在线上副"选项

表 5-22　"线在线上副"选项中各参数的含义

序号	设置名称	含义
1	选择连接体	选择要使用线在线上副的刚体
2	曲线1	选择刚体的曲线
3	曲线2	选择曲线以供连接体沿该曲线移动
4	指定零位置点	刚体曲线1沿曲线2移动的参考零点（一般设为两线的接触点）
5	偏置	设置连接体相对于仿真未运行时，其在图形窗口中位置的初始位置
6	滑动	启用两条曲线之间的滑动运动
7	名称	设置线在线上副的名称

5.3　耦合副

5.3.1　齿轮副

① 齿轮副的概念

"齿轮副"命令可创建耦合副对象来连接两个轴的运动，使其以固定比率移动。齿轮对象强制两个旋转轴保持恒定的旋转比。这是凸轮的特殊工况，由具有恒定速度的运动曲线定义。

② 创建齿轮副的方法

创建齿轮副的方式有两种。

方式一：选择"主页"选项卡→"机械"组→"更多"→"齿轮"，如图 5-69 所示。

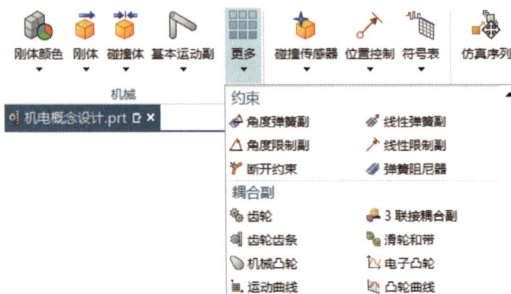

图 5-69　齿轮副创建方式一

方式二：选择资源条中的"机电导航器"→右键单击"耦合副"→选择"齿轮"选项，如图 5-70 所示。

③ 齿轮副参数的含义

在"齿轮"对话框中，可以对主对象、从对象、倍数等进行设置，如图 5-71 所示。"齿轮"对话框中各参数的含义见表 5-23。

图 5-70　齿轮副创建方式二

图 5-71　"齿轮"对话框

表 5-23　"齿轮"对话框中各参数的含义

序号	设置名称	含义
1	选择主对象	选择要作为主对象的旋转运动副
2	选择从对象	选择要作为从对象的旋转运动副
3	主倍数	设置主对象的主乘数（为正数）
4	从倍数	设置从对象的从乘数（为负数）
5	滑动	选中后，齿轮允许由于皮带传动而产生一些滑动
6	名称	设置齿轮副的名称

5.3.2　机械凸轮副

① 机械凸轮副的概念

使用"机械凸轮"命令可创建连接两个轴运动的凸轮耦合副，并强制它们保持由运动曲线确定的关系。当要求将运动的反作用力传递回主轴时，可以使用该命令。

② 创建机械凸轮副的方法

创建机械凸轮副的方式有两种。

方式一：选择"主页"选项卡→"机械"组→"更多"→"机械凸轮"，如图 5-72 所示。

方式二：选择资源条中的"机电导航器"→右键单击"耦合副"→选择"机械凸轮"选项，如图 5-73 所示。

图 5-72　机械凸轮副创建方式一

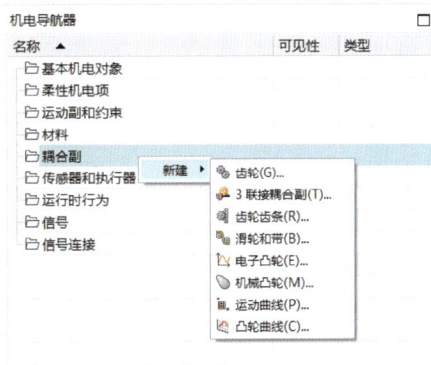

图 5-73　机械凸轮副创建方式二

③ 机械凸轮副参数的含义

在"机械凸轮"对话框中，可以对主对象、从对象、曲线、偏移等进行设置，如图 5-74 所示。"机械凸轮"对话框中各参数的含义见表 5-24。

图 5-74　"机械凸轮"对话框

表 5-24　"机械凸轮"对话框中各参数的含义

序号	设置名称	含义
1	选择主对象	选择具有铰链副或滑动副属性的基本运动副作为主对象
2	选择从对象	选择具有铰链副或滑动副属性的基本运动副作为从对象

续表

序号	设置名称		含义
3	曲线		选择凸轮的现有运动曲线
4	新建运动曲线		打开运动曲线或凸轮曲线对话框，用于创建常规或凸轮运动曲线
5	主偏移		设置凸轮在主轴上的起点
6	从偏移		设置凸轮在从轴上的起点
7	主比例因子		设置主轴的动态缩放
8	从比例因子		设置从轴的动态缩放
9	滑动		设置耦合副的滑动来模拟皮带传动
10	凸轮凸盘（选择凸轮运动曲线显现）	指定接触点	根据凸轮曲线派生凸轮凸角
		凸轮圆盘类型列表	指定是将凸轮曲线创建为曲线还是实体
		拉伸长度	当凸轮圆盘类型设为实体时显示。指定实体的厚度
		将凸轮圆盘添加至主轴	当凸轮圆盘类型设为实体时显示。将实体作为连接体添加到主轴
11	名称		设置机械凸轮的名称

5.3.3 电子凸轮副

① 电子凸轮副的概念

使用"电子凸轮副"命令可创建一个耦合副，该耦合副将使用基于时间（或者基于信号，基于轴的主轴）和从轴的运动链接起来，它们就可以根据运动曲线或凸轮曲线定义的函数移动。

② 创建电子凸轮副的方法

创建电子凸轮副的方式有两种。

方式一：选择"主页"选项卡→"机械"组→"更多"→"电子凸轮"，如图 5-75 所示。

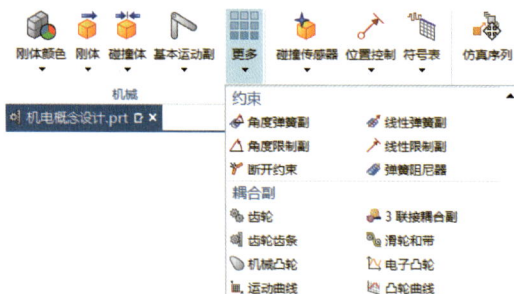

图 5-75 电子凸轮副创建方式一

方式二：选择资源条中的机电导航器→右键单击"耦合副"→选择"电子凸轮"选项，如图 5-76 所示。

③ 电子凸轮副参数的含义

在"电子凸轮"对话框中，可以对主类型、运动曲线、偏移等进行设置，如图 5-77 所示。"电子凸轮"对话框中各参数的含义见表 5-25。

图 5-76　电子凸轮副创建方式二

图 5-77　"电子凸轮"对话框

表 5-25　"电子凸轮"对话框中各参数的含义

序号	设置名称	含义
1	主类型	选择基于时间，轴或信号的主对象（要选择信号作为主类型，必须先创建信号，可以使用信号命令执行此操作）
2	选择主轴运动副（或主信号）	选择轴或信号（如果选择时间作为主类型，则不能选择主轴）
3	选择从轴控制	选择从对象的轴
4	曲线	选择凸轮的预定义运动曲线
5	新建运动曲线	打开"运动曲线"对话框，用于定义凸轮的新建运动曲线
6	初始时间	（仅当主类型设为时间时可用）凸轮在主轴上开始运动的时间
7	主偏移	（仅当主类型设为轴时可用）设置凸轮在从轴上的起点
8	从偏移	设置从轴的速度偏移
9	主比例因子	（仅当主类型设为轴时可用）设置主轴的动态缩放
10	从比例因子	设置从轴的动态缩放
11	名称	设置机械凸轮的名称

5.4　传感器

5.4.1　碰撞传感器

① 碰撞传感器的概念

碰撞传感器在发生碰撞时输出一个信号，可以利用碰撞传感器触发产生的信号来控制某些操作或事件的开始和停止（如更改气缸的状态）。还可以利用碰撞传感器的输出信号在运行时表达式中创建计数器。

② 创建碰撞传感器的方法

创建碰撞传感器的方式有两种。

方式一：选择"主页"选项卡→"电气"组→"碰撞传感器"，如图 5-78 所示。

图 5-78　碰撞传感器创建方式一

方式二：选择资源条中的"机电导航器"→右键单击"传感器和执行器"→选择"碰撞"选项，如图 5-79 所示。

③ 碰撞传感器参数的含义

在"碰撞传感器"对话框中，可以对主类型、运动曲线、偏移等进行设置，如图 5-80 所示。"碰撞传感器"对话框中各参数的含义见表 5-26。

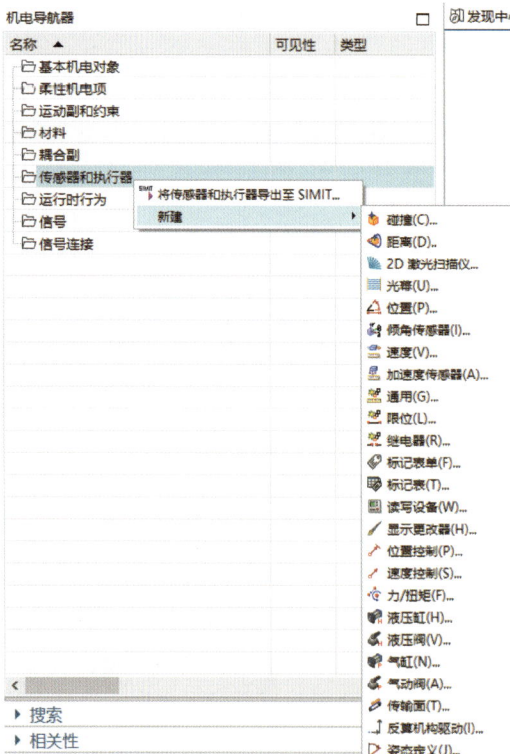

图 5-79　碰撞传感器创建方式二

图 5-80　"碰撞传感器"对话框

表 5-26　"碰撞传感器"对话框中各参数的含义

序号	设置名称		含义
1	类型	触发	当检测到碰撞时，传感器触发状态变为true，否则为false
		交换	每次碰撞发生时，传感器触发状态与当前状态相反，并保持碰撞后的触发状态直到下一次碰撞发生
2	选择对象		选择一个或多个几何对象作为碰撞传感器
3	碰撞形状		碰撞形状，包含方块、球、圆柱、网格、凸多面体、多个凸多面体
4	形状属性	自动	系统根据所选对象和碰撞形状自动计算碰撞传感器区域
		用户自定义	用户手动输入相关参数
5	指定坐标系		（选择用户定义时可用）选择碰撞形状的局部坐标系
6	碰撞形状参数和尺寸		这些值根据所选的碰撞形状而有所不同
7	碰撞类别		设置碰撞传感器检测到的碰撞体类别。碰撞类别默认为0，0代表能检测任何其他类别的碰撞体。如果设置不同的碰撞类别，则碰撞传感器仅能检测具有相同的碰撞类别或碰撞类别为0的碰撞体
8	碰撞时高亮显示		碰撞传感器在触发时突出显示
9	检测类型		设置传感器状态何时从活动变为非活动的输入类型 系统：每当具有相应类别的碰撞体接触传感器时，传感器状态就会发生变化 用户：在图形窗口中出现一个控制按钮，可以控制传感器状态 两者：上述两种功能都具备
10	名称		设置碰撞传感器的名称

5.4.2　距离传感器

距离传感器可以检测传感器到最近碰撞体的距离，并反馈数值和信号来监视和控制事件。

① 创建距离传感器的方法

创建距离传感器的方式有两种。

方式一：选择"主页"选项卡→"电气"组→"距离传感器"，如图 5-81 所示。

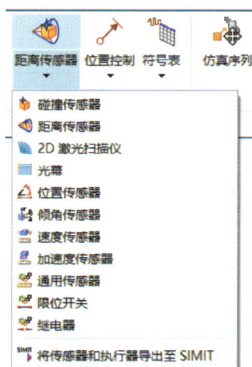

图 5-81　距离传感器创建方式一

方式二：选择资源条中的"机电导航器"→右键单击"传感器和执行器"→选择"距离"选项，如图 5-82 所示。

② 距离传感器参数的含义

在"距离传感器"对话框中，可以对刚体、形状、类别等进行设置，如图 5-83 所示。"距离传感器"对话框中各参数的含义见表 5-27。

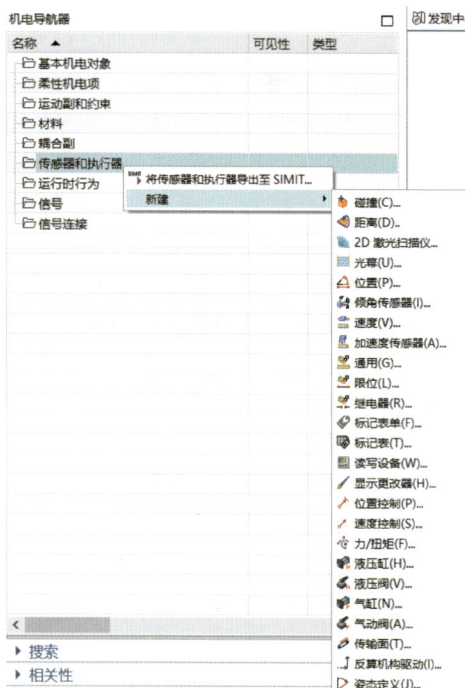

图 5-82 距离传感器创建方式二

图 5-83 "距离传感器"对话框

表 5-27 "距离传感器"对话框中各参数的含义

序号	设置名称	含义
1	选择对象	选择刚体作为距离传感器
2	指定点	指定用于测量距离的起点
3	指定矢量	指定测量的方向
4	开口角度	指定测量范围的打开角度
5	范围	指定测量范围的距离
6	仿真过程中显示距离传感器	在仿真运行的过程中显示传感器
7	比例	勾选后允许设置输出比例值
8	量度类型	选择输出参数类型
9	输出范围下限	设置最小输出值
10	输出范围上限	设置最大输出值
11	名称	设置距离传感器的名称

5.4.3 位置传感器

① 位置传感器的概念

如果要根据现有运动副或位置控制执行器的位置创建输出或监视值，可以使用位置传感器命令。使用此选项可将运动副或执行器的角度或线性位置表示为输出（可以调整输出以将其表示为常数、电压或电流。也可以调节输出，将输出用作信号）。

② 创建位置传感器的方法

创建位置传感器的方式有两种。

方式一：选择"主页"选项卡→"电气"组→"位置传感器"，如图 5-84 所示。

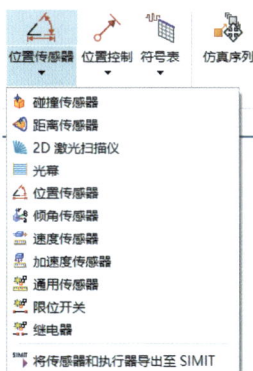

图 5-84　位置传感器创建方式一

方式二：选择资源条中的"机电导航器"→右键单击"传感器和执行器"→选择"位置"选项，如图 5-85 所示。

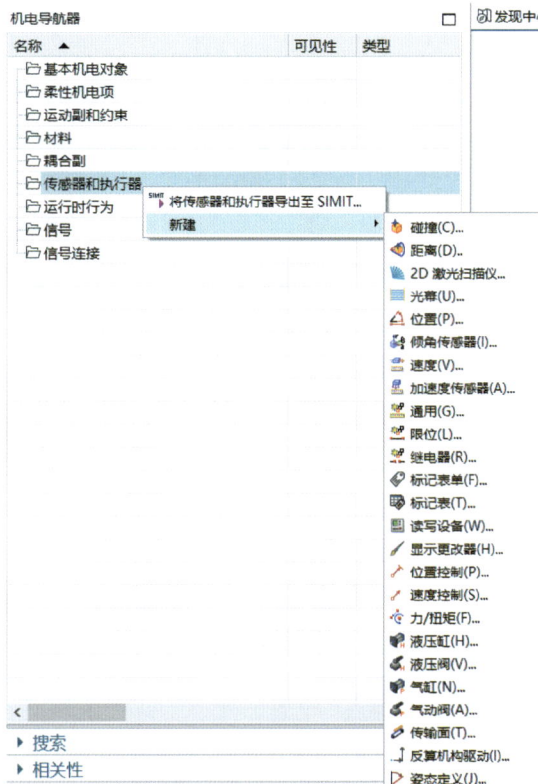

图 5-85　位置传感器创建方式二

③ 位置传感器参数的含义

在"位置传感器"对话框中，可以对轴、轴类型、输出等进行设置，如图 5-86 所示。"位置传感器"对话框中各参数的含义见表 5-28。

图 5-86　"位置传感器"对话框

表 5-28　"位置传感器"对话框中各参数的含义

序号	设置名称	含义
1	选择轴	选择运动副或位置控制执行器以监视位置
2	轴类型	监视角度或线性位置
3	修剪	设置修剪值
4	修剪范围下限	输出数据的下限
5	修剪范围上限	输出数据的上限
6	比例	设置输出比例值
7	量度类型	设置输出参数类型
8	输出范围下限	设置最小输出值以表示修剪范围下限
9	输出范围上限	设置最大输出值以表示修剪范围上限
10	名称	设置位置传感器的名称

5.4.4　通用传感器

① 通用传感器的概念

如果要为具有感应输出的机电对象中的任何双精度型运行时参数创建输出，可以使用通用传感器命令（可以调整输出以将其表示为常数、电压或电流。还可以将通用传感器指派给对象源，以在仿真过程中跟踪对象源实例的运行时参数）。

② 创建通用传感器的方法

创建通用传感器的方式有两种。

方式一：选择"主页"选项卡→"电气"组→"通用传感器"，如图 5-87 所示。

方式二：选择资源条中的"机电导航器"→右键单击"传感器和执行器"→选择"通用"选项，如图 5-88 所示。

③ 通用传感器参数的含义

在"通用传感器"对话框中，可以对机电对象、参数名称、输出等进行设置，如图 5-89 所示。"通用传感器"对话框中各参数的含义见表 5-29。

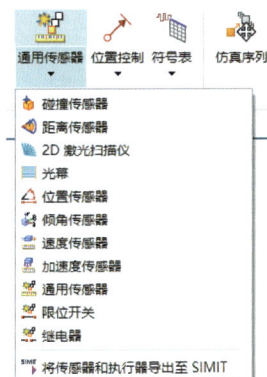

图 5-87　通用传感器创建方式一

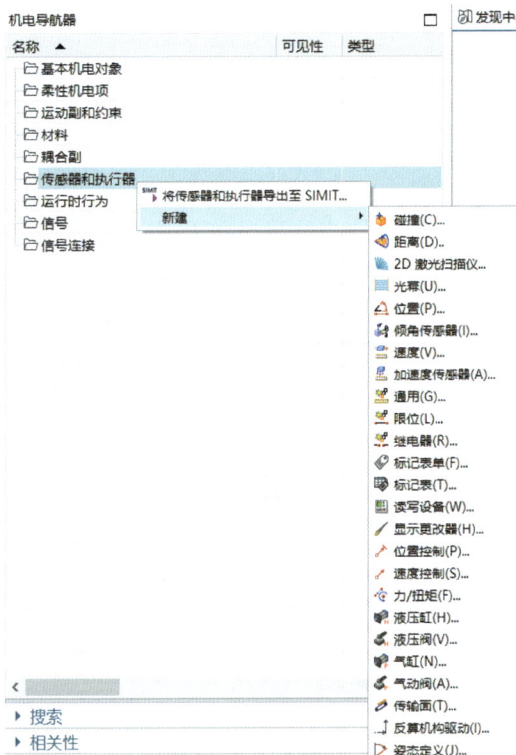

图 5-88　通用传感器创建方式二

图 5-89　"通用传感器"对话框

表5-29   "通用传感器"对话框中各参数的含义

序号	设置名称	含义
1	选择对象	将对象设为通用传感器
2	参数名称	选择要由输出表示的参数
3	触发器中的对象	（当选择含对象源的刚体时显示）选择传感器以触发测量
4	选择传感器	选择碰撞传感器体以触发传感器
5	修剪	设置修剪值
6	输入范围下限	设置数据的下限
7	输入范围上限	设置数据的上限
8	比例	设置输出比例值
9	量度类型	设置输出参数类型
10	输出范围下限	设置最小输出值以表示修剪范围下限
11	输出范围上限	设置最大输出值以表示修剪范围上限
12	名称	设置通用传感器的名称

5.4.5　限位开关

① 限位开关的概念

限位开关可检测对象的位置、力、扭矩、速度、加速度等是否落在设定的范围内，当在范围之内，输出为false，超出这个范围输出为true。

② 创建限位开关的方法

创建限位开关的方式有两种。

方式一：选择"主页"选项卡→"电气"组→"限位开关"，如图5-90所示。

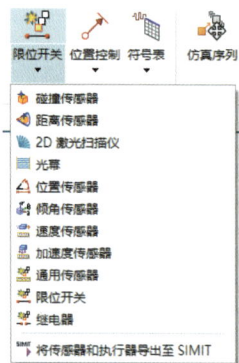

图5-90　限位开关创建方式一

方式二：选择资源条中的"机电导航器"→右键单击"传感器和执行器"→选择"限位"选项，如图5-91所示。

③ 限位开关参数的含义

在"限位开关"对话框中，可以对机电对象、限制等进行设置，如图5-92所示。"限位开关"对话框中各参数的含义见表5-30。

图 5-91　限位开关创建方式二　　图 5-92　"限位开关"对话框

表 5-30　"限位开关"对话框中各参数的含义

序号	设置名称	含义
1	选择对象	选择一个对象作为限位开关
2	参数名称	可选择检测的属性
3	启用下限	只启用下限时，低于下限，输出为 ture
4	启用上限	只启用上限时，高于上限，输出为 ture （同时启用上下限，当在范围之内，输出为 false，超出这个范围输出为 true）
5	名称	设置限位开关的名称

5.4.6　继电器

① 继电器的概念

如果要将机电对象的运行时参数与上限和下限进行比较，以在参数超出限制时更改布尔输出的状态，可使用继电器命令。继电器设有上限位和下限位，当初始状态为 false，并且运行参数值由小变大超出上限位时，状态由 false 变为 true；当初始状态为 true，运行参数值由大变小超出下限位时，状态由 true 变为 false。

② 创建继电器的方法

创建继电器的方式有两种。

方式一：选择"主页"选项卡→"电气"组→"继电器"，如图 5-93 所示。

方式二：选择资源条中的"机电导航器"→右键单击"传感器和执行器"→选择"继电器"选项，如图 5-94 所示。

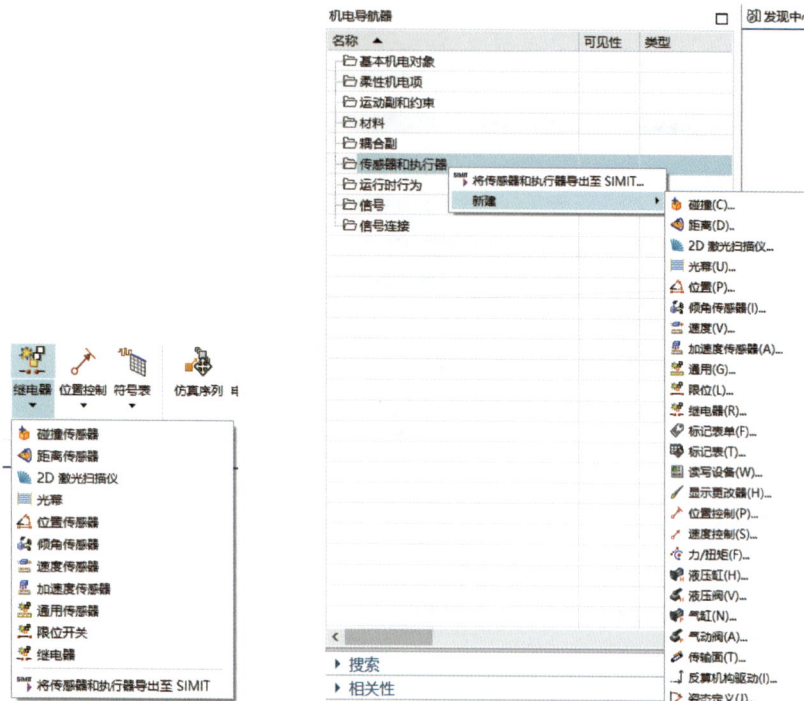

图 5-93　继电器创建方式一

图 5-94　继电器创建方式二

③ 继电器参数的含义

在"继电器"对话框中，可以对机电对象、限制等进行设置，如图 5-95 所示。"继电器"对话框中各参数的含义见表 5-31。

图 5-95　"继电器"对话框

表 5-31　"继电器"对话框中各参数的含义

序号	设置名称	含义
1	选择对象	选择一个机电对象作为继电器
2	参数名称	可选择检测的属性
3	下切换点	当初始状态为true，运行参数值由大变小超出下限位时，状态由true变为false
4	上切换点	当初始状态为false，运行参数值由小变大超出上限位时，状态由false变为true
5	名称	设置继电器的名称

5.5　约束

5.5.1　断开约束

① 断开约束的概念

断开指定运动副的最大力（或扭矩），即当该运动副受到大于设定的力（或扭矩）时，该运动副失去约束能力。

② 创建断开约束的方法

创建断开约束的方式有两种。

方式一：选择"主页"选项卡→"机械"组→"更多"→"断开约束"，如图 5-96 所示。

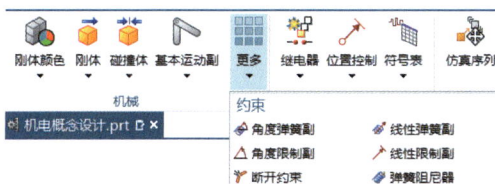

图 5-96　断开约束创建方式一

方式二：选择资源条中的"机电导航器"→右键单击"运动副和约束"→选择"断开约束"选项，如图 5-97 所示。

图 5-97　断开约束创建方式二

③ 断开约束参数的含义

在"断开约束"对话框中，可以对运动副对象、约束等进行设置，如图 5-98 所示。"断开约束"对话框中各参数的含义见表 5-32。

图 5-98   "断开约束"对话框

表 5-32   "断开约束"对话框中各参数的含义

序号	设置名称	含义
1	选择对象	选择要应用断开约束的运动副
2	断开模式	指定断开约束的条件： 力：通过力判断是否断开约束 扭矩：通过扭矩判断是否断开约束
3	最大幅值	设置断开约束的力或扭矩的最大值
4	固定（复选框）	不勾选：来自任何方向的力/扭矩都能断开约束 勾选：指定断开约束的力/扭矩的方向，仅检查在指定方向上施加的力/扭矩最大值
5	指定矢量	（选中固定复选框时可用）指定一个向量来指定施加力的方向
6	名称	设置断开约束的名称

5.5.2　防止碰撞

① 防止碰撞的概念

防止两个碰撞体相互碰撞。在 NX MCD 中，常使用防止碰撞来防止与某些碰撞传感器发生碰撞。

② 创建防止碰撞的方法

创建防止碰撞的方式有两种。

方式一：选择"主页"选项卡→"机械"组→"防止碰撞"，如图 5-99 所示。

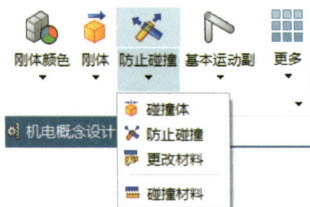

图 5-99   防止碰撞创建方式一

方式二：选择资源条中的"机电导航器"→右键单击"运动副和约束"→选择"防止碰撞"选项，如图 5-100 所示。

③ 防止碰撞的参数含义

在"防止碰撞"对话框中，可以对碰撞对、名称等进行设置，如图 5-101 所示。"防止碰撞"对话框中各参数的含义见表 5-33。

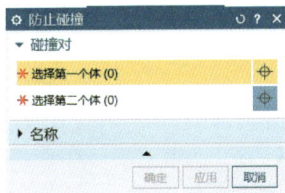

图 5-101　"防止碰撞"对话框

表 5-33　"防止碰撞"对话框中各参数的含义

序号	设置名称	含义
1	选择第一个体	选择第一个碰撞体
2	选择第二个体	选择第二个碰撞体
3	名称	设置防止碰撞的名称

5.6　变换对象属性

5.6.1　显示更改器

① 显示更改器的概念

显示更改器用于运行过程中更改几何体的显示属性，包括颜色、半透明度和可见性。在

NX MCD 中，显示更改器命令常常用于对灯的设置。

②创建显示更改器的方法

创建显示更改器的方式有两种。

方式一：选择"主页"选项卡→"机械"组→"更多"→"显示更改器"，如图 5-102 所示。

图 5-102　显示更改器创建方式一

方式二：选择资源条中的"机电导航器"→右键单击"传感器和执行器"→选择"显示更改器"选项，如图 5-103 所示。

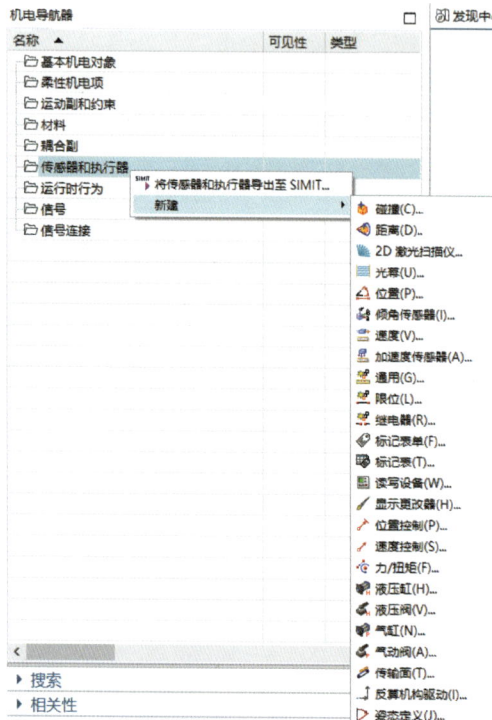

图 5-103　显示更改器创建方式二

③ 显示更改器的参数含义

在"显示更改器"对话框中，可以对颜色、可见性、透明度等进行设置，如图 5-104 所示。"显示更改器"对话框中各参数的含义见表 5-34。

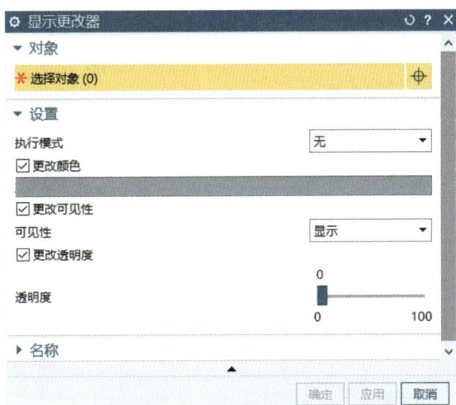

图 5-104 "显示更改器"对话框

表 5-34 "显示更改器"对话框中各参数的含义

序号	设置名称	含义
1	选择对象	选择一个对象作为显示更改器
2	执行模式	选择显示更改发生的频率
3	更改颜色	选择显示更改的颜色
4	更改透明度	设置显示更改后的半透明百分比
5	更改可见性	勾选后使显示更改的对象可见
6	名称	设置显示更改器的名称

5.6.2 变换对象

"变换对象"即"对象变换器"（详解见 5.1.3 基本机电对象的（6）对象变换器）。"对象变换器"也属于变换对象的一种。

本章小结

本章聚焦机电一体化概念设计（NX MCD）中的两大核心：机电对象与执行器，阐述了它们的基本概念及创建应用方法。在 NX MCD 中，通过在三维机械模型中融入机电特征，使模型具备了逼真的物理属性。至于执行器部分，重点介绍了传输面、速度控制和位置控制三大功能，它们分别用于实现物料的传输、精确调控物体的运动速度以及准确定位物体的位置，对于提升机电一体化设计的效率和精度至关重要。

思考题

1. 基本机电对象和执行器都包含哪些？
2. 简述各基本机电对象的含义和创建方式。
3. 简述各执行器的含义和创建方式。
4. 简述各运动副的含义和创建方式。
5. 简述各传感器的含义和创建方式。
6. 简述各约束的含义和创建方式。

第6章

仿真的过程控制与协同设计

 **导读**

协同设计与仿真控制是提升机械设计效率与质量的关键。仿真控制能精确模拟系统性能，优化设计方案；协同设计则融合多学科知识，形成交叉优化方法，显著提升系统性能。两者结合，不仅增强了设计的精准度，还大幅提高了工作效率，是推动机械设计领域进步的重要力量。

6.1 过程控制与协同设计简述

（1）过程控制

① 过程控制的概述

在 NX MCD 中，过程控制涉及对设备运动过程的管理和调控，以确保设备能够按照预期的方式运行。通过过程控制，设计师可以模拟设备的实际运行状态，验证设备设计的合理性和可行性。

② 过程控制的主要功能

● 运动控制：NX MCD 提供了丰富的运动控制功能，包括位置控制、速度控制、加速度控制等。设计师可以通过设置不同的运动参数，来模拟设备的各种运动状态。

● 仿真序列：仿真序列是 NX MCD 中一种基于事件的响应逻辑。通过添加仿真序列，设计师可以定义设备在不同状态下的行为逻辑，从而实现复杂的运动控制。

- 信号映射：在 NX MCD 中，信号映射是将外部信号（如 PLC 信号）与内部机电对象进行关联的过程。通过信号映射，设计师可以实现对设备运动的外部控制。
- 虚拟调试：NX MCD 支持虚拟调试功能，设计师可以在虚拟环境中对设备进行调试和优化，以减少实际设备调试的时间和成本。

③ 过程控制的实现步骤

- 建立模型：首先，设计师需要在 NX MCD 中建立设备的数字化模型，包括机械部分和电气部分。
- 设置运动控制：根据设备的运动需求，设计师需要设置相应的运动控制参数，如位置、速度、加速度等。
- 添加仿真序列：通过添加仿真序列，设计师可以定义设备在不同状态下的行为逻辑，如启动、停止、运动等。
- 信号映射：将外部信号与内部机电对象进行关联，实现外部控制。
- 虚拟调试：在虚拟环境中对设备进行调试和优化，确保设备能够按照预期的方式运行。

④ 过程控制的优势

- 通过过程控制，设计师可以模拟设备的实际运行状态，验证设备设计的合理性和可行性。
- 提高设计效率：通过虚拟仿真和调试，设计师可以更快地验证设备设计的合理性和可行性，减少设计迭代次数。
- 降低成本：虚拟调试可以减少实际设备调试的时间和成本，同时避免潜在的安全风险。
- 增强协同性：NX MCD 支持多用户协同设计，设计师可以实时共享和协作，提高设计效率和质量。

（2）协同设计

① 协同设计的概述

协同设计强调在一个统一的平台上，不同学科的设计人员可以实时共享和协作，共同完成产品设计任务。在 NX MCD 中，协同设计通过集成机械设计、电气设计、自动化设计等多个学科的功能，为设计师提供了一个全面的设计环境。

② NX MCD 协同设计的主要特点

- 多学科集成：NX MCD 将机械、电气、自动化等多个学科的功能集成在一起，设计师可以在一个平台上完成从概念设计到详细设计的全过程。
- 实时共享和协作：NX MCD 支持多用户实时共享和协作，不同学科的设计人员可以实时查看和修改设计数据，提高设计效率和质量。
- 虚拟仿真和调试：NX MCD 提供了强大的虚拟仿真和调试功能，设计师可以在虚拟环境中对设备进行仿真和调试，以减少实际设备调试的时间和成本。

③ NX MCD 协同设计的优势

- 提高设计效率：通过多学科集成和实时共享协作，设计师可以更快地完成设计任务，提高设计效率。

● 优化设计质量：虚拟仿真和调试功能可以帮助设计师在设计阶段发现并解决问题，优化设计质量。

● 降低成本：减少实际设备调试的时间和成本，降低研发成本。

6.2 运行时参数与运行时表达式

6.2.1 运行时参数

① 运行时参数的概念

所谓运行时参数，就是在仿真运行过程中，对仿真对象进行计算、修改、查看等而定义的参数类型。运行时参数的基本目标是创建可重用的、功能型的高级别设计对象，该对象包含了物理参数，在数字化模型中这些参数可以被其他任意机电对象引用。

② 创建运行时参数的方法

创建运行时参数的方式有两种。

方式一：选择"主页"选项卡→"机械"组→"更多"→"运行时参数"，如图6-1所示。

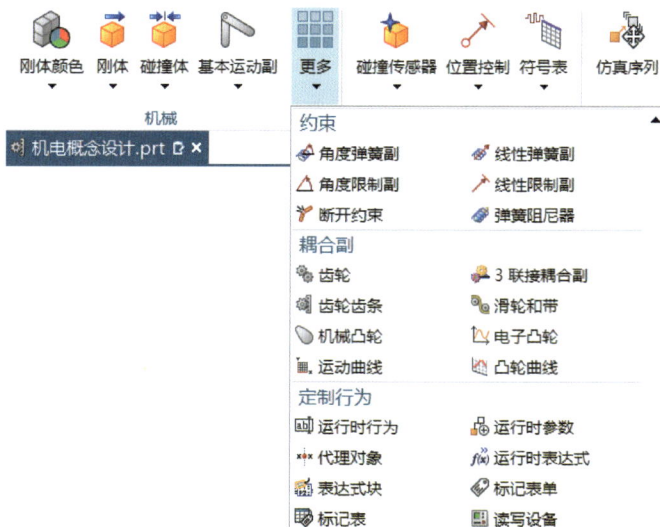

图6-1 运行时参数创建方式一

方式二：选择资源条中的"机电导航器"→右键单击"信号"→选择"运行时参数"选项，如图6-2所示。

③ 运行时参数的参数含义

在"运行时参数"对话框中，可以对参数及属性、名称等进行设置，如图6-3所示。"运行时参数"对话框中各参数的含义见表6-1。

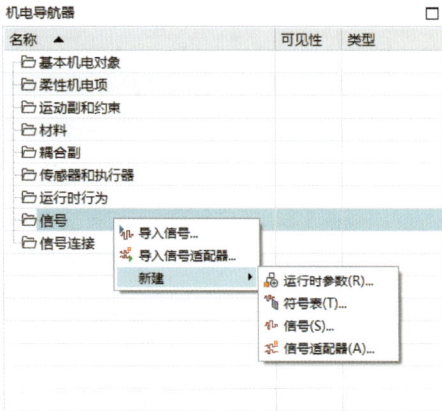

图6-2 运行时参数创建方式二

图6-3 "运行时参数"对话框

表6-1 "运行时参数"对话框中各参数的含义

序号	设置名称	含义
1	参数列表	显示添加到运行时参数对象的参数
2	参数属性	添加参数的名称、类型（布尔型、整型、双精度型）、值
3	接受（复选框）	将在参数属性区段中定义的参数添加到运行时参数对象
4	名称	设置运行时参数的名称

6.2.2 运行时表达式

① 运行时表达式的概念

使用运行时表达式命令可为运行时参数定义表达式或条件语句。

② 创建运行时表达式的方法

创建运行时表达式的方式有两种。

方式一：选择"主页"选项卡→"机械"组→"更多"→"运行时表达式"，如图6-4所示。

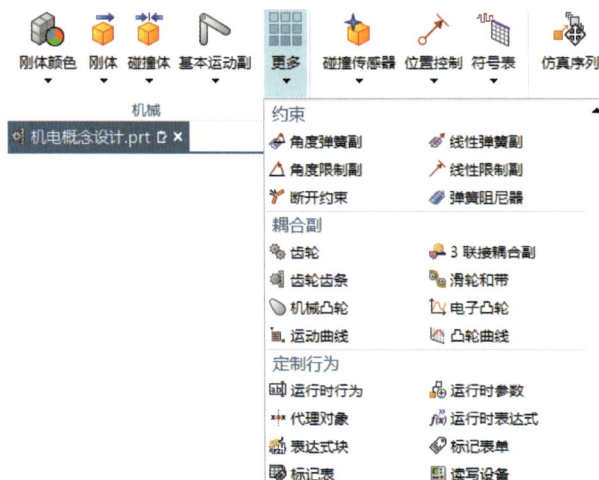

图6-4 运行时表达式创建方式一

方式二：选择资源条中的"运行时表达式"→单击右键→选择"添加"选项，如图6-5所示。

③ 运行时表达式的参数含义

在"运行时表达式"对话框中，可以对赋值参数、输入参数、表达式等进行设置，如图6-6所示。"运行时表达式"对话框各参数的含义见表6-2。

图 6-5　运行时表达式创建方式二

图 6-6　"运行时表达式"对话框

表 6-2　"运行时表达式"对话框中各参数的含义

序号	设置名称		含义
1	要赋值的参数	选择对象	选择对象，向该对象包含的运行时属性指派运行时表达式
		属性	显示选定机电对象中的所有可用运行时属性
2	显示图标		过滤图形窗口，以仅显示选定机电对象的图标
3	输入参数	选择对象	选择对象，将该对象包含的运行时参数用作运行时表达式中的输入内容
		参数名称	显示选定机电对象中的所有可用运行时参数
		添加参数	将参数名称列表中选定的参数添加到输入参数列表中
		输入参数表	显示可用于运行时表达式公式的输入参数及其属性值。其中一些属性可以更改，如别名和类型。必要时双击表中参数前面的单元格以更改值
4	表达式	表达式名称	设置运行时表达式对象的名称
		公式	设置运行时表达式的公式。必须在公式中使用至少一个输入参数
		插入函数	选择要应用于运行时表达式的函数

6.2.3　虚拟轴运动副

① 虚拟轴运动副的概念

虚拟轴运动副不包含几何体，但它能够表达运动学信息，如虚拟轴可以通过速度控制来设定其运行，也可以在运行时表达式中作为一个参数，赋值给其他几何体，以达到控制几何体运行的目的。

② 创建虚拟轴运动副的方法

创建虚拟轴运动副的方式有两种。

方式一：选择"主页"选项卡→"机械"组→"虚拟轴运动副"，如图 6-7 所示。

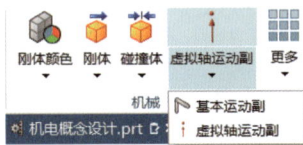

图 6-7　虚拟轴运动副创建方式一

方式二：选择资源条中的"机电导航器"→右键单击"运动副和约束"→选择"虚拟轴"选项，如图 6-8 所示。

③ 虚拟轴运动副的参数含义

在"虚拟轴"对话框中，可以对轴类型、矢量等进行设置，如图 6-9 所示。"虚拟轴"对话框中各参数的含义见表 6-3。

图 6-8　虚拟轴运动副创建方式二

图 6-9　"虚拟轴"对话框

表 6-3　"虚拟轴"对话框中各参数的含义

序号	设置名称	含义
1	轴类型	选择角度轴或线性轴
2	指定矢量	指定轴的方向
3	指定点	指定锚点
4	起始位置	开始运动时，刚体距离指定点的位置
5	名称	设置虚拟轴运动副名称

6.3　信号与运行时行为

6.3.1　信号与信号适配器

① 信号与信号适配器的概念

在机电一体化概念设计 NX MCD 组件模型中，信号用于运动控制与外部信息的交互，它有输入与输出两种信号类型。其中，输入信号是外部输入到 MCD 模型的信号，输出信号则是 MCD 模型输出到外部设备的信号。

某种程度上，信号适配器可以看作一种生成信号的组织逻辑管理方式。使用信号适配器命令可创建和封装多个运行时参数、信号和运行时公式。如果开发复杂的系统，则可以创建多个信号适配器来组织逻辑，每个适配器都具有特定的任务或设计目标。

② 创建信号适配器的方法

创建信号适配器的方式有两种。

方式一：选择"主页"选项卡→"电气"组→"信号适配器"，如图 6-10 所示。

图 6-10　信号适配器创建方式一

方式二：选择资源条中的"机电导航器"→右键单击"信号"→选择"信号适配器"选项，如图 6-11 所示。

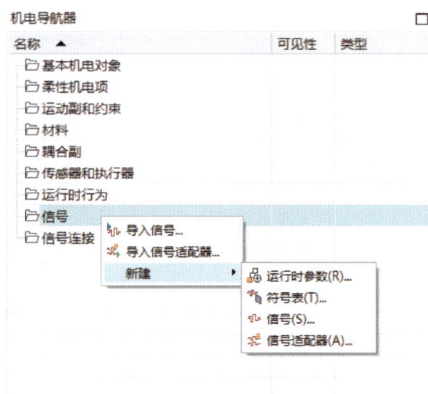

图 6-11　信号适配器创建方式二

③ 信号适配器的参数含义

在"信号适配器"对话框中，可以对参数、信号、公式等进行设置，如图 6-12 所示。"信号适配器"对话框中各参数的含义见表 6-4。

图 6-12 "信号适配器"对话框

表 6-4 "信号适配器"对话框中各参数的含义

序号	设置名称		含义
1	参数	选择机电对象	选择要添加到信号适配器的参数的机电对象
		参数名称	显示选定机电对象中的参数
		添加参数	将在参数名称列表中选择的参数添加到参数表中
		参数表	显示添加的参数及其所有属性值，并允许更改
		生成信号和公式	自动为选定对象创建信号和公式
2	信号	添加	将已有信号添加到信号表中（或者添加新的信号）
		信号表	显示添加的信号及其所有属性值，并允许更改（信号的输入或输出属性，是相对于MCD而言的。输入指的是外部输入到MCD中，输出则反之）
3	公式	公式表	当在信号表或参数表中选中信号或参数旁边的复选框时，信号或参数将添加到此表中，为信号和参数分配公式（输出信号可以是一个或多个参数或信号的函数。输入信号只能用于公式，不能分配公式。参数可以是一个或多个参数或信号的函数）
		添加	将公式框中显示的公式分配给选定的参数或信号。添加新公式以便可以将公式用作另一个函数中的变量
		公式框	选择、键入或编辑公式
		插入函数	对所选参数或信号插入函数
		插入条件	对选定的参数或信号添加新的条件语句
		扩展文本输入	显示一个大文本框以编写复杂的公式
4	显示图标		过滤图形窗口，仅显示所选机电对象的图标
5	名称		设置信号适配器的名称

6.3.2　运行时行为

① 运行时行为的概念

运行时行为是通过 C# 代码对机电一体化系统的对象进行控制以及定义其行为，适用于运动控制比较复杂的控制要求中。

② 创建运行时行为的方法

创建运行时行为的方式有两种。

方式一：选择"主页"选项卡→"机械"组→"更多"→"运行时行为"，如图 6-13 所示。

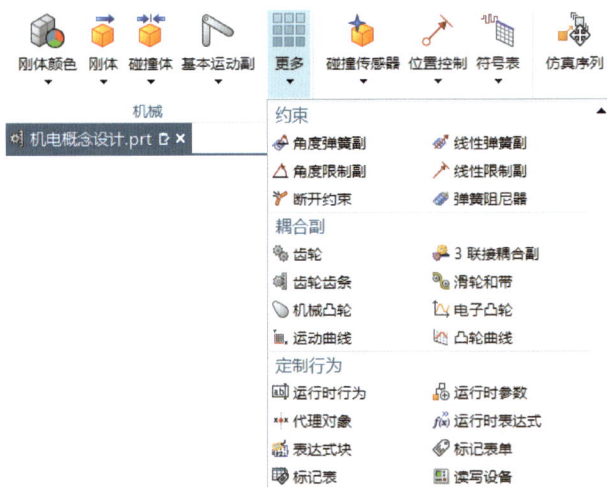

图 6-13　运行时行为创建方式一

方式二：选择资源条中的"机电导航器"→右键单击"运行时行为"→选择"运行时行为"选项，如图 6-14 所示。

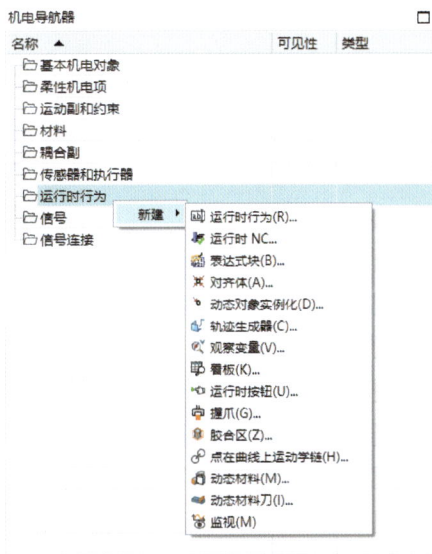

图 6-14　运行时行为创建方式二

③ 运行时行为的参数含义

在"运行时行为代码"对话框中，可以对行为源、机电属性等进行设置，如图 6-15 所示。"运行时行为代码"对话框中部分参数的含义见表 6-5。

图 6-15　"运行时行为代码"对话框

表 6-5　"运行时行为代码"对话框中部分参数的含义

序号	设置名称		含义
1	行为源	来源清单	显示活动源文件的名称
		打开源文件	选择要打开的源文件
		打开编辑器	打开一个嵌入式运行时行为编辑器，可以创建新的源文件
2	机电属性	参数列表	显示源文件中可用的参数列表
		选择	可从图形窗口中选择一个对象并将其链接到列表中选择的源文件参数
		删除	删除源文件参数中的值
		自动映射	当源文件中的参数名称和 MCD 环境里的参数名称一致时，系统会依据这个相同的名称作为匹配依据，自动建立起两者之间的关联关系
3	名称		设置运行时行为的名称

6.4　仿真序列

① 仿真序列的概念

仿真序列是 NX MCD 中的控制元素，通常使用"仿真序列"来控制一个执行机构（如速度控制中的速度、位置控制中的位置等），还可以控制运动副（如移动副的连接件）等。除此以外，在仿真序列中还可以创建条件语句来确定何时触发改变。

NX MCD 中的仿真序列有两种基本类型：基于时间的仿真序列和基于事件的仿真序列。基于时间的基本行为：通过设置固定的时间完成定制行为，如在特定时间段内激活传输面。基于事件的基本行为：通过条件语句控制是否触发定制行为，如碰撞传感器激活时速度控制执行器停止。

② 创建仿真序列的方法

创建仿真序列的方式有两种。

方式一：选择"主页"选项卡→"自动化"组→"仿真序列"，如图 6-16 所示。

图 6-16 仿真序列创建方式一

方式二：选择资源条中的"序列编辑器"→单击右键→选择"添加仿真序列"选项，如图 6-17 所示。

③ 仿真序列的参数含义

在"仿真序列"对话框中，可以对机电对象、持续时间、运行时参数等进行设置，如图 6-18 所示。"仿真序列"对话框中各参数的含义见表 6-6。

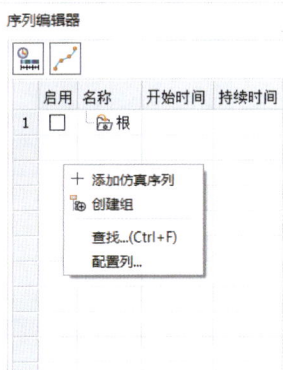

图 6-17 仿真序列创建方式二

图 6-18 "仿真序列"对话框

表 6-6 "仿真序列"对话框中各参数的含义

序号	设置名称		含义
1	类型		指定要创建的操作类型：仿真序列或暂停仿真序列
2	选择对象		当类型设置为仿真序列时出现，设置要控制的机电对象
3	显示图标		过滤图形窗口，仅显示所选机电对象的图标
4	持续时间		当类型设置为仿真序列时出现，设置仿真序列的持续时间
5	运行时参数	运行时参数列表	当类型设置为仿真序列时可用。 显示可控制的运行时参数的列表，要使仿真序列可以控制参数，在"设置"列中选中该参数的复选框（要设置参数的值，双击该值单元格）
		编辑参数	选择机电对象并且在运行时参数列表中，选中除活动之外的任何参数（复选框）时可用； 选中参数（复选框）后，可以在"运行时参数列表中的参数行"中指定该参数的值

序号	设置名称		含义
6	条件	条件列表	选择条件对象可用时，可以对条件进行触发值的设定
		编辑条件参数	为在条件列表中选择的参数指定值
		选择条件对象	当类型设置为仿真序列时，可以选择一个条件对象，该对象提供运行时参数以确定仿真序列的启动条件； 当类型设置为暂停仿真序列时，可以创建条件来控制仿真序列的暂停
7	名称		设置仿真序列的名称

④ 序列编辑器

在资源条中打开"序列编辑器"选项卡，在此界面能对所有的仿真序列进行操作，如链接、调整时间等。不同类型的仿真序列有不同的表现形式，如图 6-19 所示。不同类型的仿真序列含义见表 6-7。

图 6-19　序列编辑器

表 6-7　不同类型的仿真序列含义

序号	设置名称	含义
1	基于时间的仿真序列	由时间触发的仿真序列（仿真序列显示为蓝色条形）
2	基于事件的仿真序列	非基于时间的事件触发的仿真序列（仿真序列显示为绿色条形）
3	链接的仿真序列	按住仿真序列拖向另一仿真序列即可连接
4	复合仿真序列	在低于当前工作部件的装配级别定义的一个或多个仿真序列的集合（此仿真序列为只读，显示为灰色条。复合仿真序列不能链接到其他仿真序列）
5	暂停仿真序列	触发时暂停仿真的仿真序列
6	链接条件	连接两个或多个仿真序列来创建序列的链接。链接条件将AND或OR逻辑应用于连接（右键链接可修改）。 AND逻辑链接要求完成所有链接的仿真序列才能触发下一个仿真序列。 OR逻辑链接只需要一个完成的仿真序列就能触发下一个仿真序列

6.5　代理对象

① 代理对象的概念

使用"代理对象"命令可创建可重用的较高级别机电对象，如可在模型中多次插入的执行器和草图曲线实例。

② 创建代理对象的方法

创建代理对象的方式有两种。

方式一：选择"主页"选项卡→"机械"组→"更多"→"代理对象"，如图 6-20 所示。

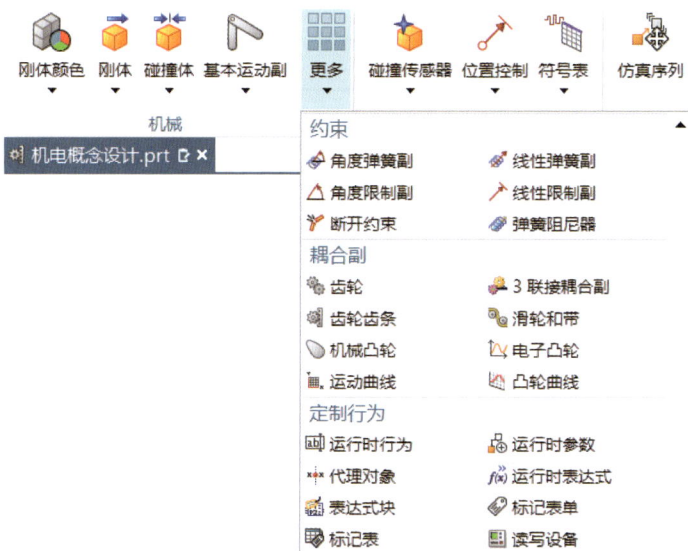

图6-20 代理对象创建方式一

方式二：选择资源条中的"机电导航器"→右键单击"基本机电对象"→选择"代理对象"选项，如图 6-21 所示。

③ 代理对象的参数含义

在"代理对象"对话框中，可以对参数属性、几何单元等进行设置，如图 6-22 所示。"代理对象"对话框中各参数的含义见表 6-8。

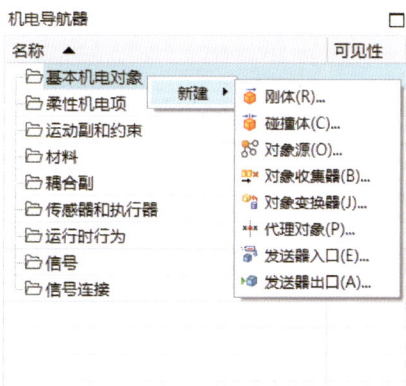

图6-21 代理对象创建方式二

图6-22 "代理对象"对话框

表6-8　"代理对象"对话框中各参数的含义

序号	设置名称	含义
1	参数列表	设置名称、类型、值的相关参数，并新建
2	参数属性	显示所设参数的物理属性
3	几何单元	要赋予物理属性的零部件刚体
4	名称	设置代理对象名称

6.6　使用标记表读写参数

① 标记的概念

标记命令包含了"标记表单"和"标记表"两类。其中，标记表单用来定义对象源实例的属性或者刚体的属性。在仿真期间，可以改变刚体的参数或者为它们分配不同的物理参数；标记表则是用于创建一个标记表单的多个实例，使用标记表来为每一个标记表单的实例设置不同的数值，以此实现标记表单数值的改变或者参数序列的创建。

② 创建标记表的方法

创建标记表的方式有两种。

方式一：选择"主页"选项卡→"机械"组→"更多"→"标记表"，如图6-23所示。

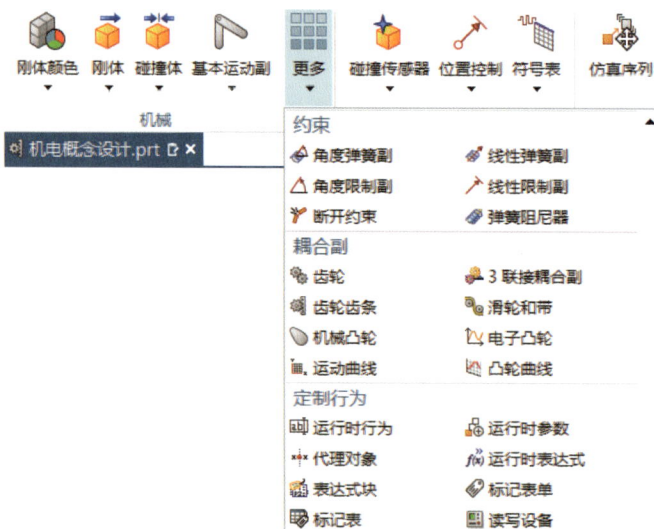

图6-23　标记表创建方式一

方式二：选择资源条中的"机电导航器"→右键单击"传感器和执行器"→选择"标记表"选项，如图6-24所示。

③ 标记表的参数含义

在"标记表"对话框中，可以对标记表单、值列表等进行设置，如图6-25所示。"标记表"对话框中各参数的含义见表6-9。

图6-24 标记表创建方式二

图6-25 "标记表"对话框

表6-9 "标记表"对话框中各参数的含义

序号	设置名称		含义
1	标记表单	标签表单	指定添加到标记表的标记表单
		新标签表单	创建一个新的标签表单来分配到碰撞传感器
2	值列表	标签表单	设置一个基于标记表的过滤器,用于定位标签表单
		添加	向标记表添加所选标签表单的实例。可以改变表格中每个实例的参数值
3	名称		设置标记表的名称

6.7 协同设计

6.7.1 MCD 的 SCOUT 协同设计

在 MCD 中对轴运动曲线进行初步设计,然后凸轮曲线数据导出,使用外部的编辑软件(SIMOTION SCOUT)进行修改和优化数据,再把编辑软件处理过的数据导入 MCD 模型中,以得到较好的运行效果。

① 导出凸轮曲线的参数含义

在"导出凸轮曲线"对话框中,可以对凸轮曲线、导出格式等进行设置,如图6-26所示。"导出凸轮曲线"对话框中各参数的含义见表6-10。

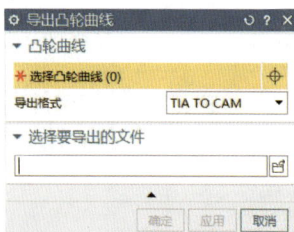

图 6-26　"导出凸轮曲线"对话框

表 6-10　"导出凸轮曲线"对话框中各参数的含义

序号	设置名称	含义
1	选择凸轮曲线	选择要导出的凸轮曲线
2	导出格式	SCOUT CamEdit、SCOUT CamTool、一般XY点、TIA TO CAM
3	选择要导出的文件	指定导出位置。以.xml或.csv格式导出凸轮配置文件，包括插值点和类型

② 导入凸轮曲线的参数含义

在"导入凸轮曲线"对话框中，可以对导入文件、凸轮曲线等进行设置，如图 6-27 所示。"导入凸轮曲线"对话框中各参数的含义见表 6-11。

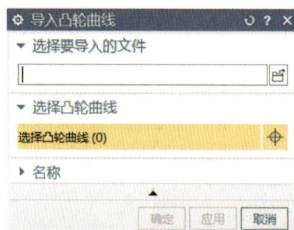

图 6-27　"导入凸轮曲线"对话框

表 6-11　"导入凸轮曲线"对话框中各参数的含义

序号	设置名称	含义
1	选择要导入的文件	从指定文件夹选择需要导入的SCOUT文件
2	选择凸轮曲线	选择所需的凸轮曲线
3	名称	定义该曲线的名称

6.7.2　使用 SIMOTION SCOUT 工具编辑

当 MCD 的数据导出之后，可以借助 SIMOTION SCOUT 工具对数据进行编辑，具体操作步骤如下：第一步，导出 MCD 的数据。第二步，将数据转化为文本文件（txt 文件）。打开 MCD 数据（excel 格式）文件，然后复制该文件中的数据，粘贴到新建的文本中并保存。第三步，打开 SIMOTION SCOUT 工具软件，对数据进行处理，并导出处理之后的数据文件。

6.7.3　通过 SIZER 选择电动机

电动机代表了运动的动力输出装置，电动机的选择是由工作过程中机器的负荷决定的。①设置 MCD 仿真场景，模拟运行并导出电动机力矩等负荷情况数据；②把该负荷数据导入第三方分析软件 SIZER 中，在 SIZER 中根据电动机负荷数据选择最佳电动机，并将选择结果导出；③将选择结果导入 MCD，生成三维模型装配到机器结构中。

（1）导出载荷曲线的参数含义

在"导出载荷曲线"对话框中，可以对轴控制、齿轮传动系统等进行设置，如图 6-28 所示。"导出载荷曲线"对话框中各参数的含义见表 6-12。

图 6-28　"导出载荷曲线"对话框

表 6-12　"导出载荷曲线"对话框中各参数的含义

序号	设置名称		含义
1	轴控制	选择轴控制	选择用于导出数据的执行器
		参考代码	显示执行器链接的逻辑的参考名称（如果执行器未链接到逻辑，参考代码为空）
2	输出轴控制	输出轴控制表	显示模拟期间要监视的组件
		添加新对象	添加要在仿真期间监视的选定轴控制

序号	设置名称		含义
3	齿轮传动系统	比率	设置应用于执行器输出的齿数比
		效率	设置齿轮传动效率以计算更逼真的输出值
		惯性矩	设置齿轮的惯性矩
4	记录载荷曲线	控制类型	设置如何触发载荷曲线录制
		选择起始仿真序列	（当控制类型设为仿真序列时显示）使用序列编辑器设置数据调用的起点
		选择结束仿真序列	（当控制类型设为仿真序列时显示）使用序列编辑器设置数据调用的终点
		开始时间	（当控制类型设为时间时显示）设置数据调用的开始时间
		结束时间	（当控制类型设为仿真序列时显示）设置数据调用的结束时间
		显示类型	设置仿真结果的显示方式
		记录载荷曲线表	显示由开始时间和结束时间指定的持续时间内的仿真结果
5	输出文件	文件类型	用于选择输出类型
		指定输出文件	用于指定输出文件位置

（2）导入选定的电动机的参数含义

在"导入选定的电动机"对话框中，可以对输入文件、电动机等进行设置，如图6-29所示。"导入选定的电动机"对话框中各参数的含义见表6-13。

图6-29 "导入选定的电动机"对话框

表 6-13　"导入选定的电动机"对话框中各参数的含义

序号	设置名称		含义
1	输入文件		指定要导入的 SIZER 文件
2	轴	轴	列出 .mdex 文件中可用于导入的所有轴
		参考代码	显示选定零部件的行业标准代号
		选择逻辑	将逻辑模型应用于 SIZER 模型
3	详细信息		显示从"选择轴"列表中选择的轴的参数
4	生成电动机		生成电动机零部件的几何图形
5	放置	替换组件	用 SIZER 模型和物理模型替换组件
		定位	列出可用的定位方法
6	预览		在"零部件预览"窗口中显示电动机零部件几何图形的预览

本章小结

　　过程控制主要依靠仿真序列、运行时参数、运行时表达式、信号与运行时行为来实现。它们往往互相关联使用，在使用仿真序列来确定自动控制时，往往需要运行时参数与运行时表达式来构建前提条件；在使用运行时参数时，往往需要与虚拟系统的外部信号相关联；某些内部信号的确立也需要信号适配器的组织管理；同样，运行时行为也需要借助数字虚拟系统信号与信号适配器的配合，以实现内部编程信号与虚拟仿真环境的同步。

　　协同设计主要介绍了 MCD 对 SCOUT 的使用，以及通过 SIZER 来选择电动机。其中，在 SCOUT 中，数据的编辑主要通过 Excel 与 SIMOTION SCOUT 两种方式来实现；电动机的选择通过 NX MCD 初步确定负载数据，然后借助工具 SIZER 来选择具体的电动机型号。

思考题

　　1．简述过程控制与协同设计的概念。
　　2．简述运行时参数与运行时表达式的概念和创建方式。
　　3．简述虚拟轴运动副的概念和创建方式。
　　4．简述信号与运行时行为的概念和创建方式。
　　5．简述仿真序列的概念和创建方式。

第7章

桌面式智能制造系统的仿真

本书配套资源

导读

　　本章聚焦桌面式智能制造系统的仿真设计实践，旨在通过这一综合性学习过程，巩固并深化对机电一体化概念的理解及运动操作技能的掌握。通过系统设计、精确建模、仿真测试等关键环节，不仅全面复习了理论知识，还极大提升了实践能力，确保了对前述知识内容的牢固掌握。

7.1　桌面式智能制造系统简介

　　桌面式智能制造系统的仿真是基于时间的仿真序列进行的，为了实现此设备的仿真，需要进行三维建模，设置机电对象、传感器、运动副和仿真序列，如图7-1所示。

　　桌面式智能制造系统如图7-2所示，主要由垛料机构、3轴机械手、桁架机械手、智能加工装置、去毛刺装置、智能装配装置和转运装置组成。垛料机构主要由步进电动机、直流电动机、传送带、V带轮、传感器、伸缩气缸和手指气缸组成；3轴机械手主要由步进电动机、滚珠丝杠和手指气缸组成；桁架机械手主要由上下气缸、手指气缸、滚珠丝杠和步进电动机组成；智能加工装置主要由伸缩气缸、传感器、步进电动机和切削机构组成；去毛刺装置主要由步进电动机、传感器、齿轮和去毛刺机构组成；智能装配装置主要由步进电动机、传感器、齿轮、推料气缸和压料气缸组成；转运装置主要由直流电动机、传感器、传送带、位移气缸、手指气缸和上下气缸组成。

部件模型制作 —— 创建非标件的三维模型

基本机电对象 —— 刚体：赋有物理属性的三维模型，模拟真实运动

碰撞体：检测并响应与其他物体接触

传感器 —— 碰撞传感器：检测物体碰撞，并触发相应操作或事件

运动副 —— 滑动副：允许两构件之间做相对滑动运动的连接

铰链副：允许两构件绕某点相对转动的连接

桌面式智能制造系统的仿真

执行器 —— 位置控制：设定和调整模型运动的目标位置

传输面：定义一个面为传送带，模拟物体在该面上的传输过程

仿真序列 —— 设定和执行一系列仿真步骤的过程

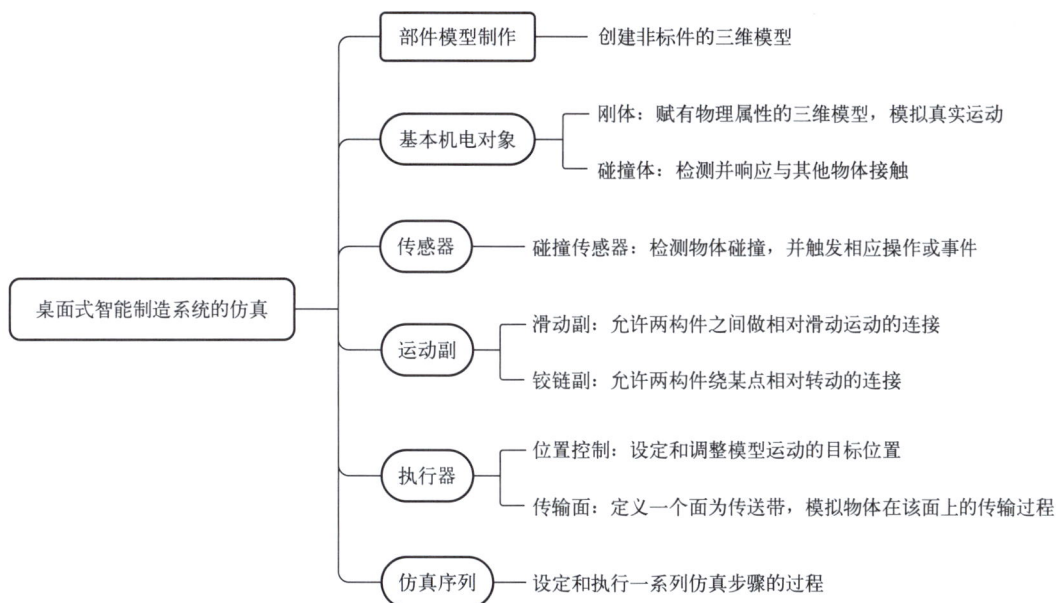

图 7-1　桌面式智能制造系统仿真流程

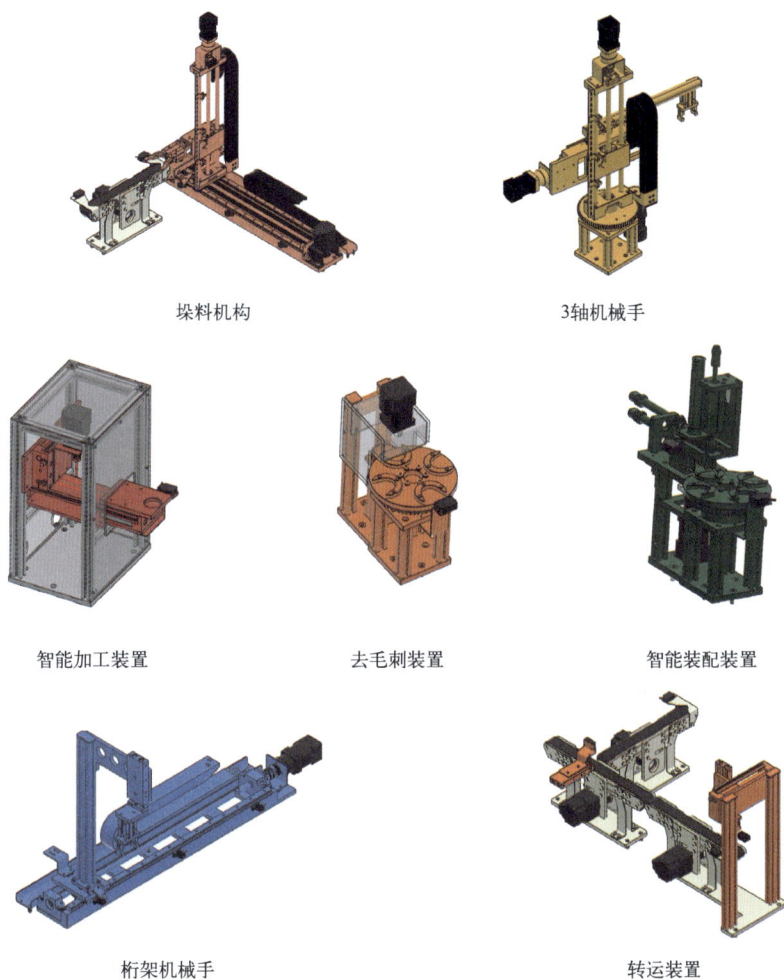

垛料机构

3轴机械手

智能加工装置

去毛刺装置

智能装配装置

桁架机械手

转运装置

图 7-2　桌面式智能制造系统的三维模型

7.2　部件模型的制作

垛料机构的伸缩气缸底座和手指气缸底座的三维模型尺寸如图 7-3 和图 7-4 所示。

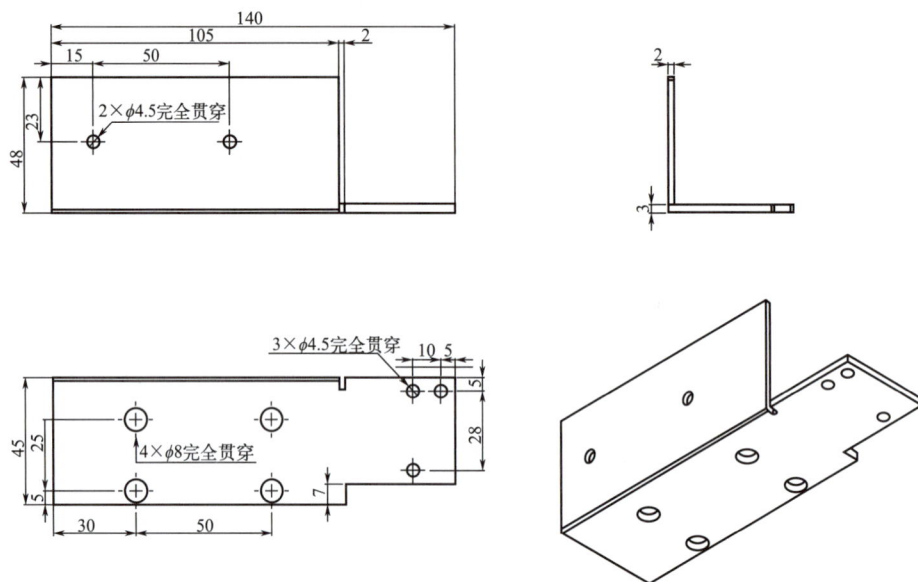

图 7-3　垛料机构伸缩气缸底座的二维模型尺寸

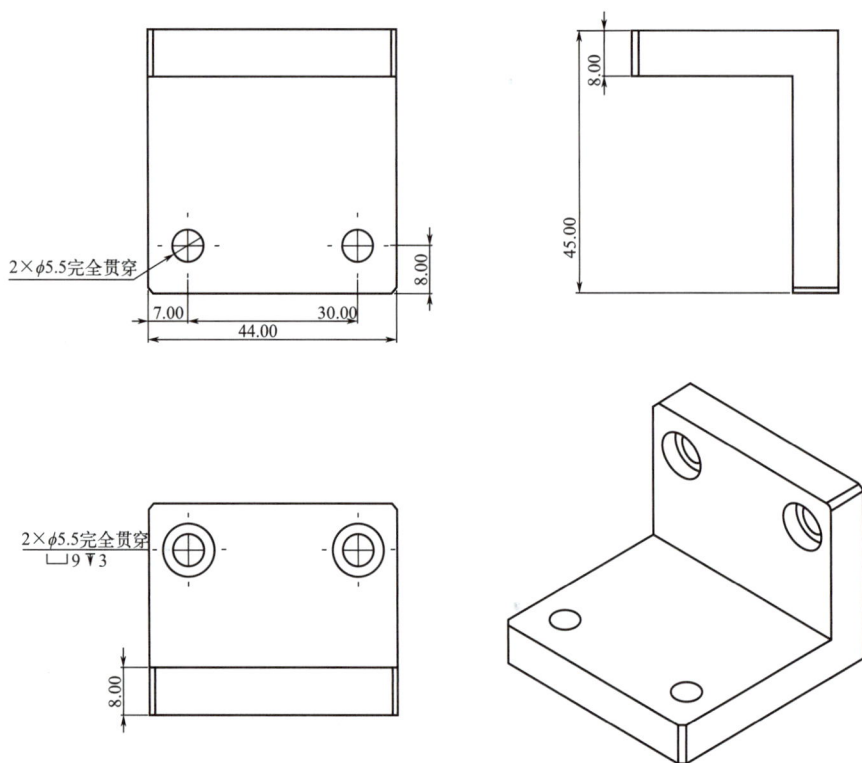

图 7-4　垛料机构手指气缸底座的三维模型尺寸

3 轴机械手的手指气缸底座的三维模型尺寸如图 7-5 所示。

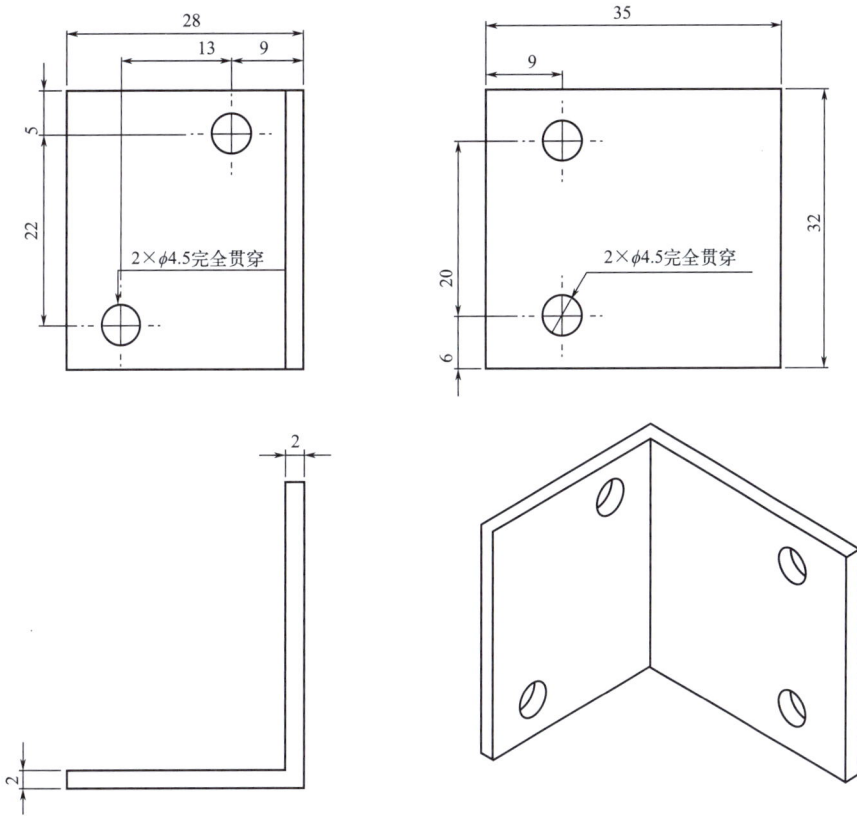

图 7-5　3 轴机械手的手指气缸底座的三维模型尺寸

桁架机械手的上下气缸底座和手指气缸底座的三维模型尺寸如图 7-6 和图 7-7 所示。

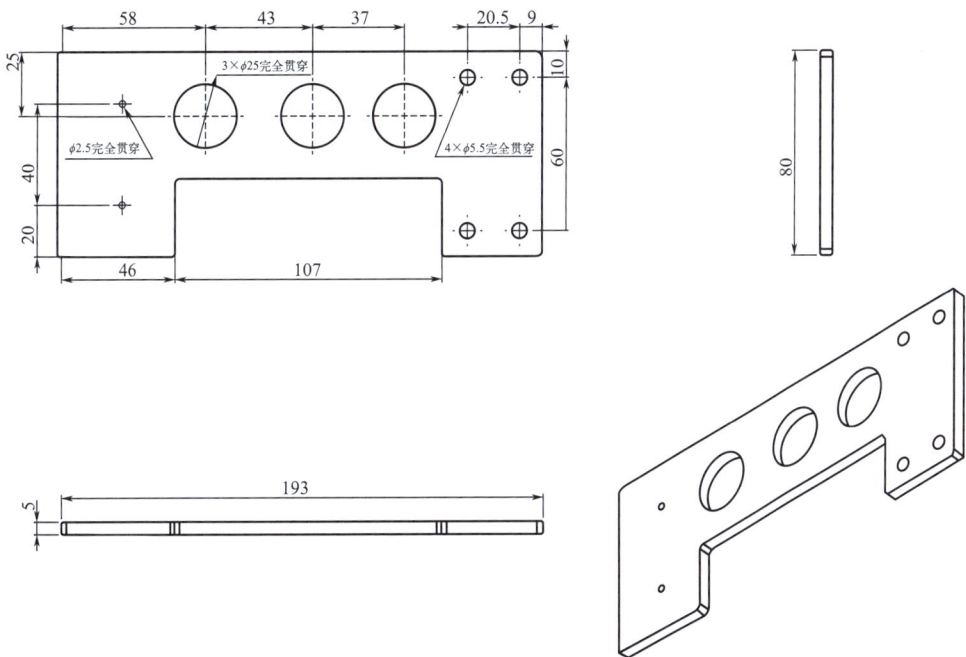

图 7-6　桁架机械手的上下气缸底座的三维模型尺寸

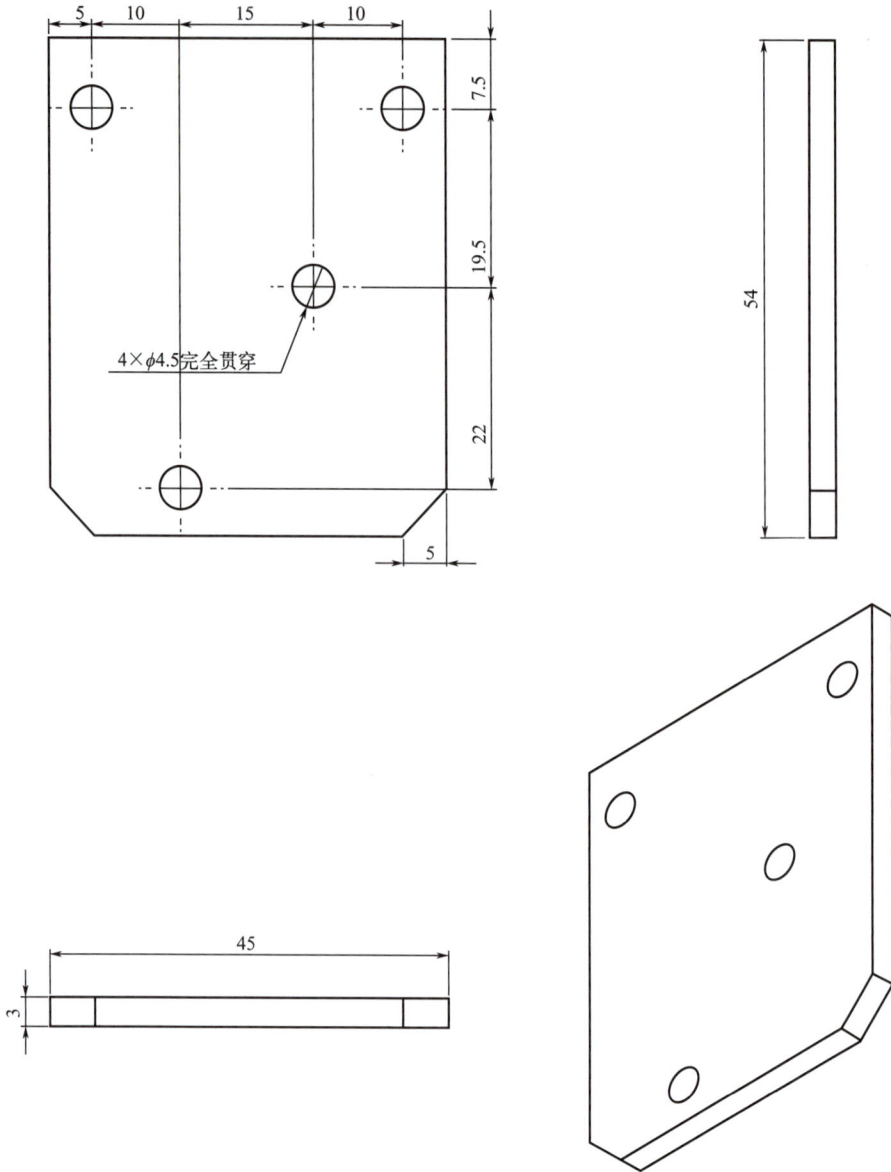

4×φ4.5完全贯穿

图7-7 桁架机械手的手指气缸底座的三维模型尺寸

智能加工装置的放料台的三维模型尺寸如图7-8所示。

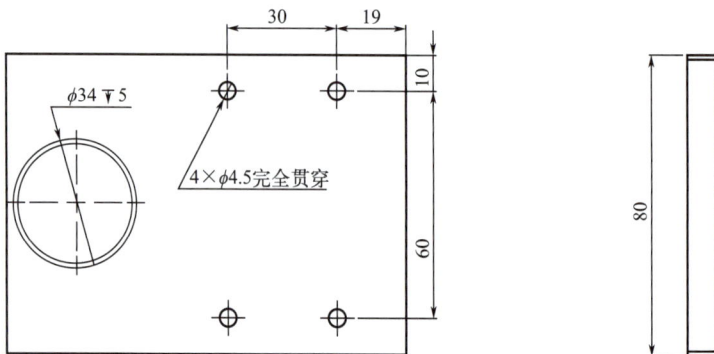

φ34▽5

4×φ4.5完全贯穿

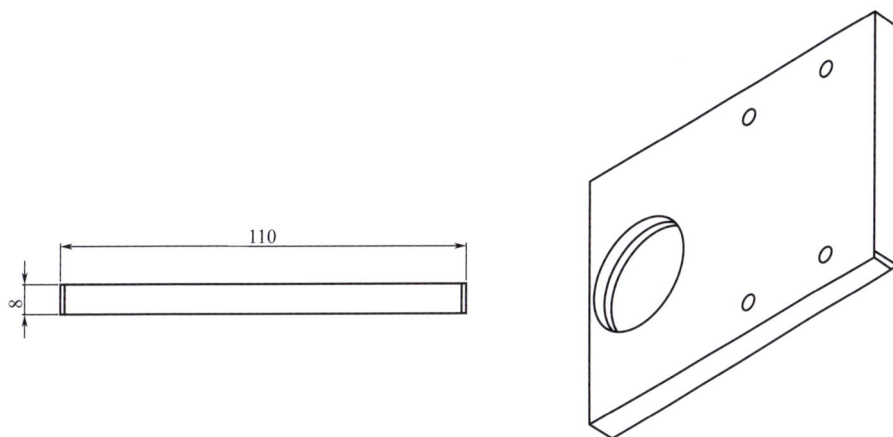

图 7-8　智能加工装置的放料台的三维模型尺寸

转运装置的左右气缸底座三维模型尺寸如图 7-9 所示。

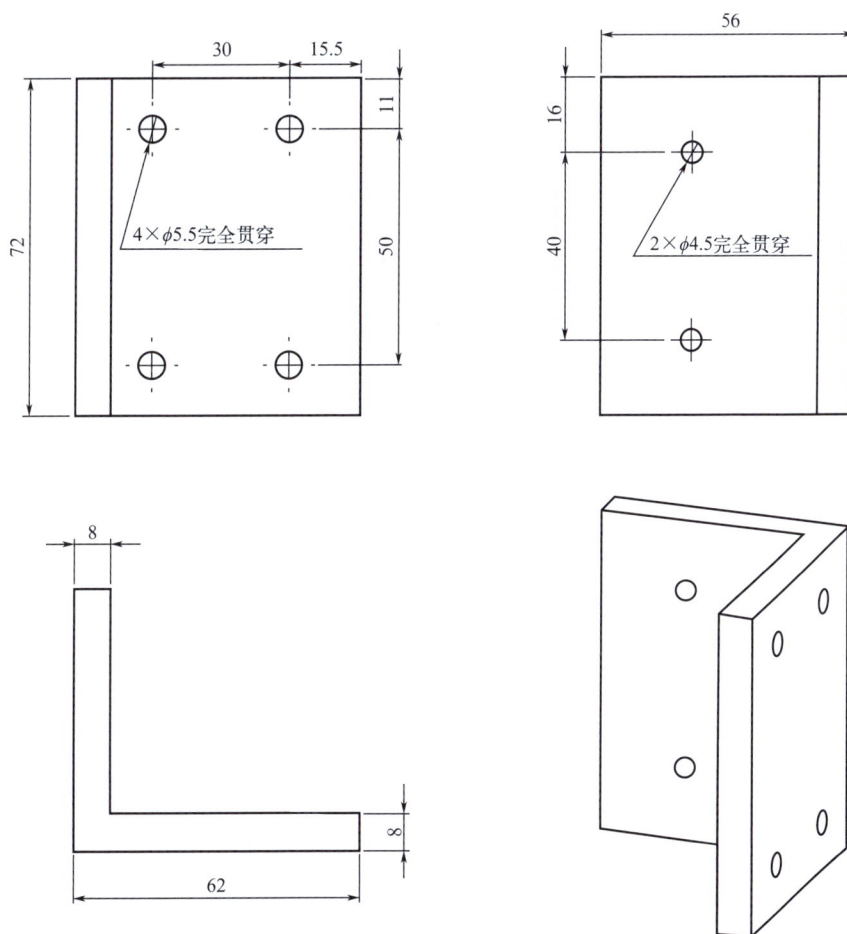

图 7-9　转运装置的左右气缸底座的三维模型尺寸

7.3 机电概念设计

7.3.1 桌面式智能制造系统的基本机电对象、传感器设置

（1）基本机电对象设置

① 刚体设置

对要运动的物件进行刚体的设定，而需要设置刚体的零件有：垛料机构的物块、上下装置、伸缩气缸、移位装置、左夹和右夹；3轴机械手的上下移动机构、水平移动机构、转动机构、左夹和右夹；桁架机械手的上下气缸、左右移动机构、左夹和右夹；智能加工装置的切削刀和伸缩气缸；去毛刺装置的刀具和放料台；智能装配装置的推料气缸、压料气缸和放料台；转运装置的上下气缸、推进气缸、位移气缸、左夹和右夹，如图7-10所示。

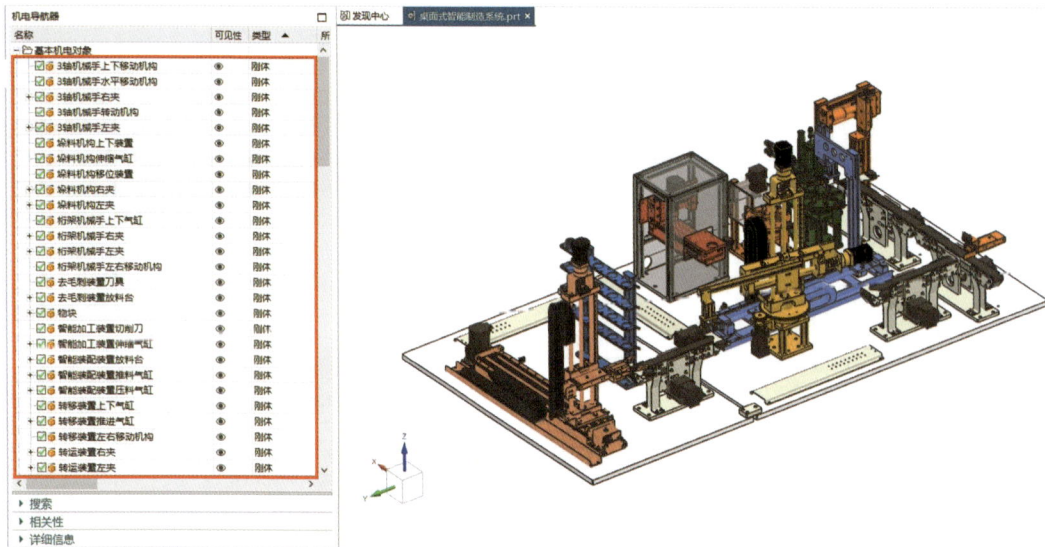

图 7-10　刚体的设置

② 碰撞体设置

选择要向其指派粘性碰撞体的对象。需要设置为碰撞体的零件有：垛料机构的传送带、左夹和右夹；3轴机械手的转动轴、左夹和右夹；智能加工装置的伸缩气缸；去毛刺装置的放料台；智能装配装置的放料台、推料气缸、压料气缸、推进气缸；转运装置的推进气缸、传送带、左夹和右夹，如图7-11所示。

（2）传感器的设置

需要设置碰撞传感器的有：传送带1（垛料机构的传送带）的左右两侧、传送带2（转运装置的长传送带）的推进气缸正前方、传送带3（转运装置的短传送带）左侧、智能加工装置的放料盘、去毛刺装置的放料盘、智能装配装置的放料盘。将以上物体设置为碰撞传感器对

象，并将类型设置为触发式，碰撞形状设置为方块，形状属性设为自动，如图 7-12 所示。

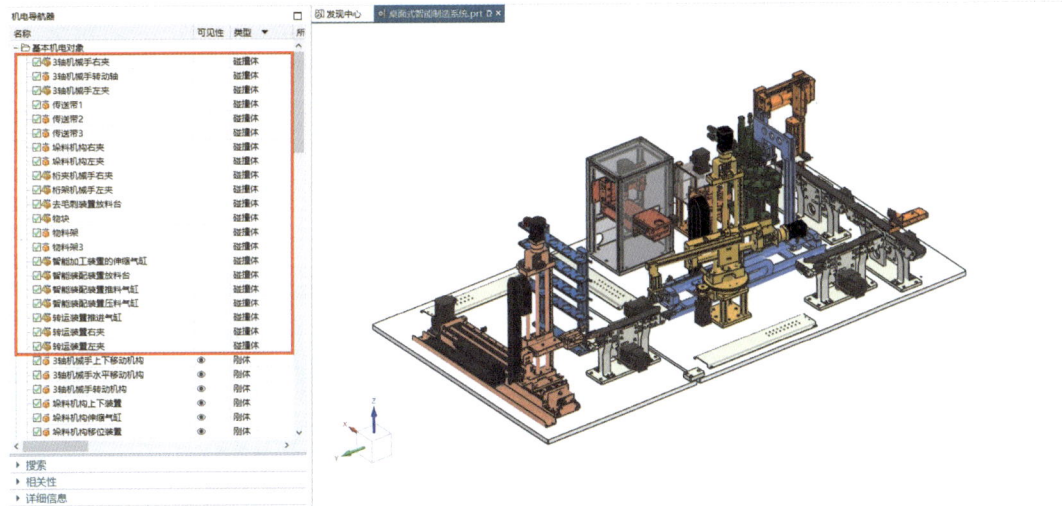

图 7-11　碰撞体的设置

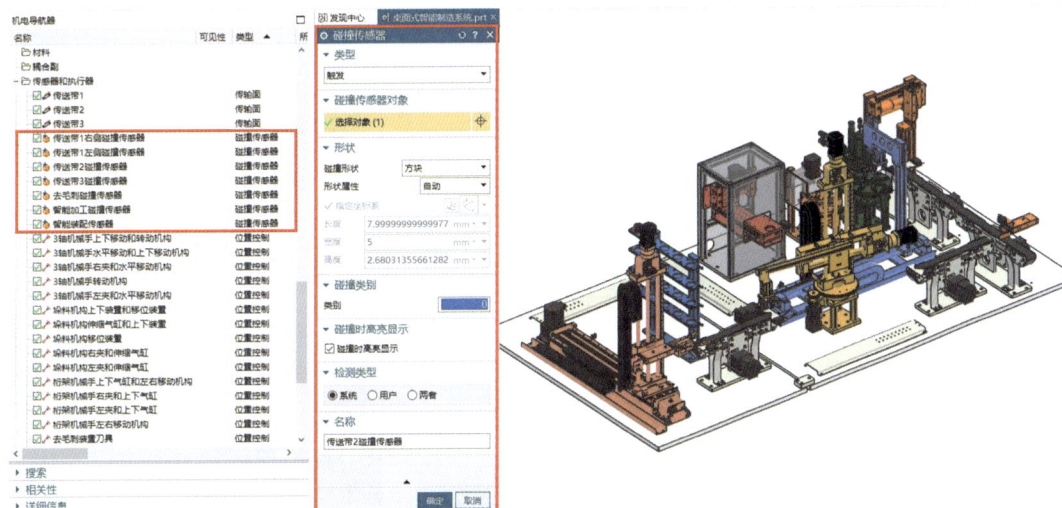

图 7-12　传感器设置

7.3.2　桌面式智能制造系统的运动副、执行器设置

（1）运动副的设置

① 滑动副设置。需要设置滑动副的有：垛料机构的左夹与伸缩气缸之间、右夹与伸缩气缸之间、伸缩气缸与上下装置之间、上下装置与移动装置之间、移位装置；3 轴机械手的左夹与水平移动机构之间、右夹与水平移动机构之间、水平移动与上下移动机构之间、上下移动与转动机构之间；桁架机构的左夹与上下气缸之间、右夹与上下气缸之间、上下气缸与左右移动机构之间、左右移动机构；智能加工装置的伸缩气缸；智能装配装置的推料气缸、压料气缸；

转运装置的左夹与上下气缸之间、右夹与上下气缸之间、上下气缸与左右移动机构之间、左右移动机构、推进气缸。并将指定轴矢量设为所要移动的方向，如图7-13所示。

　　注：在垛料机构的左夹与伸缩气缸之间的滑动副中，左夹为连接体，伸缩气缸为基本体。在智能装配装置的推料气缸的滑动副中，推料气缸为连接体。其他滑动副同理。

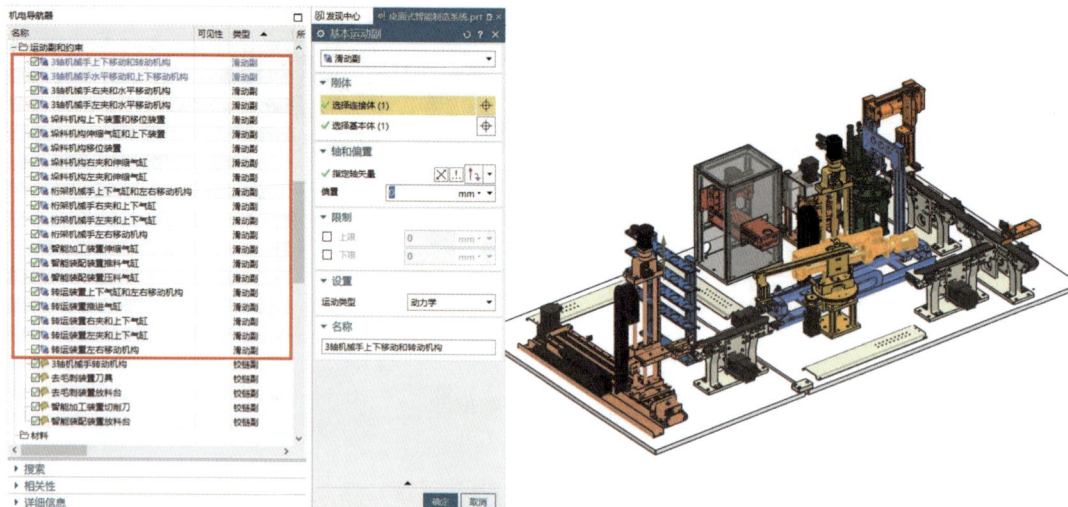

图7-13　滑动副的设置

　　② 铰链副的设置。需要设置铰链副的有：3轴机械手转动机构、去毛刺装置刀具、去毛刺装置放料台、智能加工装置切削刀、智能装配装置放料台。将上述物体分别设为连接体（不设置基本体），指定轴矢量设为所要围绕旋转的轴向，锚点为旋转中心，如图7-14所示。

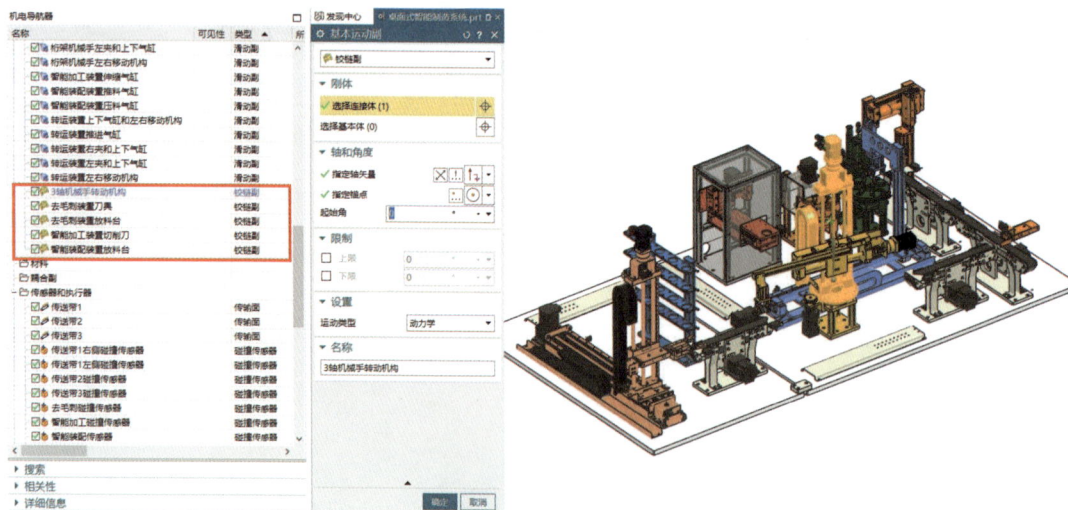

图7-14　铰链副的设置

（2）执行器的设置

　　① 传输面的设置。需要设置传输面的有：传送带1（垛料机构的传送带）、传送带2（转

运装置的长传送带）、传送带 3（转运装置的短传送带）。相关参数保持默认状态，如图 7-15 所示。

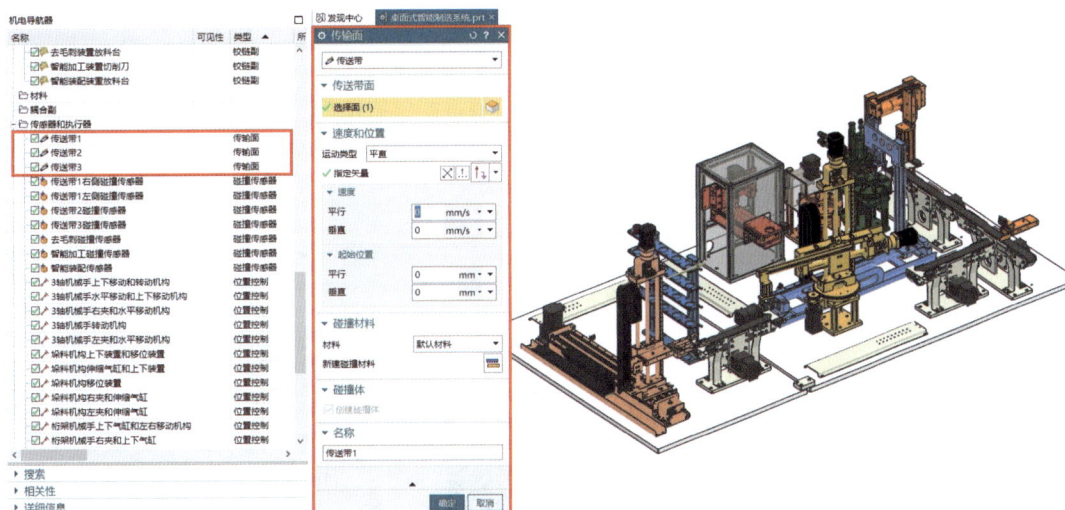

图 7-15　传输面的设置

② 位置控制的设置。需要设置位置控制的有：垛料机构的左夹与伸缩气缸之间、右夹与伸缩气缸之间、伸缩气缸与上下装置之间、上下装置与移动装置之间、移位装置；3 轴机械手的左夹与水平移动机构之间、右夹与水平移动机构之间、水平移动与上下移动机构之间、上下移动与转动机构之间、转动机构；桁架机构的左夹与上下气缸之间、右夹与上下气缸之间、上下气缸与左右移动机构之间、左右移动机构；智能加工装置的伸缩气缸、切削刀；去毛刺装置的刀具、放料台；智能装配装置的推料气缸、压料气缸、放料台；转运装置的左夹与上下气缸之间、右夹与上下气缸之间、上下气缸与左右移动机构之间、左右移动机构、推进气缸，如图 7-16 所示。

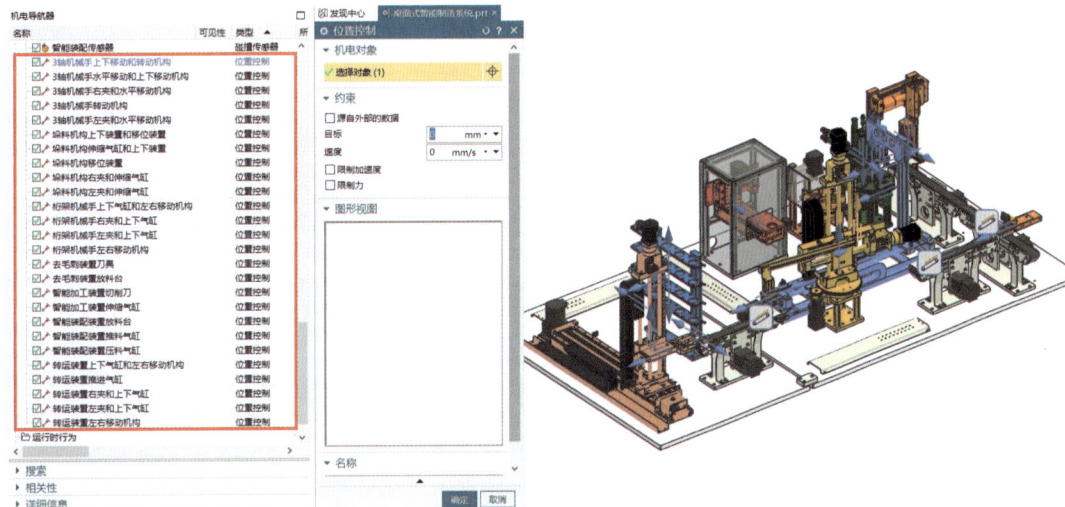

图 7-16　位置控制设置

7.3.3　仿真序列设置

（1）垛料机构工作（进程）

在序列编辑器中，添加所要设置的位置控制，并设置相关参数。机械手通过 V 带轮运动到物块前，然后气缸对物块进行抓取，最后在移动装置和气缸的控制下将工件放置在传送带 1 上。其加工程序如图 7-17 所示。

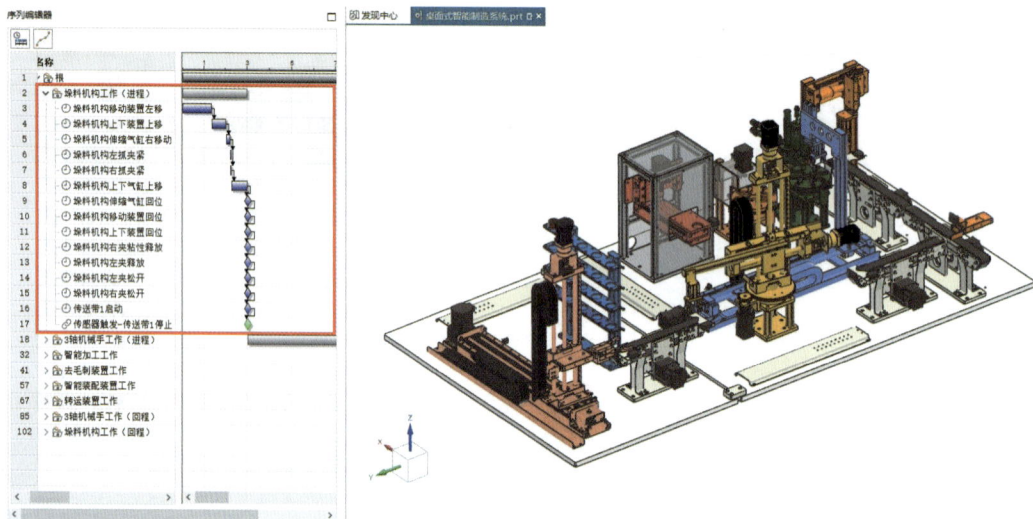

图 7-17　垛料机构工作（进程）

（2）3 轴机械手工作（进程）

3 轴机械手接到物块抵达指令，通过移位气缸、上下气缸和手指气缸将物块夹起。然后在转盘和气缸的带动下，将物块放置到智能加工装置处。其加工程序如图 7-18 所示。

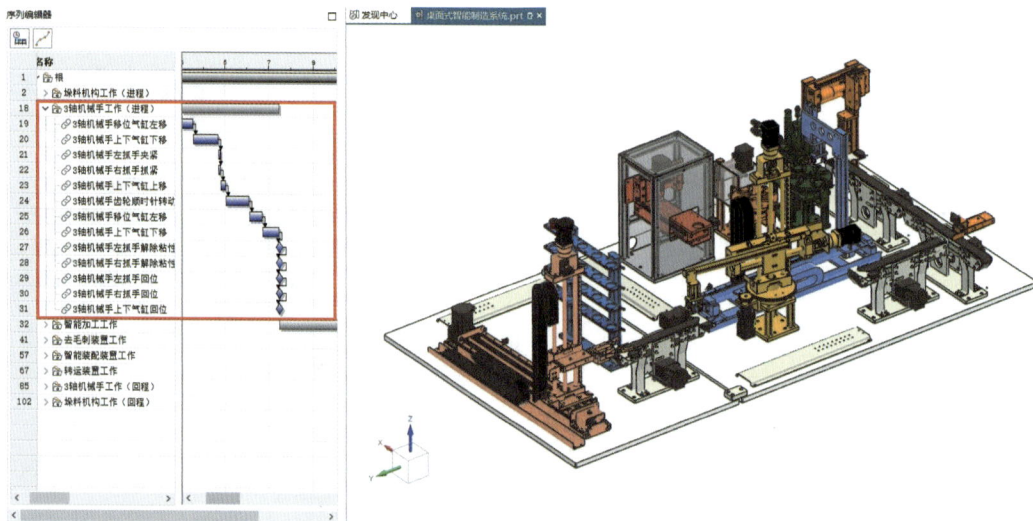

图 7-18　3 轴机械手工作（进程）

（3）智能加工工作

伸缩气缸将物块送至切削装置的正下方，在步进电动机的转动下，切削刀具对物块进行打孔。然后，伸缩气缸将物块送出，并由桁架机械手将物块送至去毛刺处。其加工程序如图 7-19 所示。

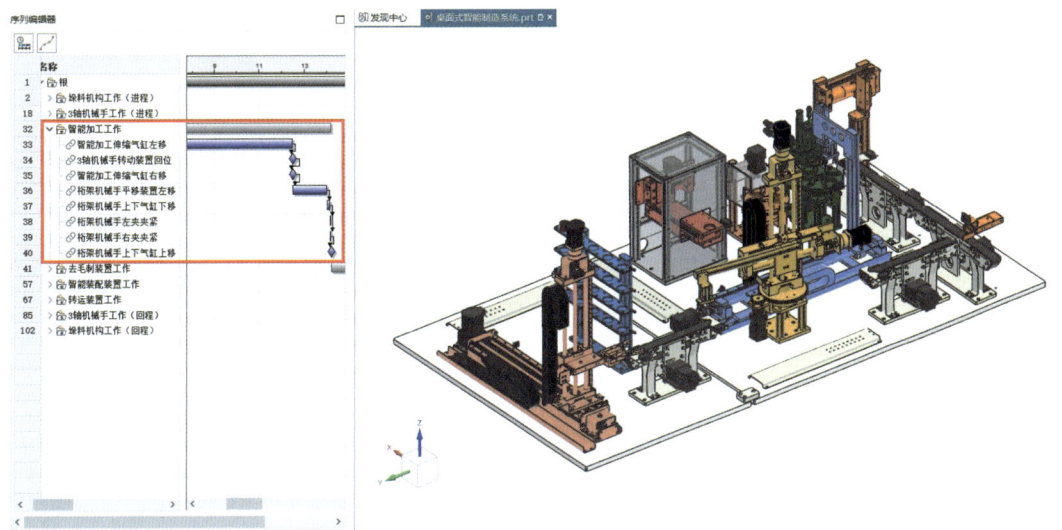

图 7-19　智能加工工作

（4）去毛刺装置工作

转盘将物块送至去毛刺装置的正下方，在步进电动机的转动下，刀具对物块进行去毛刺。然后，转盘转至原位，并由桁架机械手将物块送至智能装配处。其加工程序如图 7-20 所示。

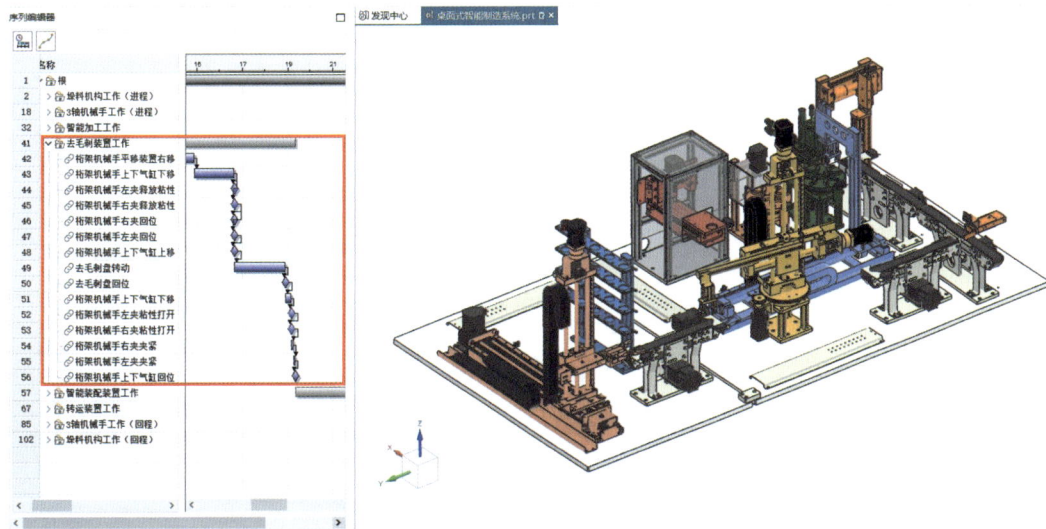

图 7-20　去毛刺装置工作

（5）智能装配装置工作

转盘将物块送至压料气缸的正下方，在气缸的运动下，将铁块压入物块中。然后，转盘转至下一个位置。其加工程序如图 7-21 所示。

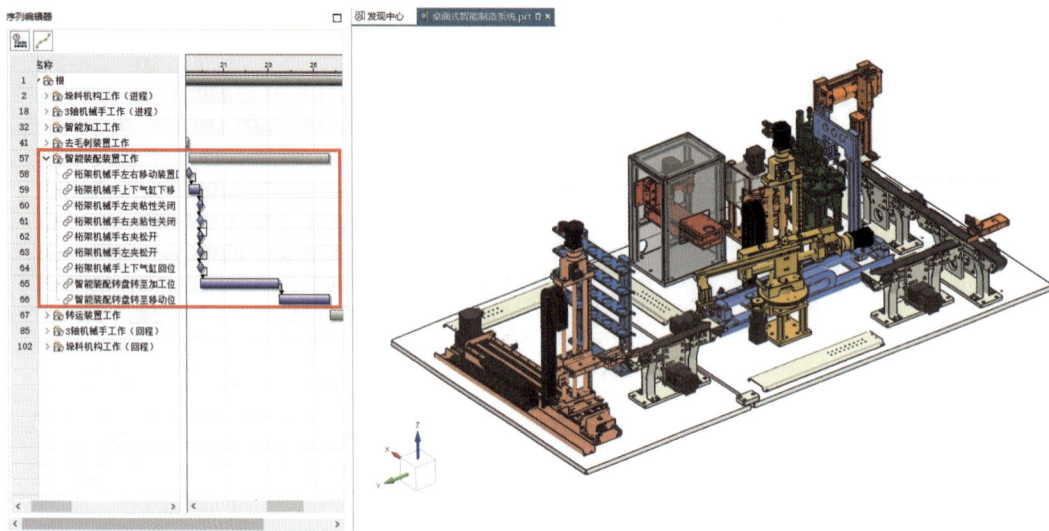

图 7-21　智能装配装置工作

（6）转运装置工作

转运装置的机械手将物块夹至传送带 2 上。然后经过传送带 2 和推进气缸的运动，物块进入传送带 3 上，并由传送带 3 送至 3 轴机械手处。其加工程序如图 7-22 所示。

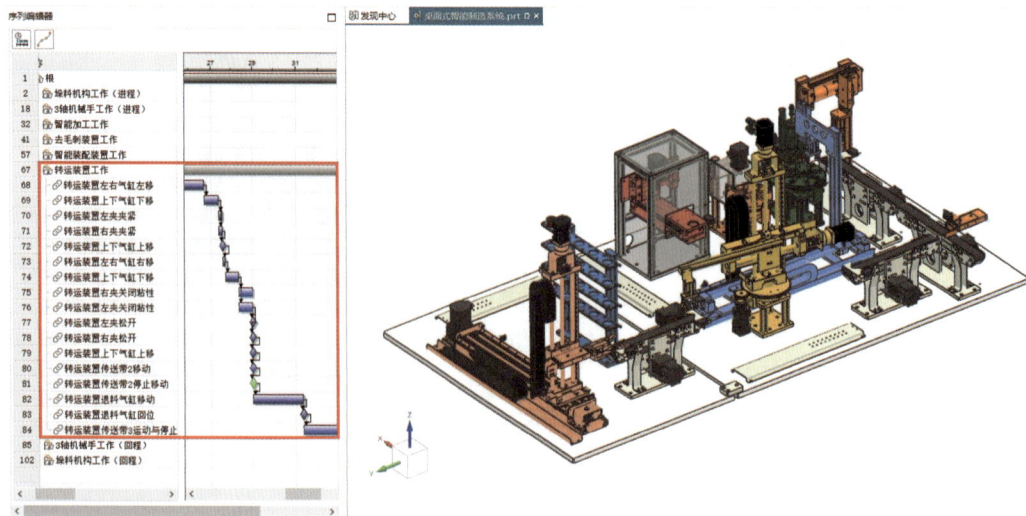

图 7-22　转运装置工作

（7）3 轴机械手工作（回程）

3 轴机械手由转动机构运动至传送带 3 处。通过移位气缸、上下气缸和手指气缸将物块夹起。然后在转盘的带动下，将物块放置到传送带 1 处。其加工程序如图 7-23 所示。

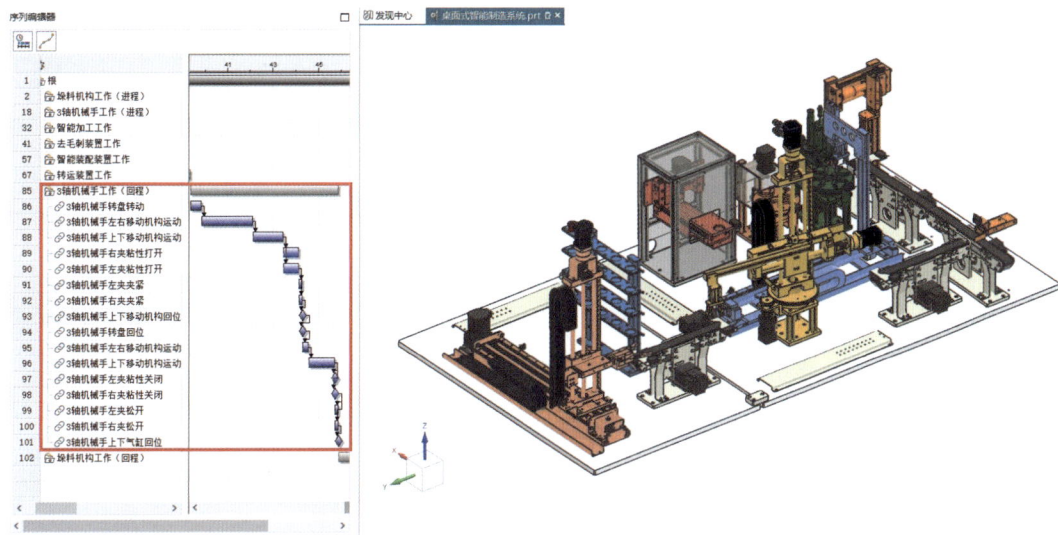

图 7-23 3 轴机械手工作（回程）

（8）垛料机构工作（回程）

机械手将传送带 1 上的物块抓起，然后在滚珠丝杠的控制下将工件放置在物料架的原位。其加工程序如图 7-24 所示。

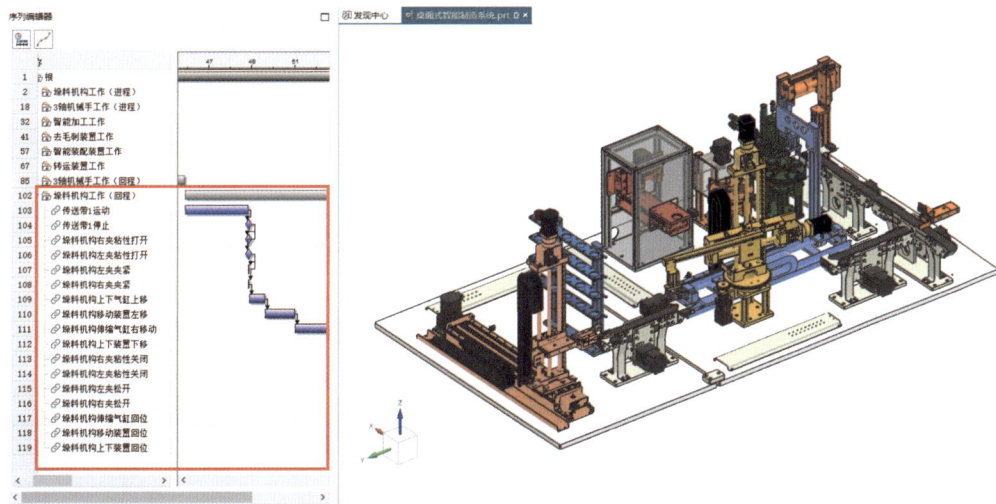

图 7-24 垛料机构工作（回程）

143

本章小结

本章旨在通过构建智能制造系统，进一步强化前几章所述的机电一体化概念设计与运动操作的重要性。内容分为三个核心部分：首先进行部件的三维建模；其次探讨机电一体化概念设计中运动副、铰链副、传感器及位置控制的实际应用；最后介绍仿真序列的有效运用。

思考题

1．简述"滑动副"和"铰链副"中连接体和基本体的含义。
2．简述"铰链副"中指定轴矢量和指定锚点的含义。
3．简述仿真序列的创建方式。

第8章

虚拟调试技术

导读

虚拟调试是虚拟现实技术在工业上的创新应用，通过构建物理制造环境的数字复制品，实现在计算机上模拟整个生产过程，包括机器人、自动化设备、PLC等关键单元。这一技术不仅提高了产品设计的验证效率，还降低了试错成本，缩短了开发周期，增强了生产灵活性。同时，它也可作为培训工具，助力企业提升整体竞争力。

8.1 虚拟调试概述

（1）传统调试

传统调试，也称为物理调试，是一种在实际物理环境中对机器、设备或系统进行测试和调整的过程。这种方法依赖于实际的硬件设备和物理环境，工程师和技术人员通过观察设备的实际运行情况，使用各种测试工具和技术来识别和解决存在的问题。传统调试通常包括以下几个步骤：

① 现场安装：将机器或设备安装到实际的工作环境中。

② 手动检查：通过手工检查各个部件和元器件的连接、安装和调节情况，以便及时发现并解决问题。

③ 运行测试：启动设备或系统，观察其运行情况，记录数据，分析性能。

④ 故障排查：根据测试过程中发现的问题，进行故障排查和定位。

⑤ 调整优化：对发现的问题进行调整和优化，然后再次进行测试，直到满足要求。

传统调试方法依赖于工程师的经验和技能，调试周期较长，且成本较高，因为需要在实际的物理环境中进行多次测试和调整。

（2）虚拟调试

虚拟调试则是在虚拟环境中对机器、设备或系统进行测试和调整的过程。它利用计算机技术和仿真软件，创建出与物理制造环境高度相似的数字模型，用于模拟和测试设备或系统的运行情况。虚拟调试的主要特点包括：

① 数字化建模：通过数字化技术建立完全相同的模型，这些模型可以完全映射真实的工作场景。

② 模拟测试：在虚拟环境中模拟设备的实际运行情况，包括运动轨迹、逻辑控制、传感器信号等。

③ 提前发现问题：在虚拟环境中提前发现并解决潜在的问题，减少现场调试的时间和成本。

④ 优化设计：根据虚拟调试的结果，对设计进行优化和改进，提高产品的质量和性能。

虚拟调试技术可以显著缩短调试周期，降低调试成本，并提高产品的质量和竞争力。它已经成为现代制造业中不可或缺的一部分，特别是在汽车制造、航空航天、电子设备等复杂系统的开发和生产中。

8.2 硬件在环虚拟调试

硬件在环虚拟调试指的是将 PLC 程序下载到真实的 PLC 设备中，在 NX MCD 软件完成虚拟设备的机械设计、赋予运动属性，真实 PLC 设备和 NX MCD 软件需要通过共有协议进行通信，完成对程序逻辑和设备的调试。

8.2.1 项目一：TIA+PLC+KEPServerEX 硬件在环虚拟调试

本项目将通过 KEPServerEX 的 OPC 服务器功能实现 PLC 与 NX MCD 的通信。KEPServerEX 是一款强大的 OPC 服务器软件，它支持多种工业通信协议和设备接口。在硬件在环虚拟调试中，KEPServerEX 作为数据交换的桥梁，将 PLC 硬件与虚拟环境中的其他组件连接起来，实现数据的实时传输和同步。此通信方式需要的软件和硬件如表 8-1 所示。

表 8-1　软件和硬件要求

硬件 / 软件	组件	版本
硬件部分	各型号CPU	各种版本
软件部分	TIA Portal	V16及以上
	KEPServerEX	V6及以上
	NX	本书使用2306版本

（1）机电概念设计

① 对要运动的物件进行刚体设置，而需要设置为刚体的零件为扇叶，如图 8-1 所示。

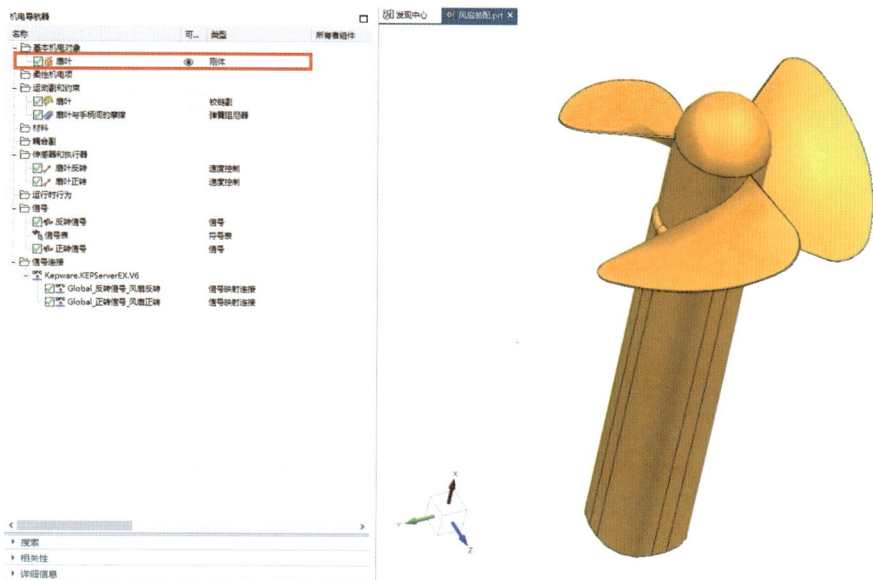

　刚体的设置

② 需要设置铰链副的为扇叶，将手柄设置为连接体。指定轴矢量设为所要旋转的轴向，指定锚点为旋转中心，如图 8-2 所示。

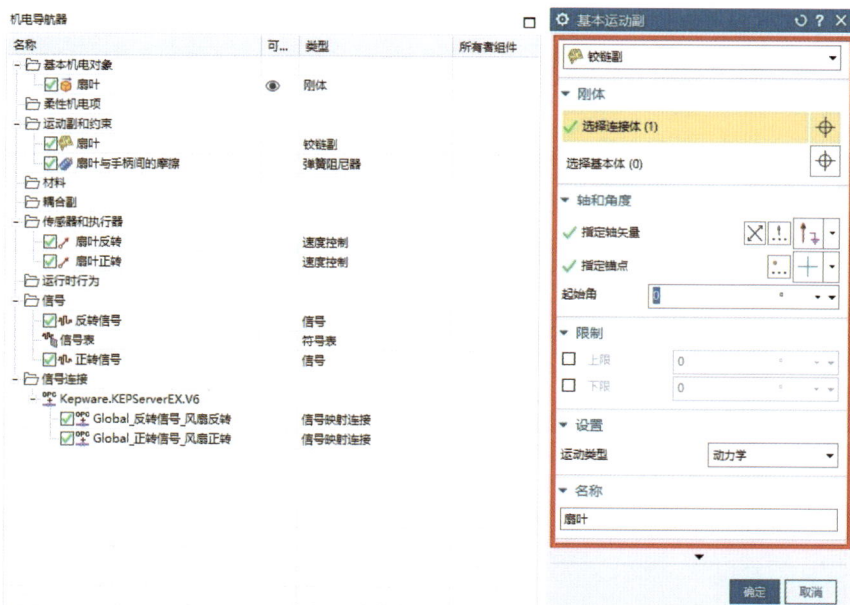

　运动副的设置

③ 进行弹簧阻尼器的设置。将扇叶的铰链副设为轴运动副，并将阻尼设为 0.1，如图 8-3 所示。

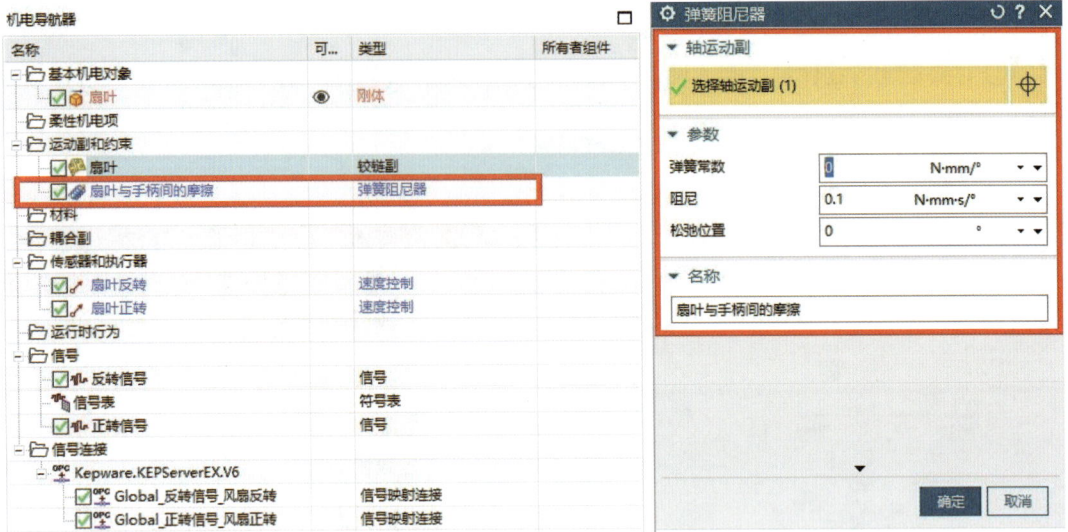

图 8-3　约束的设置

④ 分别进行扇叶正转和反转的速度控制的设置。都选择铰链副中的扇叶为机电对象，同时设置正转和反转的速度、最大加速度，如图 8-4 所示。

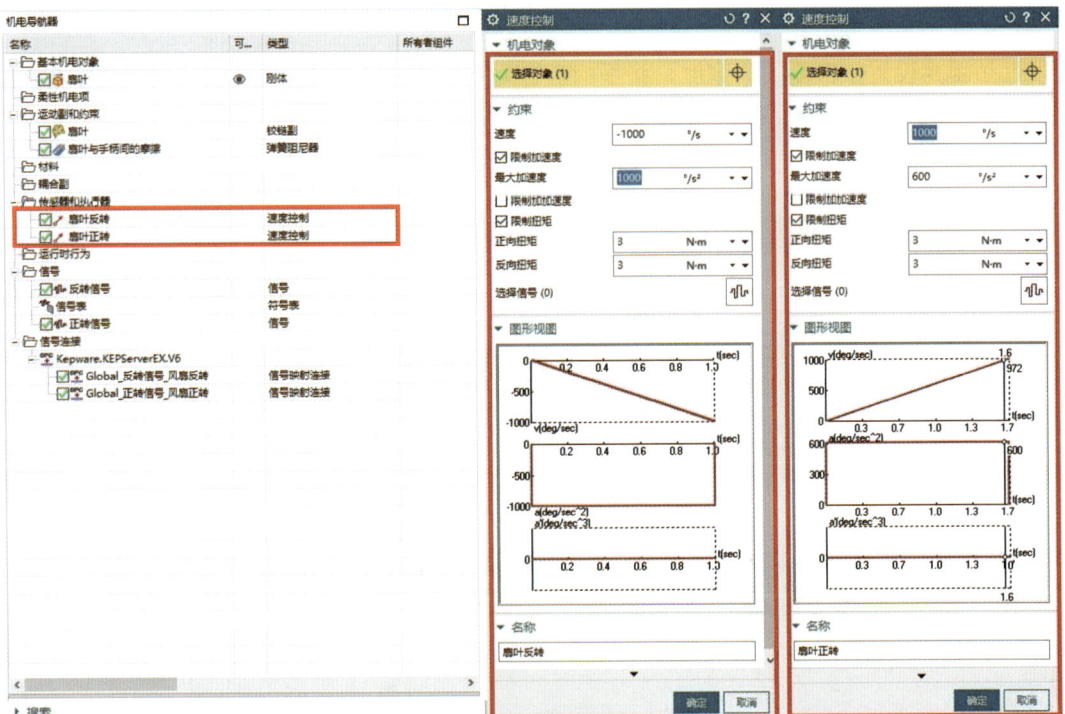

图 8-4　速度控制的设置

⑤ 分别进行正转和反转信号的设置。在正转信号中，选择速度控制中的扇叶正转为机电对象，同时设置参数名称为活动，IO 类型为输入，初始值为 False。同理设置反转信号，如图 8-5 所示。

图 8-5　信号的设置

（2）设置 PG/PC 接口

在计算机的"控制面板"中找到"设置 PG/PC 接口"。将"应用程序访问点"设为：S7ONLINE（STEP 7），将"接口分配参数"设为：Realtek Gaming GbE Family Controller.TCPIP.1❶，如图 8-6 所示。

注：此设置用于计算机与 PLC 的连接，设置成功后需重新启动 TIA Portal 才会生效。

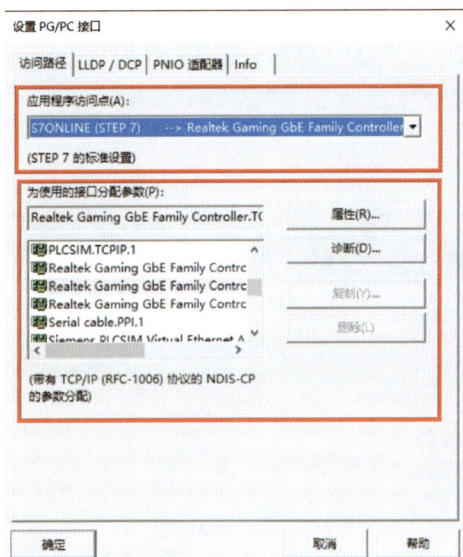

图 8-6　PG/PC 接口设置

（3）设置网络适配器

在计算机的"控制面板"中找到"更改适配器选项"，并对网卡 Realtek Gaming GbE Family Controller❷进行"属性"设置。在此网络的"属性"中找到"Internet 协议版本 4（TCP/IPv4）"，并进行 IP 地址设置，如图 8-7 所示。

---

❶　此参数为电脑与硬件PLC所连接的以太网。不同计算机间会显示不同的参数，根据所使用的计算机选择。

❷　此网卡为计算机与硬件PLC所连接的以太网，根据所连接的网络选择。

图 8-7　适配器 IP 地址设置

（4）添加新设备

此项目以 S7-1200 为例。打开 TIA Portal 并创建新项目。在项目中单击"添加新设备"，并选择所需的 CPU 和 HMI 显示屏，如图 8-8 所示。

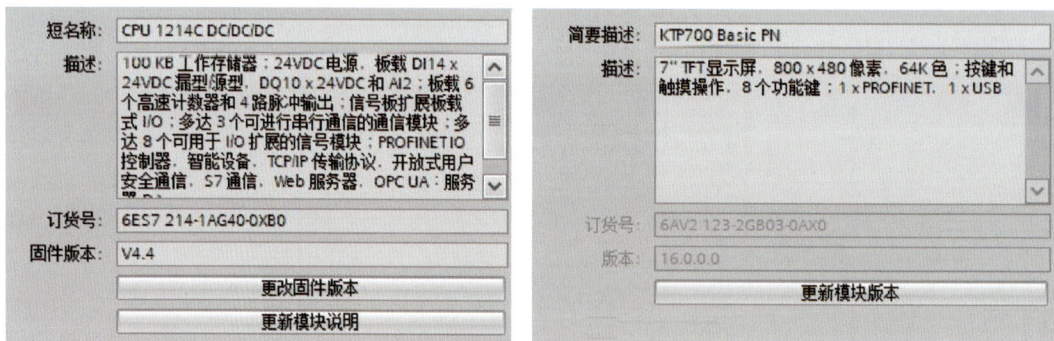

图 8-8　设备型号

（5）项目属性设置

右键单击项目，在"属性"→"保护"中，勾选"块编译时支持仿真"复选框，如图 8-9 所示。

（6）程序编写

打开"PLC_1"→"PLC 变量"→"默认变量表"，在默认变量表中编写所需的输入和输出，如图 8-10 所示。

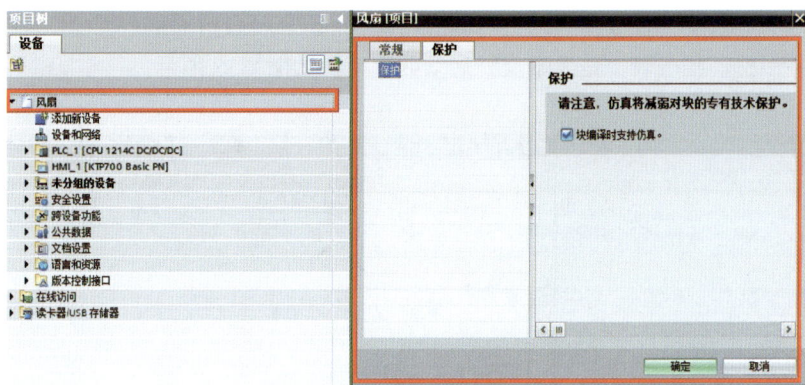

图 8-9　块编译时支持仿真

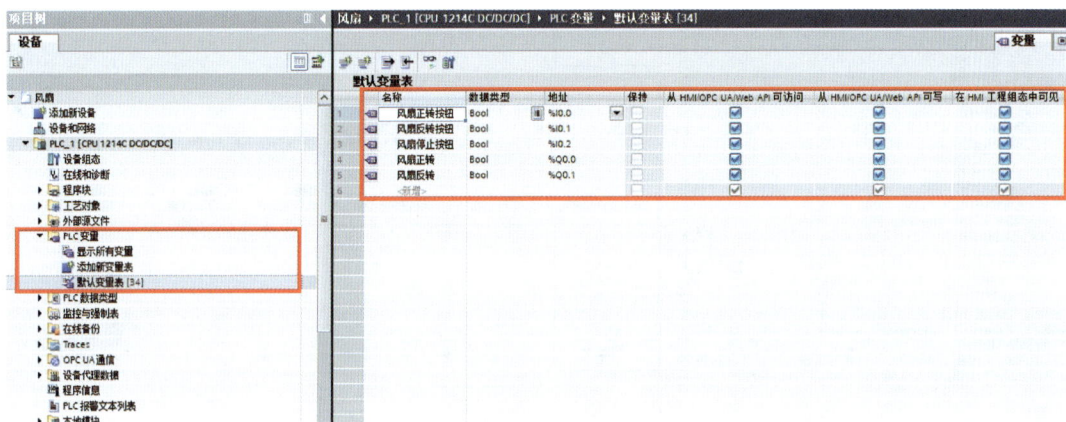

图 8-10　PLC 变量

打开"PLC_1"→"程序块"→"添加新块"→"数据块",创建一个"全局 DB"。在数据块中编写所需的数据,如图 8-11 所示。

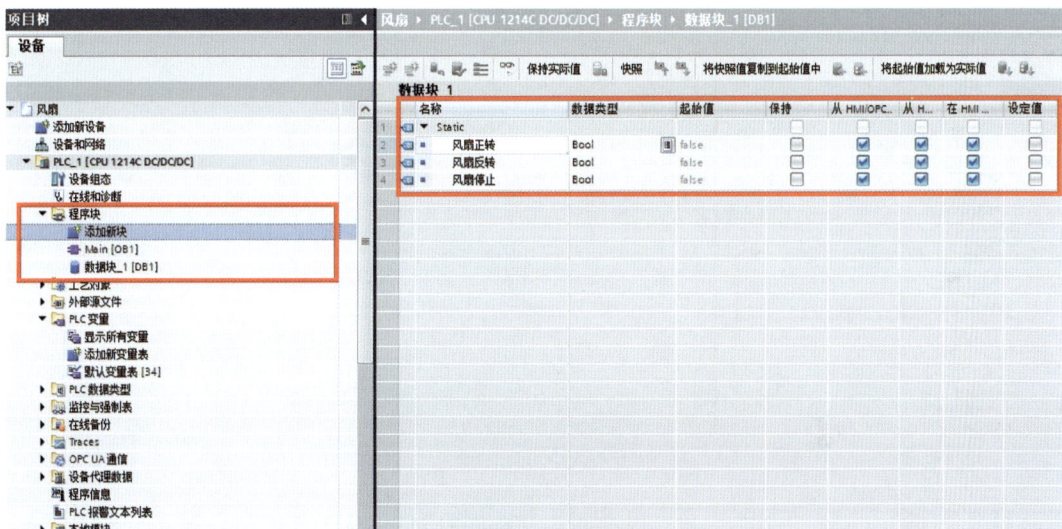

图 8-11　数据块

　　打开"PLC_1"→"程序块"→"Main"，在 Main 中编写所需的梯形图。程序段 1 是风扇正转启动并保持，程序段 2 是风扇反转启动并保持，如图 8-12 所示。

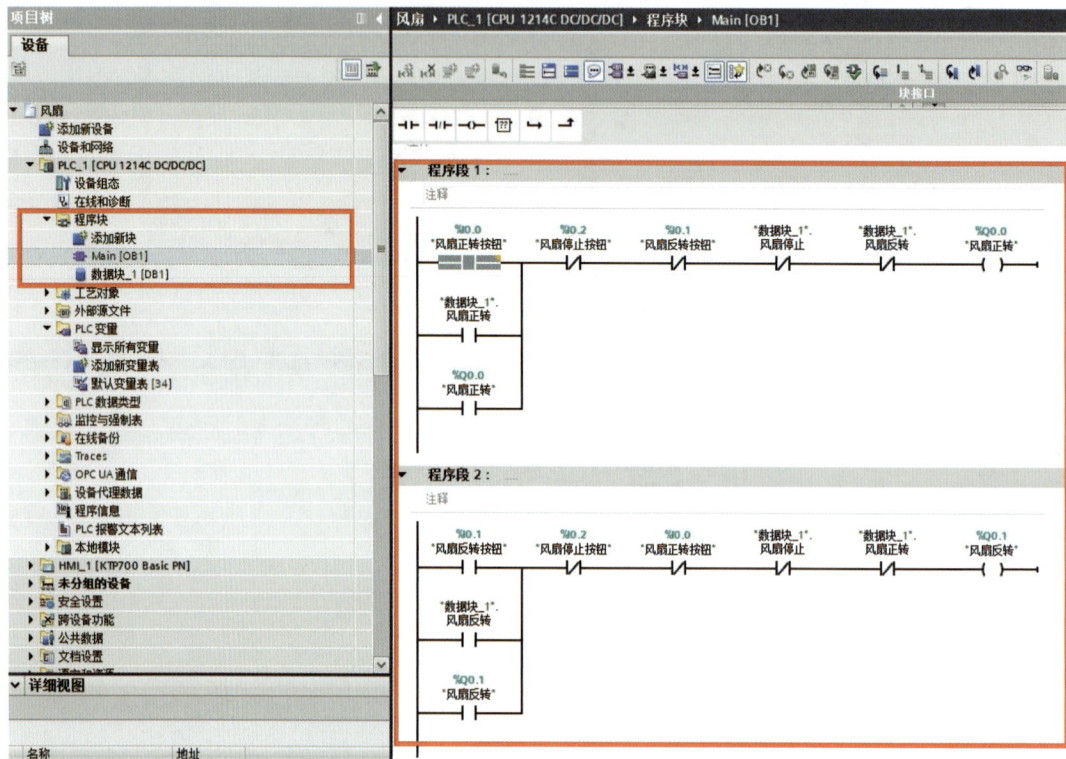

图 8-12　梯形图

　　打开"HMI_1"→"HIM 变量"→"默认变量表"，在默认变量表中编写所需的变量，如图 8-13 所示。

图 8-13　HMI 变量

　　打开"HMI_1"→"画面"→"根画面"，在元素中选取 3 个"按钮"拖动至根画面中，并将其分别命名为正转、反转和停止，如图 8-14 所示。

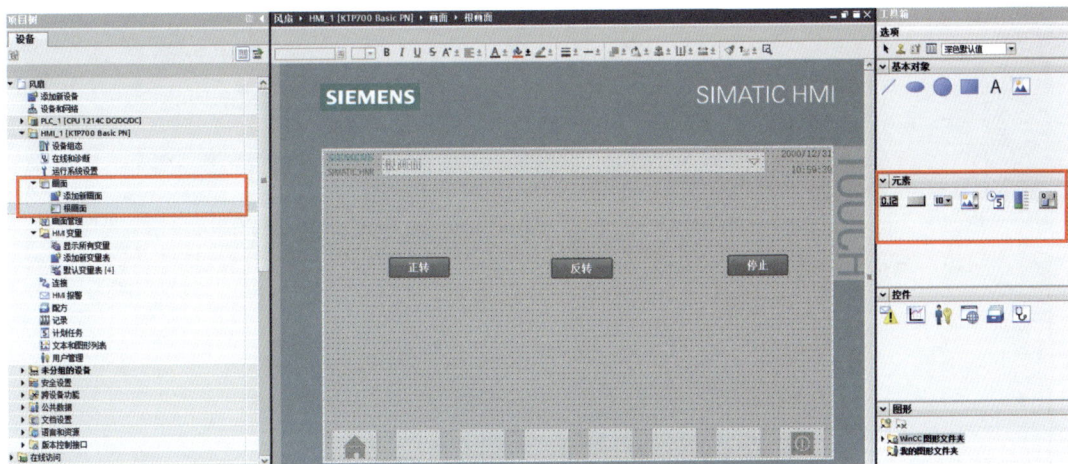

图 8-14　根画面设置

单击"正转"按钮→"事件"→"按下"，并添加函数"置位位"，在"变量"中添加"HMI变量"中的正转。"反转（或停止）"的设置，只需将上述"HMI变量"的正转改变成反转（或停止）即可，如图 8-15 所示。

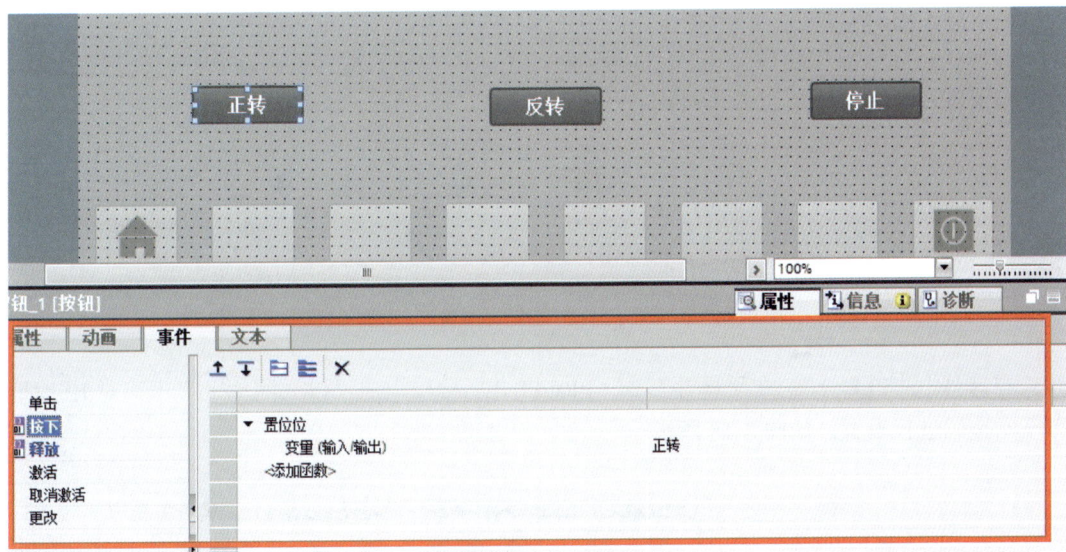

图 8-15　按下事件的设置

单击"正转"按钮→"事件"→"释放"，并添加函数"复位位"，在"变量"中添加"HMI变量"中的正转。"反转（或停止）"的设置，只需将上述"HMI变量"的正转改变成反转（或停止）即可，如图 8-16 所示。

（7）PLC 属性设置

右键单击 PLC_1，在"属性"→"防护与安全"→"连接机制"中，勾选"允许来自远程对象的 PUT/GET 通信访问"复选框，如图 8-17 所示。

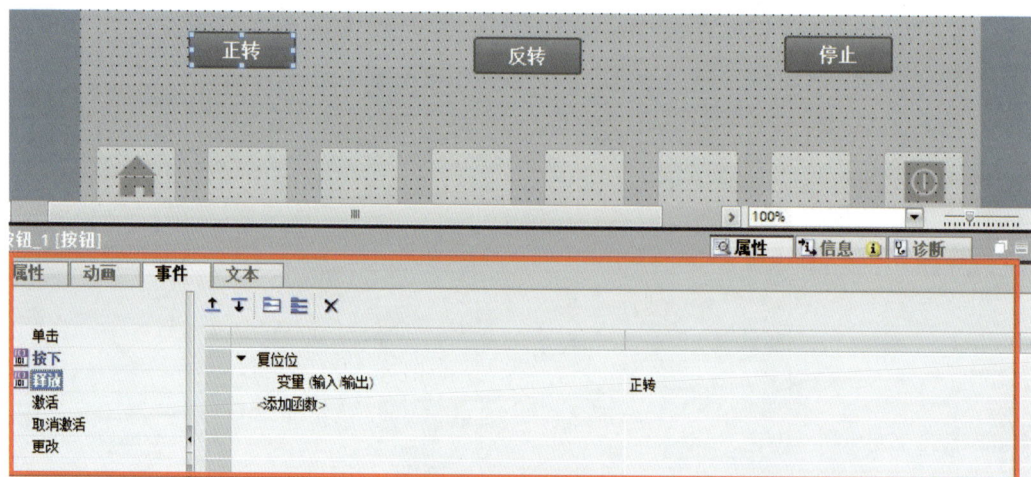

图 8-16　释放事件的设置

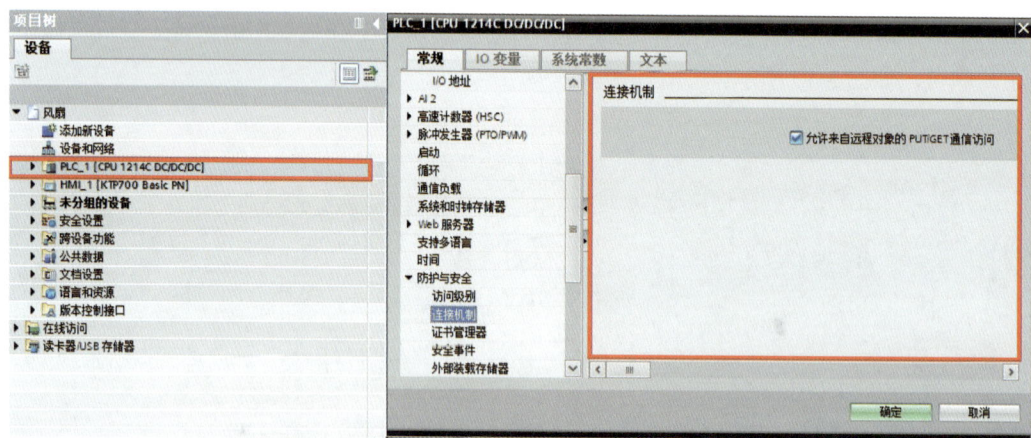

图 8-17　连接机制设置

右键单击"PLC_1"，在"属性"→"PROFINET 接口"→"以太网地址"中，对 IP 地址和子网掩码进行设置，如图 8-18 所示。

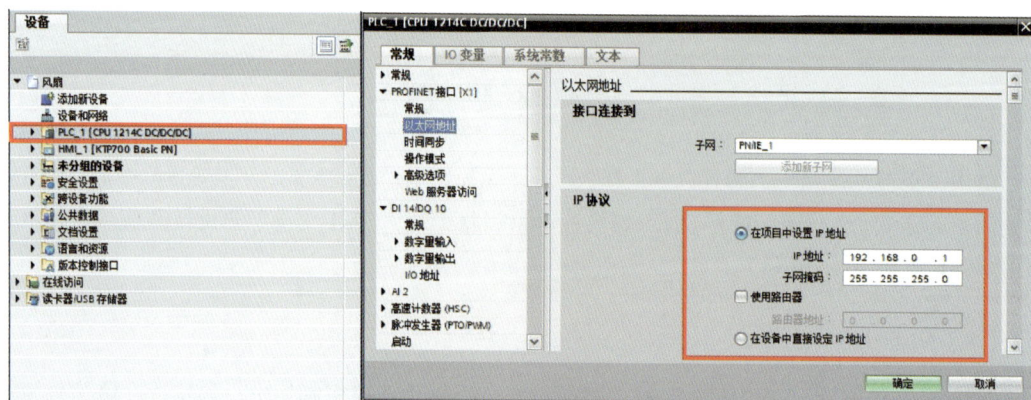

图 8-18　IP 地址的设置

（8）下载至设备

选中项目树中的 PLC，单击"下载到设备"按钮，并将 PG/PC 接口设置为：Realtek Gaming GbE Family Controller（若没有此接口，请重新启动 TIA Portal）。单击"开始搜索"按钮，将程序下载至所搜索出的设备中。完成上述操作后，所编写的程序将下载至硬件 PLC 中，如图 8-19 所示。

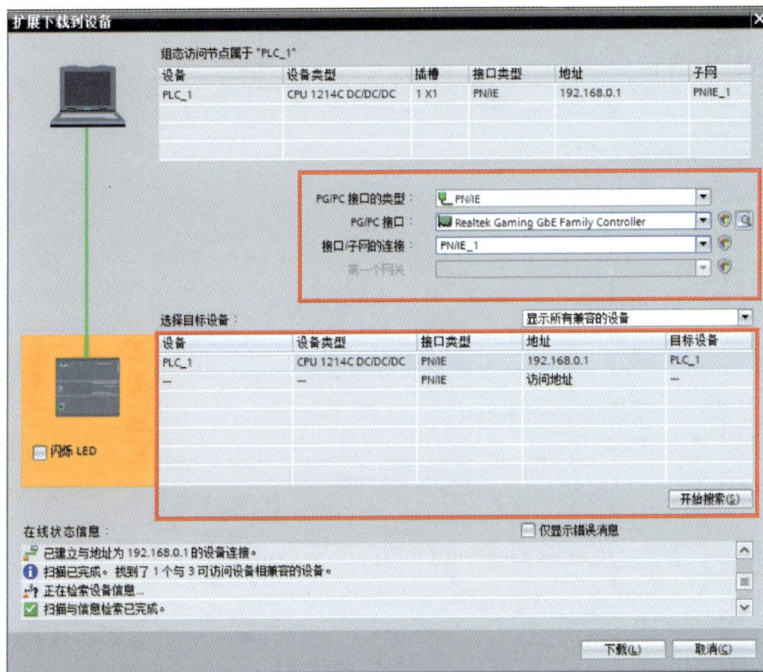

图 8-19　程序下载至设备

（9）KEPServerEX 的通道建立

运行"KEPServerEX"软件，并在菜单栏"运行时"中单击"连接"命令，如图 8-20 所示。

图 8-20　KEPServerEX 的项目连接

新建通道，并将通道类型设置为：Siemens TCP/IP Ethernet，如图 8-21 所示。

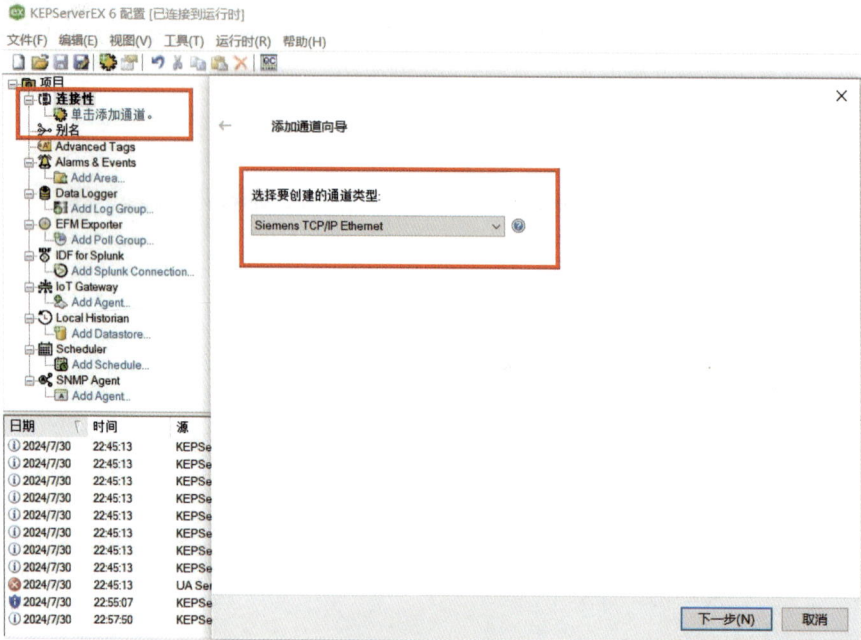

图 8-21　通道类型设置

将网络适配器设置为：Realtek Gaming GbE Family Controller（此网络为计算机与硬件 PLC 所连接的以太网，根据所连接的网络选择），如图 8-22 所示。

注：其他设置保持默认状态。

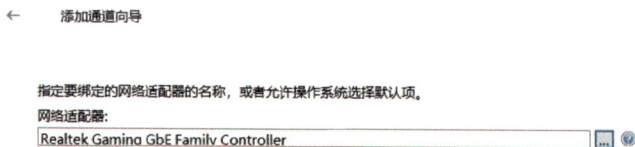

图 8-22　网络适配器设置

（10）通道中设备的建立

在通道中新建设备，将设备名称设为 S7-1200，并选择型号为 S7-1200（此型号与 TIA Portal 程序中 PLC 型号相同），如图 8-23 所示。

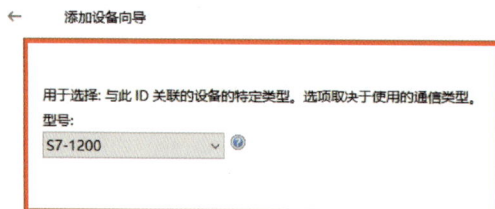

图 8-23　设备型号设置

将设备驱动器节点设为：192.168.0.1（此节点 ID 为 PLC 的 IP 地址），如图 8-24 所示。
注：其他设置保持默认状态。

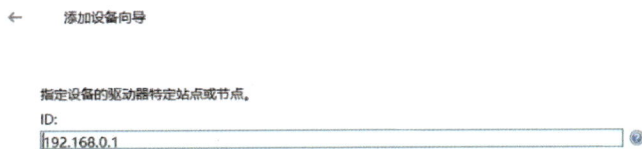

图 8-24 驱动器节点设置

（11）新建标记

在设备中新建标记，将 TIA 中的程序变量添加进去（需要与 NX MCD 建立映射的变量），其中包括：变量名称、变量地址和数据类型，如图 8-25 所示。

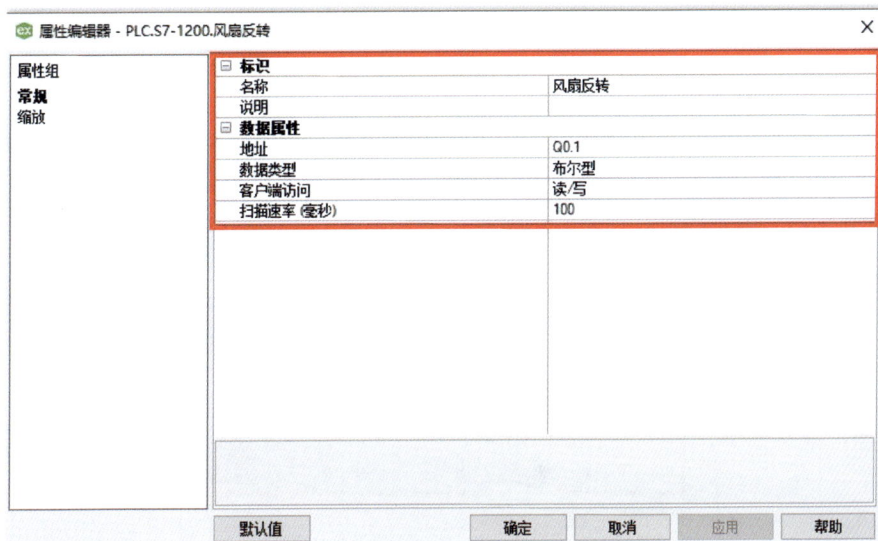

图 8-25 标记设置

依次将 TIA 中的程序变量添加进去（需要与 NX MCD 建立映射的变量），如图 8-26 所示。

标记名称	地址	数据类型	扫描速率	缩放	说明
风扇反转	Q0.1	Boolean	100	无	
风扇正转	Q0.0	Boolean	100	无	

图 8-26 标记汇总

（12）运行状态检测

在菜单栏中单击"工具"命令，并启动"OPC quick Client"。单击所建设备 S7-1200，查看数据的 Quality，若为良好，则数据连接成功，如图 8-27 所示。

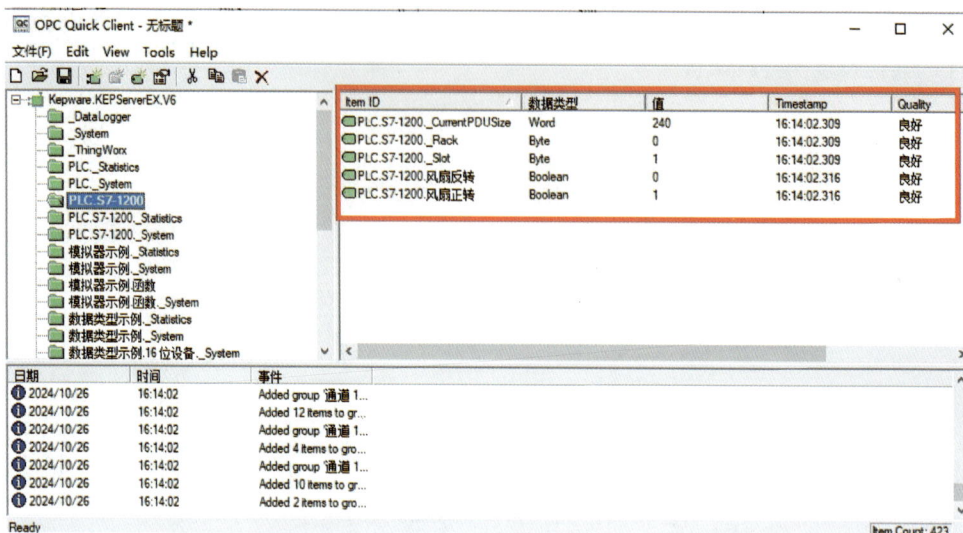

图 8-27 运行状态检测

（13）外部信号配置

单击 NX MCD 中的"外部信号配置"，外部信号配置的通信方式为 OPC DA。在服务器信息处，添加新服务器 Kepware.KEPServerEX.V6。完成上述操作之后，在标记处，对需要与 NX MCD 模型建立映射的数据进行选择，如图 8-28 所示。

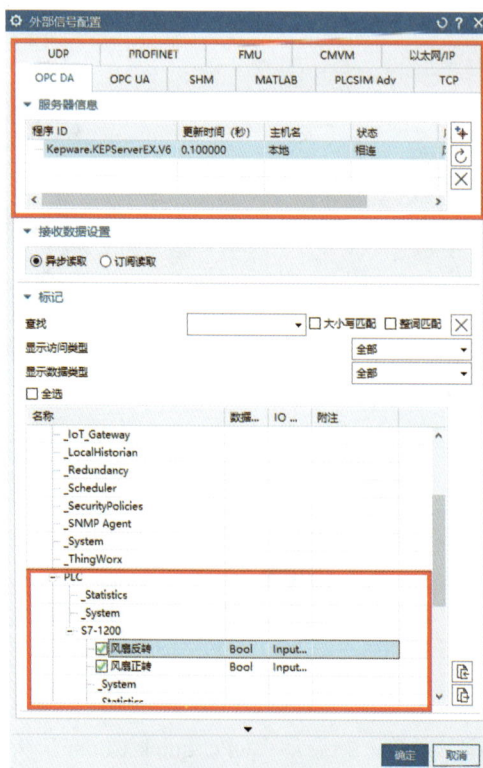

图 8-28 外部信号配置

（14）信号映射

在信号映射中，选择 OPC DA 通信类型。通过单击 MCD 信号中的数据，同外部信号建立相对应的映射关系如图 8-29 所示。执行自动映射：当 MCD 与具有匹配名称、I/O 类型和数据类型的外部信号映射，系统可自动识别进行映射，否则需手动添加。

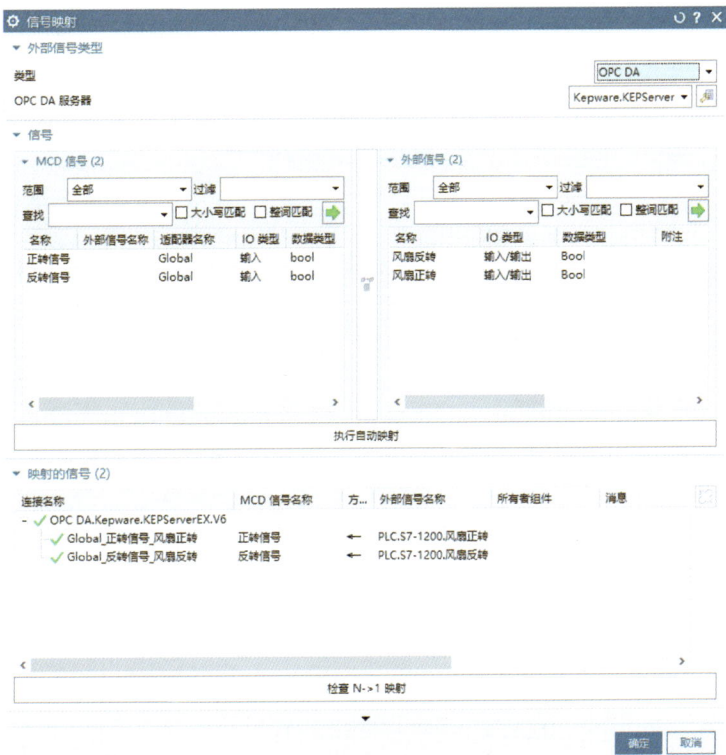

图 8-29　信号映射

（15）HMI 程序下载至设备并启动仿真

选中 TIA Portal 项目树中的 HMI，单击"下载到设备"按钮并"启动仿真"。完成上述操作后，可通过单击虚拟或实体 HMI 中的按键，实现程序的运行，如图 8-30 所示。

图 8-30　HMI 显示屏

（16）机电一体化虚拟调试

单击 NX MCD 软件中的"播放"按键，并通过操控 HMI 根画面程序，就可以观察到装置的运动情况。在 MCD 中得到了仿真验证，同时可以在 TIA Portal 的程序窗口中看到 NX MCD 与 TIA Portal 进行的数据交互，如图 8-31 所示。

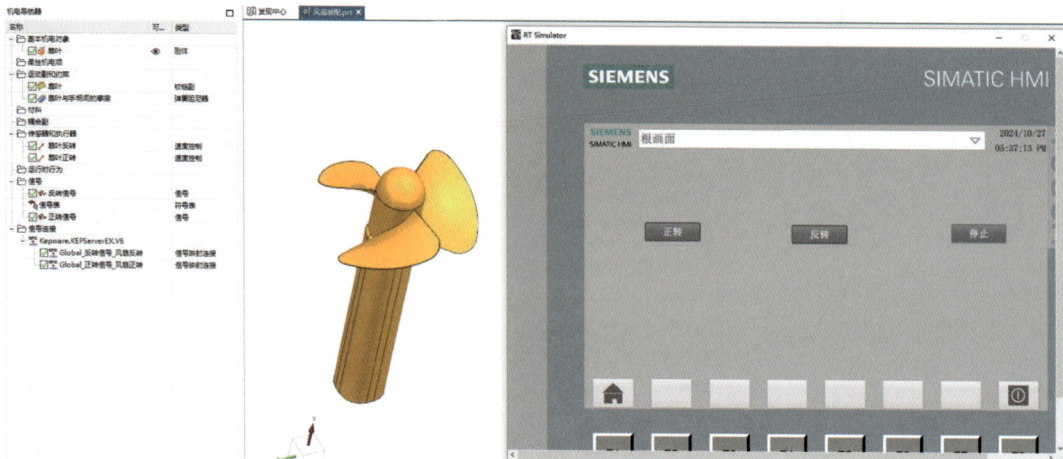

图 8-31 运行图

8.2.2 项目二：TIA+PLC+SIMATIC NET 硬件在环虚拟调试

SIMATIC NET 是西门子提供的工业网络通信解决方案，用于实现 PLC、HMI、传感器和执行器之间的数据传输。通过配置 SIMATIC NET，可以确保虚拟 PLC 能够正确地接收来自虚拟设备或实际设备的输入信号，并将控制信号发送给这些设备。这种通信连接是硬件在环虚拟调试能够顺利进行的基础。实现 TIA+PLC+SIMATIC NET 的硬件在环虚拟调试，其操作步骤可概述为：

（1）建立虚拟仿真环境

- 使用 TIA Portal 创建 PLC 项目，并配置相应的硬件组态，包括输入输出模块、通信模块等的配置。
- 使用 NX MCD 或其他 3D 仿真软件创建虚拟设备模型，模拟实际设备的运动和电气行为。

（2）编程 PLC

- 使用 TIA Portal 提供的编程环境，根据实际控制需求编写 PLC 程序。
- 可以使用梯形图、功能块图、结构化文本等编程语言进行编程。

（3）配置通信连接

- 使用 SIMATIC NET 软件配置网络通信，添加变量，数据地址与 PLC 的变量相连接，确保 PLC 与虚拟设备模型之间的数据传输畅通。
- 设置通信参数，如 IP 地址、端口号等。

（4）硬件在环设置

● 如果使用仿真设备进行硬件在环调试，需要在 TIA Portal 中设置仿真模式，并将仿真设备与实际 PLC 进行连接配置。

● 在 NX MCD 中设置相应的信号。选择"OPC DA"，选择 OPC SIMATIC NET，建立信号映射。

（5）虚拟调试

● 在 TIA Portal 中启动调试模式，可以在线监控 PLC 程序的运行状态。

● 在 TIA Portal 中监控 PLC 程序的运行状态，在 NX MCD 中观察虚拟设备模型的运动情况。

（6）优化和测试

● 根据调试结果，对 PLC 程序进行优化和调整。

● 进行全面的测试，包括不同工况下的运行测试、故障模拟测试等，确保系统的稳定性和可靠性。

（7）注意事项

● 合理配置通信参数：通信参数的配置应正确无误，以确保虚拟 PLC 与虚拟设备模型之间的数据传输畅通无阻。

● 注意程序逻辑的正确性：在编写 PLC 程序时，应确保程序逻辑正确无误，能够实现预期的控制功能。

8.2.3　项目三：TIA+PLC1200（OPC UA）硬件在环虚拟调试

本项目将通过 OPC UA 协议实现 PLC 与 MCD 的通信。OPC UA 是一项开放标准，适用于从机器到机器间（M2M）的水平通信和从机器一直到云端的垂直通信。该标准独立于供应商和平台，支持广泛的安全机制，并且可以与 PROFINET 共享同一工业以太网络。通过此方式进行虚拟调试的硬件和软件要求，如表 8-2 所示。

表 8-2　软件和硬件要求

硬件 / 软件	组件	版本
硬件部分	S7-1200型号CPU S7-1500型号CPU ET 200SP型号CPU	版本需支持作为OPC UA的服务器
软件部分	TIA Portal	V16及以上
	NX	本书使用2306版本

（1）机电概念设计

查阅 8.2.1 小节的机电概念设计，对模型进行刚体、铰链副、弹簧阻尼器、速度控制和信号的设置。

（2）设置 PG/PC 接口

在计算机的"控制面板"中，找到"设置 PG/PC 接口"。将"应用程序访问点"设为：S7ONLINE（STEP7），将"接口分配参数"设为：Realtek Gaming GbE Family Controller.TCPIP.1❶，如图 8-32 所示。

注：此设置用于计算机与 PLC 的连接，设置成功后需重新启动 TIA Portal。

（3）设置网络适配器

在计算机的"控制面板"中找到"更改适配器选项"，并对网卡 Realtek Gaming GbE Family Controller 进行"属性"设置❷。在此网络的"属性"中找到"Internet 协议版本 4（TCP/IPv4）"并将其勾选，然后对其 IP 地址进行设置（此 IP 地址需同 PLC 的 IP 地址在同一个网段），如图 8-33 所示。

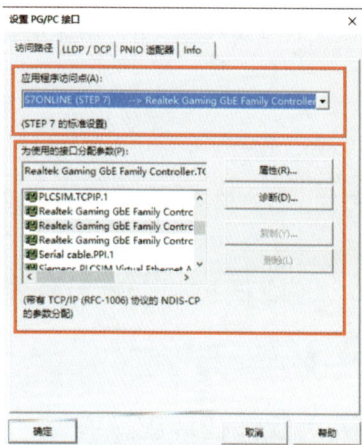

图 8-32　PG/PC 接口设置

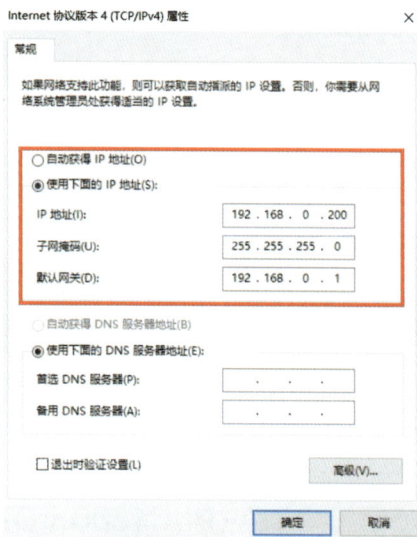

图 8-33　网络 IP 地址设置

（4）添加新设备

此项目以 S7-1200 为例。打开 TIA Portal 并创建新项目。在项目中单击"添加新设备"，并选择所需的 CPU 和 HMI 显示屏，如图 8-34 所示。

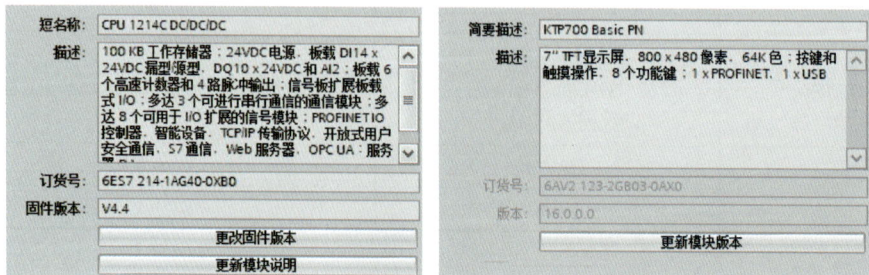

图 8-34　设备型号

❶ 此参数为计算机与硬件PLC所连接的以太网。不同计算机间会显示不同的参数，根据所使用计算机选择。

❷ 此网卡为计算机与硬件PLC所连接的以太网，根据所连接的网络选择。

（5）项目属性设置

右键单击项目，在"属性"→"保护"中，勾选"块编译时支持仿真"复选框，如图 8-35 所示。

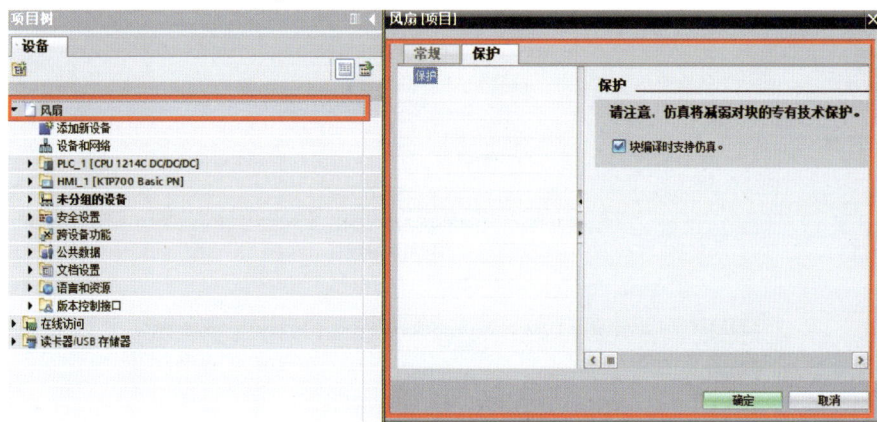

图 8-35 块编译时支持仿真

（6）PLC 属性设置

右键单击"PLC_1"，并选择"属性"。在"属性"→"PROFINET 接口"→"以太网地址"中，对 IP 地址和子网掩码进行设置，如图 8-36 所示。

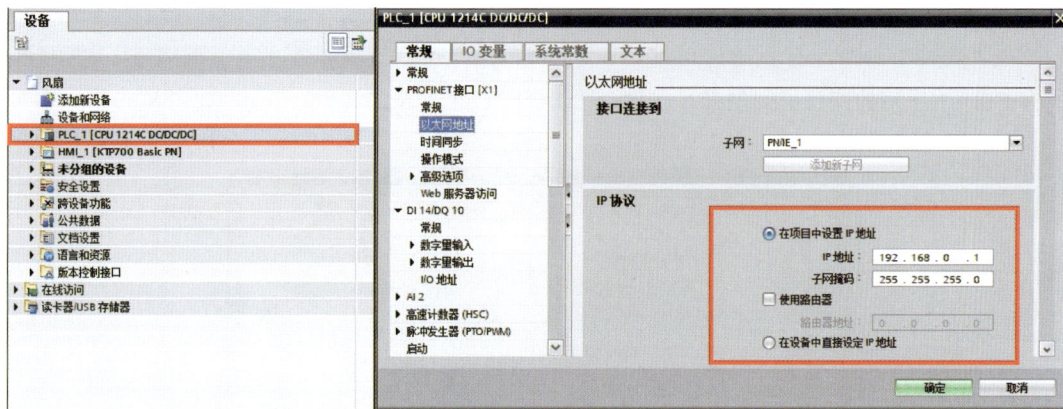

图 8-36 IP 地址的设置

在"属性"→"防护与安全"→"连接机制"中，勾选"允许来自远程对象的 PUT/GET 通信访问"复选框，如图 8-37 所示。

在"属性"→"OPC UA"→"服务器"→"常规"中，勾选"激活 OPC UA 服务器"复选框。服务器地址用于客户端访问服务器，激活 S7-1200 的 OPC UA 服务器功能后，该 OPC UA 服务器的地址为图中的"opc:tcp://192.168.0.1:4840"（服务器地址格式为：opc:tcp:// 服务器 IP: 服务器端口号），如图 8-38 所示。

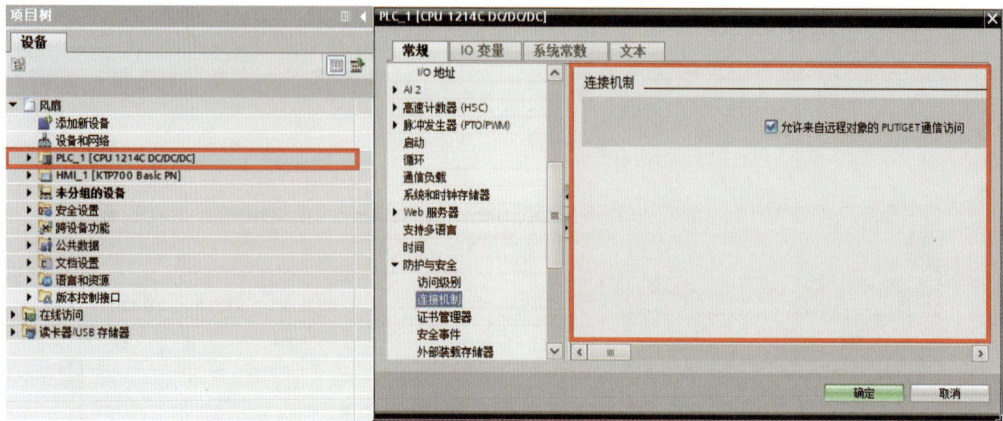

图 8-37　连接机制设置

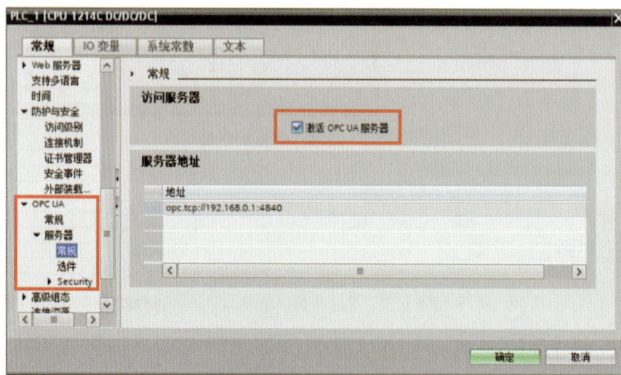

图 8-38　激活服务器

在"属性"→"运行系统许可证"→"OPC UA"中，设置购买的许可证类型。S7-1200 所有 CPU 所使用的许可证类型都是一种：SIMATIC OPC UA S7-1200 basic，如图 8-39 所示。

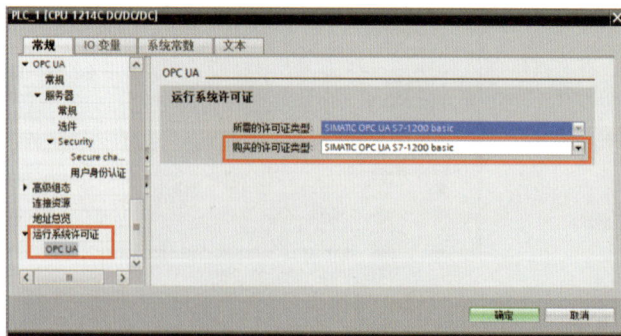

图 8-39　OPC UA 运行许可证设置

（7）设置服务器相关参数

在 PLC"属性"菜单栏中，依次单击"OPC UA"→"服务器"→"选件"，可以设置端口号、最大会话超时时间、最大 OPC UA 会话数量等参数，如表 8-3 所示。

表 8-3   服务器相关参数设置

OPC UA 选件参数	备注
常规 端口 4840 最大会话超时间: 100 最大 OPC UA 会话数量: 5	端口：设置服务器的端口号，默认4840，允许范围：1024～49151。 最大会话超时时间：指定在不进行数据交换的情况下OPC UA服务器关闭会话之前的最大时长。默认30s，允许范围：1～600000s。 最大OPC UA会话数量：OPC UA服务器启动并同时操作的最大会话数。最大会话数取决于CPU的性能。截至V4.5版本，S7-1200最大会话数是10个（V4.4版本为5个）
Subscriptions 最短采样间隔 500 ms 最短发布间隔 200 ms 已监视项的最大数量 200	最短采样间隔：设置OPC UA服务器记录CPU变量值并与以前值相比较检查是否发生变更的时间间隔。 最短发布间隔：变量值发生改变时服务器通过新值向客户端发送消息的时间间隔。 已监视项的最大数量：指定该CPU的OPC UA服务器可同时监视值更改的最大元素数量。监视会占用资源。可监视元素的最大数量取决于所用的CPU

（8）Secure channel 设置

仅当 OPC UA 服务器可向 OPC UA 客户端证明身份时，才能建立服务器与客户端之间的安全连接。服务器证书可用于证实身份。在"设备属性"菜单栏中，依次单击"OPC UA"→"服务器"→"Security"→"Secure channel"，在此对话框内可以生成服务器证书、设置服务器上可用的安全策略以及可信客户端，如表 8-4 所示。

表 8-4   Secure channel 设置

步骤	参数	备注
生成服务器证书	服务器证书 PLC-1/OPCUA-1	激活OPC UA服务器并确认安全提示后，TIA Portal会自动为服务器生成自签署证书，用户也可以生成由证书颁发机构签名的CA证书
设置服务器安全策略	安全策略	调试初期可以考虑使用默认的"无安全设置"，一旦调试结束，建议只选择与您的设备或工厂的安全概念兼容的安全策略，如果可能，请使用"Basic256Sha256"设置，并禁用所有其他安全策略
设置可信客户端	可信客户端	使用可信客户端列表，以仅允许对特定客户端进行访问。此项为可选操作，可以直接选择下载的"运行时自动接受所有客户端证书"，如果选择选项"运行时自动接受所有客户端证书"（位于"受信客户端"列表下），则服务器会自动接受所有客户端证书

（9）用户身份认证

在"设备属性"菜单栏中，依次单击"OPC UA"→"服务器"→"Security"→"用户身份认证"，此参数可设置 OPC UA 客户端中用户访问服务器时需通过的认证方式，如图 8-40 所示。

图 8-40　用户身份验证

启用访客认证：用户无须证明其身份（匿名访问）。OPC UA 服务器不会检查客户端用户的授权。启用用户名和密码认证：用户必须证明其身份（非匿名访问）。OPC UA 服务器将检查客户端用户是否具备访问服务器的权限，并通过用户名和正确的密码进行身份验证。在下方"用户管理"表中输入用户，最多可添加 21 个用户。以上两个选项，建议仅在通信调试初期使用"启动访客认证"，调试结束后应启用"启用用户名和密码认证"，以确保通信安全。

（10）程序编写

查阅 8.2.1 小节的程序编写方法，对所需的程序进行编写。

（11）设置数据块相关属性

右键单击"数据块"，确保该数据块的属性"数据块从 OPC UA 可访问"处于勾选状态，如图 8-41 所示。

（12）数据访问属性

打开数据块，并根据需求勾选不同变量的 OPC UA 读写访问属性，如图 8-42 所示。

（13）新增服务器接口

标准的 SIMATIC 服务器接口不可用于 S7-1200，必须使用"OPC UA 通信"中添加的服务器接口，通过服务器接口启用 PLC 变量后，方可对 OPC UA 客户端可见。依次单击"PLC_1"→

"OPC UA 通信"→"服务器接口"→"新增服务器接口",在弹出的"新增服务器接口"对话框内选择"服务器接口"选项,如图 8-43 所示。

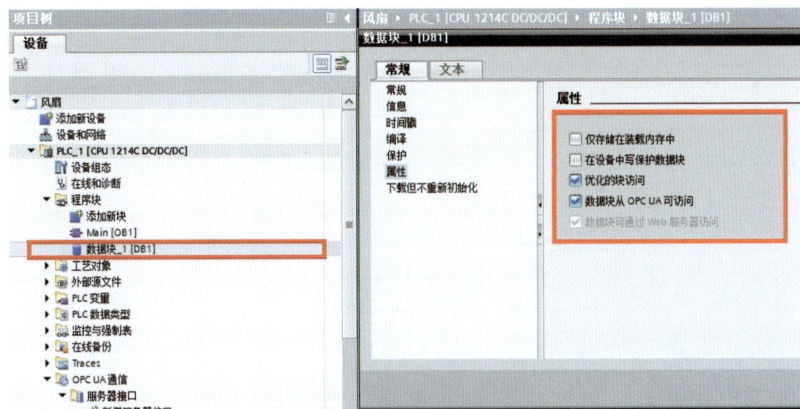

图 8-41 通信数据块和相关属性

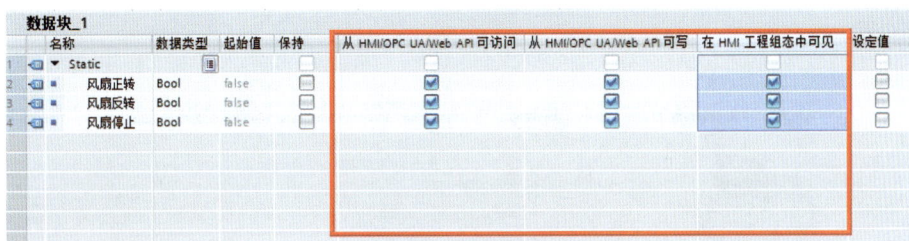

图 8-42 数据访问属性

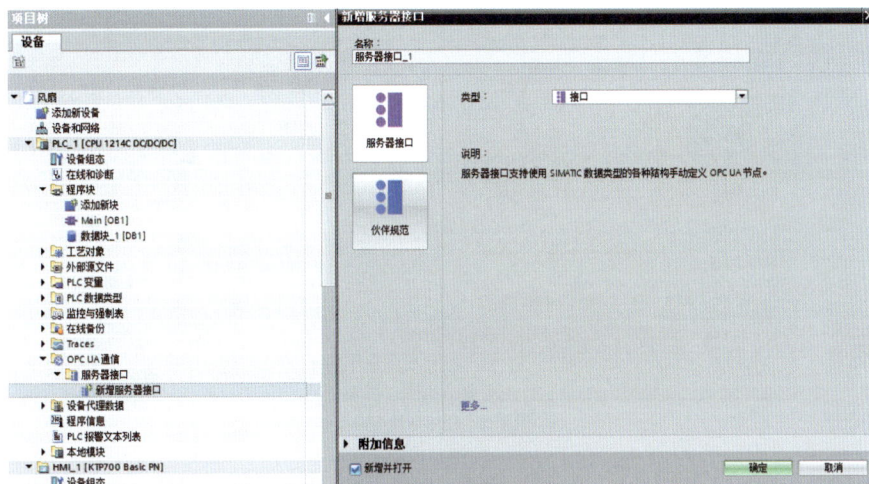

图 8-43 新增服务器接口

(14) 将 OPC UA 元素连接至 OPC UA 服务器接口

打开新增的服务器接口,将对话框右侧(需要与 NX MCD 建立联系)的 OPC UA 元素依次或者整体拖拽至左侧的服务器接口下方的空白行,如图 8-44 所示。

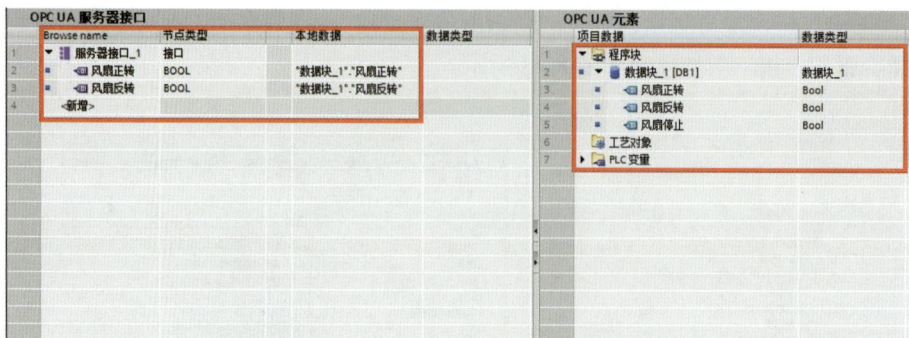

图 8-44 OPC UA 元素连接至 OPC UA 服务器接口

（15）下载至设备

选中项目树中的 PLC，单击"下载到设备"按钮，并将 PG/PC 接口设置为：Realtek Gaming GbE Family Controller（若没有此接口，请重新启动 TIA Portal）。单击"开始搜索"按钮，将程序下载至所搜索出的设备中。完成上述操作后，所编写的程序将下载至硬件 PLC 中，如图 8-45 所示。

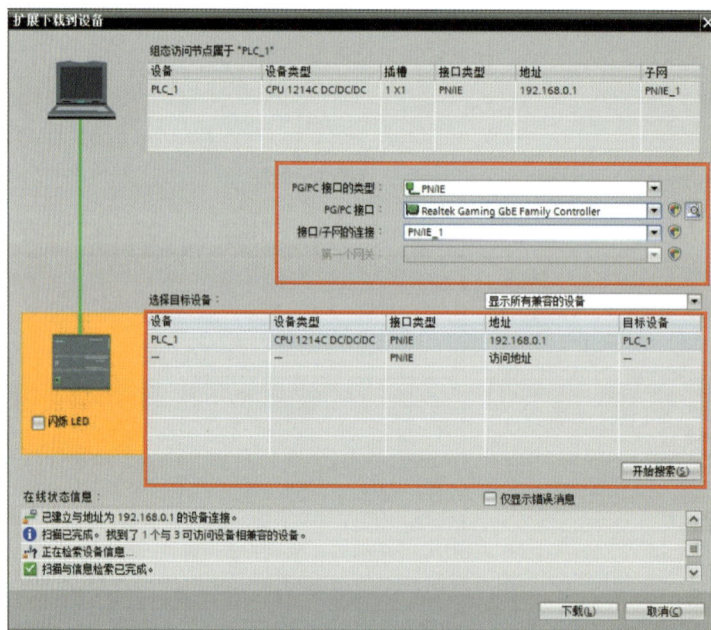

图 8-45 程序下载至设备

（16）外部信号配置

打开 NX MCD 的风扇模型，将 PLC 中的信号添加至 NX MCD 中的"外部信号配置"，外部信号配置的通信方式为 OPC UA。在服务器信息处，添加新服务器并输入 IP 地址（IP 地址查找方法：TIA Portal 程序中 PLC"属性"→"PROFINET 接口"→"以太网地址"→"IP 地址"）。完成上述操作后，在标记处对所需要的数据进行勾选，如图 8-46 所示。

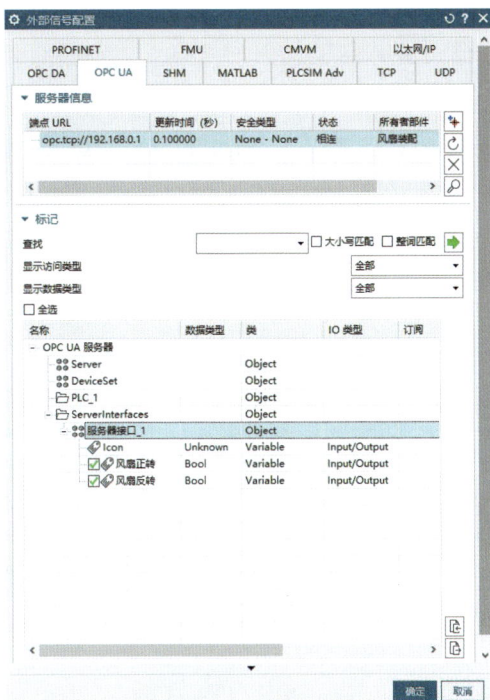

图 8-46 外部信号配置

（17）信号映射

在信号映射中，选择 OPC UA 通信类型。通过单击 MCD 信号中的数据，同外部信号建立相对应的映射关系，如图 8-47 所示。执行自动映射：当 MCD 各信号名称与外部对应信号名称相同时，系统可自动识别进行映射，否则需手动添加。

图 8-47 信号映射

（18）HMI 程序下载至设备并启动仿真

选中 TIA Portal 项目树中的 HMI，单击"下载到设备"按钮并"启动仿真"。完成上述操作后，可通过单击虚拟或实物 HMI 中的按键，实现程序的运行，如图 8-48 所示。

图 8-48　HMI 显示屏

（19）机电一体化虚拟调试

单击 NX MCD 软件中的"播放"按键，并通过操控 HMI 根画面程序，就可以观察到装置的运动情况。在 MCD 中得到了仿真验证，同时可以在 TIA Portal 的程序窗口中看到 NX MCD 与 TIL Portal 进行的数据交互，如图 8-49 所示。

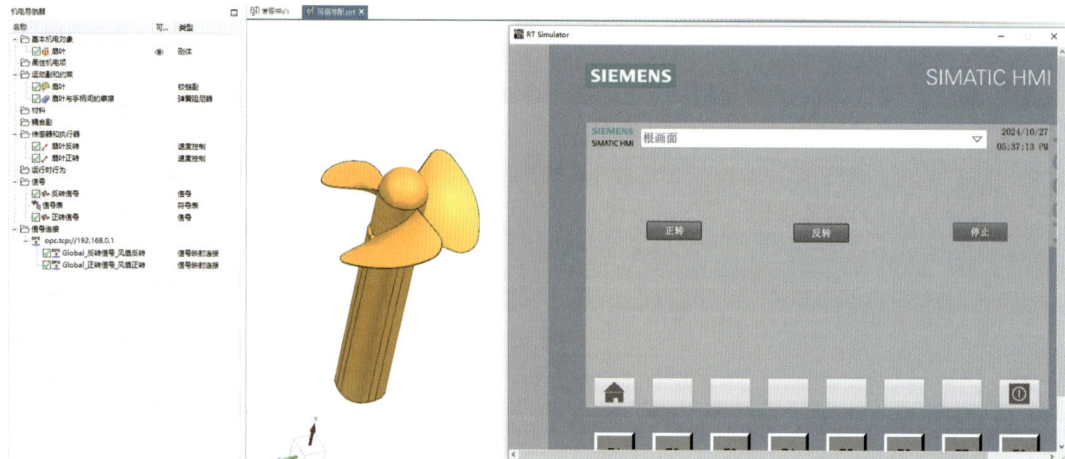

图 8-49　运行图

8.3　软件在环虚拟调试

软件在环虚拟调试是一种将控制软件嵌入到计算机仿真模型中的测试方法。在这种配置中，控制软件（如 PLC 程序）在计算机上运行，并与由仿真软件生成的虚拟环境进行交互。虚拟环境模拟被控对象的动态行为，包括物理特性、运动规律等。通过模拟实际工况，软件在环虚拟调试能够评估控制软件的性能和可靠性，发现潜在的问题并进行优化。

8.3.1　项目四：TIA+PLCSIM Advanced（SOFTBUS）软件在环虚拟调试

S7-PLCSIM Advanced 是西门子为 S7-1500 系列 PLC 提供的高级仿真工具。它能够在没有实际硬件的情况下，模拟 PLC 的运行环境，包括 CPU、输入输出模块等。PLCSIM Advanced 支持多种通信方式，其中包括 SOFTBUS。SOFTBUS 是 PLCSIM Advanced 提供的一种内部总线通信方式，它允许在同一台计算机上的不同实例（如 PLCSIM Advanced 实例、TIA Portal 实例等）之间进行高速、低延迟的数据交换。在软件在环虚拟调试中，SOFTBUS 扮演着至关重要的角色，它使得 TIA 中的 PLC 程序能够与 PLCSIM Advanced 仿真的 PLC 环境进行实时、准确的数据通信。通过此方式进行虚拟调试的软件要求如表 8-5 所示。

表 8-5　软件要求

软件	版本
S7-1500各型号CPU ET200SP各型号CPU	适用于各版本
TIA Portal	V16及以上
S7-PLCSIM Advanced	V3.0及以上
NX	本书使用2306版本

（1）机电概念设计

查阅 8.2.1 小节的机电概念设计，对模型进行刚体、铰链副、弹簧阻尼器、速度控制和信号的设置。

（2）设置 PG/PC 接口

在计算机的"控制面板"中找到"设置 PG/PC 接口"。将"应用程序访问点"设为：S7ONLINE（STEP 7），将"接口分配参数"设为：Siemens PLCSIM Virtual Ethernet Adapter.TCPIP.1，如图 8-50 所示。

注：此设置用于计算机与 PLC 的连接，设置成功后需重新启动 TIA Portal。

（3）设置 S7–PLCSIM Advanced

以 S7-1500 为例，选择 Online Access 模式为"PLCSIM"，选择 PLC 类型为"S7-1500"，并为此项目命名，如图 8-51 所示。

注：PLCSIM 模式，使用本地总线访问 CPU 实例，相当于传统的模拟器，仅限本地计算机使用。该模式下，PLC 项目和 CPU 仿真实例需在同一台计算机中。

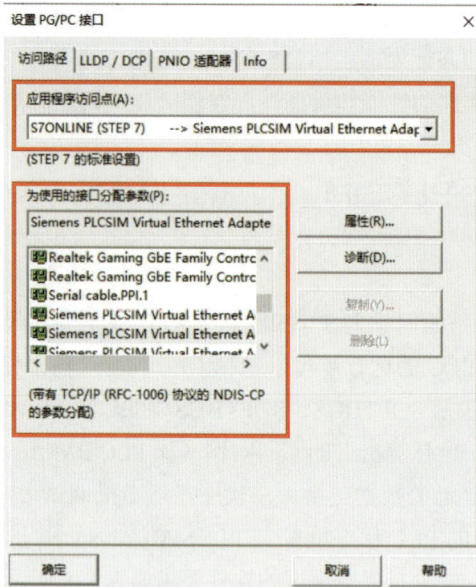

图 8-50　PG/PC 接口设置

图 8-51　设置 S7-PLCSIM Advanced

（4）添加新设备

此项目以 S7-1500 为例。打开 TIA Portal 并创建新项目。在项目中单击"添加新设备"，并选择所需的 CPU 和 HMI 显示屏，如图 8-52 所示。

（5）项目属性设置

右键单击项目，在"属性"→"保护"中，勾选"块编译时支持仿真"复选框，如图 8-53 所示。

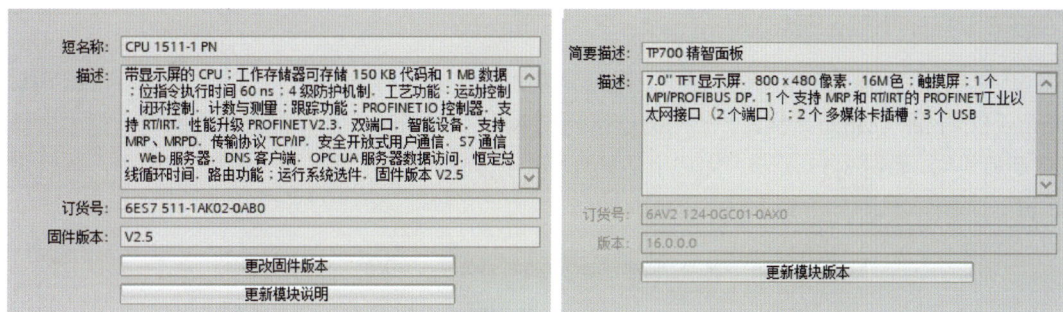

图 8-52 设备型号

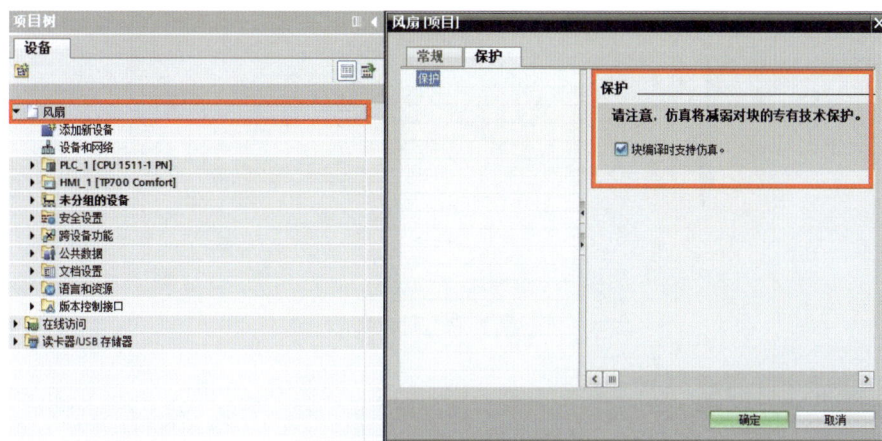

图 8-53 块编译时支持仿真

（6）连接机制设置

右键单击 PLC_1，在"属性"→"防护与安全"→"连接机制"中，勾选"允许来自远程对象的 PUT/GET 通信访问"复选框，如图 8-54 所示。

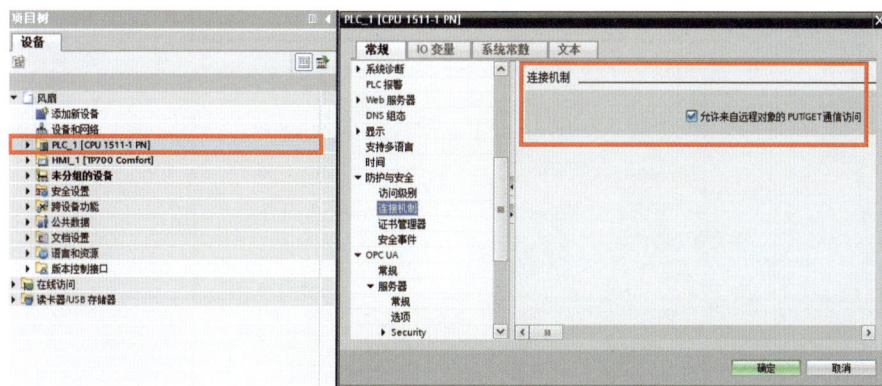

图 8-54 连接机制设置

（7）程序编写

查阅 8.2.1 小节的程序编写方法，对所需的程序进行编写。

（8）程序下载至 PLC

选中项目树中的 PLC，并将程序下载至虚拟 PLC 中。选择 PG/PC 接口为：Siemens PLCSIM Virtual Ethernet Adapter，接口 / 子网的连接为：PN/IE_1。同时，在接下来出现的提示框中选择"启动模块"，如图 8-55 所示。完成上述操作后，所编写的程序将下载至虚拟 PLC 中，同时虚拟 PLC 开始运行。

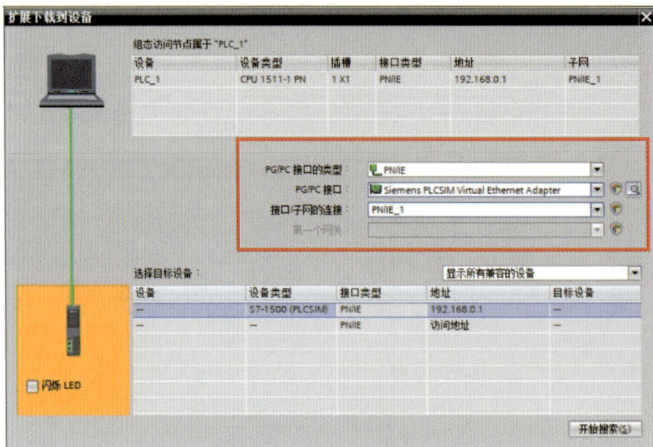

图 8-55　PLC 程序装载

（9）外部信号配置

单击 NX MCD 中的"外部信号配置"，外部信号配置的通信方式为 PLCSIM Adv。在服务器信息处，添加新服务器。完成上述操作后，选择区域为"IOMDB"，并更新标记。将识别出的所需标记进行选择，如图 8-56 所示。

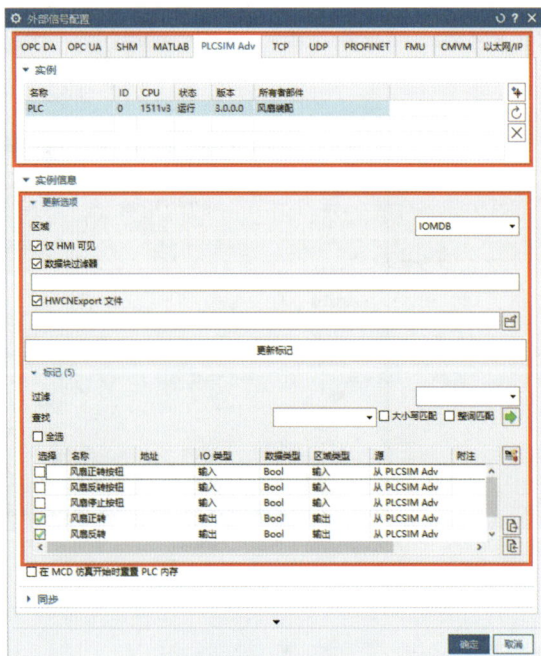

图 8-56　外部信号配置

（10）信号映射

在信号映射中，选择 PLCSIM Adv 通信类型。将 MCD 信号中的数据，同外部信号建立相对应的映射关系，如图 8-57 所示。执行自动映射：当 MCD 各信号名称与外部对应信号名称相同时，系统可自动识别进行映射，否则需手动添加。

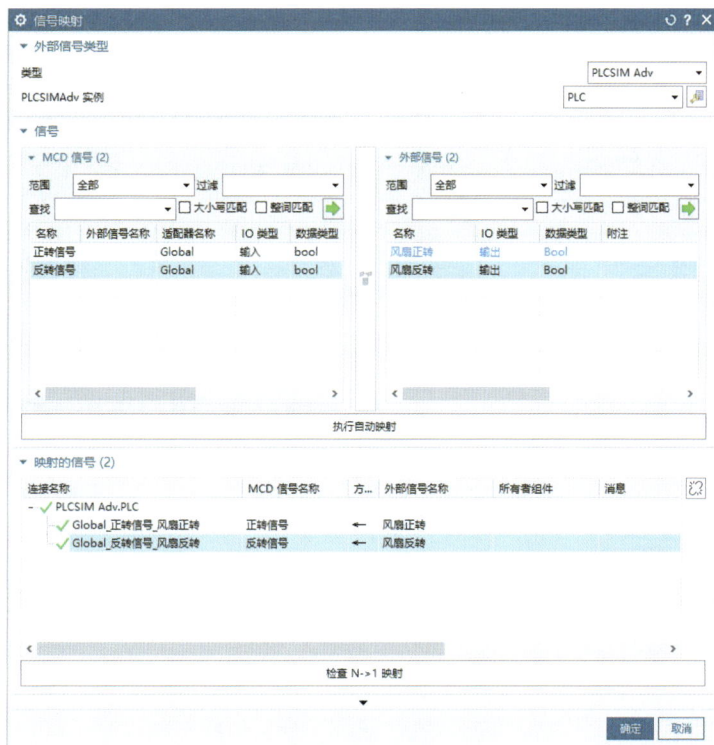

图 8-57　信号映射

（11）HMI 启动仿真

选中项目树中的 HMI，单击"启动仿真"按钮。完成上述操作后，HMI 将与 PLC 建立联系，可通过单击 HMI 中的按键，实现程序的运行，如图 8-58 所示。

图 8-58　HMI 显示屏

（12）机电一体化虚拟调试

单击 NX MCD 软件中的"播放"按键，并通过操控 TIA Portal 中 HMI 根画面程序，就可以观察到装置的运动情况。在 MCD 中得到了仿真验证，同时可以在 TIA Portal 的程序窗口中看到 NX MCD 与 TIA Portal 进行的数据交互，如图 8-59 所示。

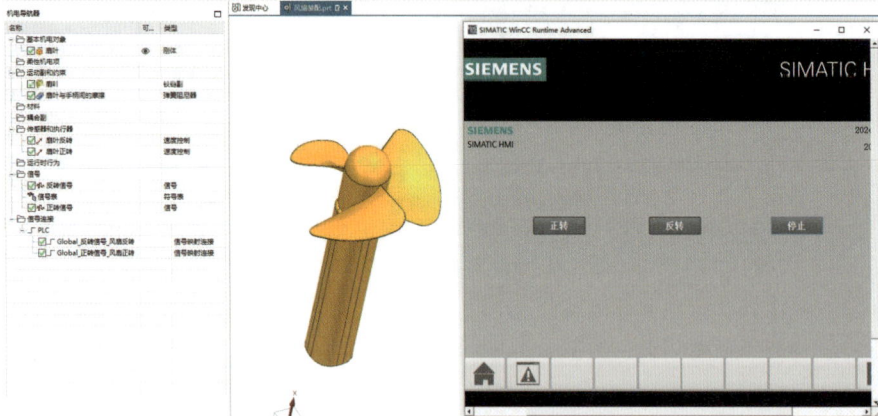

图 8-59 运行图

8.3.2 项目五：TIA+PLCSIM Advanced（OPC UA）软件在环虚拟调试

PLCSIM Advanced 是西门子为 S7-1500 系列 PLC 提供的高级仿真工具。它能够在没有实际硬件的情况下，模拟 PLC 的运行环境，包括 CPU、输入输出模块等。PLCSIM Advanced 支持多种通信协议，包括 OPC UA。OPC UA（开放平台通信统一架构）是一种独立于平台的通信协议，它提供了安全、可靠的数据交换机制。在软件在环虚拟调试中，OPC UA 协议允许 TIA 中的 PLC 程序与虚拟环境中的其他组件（如传感器模型、执行器模型等）进行通信。通过 OPC UA，开发者可以实时监控虚拟环境中的数据，验证 PLC 程序的逻辑和性能。通过此方式进行虚拟调试的软件要求如表 8-6 所示。

表 8-6 软件要求

软件	版本
S7-1500各型号CPU ET200SP各型号CPU	版本需支持作为OPC UA的服务器
TIA Portal	V16及以上
S7-PLCSIM Advanced	V3.0及以上
NX	本书使用2306版本

（1）机电概念设计

查阅 8.2.1 小节的机电概念设计，对模型进行刚体、铰链副、弹簧阻尼器、速度控制和信号的设置。

（2）设置 PG/PC 接口

在计算机的"控制面板"中找到"设置 PG/PC 接口"。将"应用程序访问点"设为：S7ONLINE（STEP 7），将"接口分配参数"设为：Siemens PLCSIM Virtual Ethernet Adapter.TCPIP.1，如图 8-60 所示。

注：此设置用于计算机与 PLC 的连接，设置成功后需重新启动 TIA Portal。

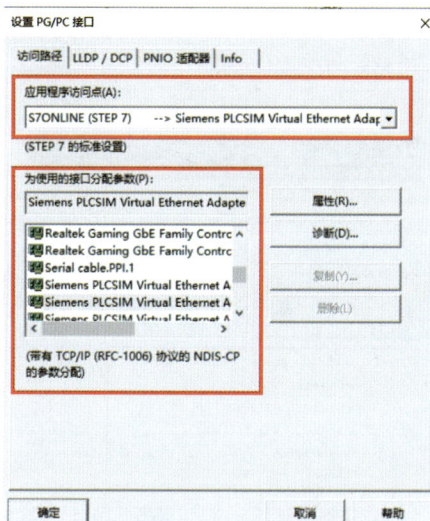

图 8-60　PG/PC 接口设置

（3）设置网络适配器

在计算机的"控制面板"中找到"更改适配器选项"，并对虚拟网卡 Siemens PLCSIM Virtual Ethernet Adapter 进行"属性"设置。在此网卡的"属性"中找到"Internet 协议版本 4（TCP/IPv4）"并将其勾选，然后对其 IP 地址进行设置（此 IP 地址需同 PLC 的 IP 地址在同一个网段），如图 8-61 所示。

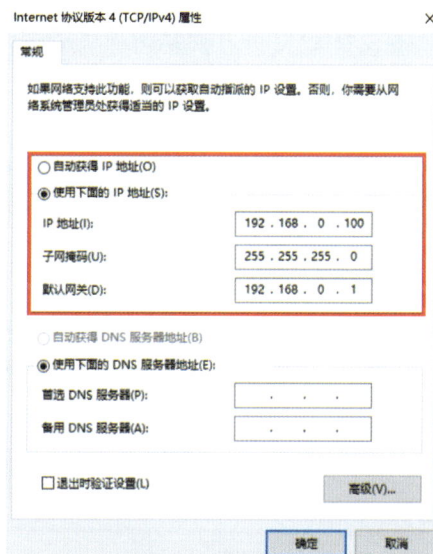

图 8-61　适配器 IP 地址设置

（4）设置 S7-PLCSIM Advanced

以 S7-1500 为例，选择 Online Access 模式为 PLCSIM Virtual.Adapter，选择 PLC 类型为 S7-1500，TCP/IP 设置为 Local，Instance name 设置为 PLC1，IP address 设置为 192.168.0.1，Subnet mask 设置为 255.255.255.0，如图 8-62 所示。

注：TCP/IP 通信选择"Local"，即本地虚拟网卡模式。该模式下，TIA Portal 项目和 CPU 仿真实例需在同一台计算机中，两者之间通过 PLCSIM 虚拟网卡通信。S7-PLCSIM Advanced 安装后会在网络适配器视图中生成一个虚拟网卡。

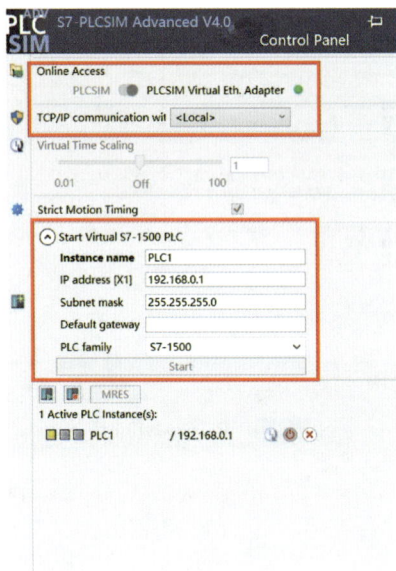

图 8-62 设置 S7-PLCSIM Advanced

（5）添加新设备

此项目以 S7-1500 为例，打开 TIA Portal 并创建新项目。在项目中单击"添加新设备"，并选择所需的 CPU 和 HMI 显示屏，如图 8-63 所示。

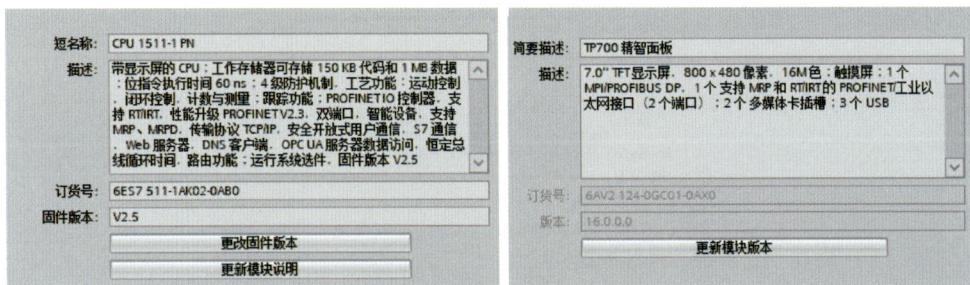

图 8-63 设备型号

（6）项目属性设置

右键单击项目，在"属性"→"保护"中，勾选"块编译时支持仿真"复选框，如图 8-64 所示。

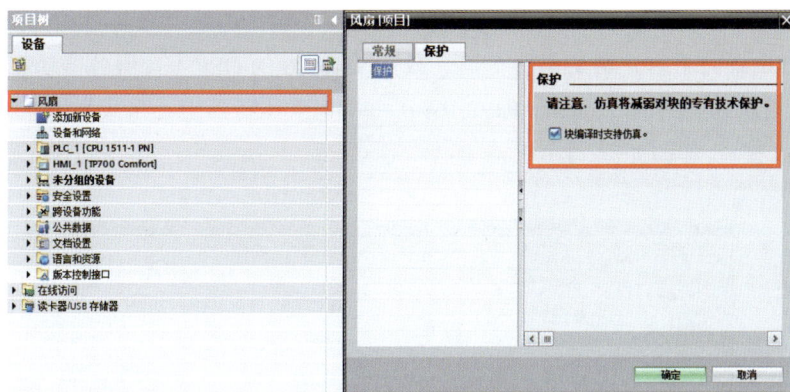

图 8-64　块编译时支持仿真

（7）PLC 属性设置

右键单击 PLC_1，在"属性"→"防护与安全"→"连接机制"中，勾选"允许来自远程对象的 PUT/GET 通信访问"复选框，如图 8-65 所示。

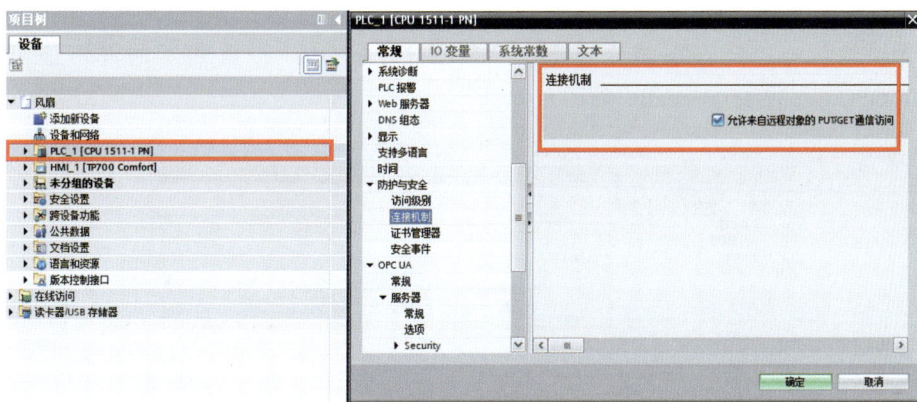

图 8-65　连接机制设置

在"属性"→"PROFINET 接口"→"以太网地址"中，对 IP 地址和子网掩码进行设置，如图 8-66 所示。

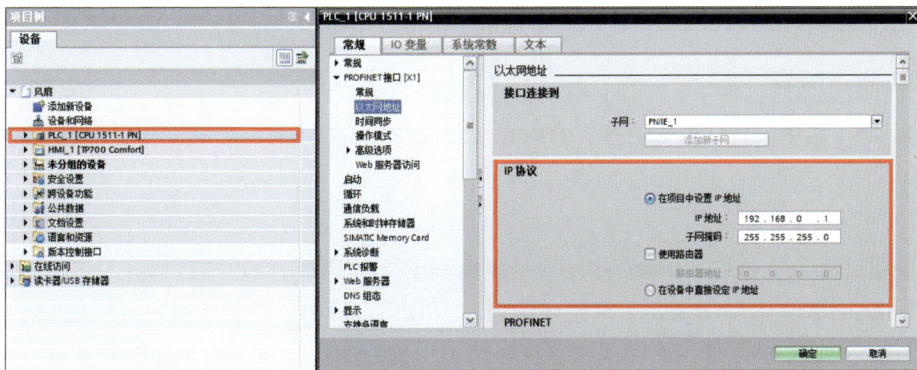

图 8-66　IP 地址的设置

在"属性"→"OPC UA"→"服务器"→"常规"中，勾选"激活 OPC UA 服务器"复选框。服务器地址用于客户端访问服务器，激活 S7-1500 的 OPC UA 服务器功能后，该 OPC UA 服务器的地址为图中的"opc:tcp://192.168.0.1:4840"（服务器地址格式为：opc:tcp:// 服务器 IP: 服务器端口号），如图 8-67 所示。

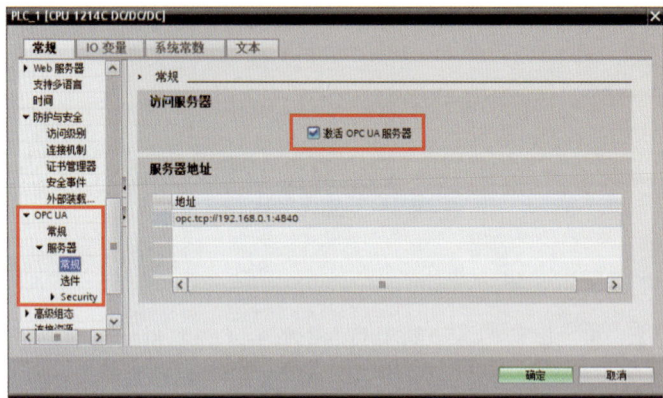

图 8-67　激活服务器

在"属性"→"运行系统许可证"→"OPC UA"中，设置购买的许可证类型为：SIMATIC OPC UA S7-1500 small，如图 8-68 所示。

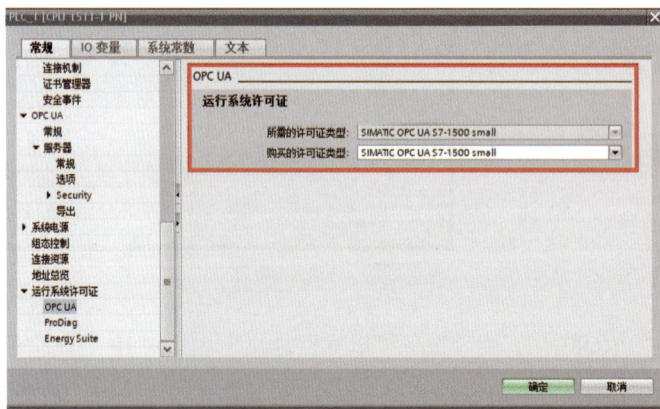

图 8-68　OPC UA 运行许可证设置

（8）程序编写

查阅 8.2.1 小节的程序编写方法，对所需的程序进行编写。

（9）下载至 PLC

选中项目树中的 PLC，并将程序下载至虚拟 PLC 中。选择 PG/PC 接口为：Siemens PLCSIM Virtual Ethernet Adapter，接口 / 子网的连接为：PN/IE_1。同时，在接下来出现的提示框中选择"启动模块"，如图 8-69 所示。完成上述操作后，所编写的程序将下载至虚拟 PLC 中，同时虚拟 PLC 开始运行。

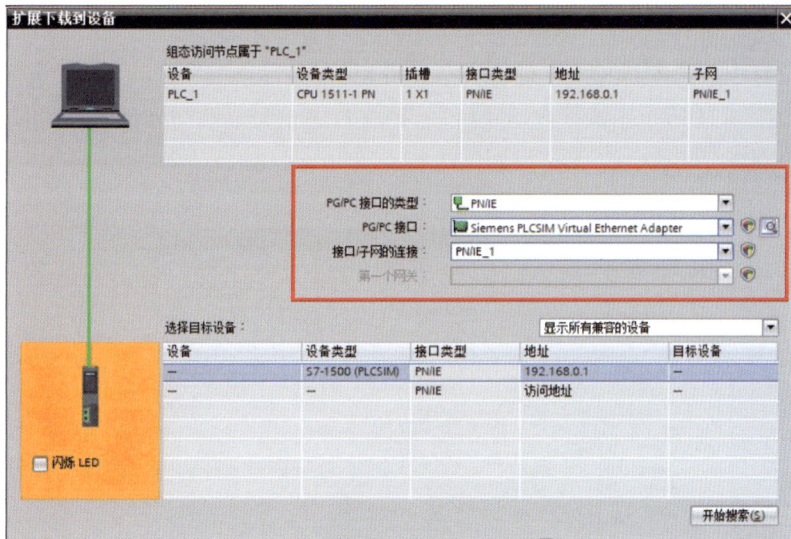

图 8-69 启动仿真

（10）外部信号配置

单击 NX MCD 中的"外部信号配置"，外部信号配置的通信方式为 OPC UA。在服务器信息处，添加新服务器并输入 IP 地址（IP 地址查找方法：TIA Portal 程序中 PLC"属性"→"PROFINET接口"→"以太网地址"→"IP 地址"）。完成上述操作后，在标记"PLC_1"→"Outputs"中找到外部信号，对所需的标记进行选择，如图 8-70 所示。

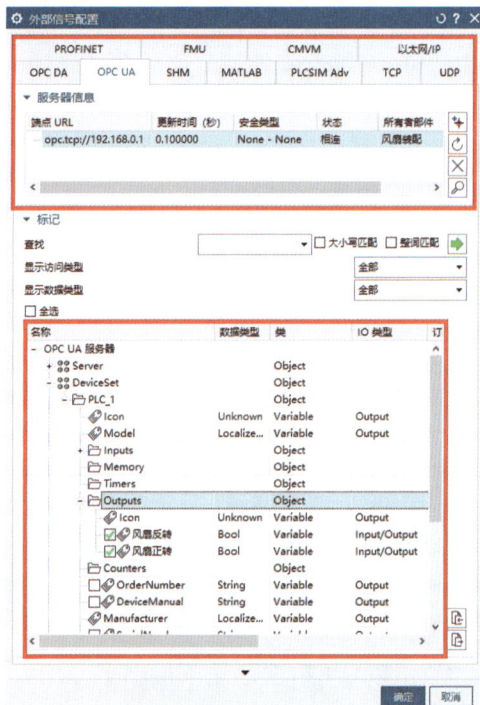

图 8-70 外部信号配置

（11）信号映射

在信号映射中，选择 OPC UA 通信类型。将 MCD 信号中的数据同外部信号建立相对应的映射关系，如图 8-71 所示。执行自动映射：当 MCD 各信号名称与外部对应信号名称相同时，系统可自动识别进行映射，否则需手动添加。

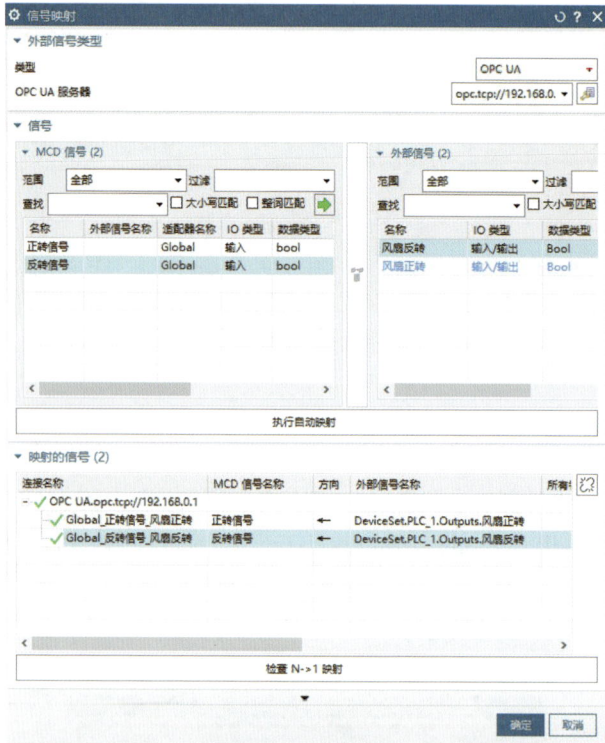

图 8-71　信号映射

（12）HMI 启动仿真

选中项目树中的 HMI，单击"启动仿真"按钮。完成上述操作后，HMI 将与 PLC 建立联系，可通过单击 HMI 中的按键，实现程序的运行，如图 8-72 所示。

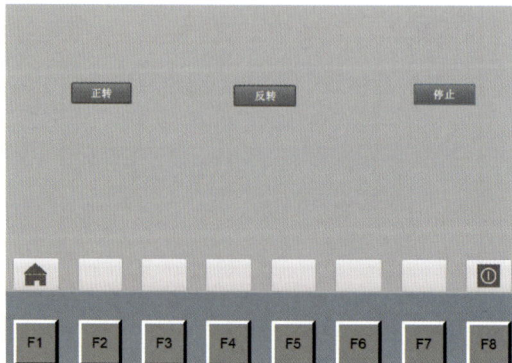

图 8-72　HMI 显示屏

（13）机电一体化虚拟调试

单击 NX MCD 软件中的"播放"按键，并通过操控 TIA Portal 中 HMI 根画面程序，就可以观察到装置的运动情况。在 MCD 中得到了仿真验证，同时可以在 TIA Portal 的程序窗口中看到 NX MCD 与 TIA Portal 进行的数据交互，如图 8-73 所示。

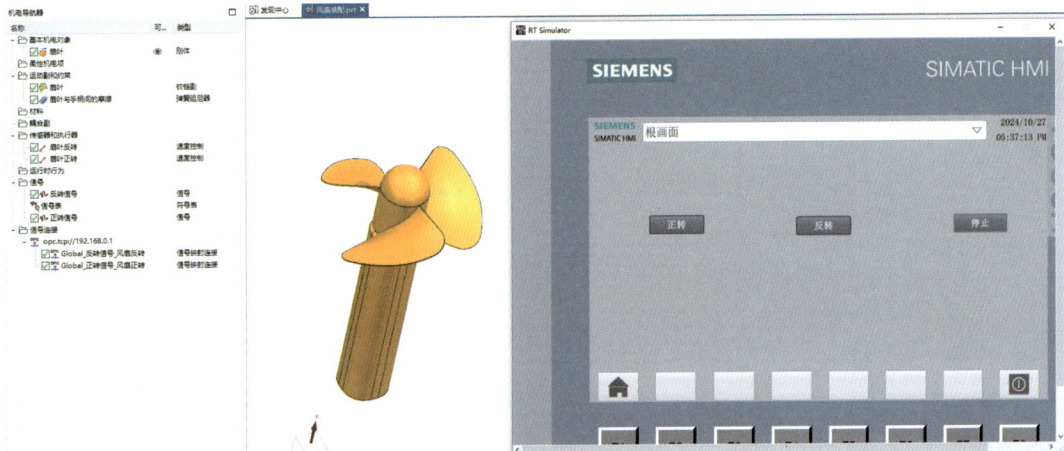

图 8-73　运行图

8.3.3　项目六：TIA+PLCSIM+NetToPLCsim+KEPServerEX 软件在环虚拟调试

在工业自动化领域，可编程逻辑控制器（PLC）是实现控制逻辑的核心设备。西门子的 S7-PLCSIM 模拟器是一个用于测试和验证 PLC 程序的工具。然而，可能需要将模拟器转换为真实 PLC，以便与实际的录波软件和 HMI 软件进行通信。这时，NetToPLCsim 就可以发挥其重要作用。KEPServerEX 是一款连接平台，可作为单一来源向应用程序提供工业自动化数据。用户可以通过一个直观的用户界面来连接、管理、监视和控制各种自动化设备和软件应用程序。通过此方式进行虚拟调试的软件要求如表 8-7 所示。

表 8-7　**软件要求**

软件	版本
各型号CPU	各种版本
TIA Portal	V16及以上
S7-PLCSIM	V16及以上
NetToPLCsim	
KEPServerEX	V6及以上
NX	本书使用2306版本

（1）机电概念设计

查阅 8.2.1 小节的机电概念设计，对模型进行刚体、铰链副、弹簧阻尼器、速度控制和信号的设置。

（2）设置 PG/PC 接口

在计算机的"控制面板"中，找到"设置 PG/PC 接口"。将"应用程序访问点"设为：S7ONLINE（STEP 7），将"接口分配参数"设为：Siemens PLCSIM Virtual Ethernet Adapter.TCPIP.1，如图 8-74 所示。

注：此设置用于计算机与 PLC 的连接，设置成功后需重新启动 TIA Portal。

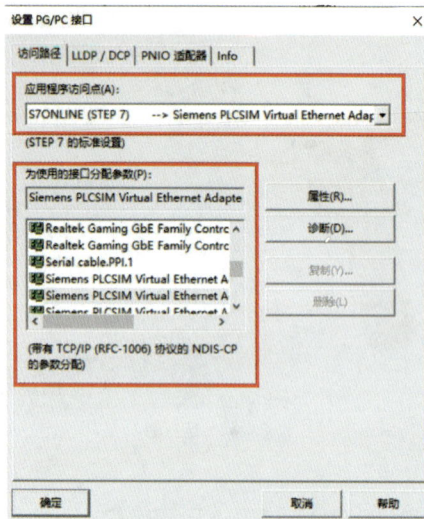

图 8-74　PG/PC 接口设置

（3）设置网络适配器

在计算机的"控制面板"中，找到"更改适配器选项"，并对网络 VMware Virtual Ethernet Adapter for VMnet1 进行"属性"设置（此网络为闲置网络，可根据所使用计算机选择）。在此网络的"属性"中找到"Internet 协议版本 4（TCP/IPv4）"，并对其网络进行设置，如图 8-75 所示。

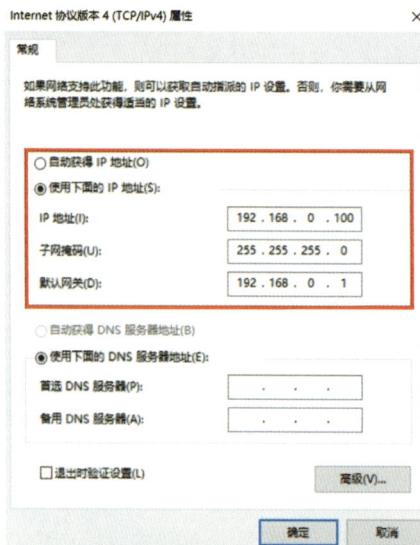

图 8-75　适配器 IP 地址设置

（4）启动 S7-PLCSIM

打开 S7-PLCSIM，将 CPU 类型设为 S7-1200 并启动，如图 8-76 所示。

图 8-76　启动 S7-PLCSIM

（5）启动 NetToPLCsim 软件

以"管理员身份"打开软件 NetToPLCsim，并在出现的提示框中单击"是"按钮，从而建立端口 102，如图 8-77 所示。若建立失败，请检查 KEPServerEX 的程序是否停止运行。

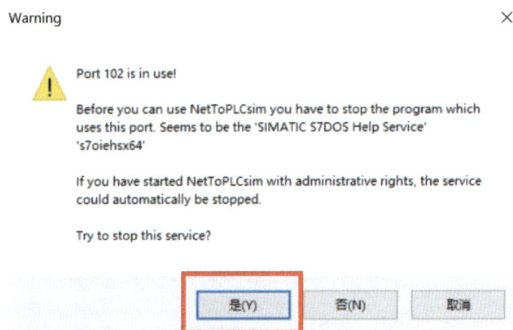

图 8-77　端口建立

（6）添加新设备

此项目以 S7-1200 为例，打开 TIA Portal 并创建新项目。在项目中单击"添加新设备"，并选择所需的 CPU 和 HMI 显示屏，如图 8-78 所示。

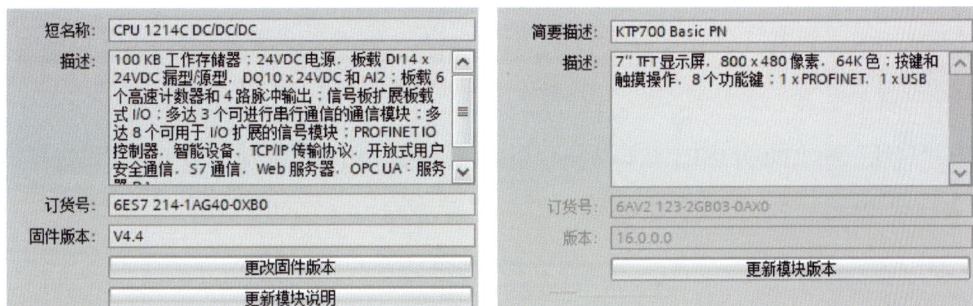

图 8-78　设备型号

（7）项目属性设置

右键单击项目，在"属性"→"保护"中，勾选"块编译时支持仿真"复选框，如图 8-79 所示。

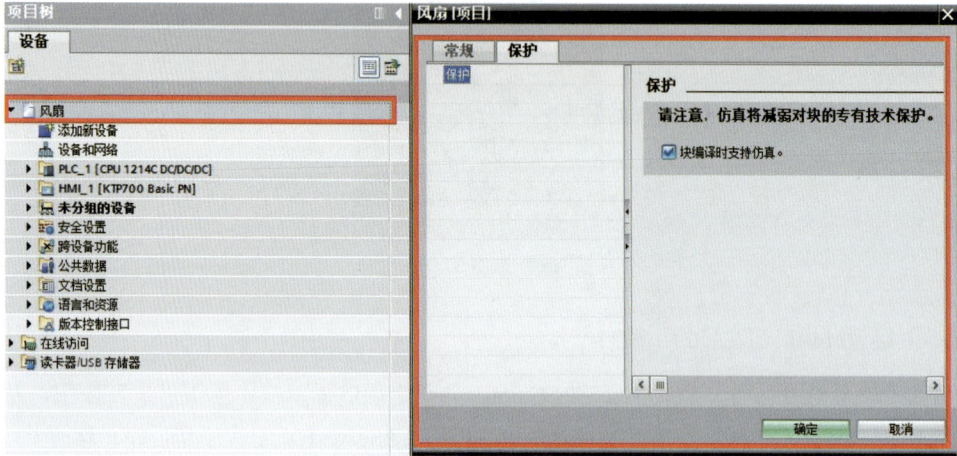

图 8-79 块编译时支持仿真

（8）PLC 属性设置

右键单击 PLC_1，在"属性"→"防护与安全"→"连接机制"中，勾选"允许来自远程对象的 PUT/GET 通信访问"，如图 8-80 所示。

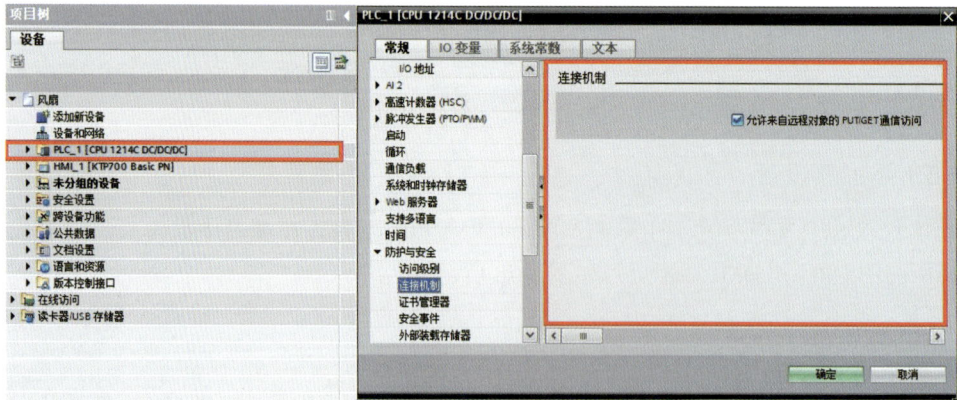

图 8-80 连接机制设置

在"属性"→"PROFINET 接口"→"以太网地址"中，对 IP 地址和子网掩码进行设置，如图 8-81 所示。

（9）程序编写

查阅 8.2.1 小节的程序编写方法，对所需的程序进行编写。

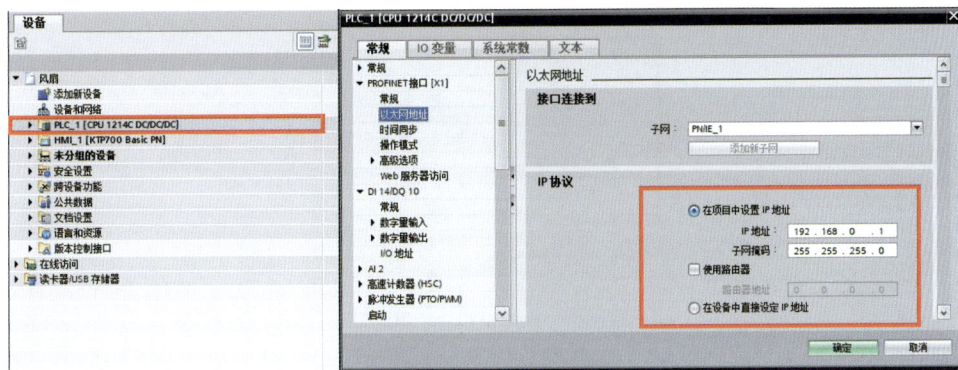

图 8-81　IP 地址的设置

（10）程序下载至 PLC

单击 PLC，并将程序下载至虚拟 PLC 中。选择 PG/PC 接口为"PLCSIM"，接口 / 子网的连接为"PN/IE_1"。同时，在接下来出现的提示框中选择"启动模块"，如图 8-82 所示。完成上述操作后，所编写的程序将下载至虚拟 PLC 中，同时虚拟 PLC 开始运行。

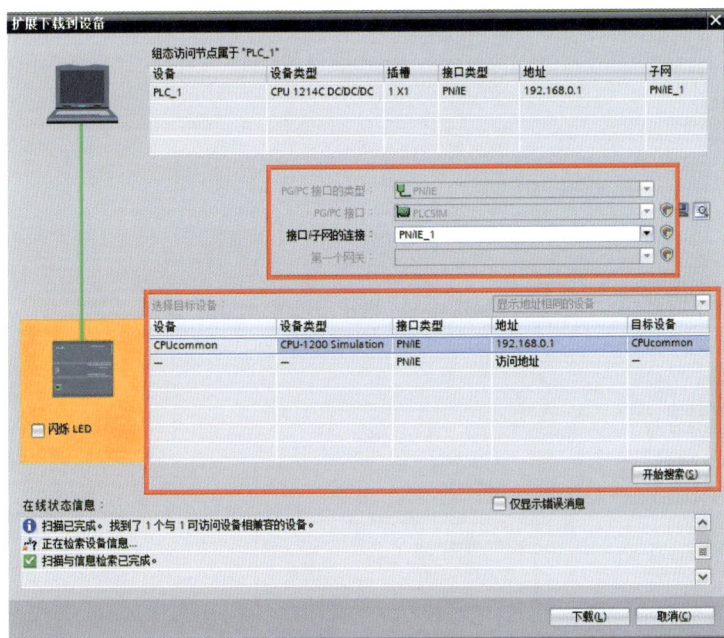

图 8-82　PLC 程序装载

（11）NetToPLCsim 项目建立

单击 add，在出现的提示框中，填写相应的 IP 地址。"Network IP Address"为网络 VMware Virtual Ethernet Adapter for VMnet1 所设置的 IP 地址（192.168.0.100），"Plcsim IP Address"为 TIA Portal 中 PLC 属性中所设置的 IP 地址（192.168.0.1），如图 8-83 所示。

注：项目建立完成后，单击"OK"按钮，并在之后的对话框中，单击"Start Server"按钮。

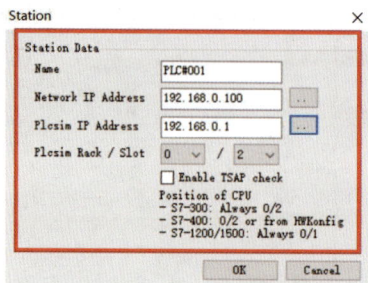

图 8-83　NetToPLCsim 项目建立

（12）KEPServerEX 的通道建立

运行"KEPServerEX"软件，并在菜单栏"运行时"中单击"连接"命令，如图 8-84 所示。

图 8-84　KEPServerEX 的项目连接

新建通道，并将通道类型设置为 Siemens TCP/IP Ethernet，如图 8-85 所示。

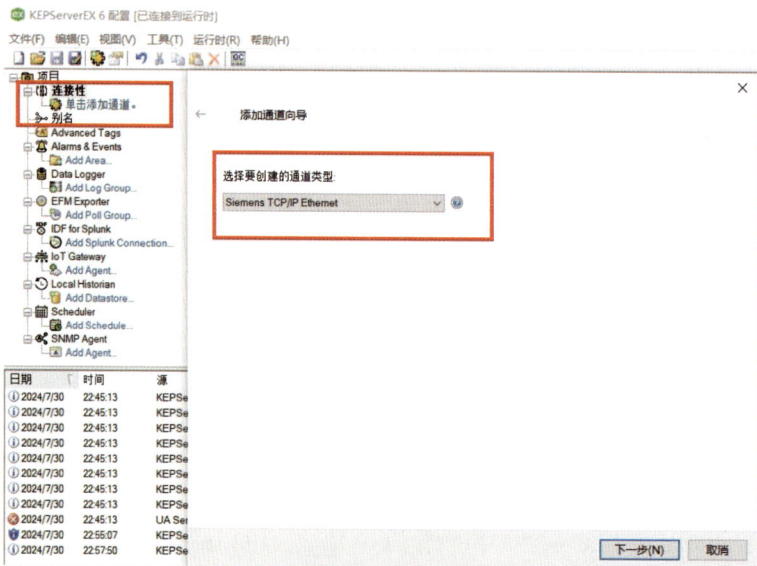

图 8-85　通道类型设置

将网络适配器设置为 VMware Virtual Ethernet Adapter for VMnet1，如图 8-86 所示。

注：此网络适配器需与步骤（3）的网络相同。其他设置保持默认状态。

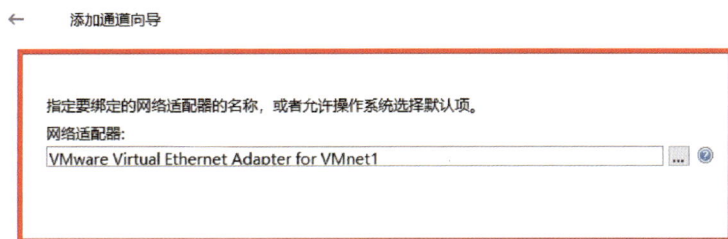

图 8-86　网络适配器设置

（13）通道中设备的建立

在通道中，新建设备。将设备名称设为 S7-1200，并选择型号为 S7-1200（此型号与 TIA Portal 程序中 PLC 型号相同），如图 8-87 所示。

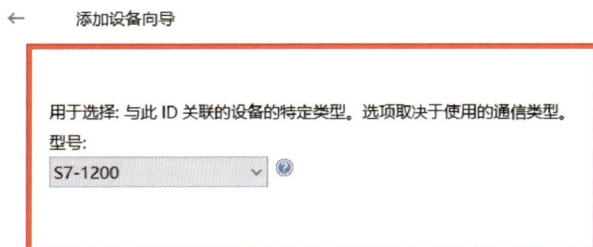

图 8-87　设备型号设置

将设备驱动器节点设为 192.168.0.100（此节点 ID 即网络 VMware Virtual Ethernet Adapter for VMnet1 的 IP 地址），如图 8-88 所示。

注：其他设置保持默认状态。

图 8-88　驱动器节点设置

（14）新建标记

在设备中新建标记。将 TIA Portal 中的程序变量添加进去（需要与 NX MCD 建立映射的变量），其中包括变量名称、变量地址和数据类型，如图 8-89 所示。

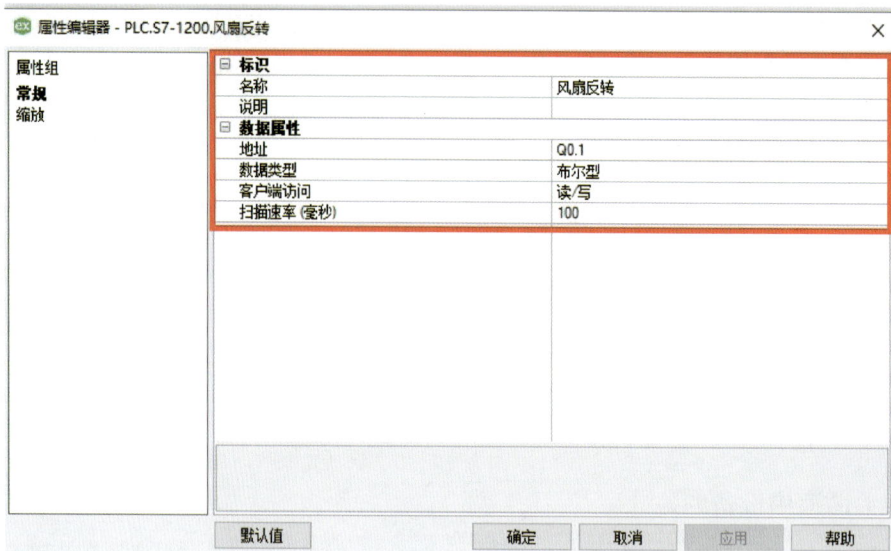

图 8-89 标记设置

依次将 TIA 中的程序变量添加进去（需要与 NX MCD 建立映射的变量），如图 8-90 所示。

标记名称	地址	数据类型	扫描速率	缩放
风扇反转	Q0.1	Boolean	100	无
风扇正转	Q0.0	Boolean	100	无

图 8-90 设备标记汇总

（15）运行状态检测

在菜单栏中单击“工具”，并启动 OPC quick Client。单击所配置设备 S7-1200，查看数据的 Quality，若为良好，则数据连接成功，如图 8-91 所示。

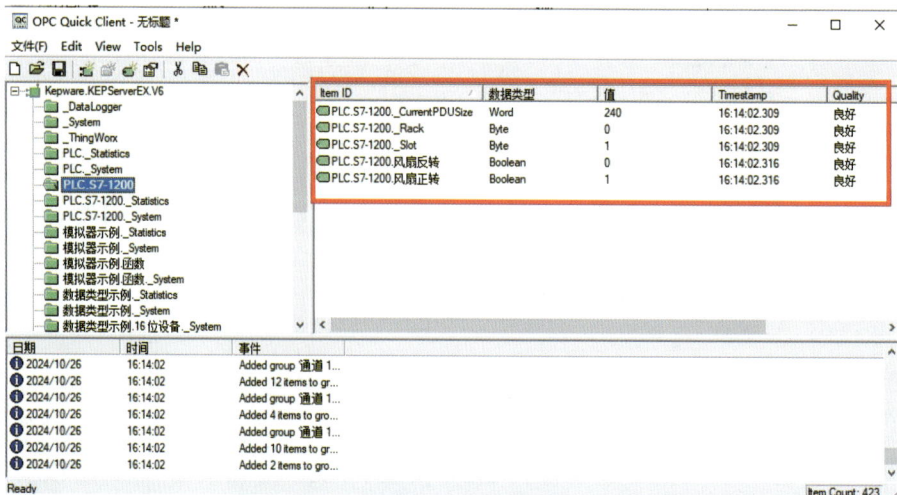

图 8-91 运行状态检测

（16）外部信号配置

单击 NX MCD 中的"外部信号配置"，外部信号配置的通信方式为 OPC DA。在服务器信息处，添加新服务器 Kepware.KEPServerEX.V6。完成上述操作后，在标记处对需要与 NX MCD 模型建立映射的数据进行选择，如图 8-92 所示。

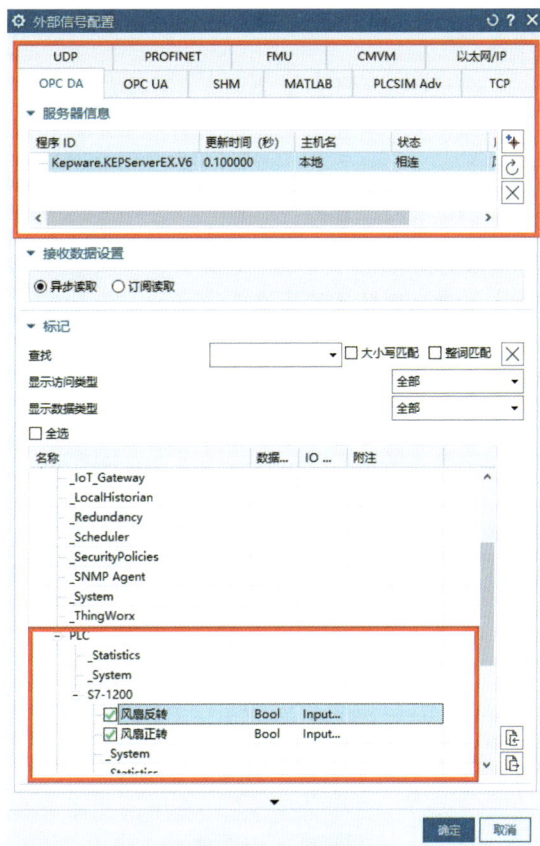

图 8-92 外部信号配置

（17）信号映射

在信号映射中，选择 OPC DA 通信类型。通过单击 MCD 信号中的数据，同外部信号建立相对应的映射关系，如图 8-93 所示。执行自动映射：当 MCD 各信号名称与外部对应信号名称相同时，系统可自动识别进行映射，否则需手动添加。

（18）HMI 启动仿真

选中项目树中的 HMI，单击"启动仿真"按钮。完成上述操作后，HMI 将与 PLC 建立联系，可通过单击 HMI 中的按键实现程序的运行，如图 8-94 所示。

（19）机电一体化虚拟调试

信号映射完成后，就可以使 MCD 与程序的运动信号交互。单击 NX MCD 软件中的"播放"

按键，并通过操控 TIA Portal 中 HMI 根画面程序，就可以观察到装置的运动情况。在 MCD 中得到了仿真验证，同时可以在 TIA Portal 的程序窗口中看到 NX MCD 与 TIA Portal 进行的数据交互，如图 8-95 所示。

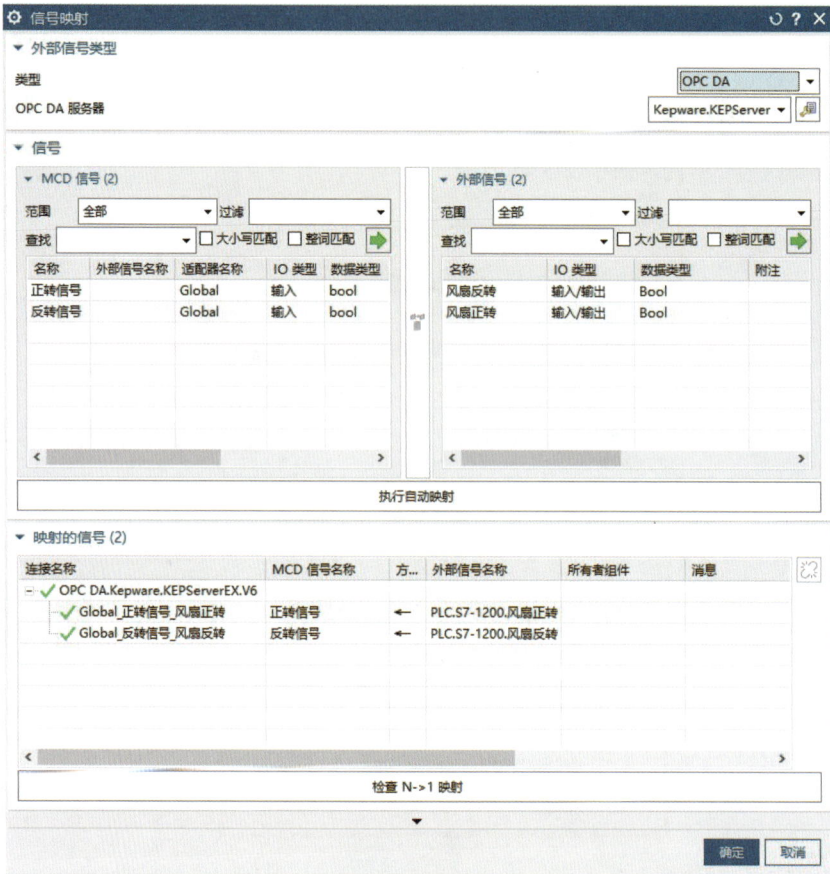

图 8-93 信号映射

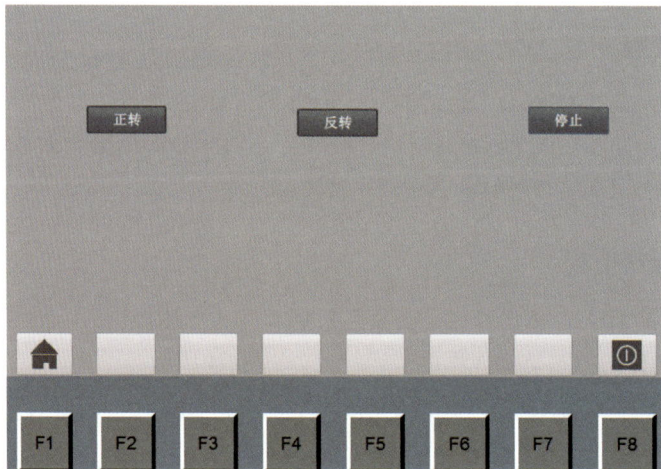

图 8-94 HMI 显示屏

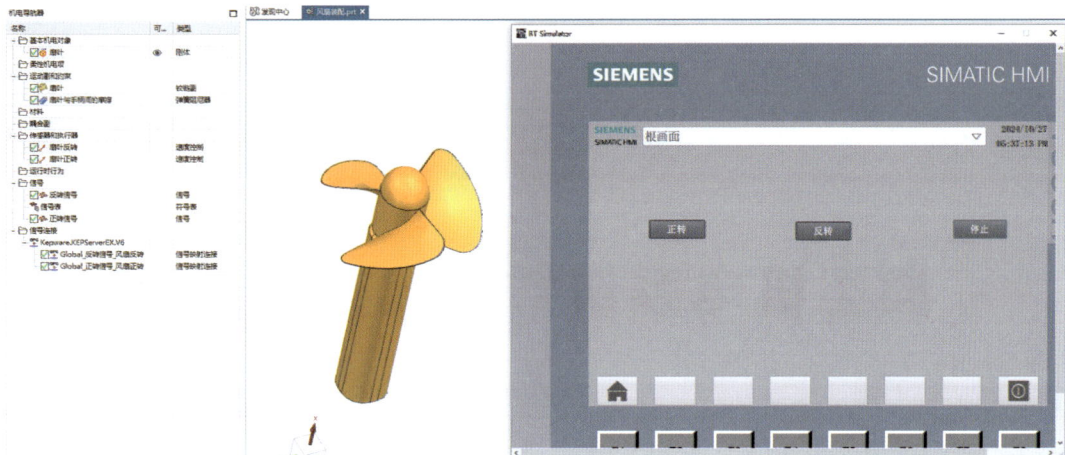

图 8-95　运行图

本章小结

　　虚拟调试在 NX MCD 机电设备的数字孪生设计中占据核心地位。本章重点聚焦虚拟调试的环境构建及其全过程的实现。具体而言，虚拟调试涵盖两大核心部分：一是硬件在环虚拟调试，此部分通过真实的 PLC 设备来操控虚拟的机电设备，实现了硬件与虚拟环境的无缝对接；二是软件在环虚拟调试，该部分利用虚拟的 PLC 来控制虚拟的机电设备，全程在软件环境中完成调试过程。通过这两大部分，虚拟调试在 NX MCD 机电设备数字孪生设计中的重要性得到了充分展现，同时，其对环境构建及全过程实现的关注也得以凸显。

思考题

　　1. 硬件在环虚拟调试的方法有哪些?
　　2. 简述各硬件在环虚拟调试方法的软硬件要求。
　　3. 软件在环虚拟调试的方法有哪些?
　　4. 简述各软件在环虚拟调试方法的软件要求。

典型机电系统数字化设计案例

导读

　　本章精选四个典型机电系统案例，介绍案例数字化设计的详细过程，使学生全面提升机械设计、材料力学、电气及 PLC 等专业知识。通过深入探索学习，学生可熟悉典型机械结构，领略机械仿真带来的便捷，实现单科知识的融会贯通与综合提升。

9.1　彩球机数字化设计与数字孪生应用实例

　　彩球机的数字孪生构建是一个复杂而精细的过程，它融合了 TIA Portal 编程软件、NX MCD 仿真工具、实体彩球机、控制平台及驱动箱等多个元素。首先，按照设计的接线图（图 9-1）完成物理连接；随后，在 TIA Portal 中编写控制程序，并下载至实物 PLC 中执行；最后，通过 PLC 信号与 NX MCD 内部信号的映射关联，实现了实体彩球机与虚拟模型的同步运行。这一过程不仅提升了设计与调试效率，还为彩球机的智能化管理与长期稳定运行提供了有力支持。

　　为了实现彩球机的数字孪生，需要设置一系列关键流程，如图 9-2 所示。这包括：定义机电对象的基本属性与行为模式，配置传感器以捕捉模型状态变化，设置运动副确保虚拟模型与实体设备动作的一致性，部署执行器模拟实际操作的响应；同时，还需进行信号适配，确保数据在虚拟与现实之间的顺畅流通；设计仿真序列，模拟彩球机的各种运行状态；编写 PLC 程序，实现自动化控制逻辑；最后，完成信号配置与映射，将 PLC 输出的控制信号精准对应到虚拟模型中的相应参数，从而构建一个高度逼真、可交互的数字孪生体。

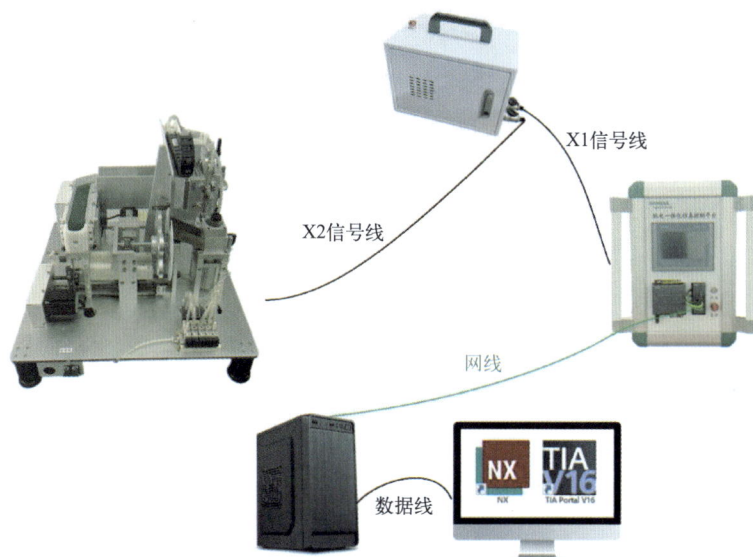

图 9-1 彩球机接线图

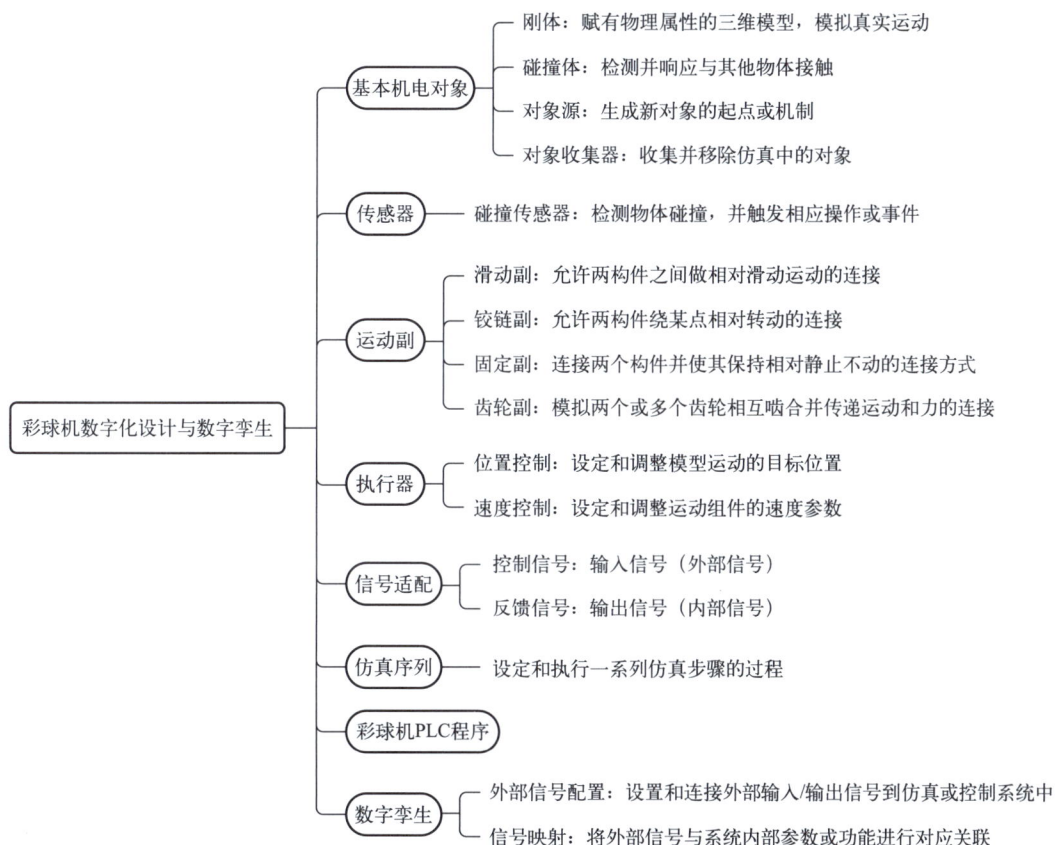

图 9-2 彩球机数字化设计与数字孪生流程图

彩球机的三维模型主要由推进输送单元、转盘输送单元、抬升输送单元和阶梯输送单元组成，如图9-3所示。推进输送单元是一个传统的物料输送机构，主要由料台气缸、物料筒、滚珠丝杠滑台、滑轨等组成；转盘输送单元主要由蜗杆、转盘、转盘面等组成；抬升输送单元主要由上下气缸、顶料气缸、移位气缸、支架、物料台、斜梯、吸盘等组成；阶梯输送单元是一个打破传统平面输送机构（传送带输送和滚筒输送），巧妙结合球形物体的特性设计而成的阶梯输送机构，主要由偏心轮、左/右挡板、连接板、顶板、轴承等组成。

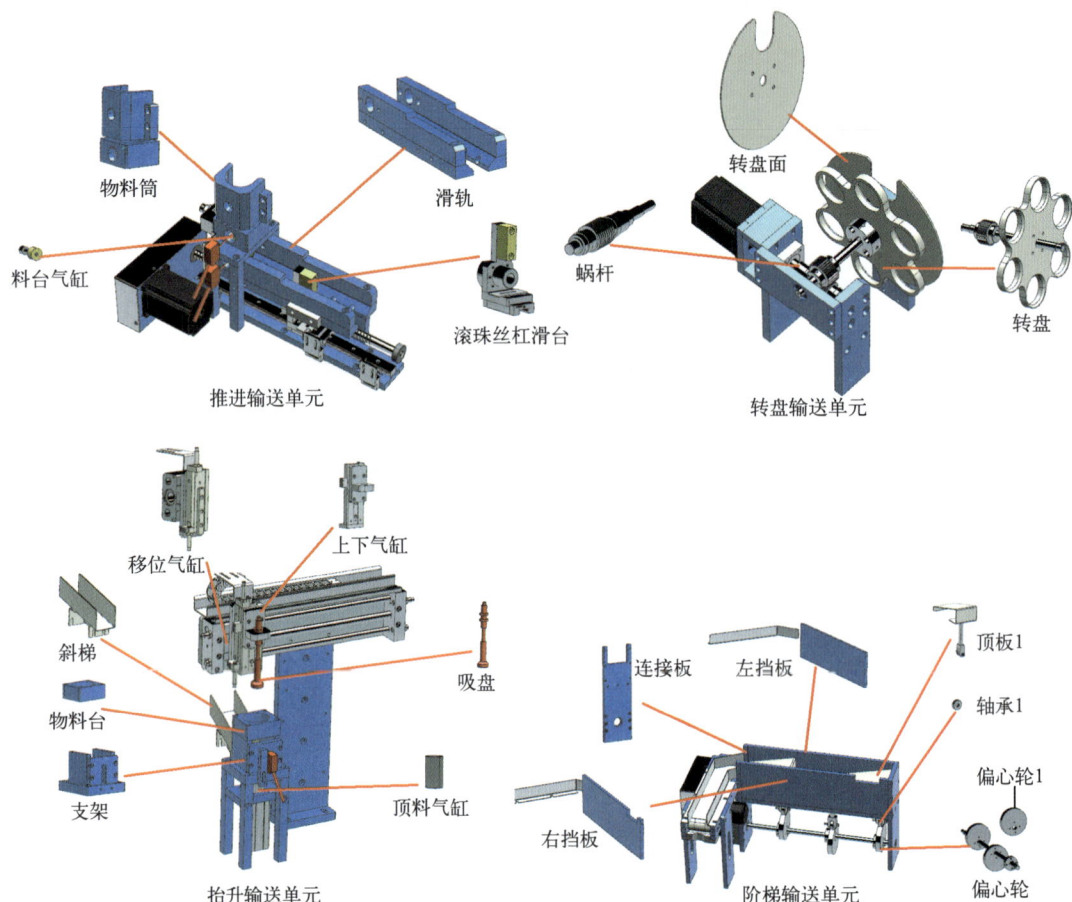

图9-3 彩球机三维模型

9.1.1 彩球机的基本机电对象、传感器设置

（1）基本机电对象设置

① 刚体设置。对需要运动的物体进行刚体设置：推进输送单元的滚珠丝杠、物料球和料台气缸，转盘输送单元的蜗杆、蜗轮转盘组合体，抬升输送单元的真空吸盘、移位气缸、上下气缸和顶料气缸，阶梯输送单元的顶板、轴承、3个偏心轮组合体，如图9-4所示。

② 碰撞体设置。推进输送单元的物料球、料筒、滑轨和滚珠丝杠滑台，转盘输送单元的转盘，抬升输送单元的斜梯、顶料气缸、物料台和支架，阶梯输送单元的顶板、偏心轮、轴承、左挡板、右挡板、前连接板和输送带，如图9-5所示。

③ 对象源和对象收集器设置。将推进输送单元的物料台（下边缘）进行对象收集器设置。对物料球进行对象源设置，并将触发方式设置为"每次激活时一次"，如图9-6所示。

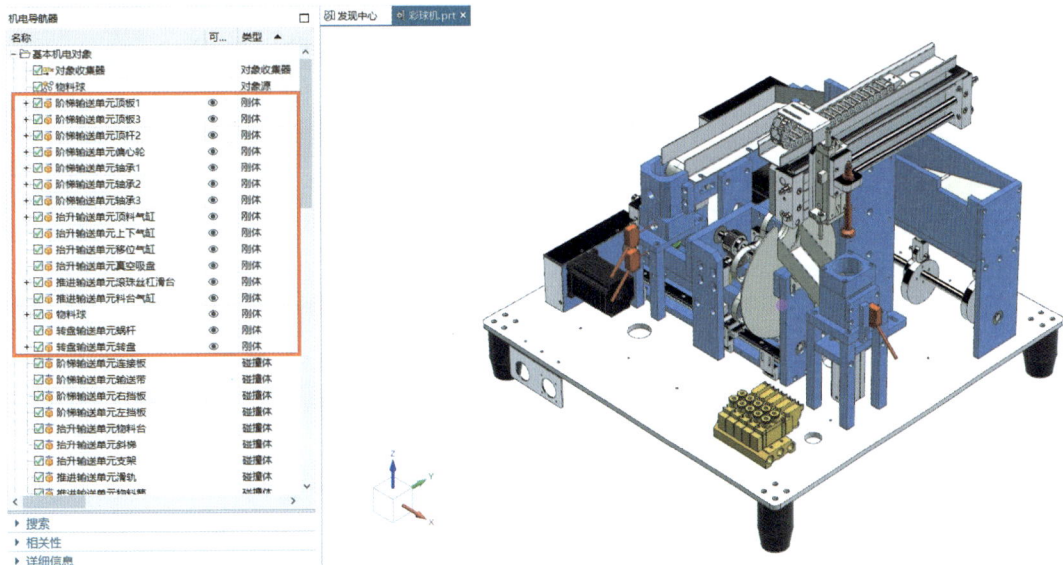

图 9-4　刚体的设置

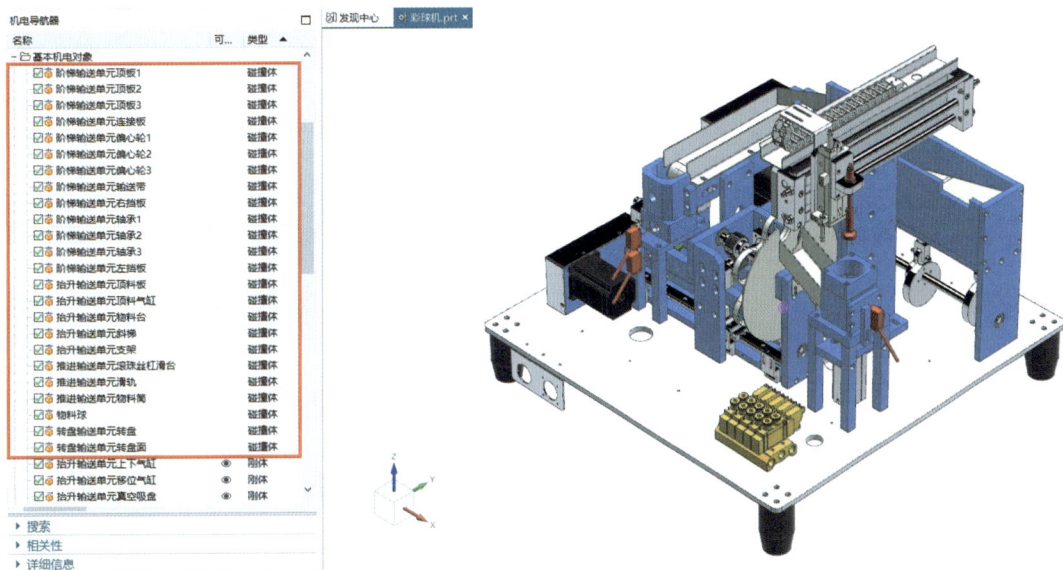

图 9-5　碰撞体的设置

（2）传感器的设置

对转盘（正下方圆环中的圆柱体）进行碰撞传感器设置，并将类型设置为触发式，碰撞形状为方块，形状属性为自动。对吸盘进行碰撞传感器设置，并将类型设置为触发式，碰撞形状为方块，形状属性为用户定义，坐标系设在吸盘的前端（长度为10mm，宽度为20mm，高度为10mm）。对推进输送单元的物料收集筒（下层长方体物块）进行碰撞传感器设置，并将类型设置为触发式，形状设置为方块，形状属性为用户定义，坐标系设置在物块中心（长度为

100mm，宽度为 60mm，高度为 2mm），如图 9-7 所示。

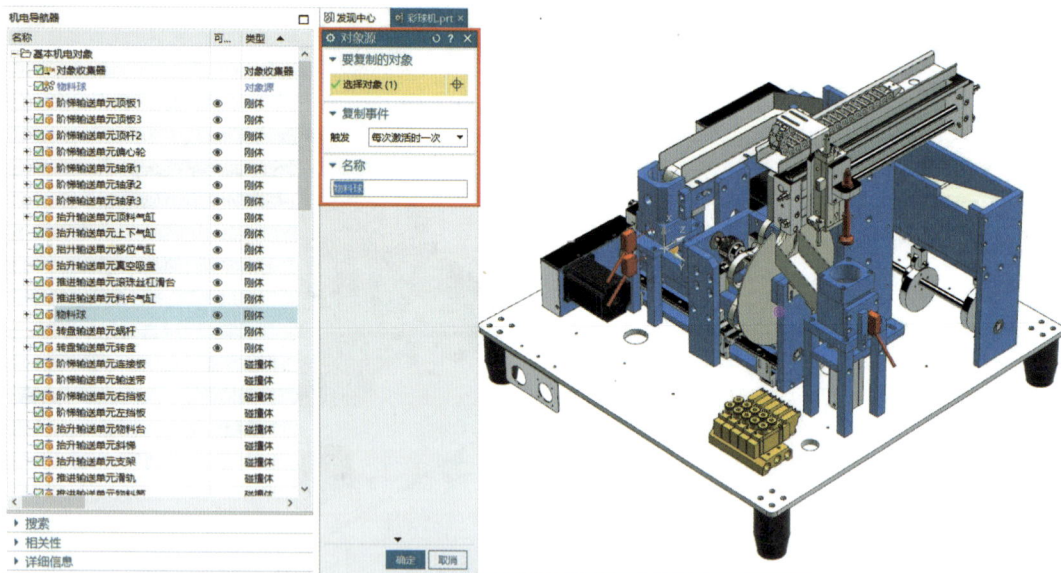

图 9-6　对象源的设置

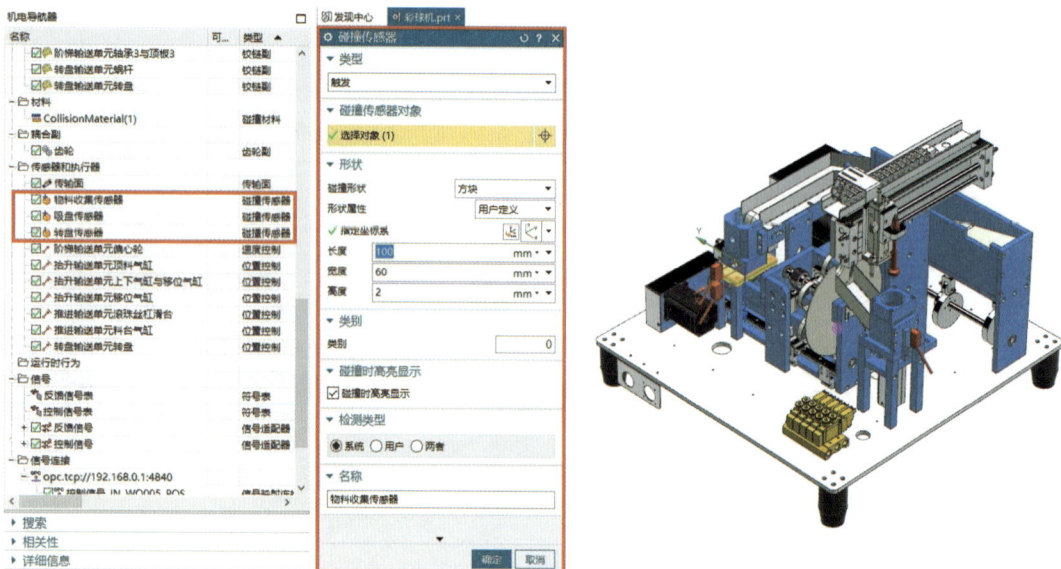

图 9-7　传感器设置

9.1.2　彩球机的运动副、执行器、信号适配器及仿真序列设置

（1）运动副的设置

① 滑动副设置。需要设置滑动副的有：推进输送单元的料台气缸、滚珠丝杠的滑台，抬升输送单元的上下气缸与移位气缸之间、顶料气缸、移位气缸，阶梯输送单元的顶板，并将指定轴矢量设为所要移动的方向，如图 9-8 所示。

注：在抬升输送单元的上下气缸与移位气缸之间的滑动副中，上下气缸为连接体，移位为基本体。其余滑动副，只需将所选的刚体设为连接体即可。

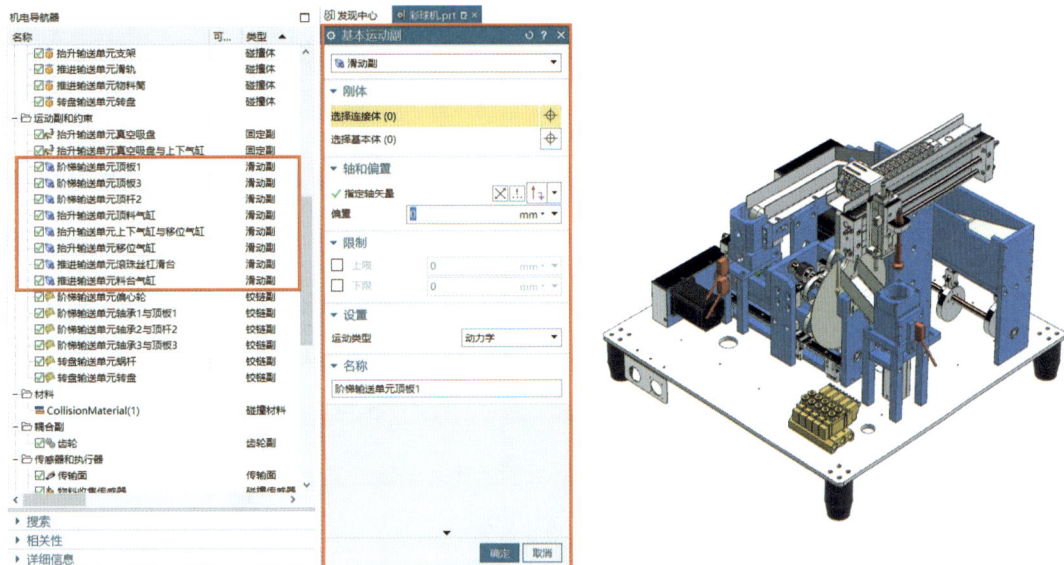

图 9-8　滑动副设置

② 铰链副的设置。需要设置铰链副的有：阶梯输送单元的轴承与顶板之间、偏心轮，转盘输送单元的转盘、蜗杆。将指定轴矢量设为所要围绕旋转的轴向，锚点为旋转中心，如图 9-9 所示。

注：在阶梯输送单元的轴承与顶板之间的铰链副中，轴承为连接体，顶板为基本体。其余铰链副，只需将所选的物体设为连接体即可。

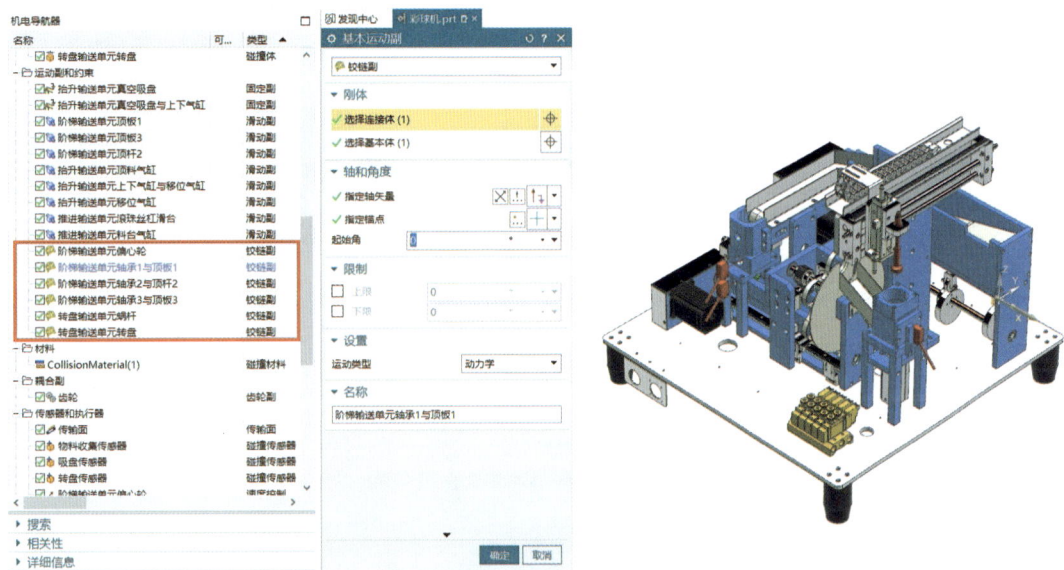

图 9-9　铰链副设置

③ 固定副的设置。需要设置固定副的有：抬升输送单元的真空吸盘和上下气缸之间、真空吸盘，如图 9-10 所示。

注：在抬升输送单元的真空吸盘和上下气缸之间的固定副中，真空吸盘为连接体，上下气缸为基本体。在真空吸盘的固定副中，吸盘为基本体。

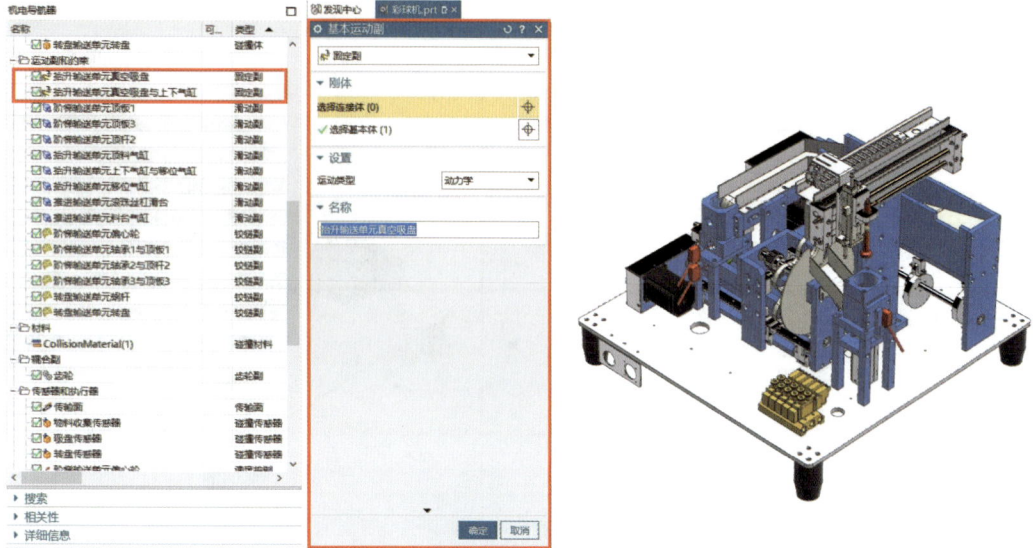

图 9-10　固定副设置

④ 齿轮副的设置。将蜗轮蜗杆之间的齿轮进行齿轮副的设置，铰链副中的转盘为主对象，铰链副中的蜗杆为从对象，并将主倍数设为 1，从倍数设为 3，如图 9-11 所示。

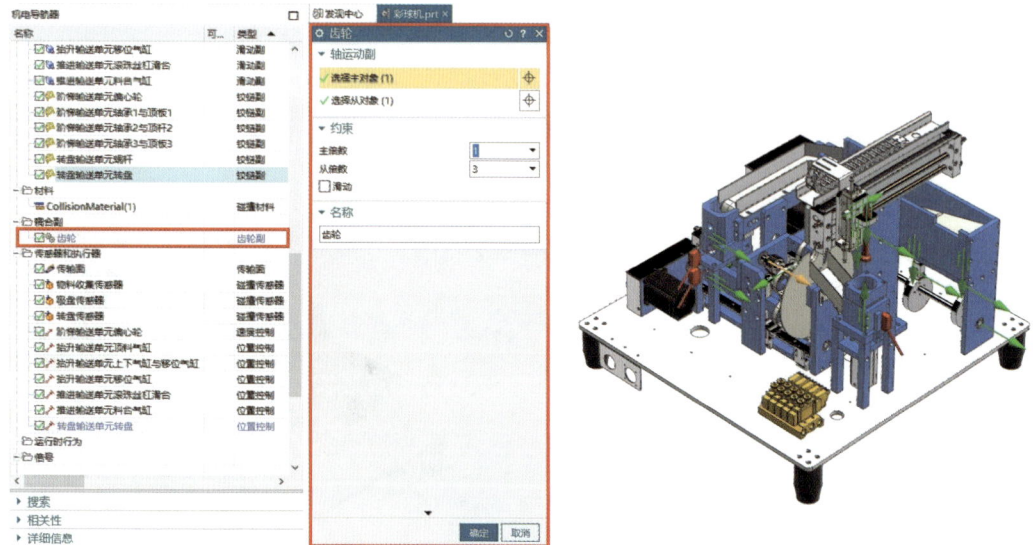

图 9-11　齿轮副设置

（2）执行器的设置

需要设置位置控制的有：滑动副中推进输送单元滚珠丝杠滑块、料台气缸，这两个位置控制的速度为 120mm/s。铰链副中转盘输送单元转盘，这个位置控制的角路径选项为顺时针旋转，速度为 120mm/s。滑动副中抬升输送单元的移位气缸、上下气缸、顶料气缸，并将速度分别设置为 500mm/s、1000mm/s 和 100mm/s。需要设置速度控制的有：铰链副中阶梯输送单元的偏心轮，将速度设为 0mm/s。需要设置传输面的有：阶梯输送单元的输送带，并将运动类型设为平直，平行速度设为 120mm/s，垂直速度为 10mm/s，如图 9-12 所示。

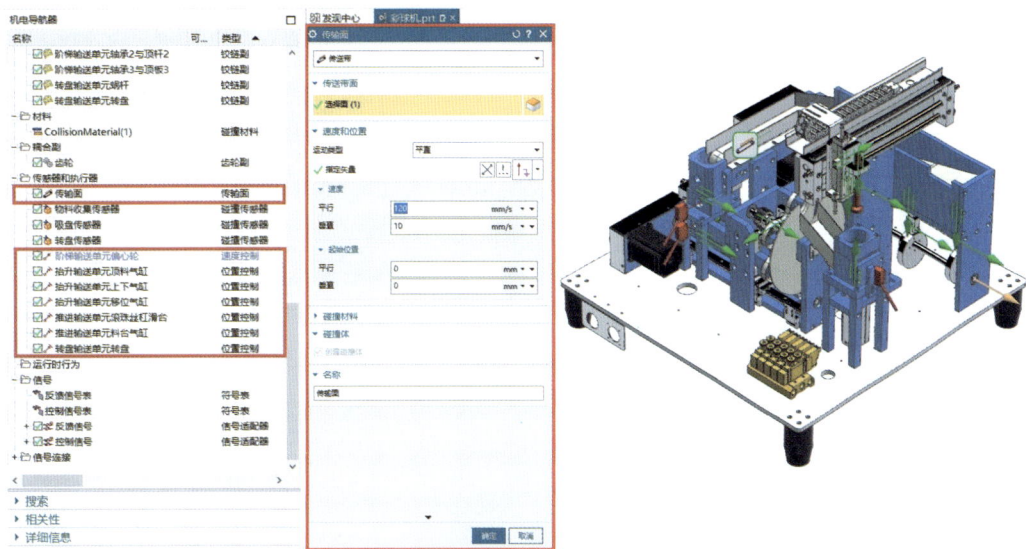

图 9-12 执行器设置

（3）信号适配器设置

① 控制信号参数选择。将传感器中的转盘传感器，执行器中的推进输送单元滚珠丝杠滑台，转盘输送单元转盘，抬升输送单元的顶料气缸、上下气缸和移位气缸，运动副中的推进输送单元滚珠丝杠滑块，添加至参数中，并对所添加的对象另起别名，如图 9-13 所示。

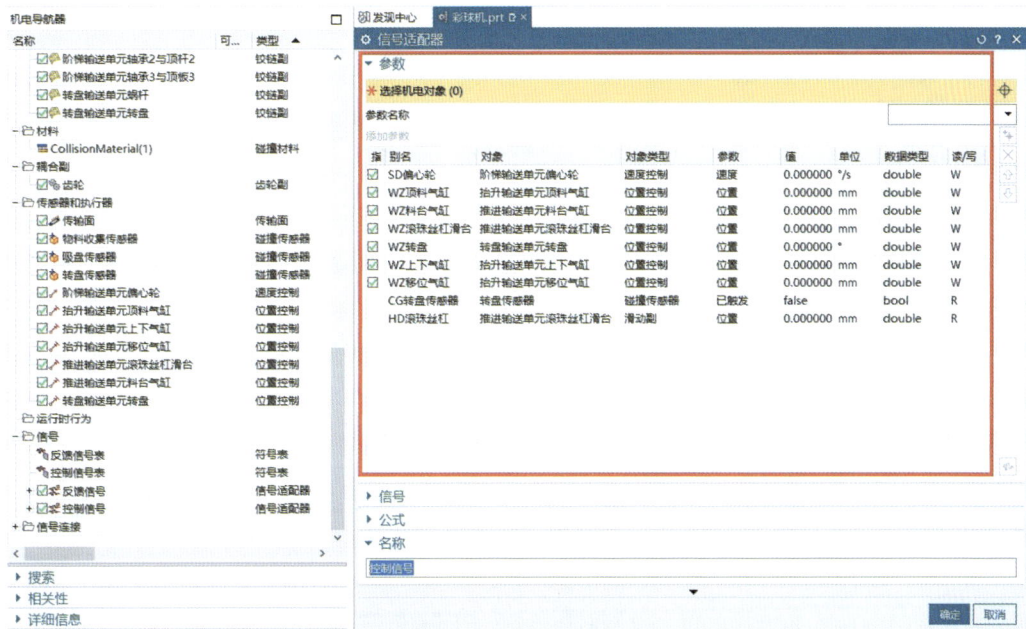

图 9-13 控制信号参数选择

② 控制信号的公式和信号设置。分别对参数对象——WZ 上下气缸、WZ 顶料气缸、WZ 移位气缸、WZ 滚珠丝杠滑台、WZ 料台气缸、WZ 转盘和 SD 偏心轮，进行信号生成和设置。信号设置完成后，对参数和信号进行公式编辑，如图 9-14 所示。

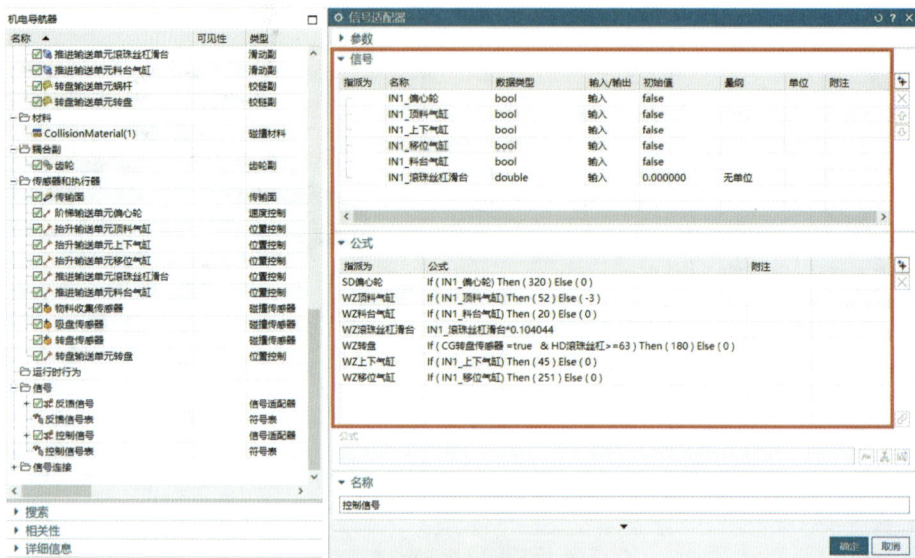

图 9-14　控制信号的公式和信号设置

③ 反馈信号参数选择。将滑动副中的推进输送单元滚珠丝杠滑台、抬升输送单元上下气缸与移位气缸、抬升输送单元移位气缸、顶料气缸，添加至参数中，并对所添加的对象另起别名，如图 9-15 所示。

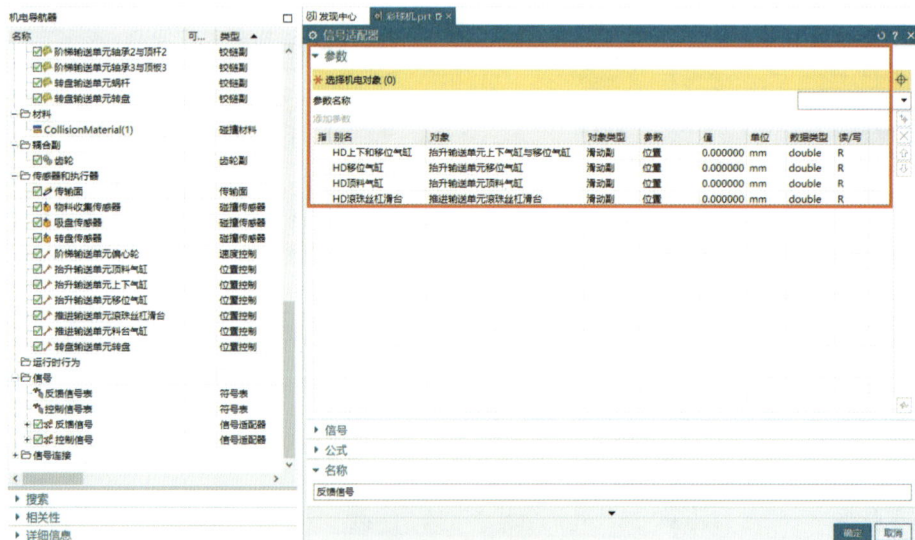

图 9-15　反馈信号参数选择

④ 反馈信号公式和信号设置。分别对图 9-15 中的参数对象——HD 顶料气缸、HD 滚珠丝杠滑台、HD 上下和移位气缸、HD 移位气缸，进行信号生成和设置。信号设置完成后，对参

数和信号进行公式编辑，如图 9-16 所示。

图 9-16　反馈信号的信号和公式设置

（4）仿真序列设置

① 吸盘吸取物料球。选择固定副中抬升输送单元真空吸盘为机电对象，持续时间设为 0.1s，将运行时参数中的连接体勾选，并将值设为吸盘传感器（参数选择为触发器中的对象）。选择反馈信号中的"IN2_上下和移位气缸"为条件对象，并设置相关条件，如图 9-17 所示。

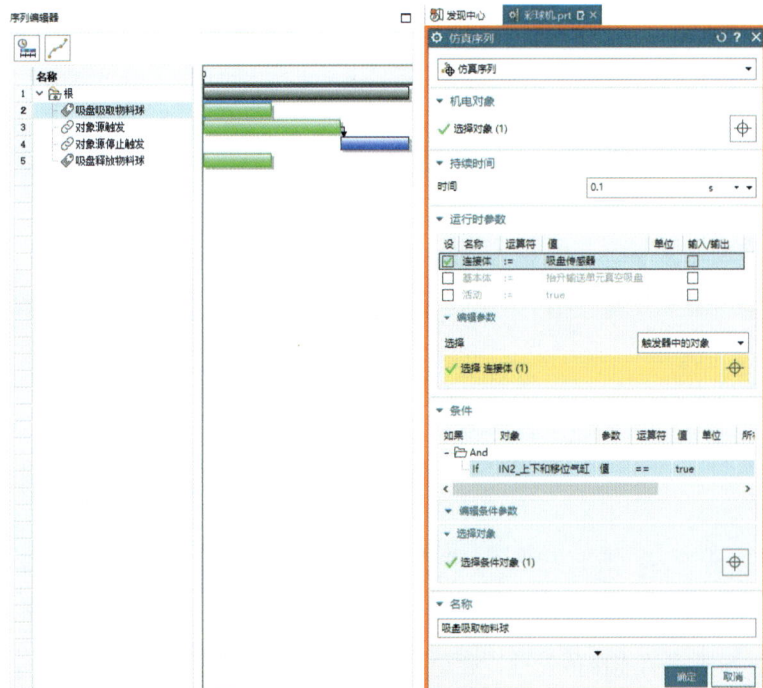

图 9-17　吸盘吸取物料球

② 对象源触发。选择对象源中物料球为机电对象，持续时间设为 0.2s，将运行时参数中的活动勾选，并将值设为 true。选择反馈信号中的"IN2_滚珠丝杠滑台"为条件对象，并设置相关条件，如图 9-18 所示。

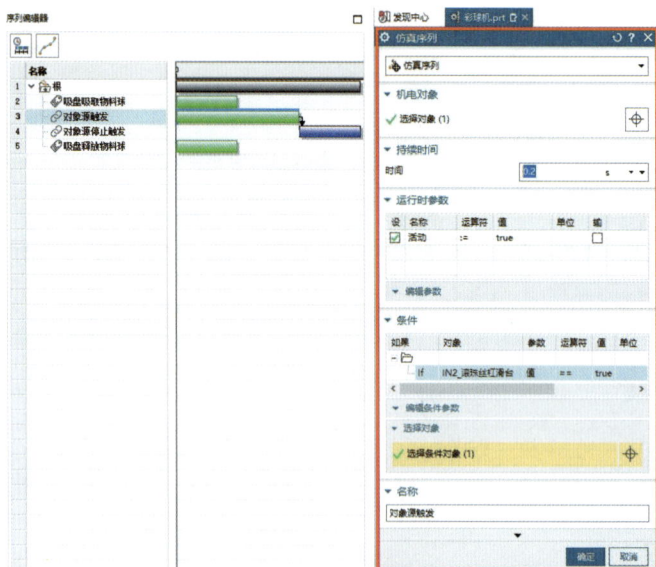

图 9-18　对象源触发

③ 对象源停止触发。选择对象源中物料球为机电对象，持续时间设为 0.1s，将运行时参数中的活动勾选，并将值设为 false，同时将其仿真序列拖动到对象源触发之后，如图 9-19 所示。

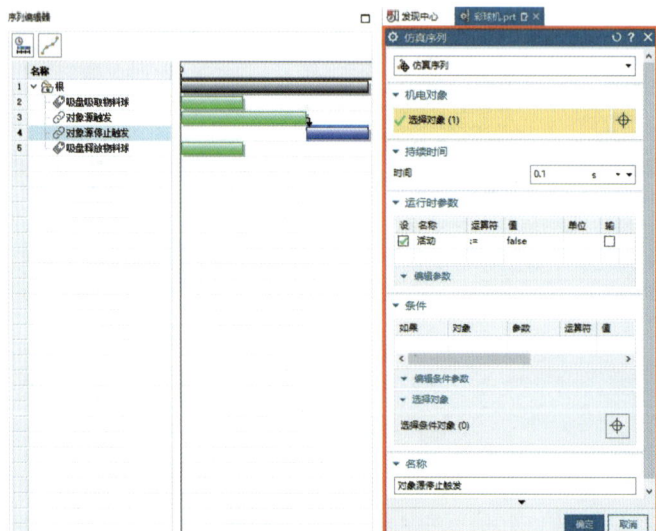

图 9-19　对象源停止触发

④ 吸盘释放物料球。选择固定副中抬升输送单元真空吸盘为机电对象，持续时间设为 0.1s，将运行时参数中的连接体勾选，并将值设为 null。选择滑动副中的"抬升输送单元移位气缸"为条件对象，并设置相关条件，如图 9-20 所示。

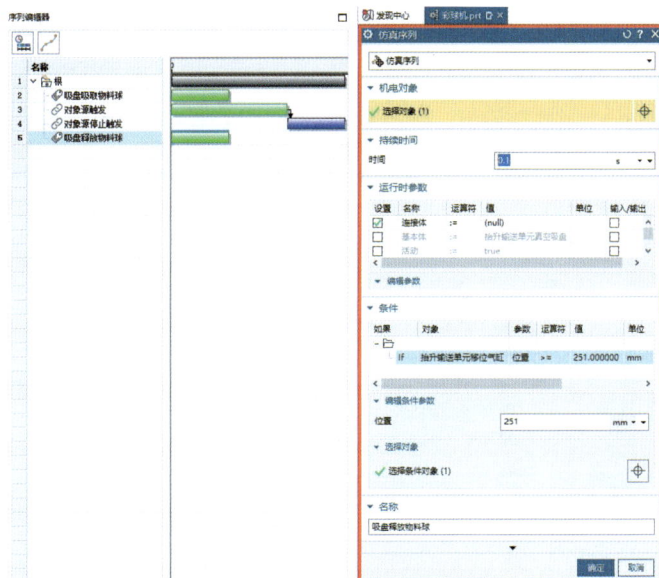

图9-20 吸盘释放物料球

9.1.3 彩球机系统的 PLC 程序编写

（1）设置 PG/PC 接口

在计算机的"控制面板"中，找到"设置 PG/PC 接口"。将"应用程序访问点"设为：S7ONLINE（STEP 7），将"接口分配参数"设为：Realtek Gaming GbE Family Controller.TCPIP.1❶，如图9-21所示。

注：此设置用于计算机与 PLC 的连接，设置成功后需重新启动 TIA Portal。

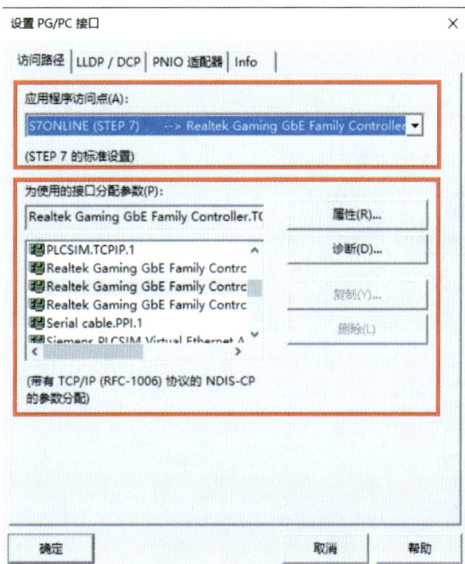

图9-21 PG/PC 接口设置

---

❶ 此参数为计算机与硬件PLC所连接的以太网。不同计算机间会显示不同的参数，根据所使用计算机选择。

（2）设置网络适配器

在计算机"控制面板"中，找到"更改适配器选项"，并对网卡 Realtek Gaming GbE Family Controller❶进行"属性"设置。在此网络的"属性"中找到"Internet 协议版本 4（TCP/IPv4）"，并进行 IP 地址设置，如图 9-22 所示。

图 9-22　网络 IP 地址设置

（3）添加新设备

打开 TIA Portal 并创建新项目。在项目中单击"添加新设备"，并选择所需的 CPU 和 HMI 显示屏，如图 9-23 所示。

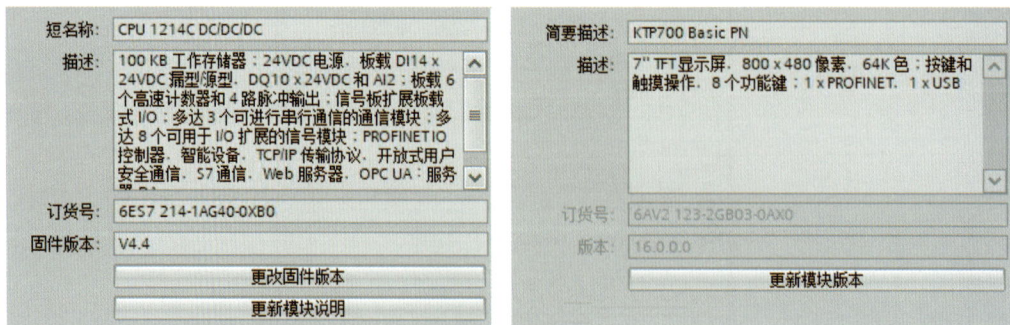

图 9-23　设备型号

（4）项目属性设置

右键单击项目，在"属性"→"保护"中，勾选"块编译时支持仿真"复选框，如图 9-24 所示。

---

❶　此网卡为计算机与硬件PLC所连接的以太网，根据所连接的网络选择。

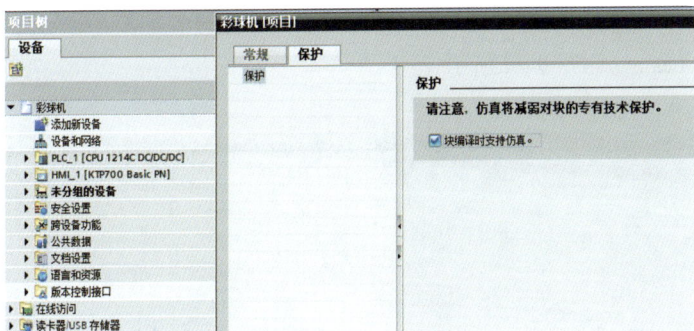

图 9-24　块编译时支持仿真

（5）PLC 属性设置

右键点击"PLC_1"，并选择属性。在属性中的菜单栏找到以太网地址，对 IP 地址和子网掩码进行设置，如图 9-25 所示。

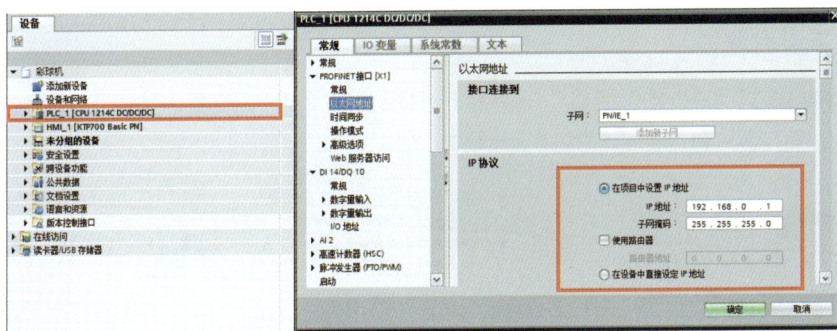

图 9-25　IP 地址的设置

在"属性"→"OPC UA"→"服务器"→"常规"中，勾选"激活 OPC UA 服务器"复选框。服务器地址用于客户端访问服务器，激活 S7-1200 的 OPC UA 服务器功能后，该 OPC UA 服务器的地址为图中的"opc:tcp://192.168.0.1:4840"（服务器地址格式为：opc:tcp:// 服务器 IP: 服务器端口号），如图 9-26 所示。

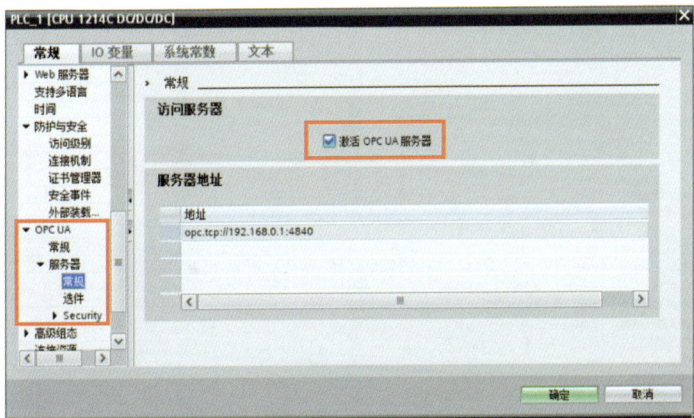

图 9-26　激活服务器

在"属性"→"运行系统许可证"→"OPC UA"中，设置购买的许可证类型为 SIMATIC OPC UA S7-1200 basic，如图 9-27 所示。

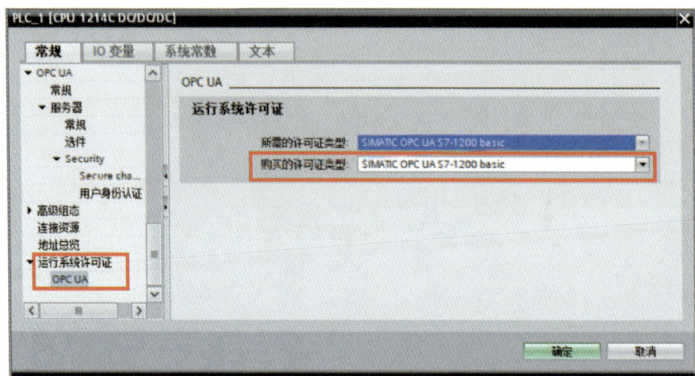

图 9-27　OPC UA 运行许可证设置

（6）变量表设置

打开"PLC_1"→"PLC 变量"→"默认变量表"，在默认变量表中，编写所需输入信号（I）、输出信号（Q）和内部的位寄存器（M），如图 9-28 所示。

图 9-28　PLC 变量设置

打开"PLC_1"→"OPC UA 通信"→"新增服务器"→"服务器接口",将需要与 NX MCD 建立映射的变量,从 OPC UA 元素中拖动至 OPC UA 服务器接口中,如图 9-29 所示。

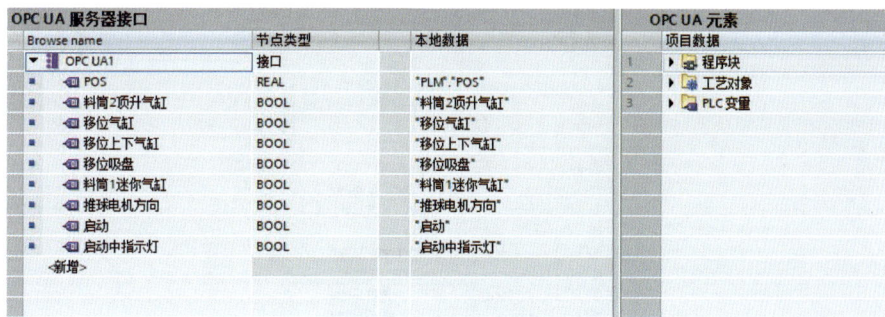

图 9-29 OPC UA 服务器接口

(7)程序块设置

打开"PLC_1"→"程序块"→"添加块"→"FC 函数块",添加 3 个 FC 函数块,选择语言为 LAD,并分别命名为 AUTO(编号:1)、INIT(编号:2)和 JOG(编号:3),如图 9-30 所示。

通过鼠标单击并拖动的方式,将这 3 个函数块拖入主程序 Main 中。主程序负责协调和管理整个程序的运行流程。将这些函数块放入主程序中,可以更好地整合程序的逻辑结构。这样可以使程序的各个部分相互配合,共同完成复杂的任务,如图 9-30 所示。

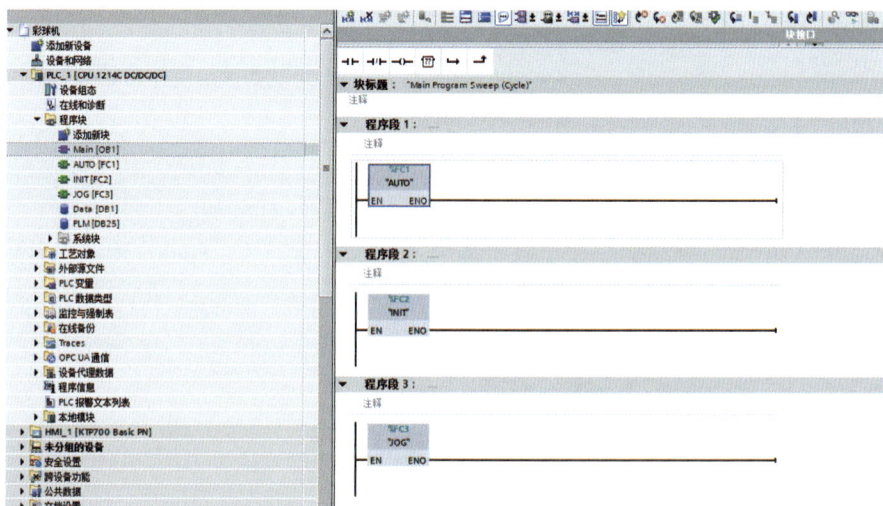

图 9-30 FC 函数块设置

双击任意一个所创建的"FC 函数块",之后会在界面右侧出现"指令框"。单击"指令"→"工艺"→"Motion Control",创建 MC_Home,选择语言为 SCL,并将编号手动填写为 1101;创建 MC_MoveJog,选择语言为 SCL,并将编号手动填写为 1103;创建 MC_MoveRelative,选择语言为 SCL,并将编号手动填写为 1104;创建 MC_Power,选择语言为 SCL,并将编号手动填写为 1107;创建 MC_Reset,选择语言为 SCL,并将编号手动填写为 1108,如图 9-31 所示。

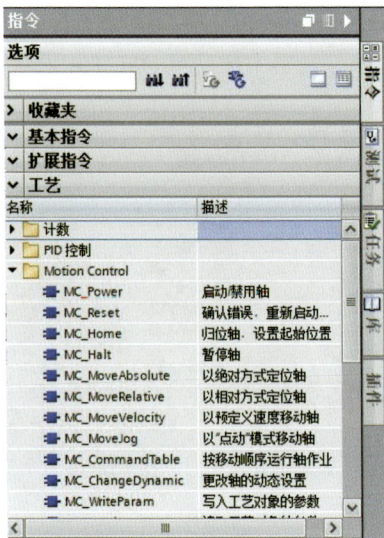

图 9-31　Motion Control 指令调取

　　打开"PLC_1"→"程序块"→"添加新块"→"DB 数据块"，选择类型为 MC_Home，选择语言为 DB，并将编号手动填写为 11。按照此方法，创建相应数量的 MC_MoveJog_DB、MC_MoveRelative_DB、MC_Power_DB 和 MC_Reset_DB，并手动编号，如图 9-32 所示。

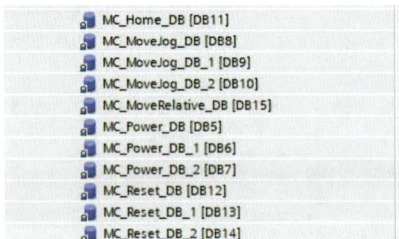

图 9-32　运动控制块创建

　　打开"PLC_1"→"程序块"→"添加新块"→"DB 数据块"，选择类型为 IEC_Timer，选择语言为 DB，并手动填写编号，如图 9-33 所示。

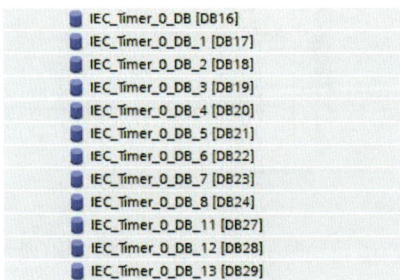

图 9-33　计时器数据块创建

　　打开"PLC_1"→"程序块"→"添加新块"→"DB 数据块"，将名称设为 Data，选择类型为全局 DB，选择语言为 DB，并将编号手动填写为 1。创建完成后进行程序编写，如

图 9-34 所示。

图 9-34 Data 数据块创建

打开"PLC_1"→"程序块"→"添加新块"→"DB 数据块",将名称设为 PLM,选择类型为全局 DB,选择语言为 DB,并将编号手动填写为 25。创建完成后进行程序编写,如图 9-35 所示。

图 9-35 PLM 数据块创建

(8) 工艺对象设置

打开"PLC_1"→"工艺对象"→"新增对象"→"运动控制",添加 3 个 TO_PositioningAxis,并分别命名为凸轮电机 [DB3]、推球电机 [DB2] 和旋转电机 [DB4],如图 9-36 所示。

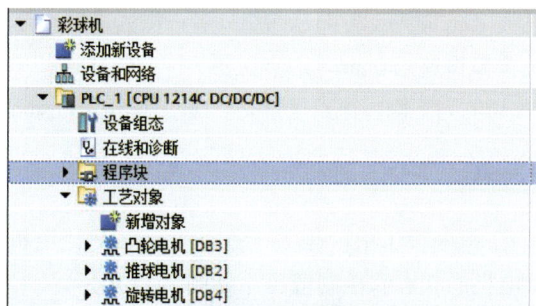

图 9-36 新增工艺对象

单击"工艺对象"→"凸轮电机"→"组态"。在"基本参数常规"中,选择驱动器为 POT,位置单位为 mm。在"驱动器"中,选择脉冲发生器为 Pulse,信号类型为 PTO,脉冲输出为凸轮电机脉冲，使能输出为凸轮电机内部使能，就绪输入为 TRUE。在"机械"中，选择串机每转的脉冲数为 1000，电机每转的负载位移为 10mm，所允许的旋转方向为正方向，并勾选反向信号。在"动态常规"中，选择速度限值的单位为脉冲 /s，最大转速为 25000，启动 / 停止速度为 1000，加速度为 48，减速度为 48，加速时间为 5s，减速时间为 5s。在"急停"中，选择最大转速为 25000 脉冲 /s，启动 / 停止速度为 1000 脉冲 /s，紧急减速度为 120，急停减速时间为 2s。在"主动"中选择电平为高电平，接近 / 回原点方向为正方向，归位开关一侧为下侧，接近速度为 200mm/s，回原点速度为 40mm/s，原点位置偏移量为 0mm，原点位置为"MC_Home"Position。在"被动"中选择电平为高电半，归位开关一侧为下侧，原点位置为"MC_Home"Position。

单击"工艺对象"→"推球电机"→"组态"。在"基本参数常规"中，选择驱动器为 POT，位置单位为 mm。在"驱动器"中，选择脉冲发生器为 Pulse_1，信号类型为 PTO，脉冲输出为推球电机脉冲，激活方向输出并将方向输出设为推球电机方向，使能输出为推球电机内部使能，就绪输入为 TRUE。在"机械"中，选择电机每转的脉冲数为 1000，电机每转的负载位移为 10mm，所允许的旋转方向为双向。在"位置限制"中，启用硬限位开关，硬件下限位开关输入为左限位（推球电机）并且电平为高电平，硬件上限位开关输入为右限位（推球电机）并且电平为高电平。在"动态常规"中，选择速度限值的单位为 mm/s，最大转速为 1000，启动 / 停止速度为 0.1，加速度为 9999，减速度为 9999，加速时间为 0.1s，减速时间为 0.1s。在"急停"中，选择最大转速为 1000mm/s，启动 / 停止速度为 0.1mm/s，紧急减速度为 500，急停减速时间为 2s。在"主动"中输入归位开关为原点（推料电机）并且电平为高电平，接近 / 回原点方向为负方向，归位开关一侧为下侧，接近速度为 100mm/s，回原点速度为 30mm/s，原点位置偏移量为 0mm，原点位置为"MC_Home"Position。在"被动"中选择电平为高电平，归位开关一侧为下侧，原点位置为"MC_Home"Position。

单击"工艺对象"→"旋转电机"→"组态"。在"基本参数常规"中，选择驱动器为 POT，位置单位为 mm。在"驱动器"中，选择脉冲发生器为 Pulse_3，信号类型为 PTO，脉冲输出为旋转电机脉冲，使能输出为旋转电机内部使能，就绪输入为 TRUE。在"机械"中，选择电机每转的脉冲数为 1000，电机每转的负载位移为 10mm，所允许的旋转方向为正方向，并勾选反向信号。在"动态常规"中，选择速度限值的单位为 mm/s，最大转速为 250，启动 / 停止速度为 0.1，加速度为 2499，减速度为 2499，加速时间为 10s，减速时间为 10s。在"急停"中，选择最大转速为 250mm/s，启动 / 停止速度为 250mm/s，紧急减速度为 120，急停减速时间为 2s。在"主动"中选择电平为高电平，接近 / 回原点方向为正方向，归位开关一侧为下侧，接近速度为 200mm/s，回原点速度为 40mm/s，原点位置偏移量为 0mm，原点位置为"MC_Home"Position。在"被动"中选择电平为高电平，归位开关一侧为下侧，原点位置为"MC_Home"Position。

（9）JOG 块梯形图编写

"JOG"一般指点动。在程序段 1 中，是关于推球电机、凸轮电机和旋转电机的控制，通过各种信号和参数来反映电机的状态和控制情况，如图 9-37 所示。

在程序段 2 中，通过不同的输入信号组合来控制推球电机、旋转电机和凸轮电机的点动运行，包括正转和反转，并设定相应的运行速度。同时通过输出信号反馈电机的速度状态和是否有运行错误。各个输入信号之间存在一定的逻辑关系，共同协作实现对电机的精确控制，如图 9-38 所示。

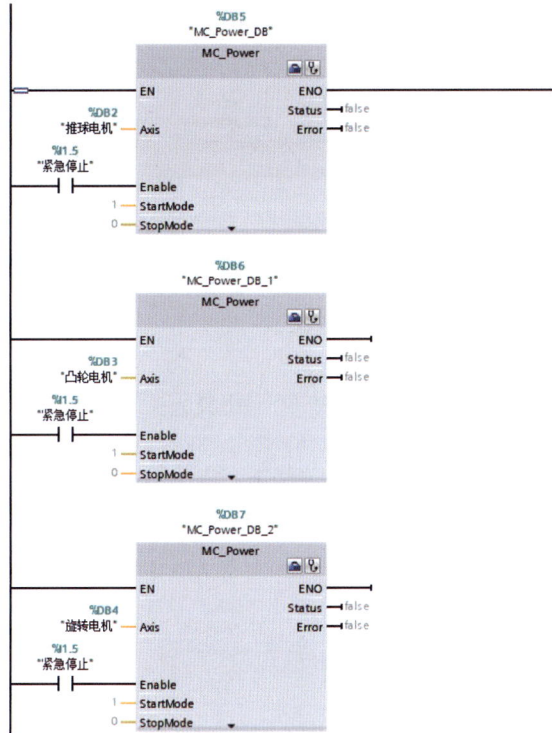

图 9-37　JOG 程序段 1

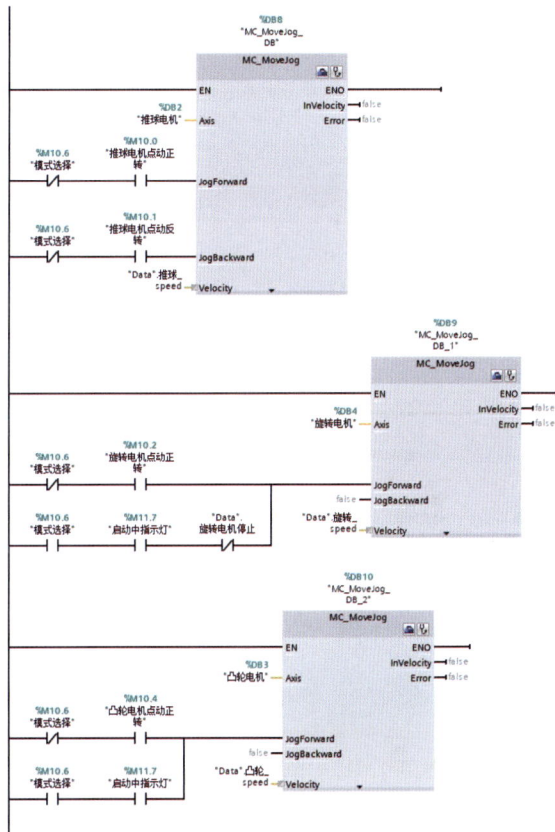

图 9-38　JOG 程序段 2

213

在程序段 3 中，通过"MC_Home"功能块实现对"推球电机"的回零操作，如图 9-39 所示。

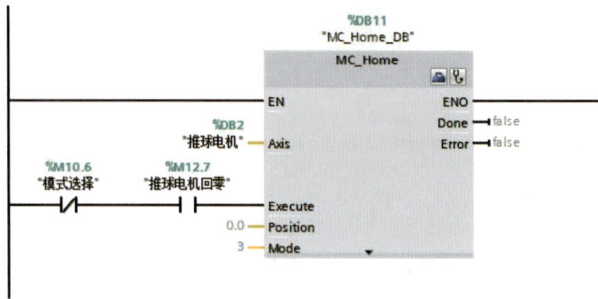

图 9-39 JOG 程序段 3

在程序段 4 中，是电机的复位操作的相关状态、电机轴的错误状态以及一些与操作相关的信号情况，如图 9-40 所示。

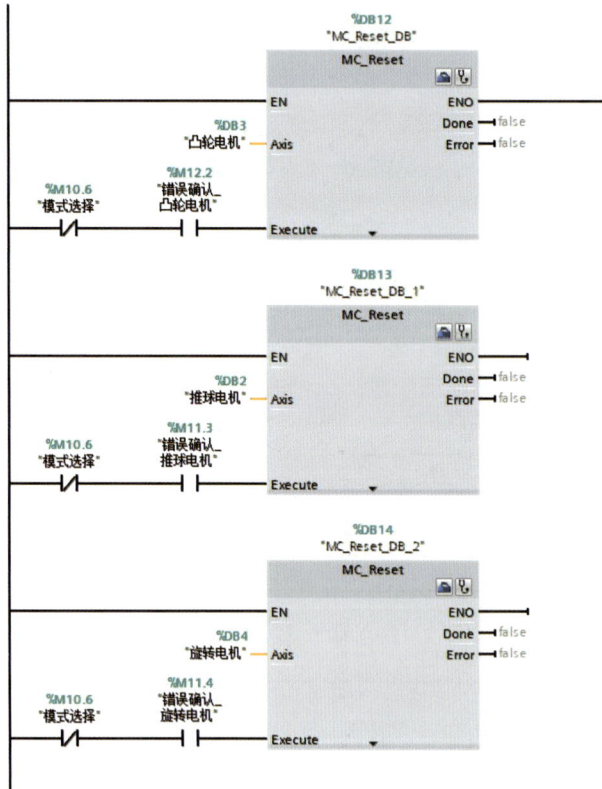

图 9-40 JOG 程序段 4

（10）INIT 块梯形图编写

"INIT"一般指初始化。在程序段 1 中，当 M11.1 触发后，各气缸和电机初始化。该程序通过一系列的条件判断、气缸和电机的控制以及数据步的推进，实现了一个较为复杂的顺序控制逻辑，如图 9-41 所示。

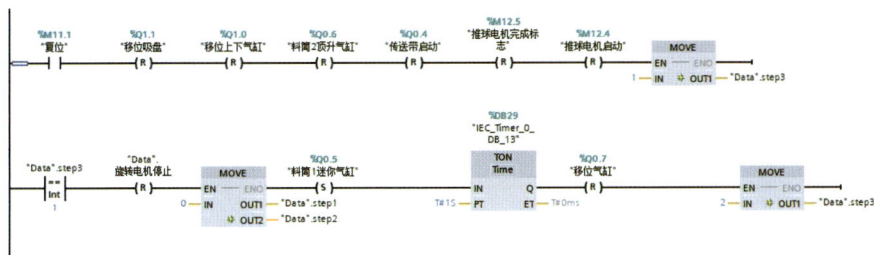

图9-41 INIT 程序段 1

INIT 程序段 2 ~ 4 如图 9-42 所示。在程序段 2 中，"MC_Home_DB".Done 是推球电机回零完成的状态标志位，M12.1 是相关标志位，在"MC_Home_DB".Done 为 ture 时被置位。程序段 3 为初始化部分，%M11.1"复位"、%M10.6"模式选择"、%M12.3"复位启用"等变量用于控制。当 %M12.3 和 %M11.1 同时满足条件且 M12.1 为真时，触发 %M11.5"初始化完成指示灯"亮，表示推球电机回零初始化完成。程序段 4 中，当 %M11.5 灯亮，以及 %M10.6 和 %M11.1 等条件判断，触发 %M11.6"安全确认指示灯"，表示完成包括初始化和安全确认等一系列操作，系统可进入后续状态。

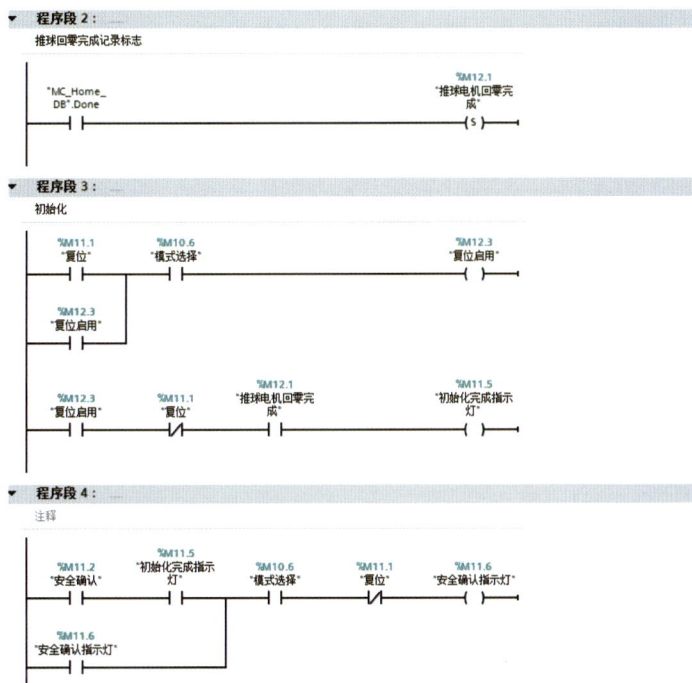

图9-42 INIT 程序段 2 ~ 4

（11）AUTO 块梯形图编写

AUTO 程序段 1 ~ 3 如图 9-43 所示。程序段 1：把"推球电机"的位置信息传递给"PLM"这个变量，方便后续使用该位置数据。程序段 2：使能信号 EN 开启，让"推球电机"按相对运动指令 MC_MoveRelative 运动。同时，多个信号控制电机运行，例如 11.5 控制紧急停止，M10.6 选择运行模式，M12.4 启动电机。程序段 3：通过 M12.5 判断"推球电机"是否完成运动任务。再次查看相对运动指令 MC_MoveRelative，可能是确认电机是否完成运动。

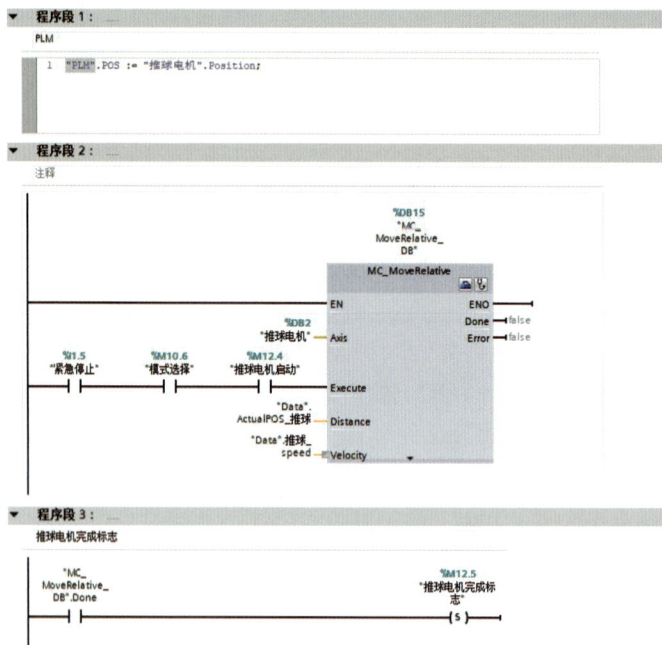

图 9-43　AUTO 程序段 1～3

　　AUTO 程序段 4～6 如图 9-44 所示。程序段 4：M10.7 是整个启动程序段的触发条件。M10.6"模式选择"、M11.1"安全确认指示灯"等，这些是启动过程中需要进行的一些条件

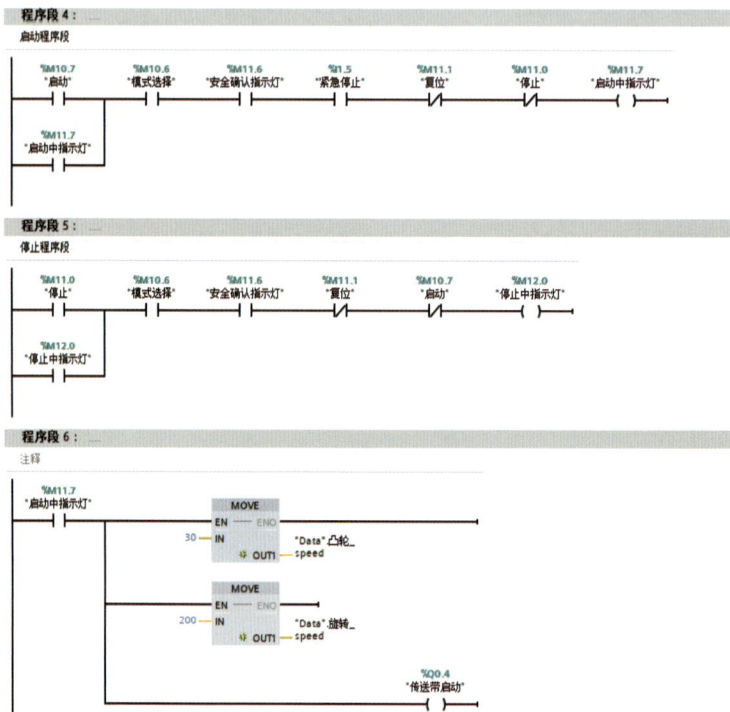

图 9-44　AUTO 程序段 4～6

判断或状态指示。程序段5：M11.0"停止"用于在紧急情况下中断启动过程，M11.7"启动中指示灯"则用于指示当前系统处于启动过程中，给操作人员以直观的状态显示。程序段6：M11.7"启动中指示灯"用于进行一些后续操作。MOVE指令：进行数据的移动操作，如将"Data"凸轮相关的数据进行移动，并设置相关的速度参数等。

AUTO程序段7～10如图9-45所示。程序段7：由"M11.7"控制，如果该条件为真，则执行MOVE指令，将1赋值到"Data".step1。程序段8：当"Data".step1 =1且"启动中指示灯"= TRUE时，"Data".ActualPOS_推球设置为−143.000，"Data".推球_speed设置为400，"Data".step1设置为2。程序段9：由"M11.7"和"M12.4"控制，如果这两个条件都为真，则执行MOVE指令，将常数3赋值到"Data".step1。程序段10：当"M11.7"为真，则定时器开始计时。500ms后，"M12.4"复位，并将4赋值到"Data".step1。

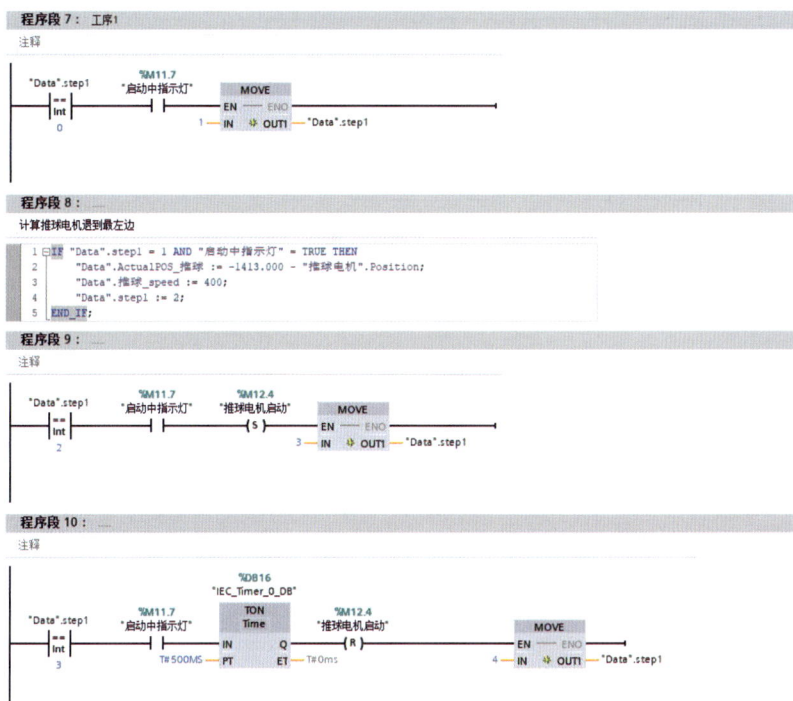

图9-45　AUTO程序段7～10

AUTO程序段11～13如图9-46所示。程序段11：当"Data".step1的值为4且"M11.7"为真，同时推球电机完成标志位"M12.5"为真，则料筒1的迷你气缸传感器"Q0.5"复位，同时将"Data".step1的值设置为5。程序段12：当"Data".step1的值为5且"M11.7"为真时，并且料筒1的传感器"I0.3"为真，则料筒1的迷你气缸传感器"Q0.5"置位，同时将"Data".step1的值设置为6。程序段13：当"Data".step1的值为6且"M11.7"为真时，则"Data".step1的值设置为7。

AUTO程序段14～17如图9-47所示。程序段14：当"Data".step1的值为7且"启动中指示灯"为真时，则计算"Data".ActualPOS推球的值，并设置"Data".推球_speed为400，然后将"Data".step1的值设置为8。程序段15：当"Data".step1的值为8，"M11.7"为真且"I0.5"为真时，则将"Data"旋转电机置位，同时将"Data".step1的值设置为9。程序段16：

"Data".step1 的值为 9 且"M11.7"为真时，将"M12.4"置位，同时将"Data".step1 的值设置为 10。程序段 17："Data".step1 的值为 10 且"M11.7"为真，再过 800ms 后，将"M12.4"复位，同时将"Data".step1 的值设置为 11。

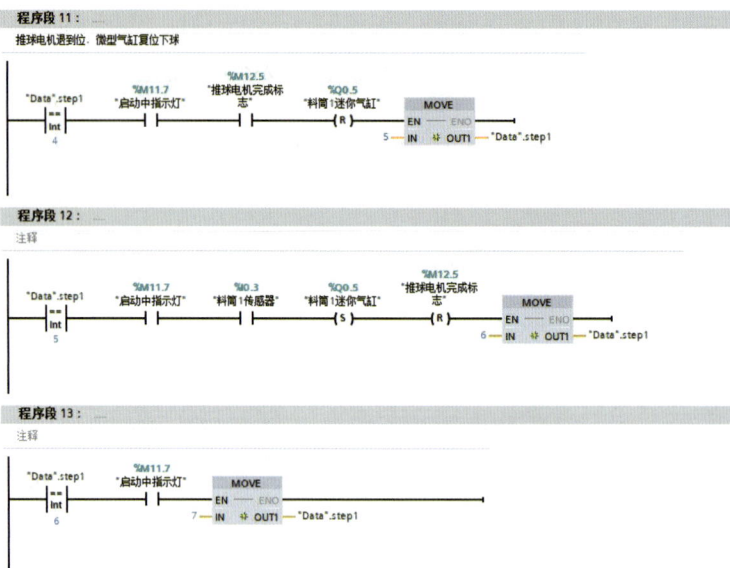

图 9-46 AUTO 程序段 11 ~ 13

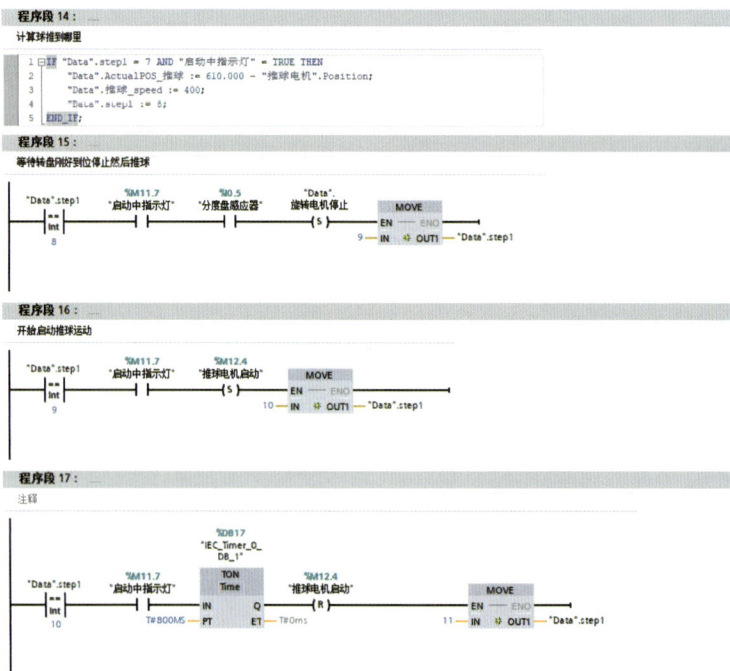

图 9-47 AUTO 程序段 14 ~ 17

AUTO 程序段 18、19 如图 9-48 所示。程序段 18："Data".step1 的值为 11 且"M11.7"和"M12.5"为真时，再过 500ms 后，将"Data"旋转停止电机复位，同时将"Data".step1 的值

设置为12。程序段19：“Data”.step1的值为12且“M11.7”为真时，将“M12.5”复位，同时将“Data”.step1的值设置为1。

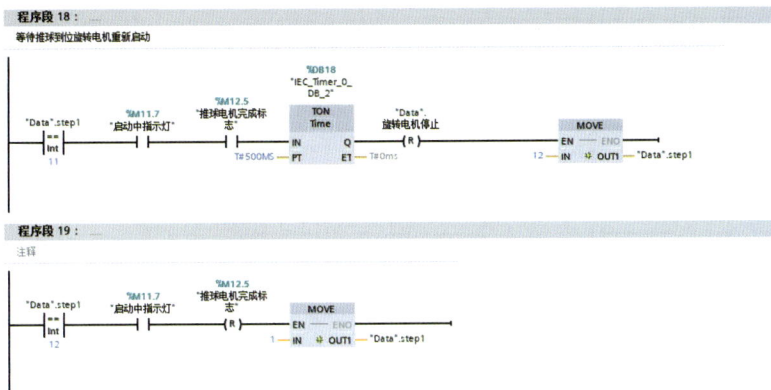

图9-48　AUTO程序段18、19

AUTO程序段20～22如图9-49所示。程序段20：“Data”.step2的值为0且“M11.7”为真时，将“Data”.step2的值设置为1。程序段21：“Data”.step2的值为1且“M11.7”和“I0.4”为真时，再过2s后，将“Q0.6”置位，同时将“Data”.step2的值设置为2。程序段22：“Data”.step2的值为2且“M11.7”为真时，再过1s后，将“Q1.0”置位，同时将“Data”.step2的值设置为3。

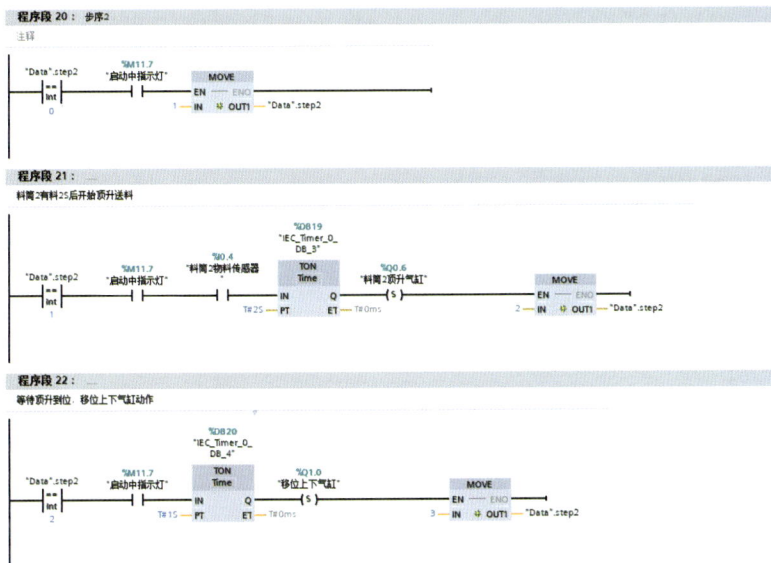

图9-49　AUTO程序段20～22

AUTO程序段23～25如图9-50所示。程序段23：“Data”.step2的值为3且“M11.7”为真时，再过1s后，将“Q1.1”置位，同时将“Data”.step2的值设置为4。程序段24：“Data”.step2的值为4且“M11.7”为真时，再过1s后，将“Q1.0”和“Q0.6”复位，同时将“Data”.step2的值设置为5。程序段25：“Data”.step2的值为5且“M11.7”为真时，再过1s后，将“Q0.7”置位，同时将“Data”.step2的值设置为6。

219

程序段 23：
移位上下气缸伸出到位，吸盘开始动作

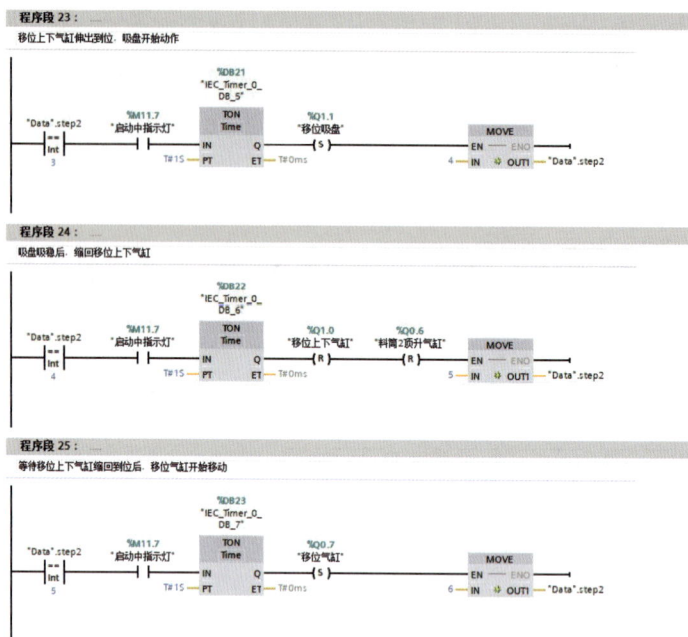

程序段 24：
吸盘吸稳后，缩回移位上下气缸

程序段 25：
等待移位上下气缸缩回到位后，移位气缸开始移动

图 9-50 AUTO 程序段 23～25

AUTO 程序段 26～28 如图 9-51 所示。程序段 26："Data".step2 的值为 6 且"M11.7"为真时，再过 2s 后，将"Q1.1"复位，同时将"Data".step2 的值设置为 9。程序段 27："Data".step2 的值为 9 且"M11.7"为真时，再过 1s 后，将"Q0.7"复位，同时将"Data".step2 的值设置为 10。程序段 28："Data".step2 的值为 10 且"M11.7"为真时，再过 2s 后，将"Data".step2 的值设置为 1。

程序段 26：
等待移位气缸到位，移位上下气缸伸出

程序段 27：
等待移位上下气缸缩回到位后，移位气缸缩回

程序段 28：
等待移位气缸缩回到位后，流程循环

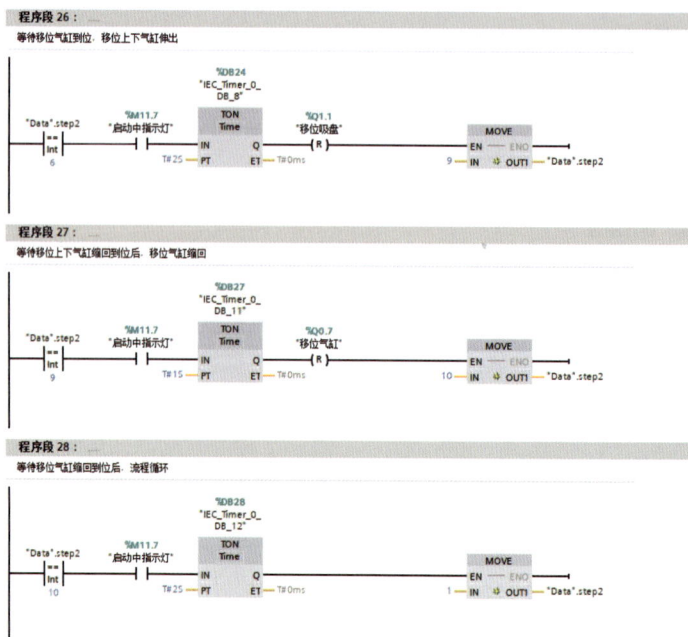

图 9-51 AUTO 程序段 26～28

9.1.4　彩球机系统的数字孪生

数字孪生是指在信息化平台内模拟物理实体、流程或系统，创建与之相对应的虚拟副本。这个虚拟副本能够实时反映物理实体的状态、性能和运行情况，甚至可以通过预定义的接口对物理实体进行控制。数字孪生的基本原理是通过集成传感器、模型、数据和算法，将物理世界和数字世界联系起来，实现真实系统的虚拟化和可视化。

（1）程序下载到设备

选中项目树中的 PLC，单击"下载到设备"，并将 PG/PC 接口设置为：Realtek Gaming GbE Family Controller（若没有此接口，请重新启动 TIA Portal）。单击"开始搜索"按钮，将程序下载至所搜索出的设备中。完成上述操作后，所编写的程序将下载至硬件 PLC 中，如图 9-52 所示。

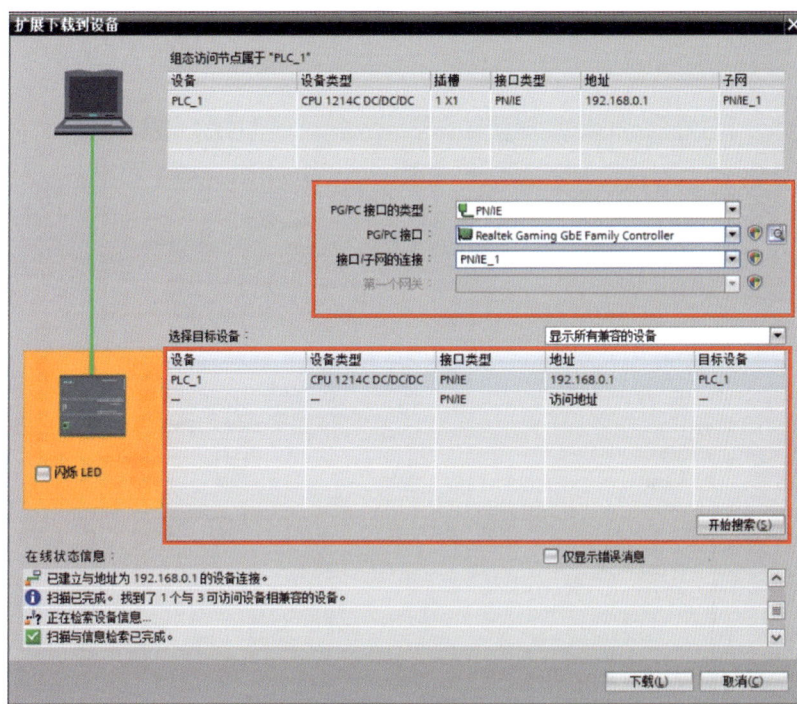

图 9-52　程序下载到设备

选中项目树中的 HMI，单击"启动仿真"按钮。完成上述操作后，HMI 将与 PLC 建立联系，可通过单击 HMI 中的按键，实现程序的运行，如图 9-53 所示。

（2）外部信号配置

将 PLC 中的信号添加至 NX MCD 中的"外部信号配置"，外部信号配置的通信方式为 OPC UA。在服务器信息处，添加新服务器并输入服务器端点（服务器端点查找方法：TIA Portal 程序中 PLC"属性"→ PROFINET 接口→以太网地址→ IP 地址）。完成上述操作后，在标记处对所需要的数据进行勾选，如图 9-54 所示。

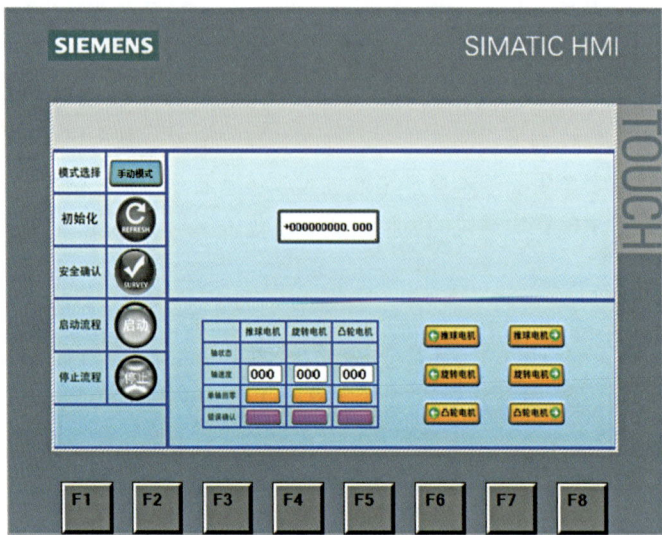

图 9-53 HMI 显示屏

图 9-54 外部信号配置

（3）信号映射

在信号映射中，选择 OPC UA 通信类型。通过单击 MCD 信号中的数据，同外部信号建立相对应的映射关系，如图 9-55 所示。执行自动映射：当 MCD 各信号名称与外部对应信号名称相同时，系统可自动识别进行映射，否则需手动添加。

图 9-55 信号映射

（4）数字孪生系统调试

信号映射完成后，就可以使 MCD 与程序的运动信号交互。单击 NX MCD 软件中的"播放"按键，并通过操控 TIA Portal 中 HMI 根画面程序，依次单击推球电机、旋转电机和凸轮电机的单轴回零，之后单击自动模式、初始化、安全确认和启动流程，就可以观察到装置的运动情况。在 MCD 中得到了仿真验证，同时可以在 TIA Portal 的程序窗口中看到 NX MCD 与 TIL Portal 进行的数据交互。在调试时可以直观地观察仿真模型的运动和行为，发现缺陷则立即修改，然后再调试，直至完成一套完整的解决方案，如图 9-56 所示。

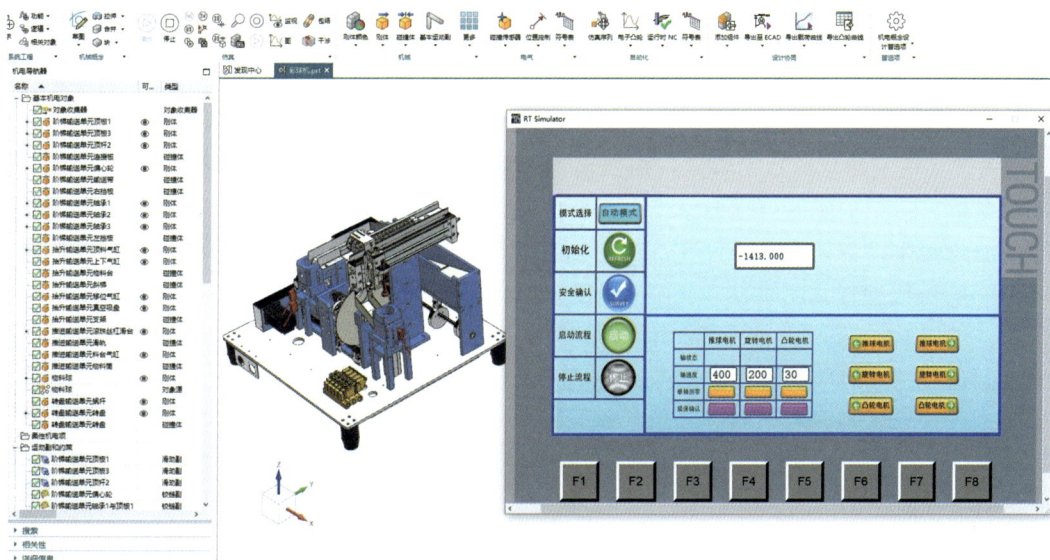

图 9-56 彩球机运行图

9.2 倒角仪数字化设计与数字孪生应用实例

倒角仪的数字孪生构建是一个复杂而精细的过程，它融合了 TIA Portal 编程软件、NX MCD 仿真工具、实体倒角仪、控制平台及驱动箱等多个元素。首先，按照设计的接线图（图 9-57）完成物理连接；随后，在 TIA Portal 中编写控制程序，并下载至实物 PLC 中执行；最后，通过 PLC 信号与 NX MCD 内部信号的映射关联，实现了实体倒角仪与虚拟模型的同步运行。这一过程不仅提升了设计与调试效率，还为倒角仪的智能化管理与长期稳定运行提供了有力支持。

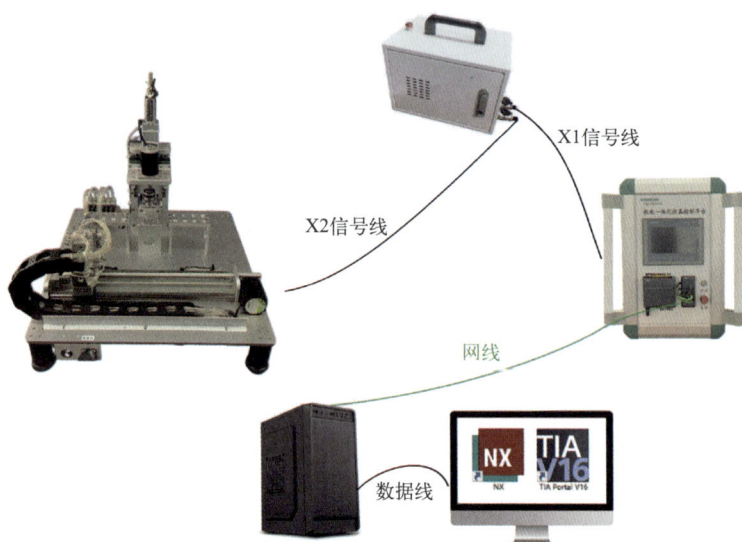

图 9-57 倒角仪接线图

为了实现倒角仪的数字孪生，需要设置一系列关键流程，如图 9-58 所示。这包括：定义机电对象的基本属性与行为模式，配置传感器以捕捉模型状态变化，设置运动副确保虚拟模型与实体设备动作的一致性，部署执行器模拟实际操作的响应；同时，还需进行信号适配，确保数据在虚拟与现实之间的顺畅流通；设计仿真序列，模拟倒角仪的各种运行状态；编写 PLC 程序，实现自动化控制逻辑；最后，完成信号配置与映射，将 PLC 输出的控制信号精准对应到虚拟模型中的相应参数，从而构建一个高度逼真、可交互的数字孪生体。

倒角仪的三维模型主要由倒角加工机构和机械抓手组成，如图 9-59 所示。倒角加工机构完成对工件的加工，主要由加工台、上下气缸、固定气缸、铣削刀具、固料夹等组成；机械抓手完成对加工工件的夹取，主要由左/右夹、手指气缸、旋转气缸、伸缩气缸、升降气缸等组成。

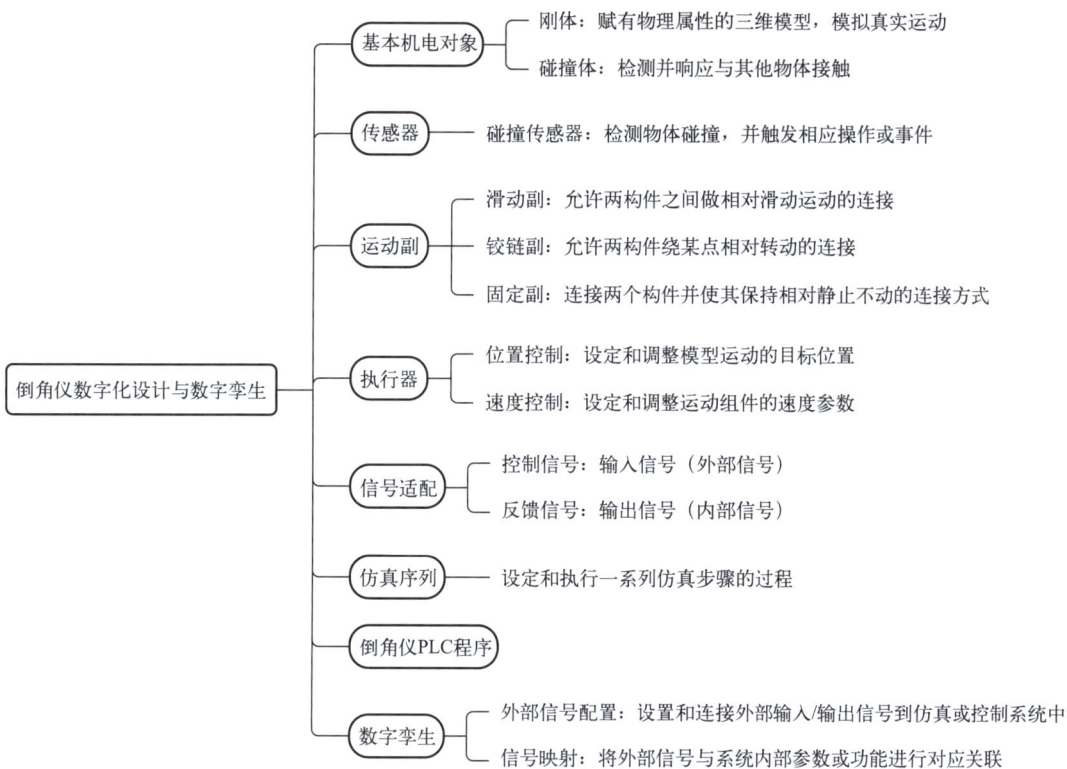

图 9-58　倒角仪数字化设计与数字孪生流程图

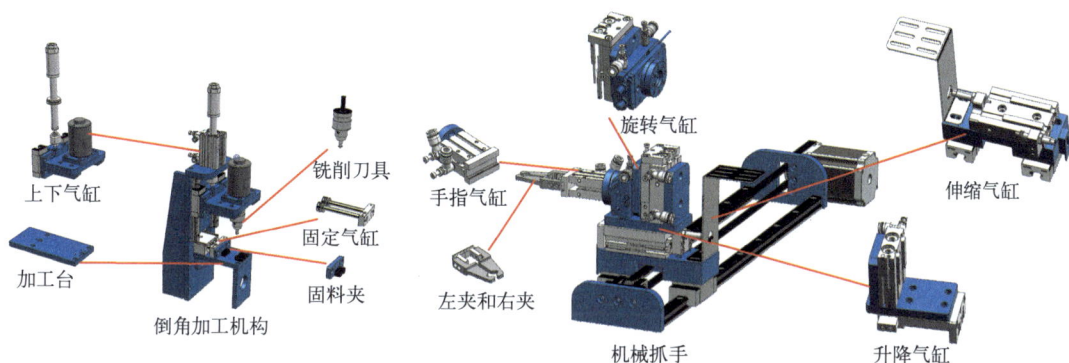

图 9-59　倒角仪三维模型

9.2.1　倒角仪的基本机电对象、传感器设置

（1）基本机电对象设置

① 刚体设置。对要运动的物件进行刚体设定，需要设置为刚体的零件有：待加工工件；倒角加工机构的固料夹、固定气缸、铣削刀具、上下气缸（上下气缸、电机和滑块的组合体）；机械抓手单元的手指气缸、旋转气缸、伸缩气缸、升降气缸、机械抓手右夹和左夹，如图 9-60 所示。

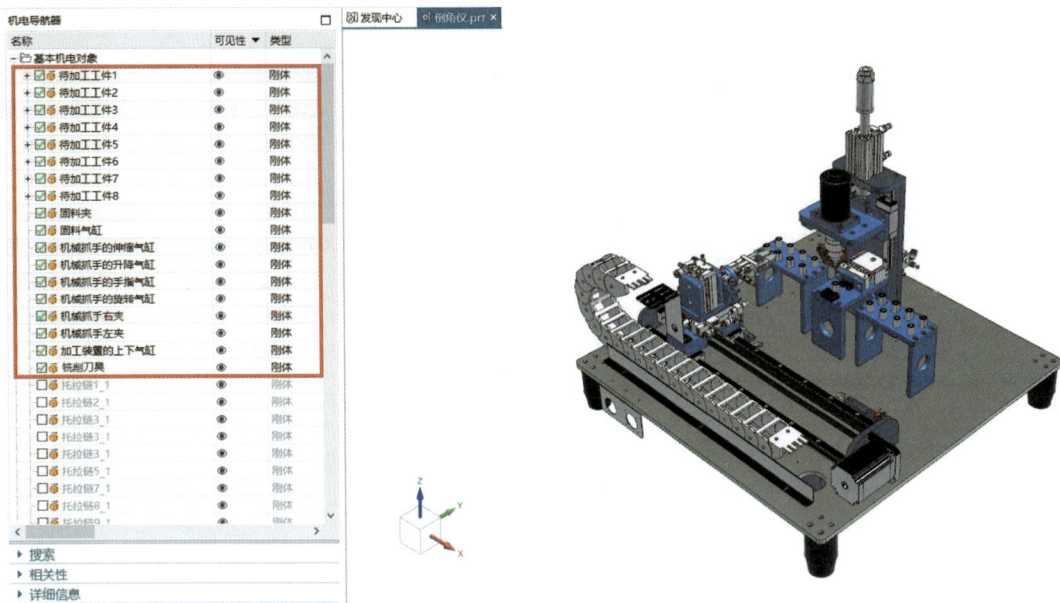

图 9-60　刚体设置

② 碰撞体设置。对需要发生碰撞的物体进行碰撞体设置，需要设置为碰撞体的零件有：待加工工件、加工台和放料架，如图 9-61 所示。

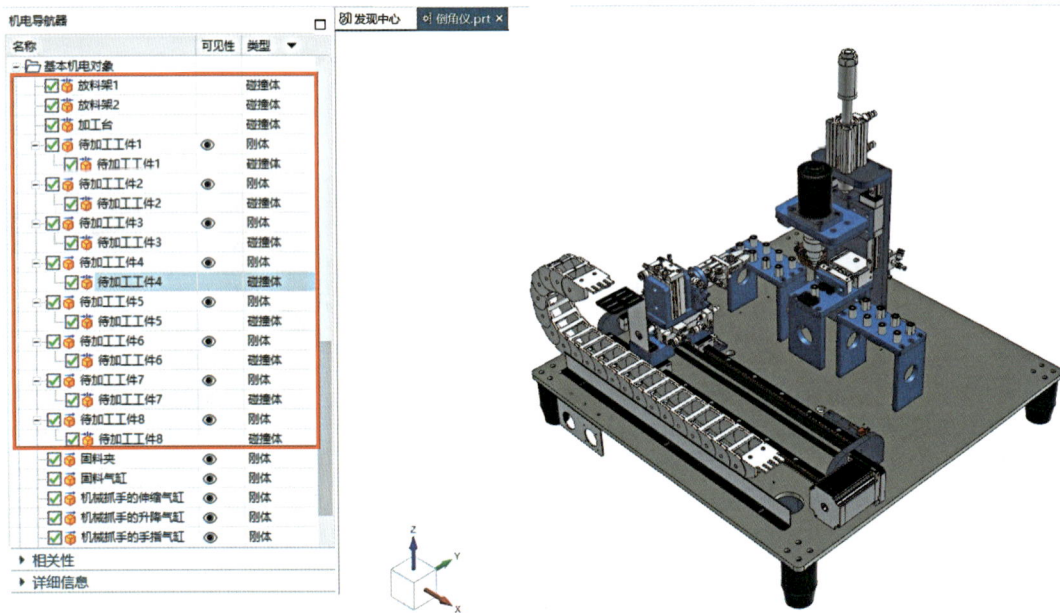

图 9-61　碰撞体设置

（2）传感器的设置

分别对机械抓手的左夹和右夹进行碰撞传感器设置，并将类型设置为触发式，碰撞形状设置为圆柱，形状属性设为用户定义，坐标系设置在抓手处（高度为 2，半径为 0.5），如图 9-62 所示。

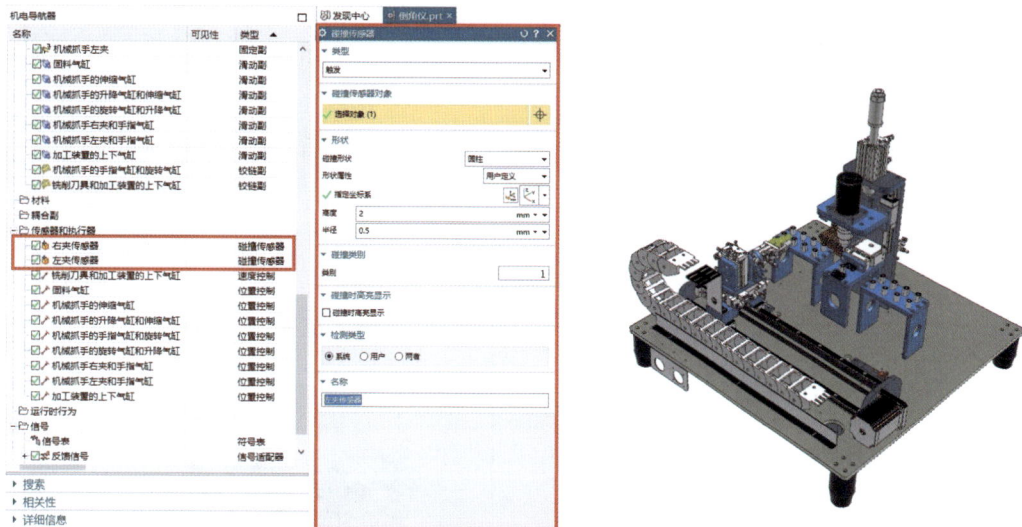

图9-62 传感器设置

9.2.2 倒角仪的运动副、执行器、信号适配器及仿真序列设置

（1）运动副的设置

① 滑动副设置。需要设置滑动副的有：机械抓手单元的伸缩气缸、升降气缸与伸缩气缸之间、旋转气缸与升降气缸之间、机械抓手右夹与手指气缸之间、机械抓手左夹与手指气缸之间，加工装置的固料气缸和上下气缸，并将指定轴矢量设为所要移动的方向，如图9-63所示。

注：在机械抓手单元的升降气缸与伸缩气缸之间的滑动副中，升降气缸为连接体，伸缩气缸为基本体。在机械抓手单元的伸缩气缸的滑动副中，伸缩气缸为连接体。其他滑动副同理。

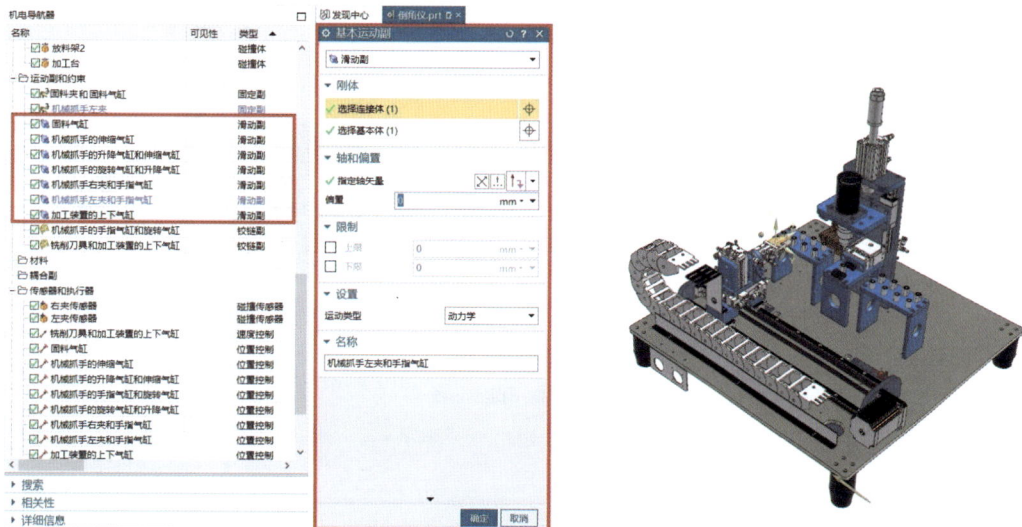

图9-63 滑动副设置

② 铰链副的设置。需要设置铰链副的有：机械抓手的手指气缸和旋转气缸之间，加工装置和铣削刀具的上下气缸之间。将指定轴矢量设为所要围绕旋转的轴向，锚点为旋转中心，如图 9-64 所示。

注：在机械抓手的手指气缸和旋转气缸之间的铰链副中，手指气缸为连接体，旋转气缸为基本体。其他铰链副同理。

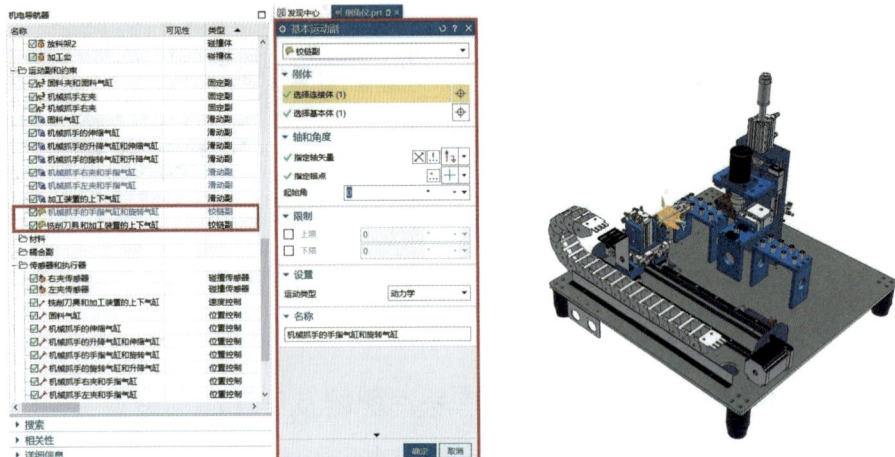

图 9-64　铰链副设置

③ 固定副的设置。需要设置固定副的有：加工装置的固料夹和固料气缸之间、机械抓手左夹和右夹，如图 9-65 所示。

注：在加工装置的固料夹和固料气缸之间的固定副中，固料夹为连接体，固料气缸为基本体。在固定副机械抓手左夹中，左夹为基本体。在固定副机械抓手右夹中，右夹为基本体。

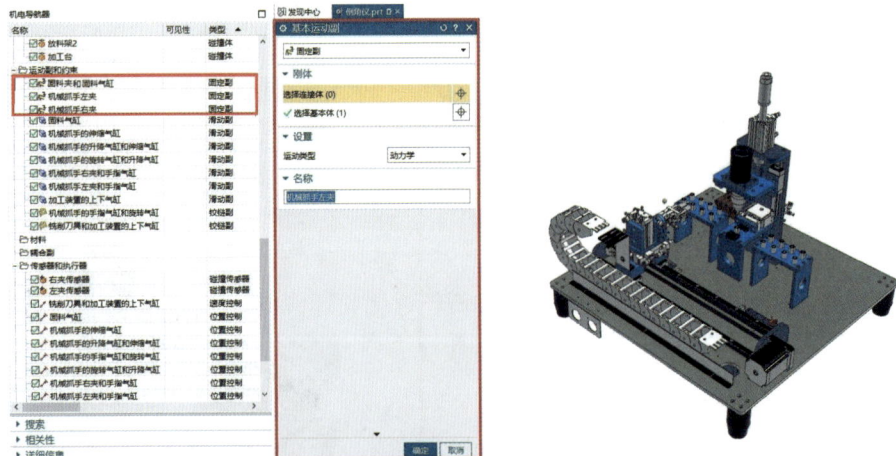

图 9-65　固定副设置

（2）执行器的设置

需要设置位置控制的有：滑动副中机械抓手的伸缩气缸、升降气缸与伸缩气缸之间、旋转气缸与升降气缸之间、右夹与手指气缸之间、左夹与手指气缸之间，铰链副中机械抓手单元的手指气缸与旋转气缸之间，滑动副中加工装置的固料气缸、上下气缸。将手指气缸与左夹，手指气缸与右夹的速度设置为100mm/s，其余位置控制的速度为120mm/s，如图9-66所示。需要设置速度控制的有：铰链副中加工装置的铣削刀具与上下气缸之间，并将速度设为0。

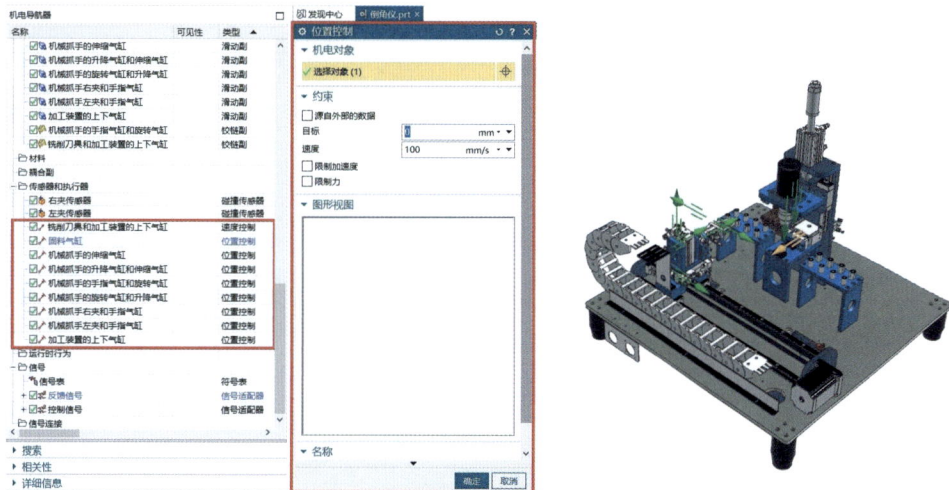

图 9-66 执行器设置

（3）信号适配器设置

① 控制信号参数选择。将执行器中的固料气缸、铣削刀具和加工装置的上下气缸、机械抓手的伸缩气缸、机械抓手的升降气缸与伸缩气缸、机械抓手的手指气缸与旋转气缸、机械抓手的旋转气缸与升降气缸、机械抓手右夹和手指气缸、机械抓手左夹和手指气缸、加工装置的上下气缸，添加至参数中，并对所添加的对象另起别名，如图9-67所示。

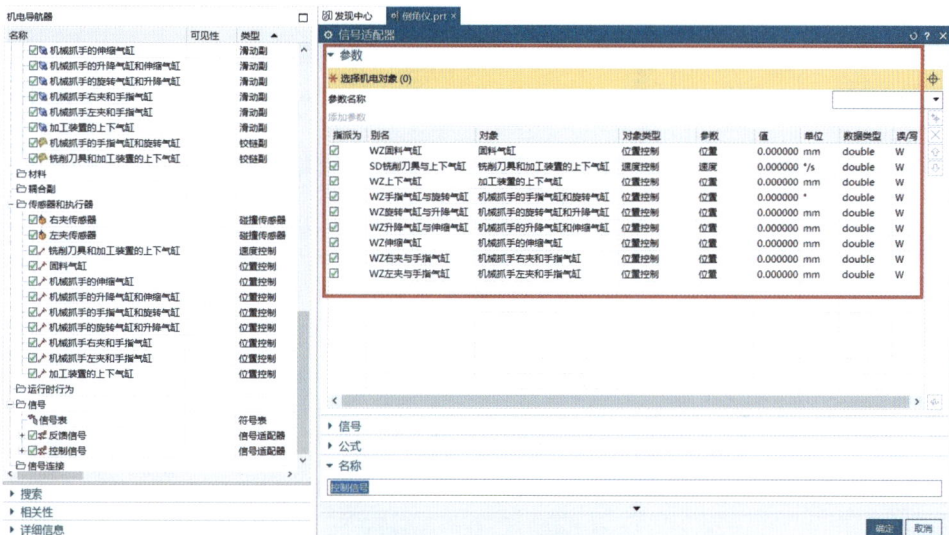

图 9-67 控制信号参数选择

② 控制信号的公式和信号设置。分别对 WZ 固料气缸、SD 铣削刀具与上下气缸、WZ 上下气缸、WZ 手指气缸与旋转气缸、WZ 旋转气缸与升降气缸、WZ 升降气缸与伸缩气缸、WZ 右夹与手指气缸、WZ 左夹与手指气缸进行信号的生成和设置。信号设置完成后，对参数和信号进行公式编辑，如图 9-68 所示。

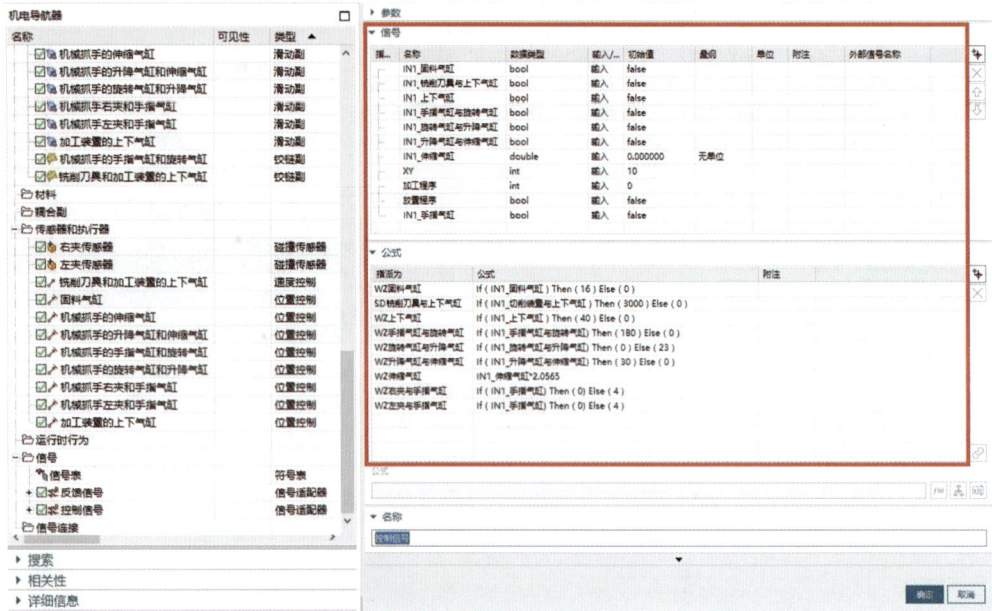

图 9-68 控制信号公式和信号设置

③ 反馈控制信号参数选择。将滑动副中的固料气缸、机械抓手的升降气缸和伸缩气缸、机械抓手的旋转气缸和升降气缸、机械抓手右夹和手指气缸、加工装置的上下气缸，铰链副中机械抓手的手指气缸和旋转气缸，添加至参数中，并对所添加的对象另起别名，如图 9-69 所示。

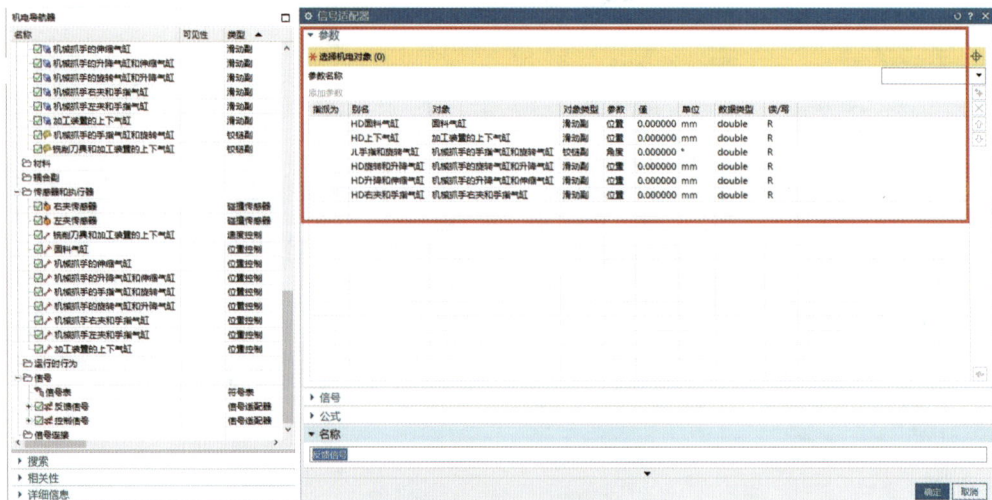

图 9-69 反馈控制信号参数选择

④ 反馈信号公式和信号设置。分别对 HD 固料气缸、HD 上下气缸、JL 手指与旋转气缸、HD 旋转和升降气缸、HD 升降和伸缩气缸、HD 右夹和手指气缸进行信号的生成和设置。信号设置完成后，对参数和信号进行公式编辑，如图 9-70 所示。

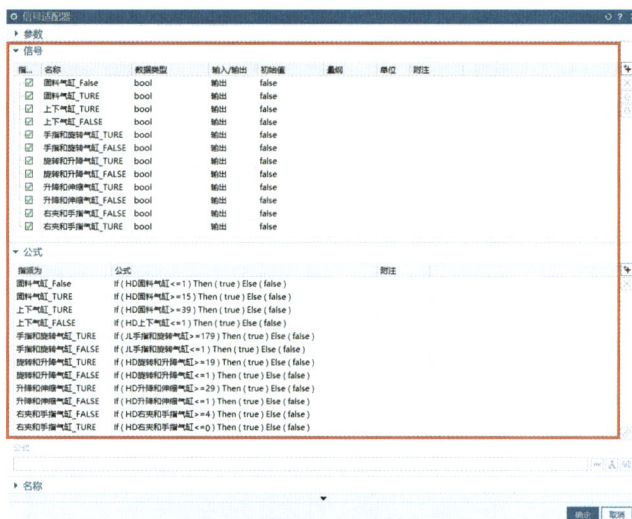

图 9-70　反馈信号公式和信号设置

（4）仿真序列设置

① 左夹抓料。选择固定副中机械抓手左夹为机电对象，持续时间设为 0.01s，将运行时参数中的连接体勾选，并将值设为左夹传感器（参数选择为触发器中的对象）。分别选择控制信号中的 IN1_手指气缸和传感器中的左夹传感器为条件对象，并设置相关条件，如图 9-71 所示。

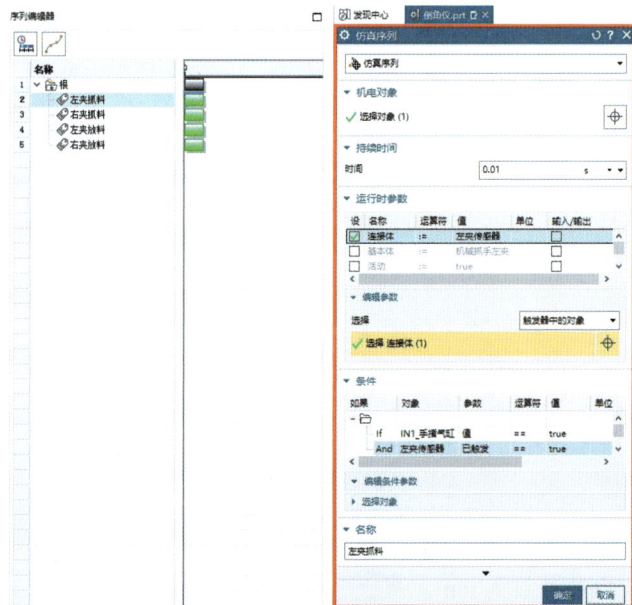

图 9-71　左夹抓料

② 右夹抓料。选择固定副中机械抓手右夹为机电对象，持续时间设为 0.01s，将运行时参数中的连接体勾选，并将值设为右夹传感器（参数选择为触发器中的对象）。分别选择控制信号中的 IN1_ 手指气缸和传感器中的右夹传感器为条件对象，并设置相关条件，如图 9-72 所示。

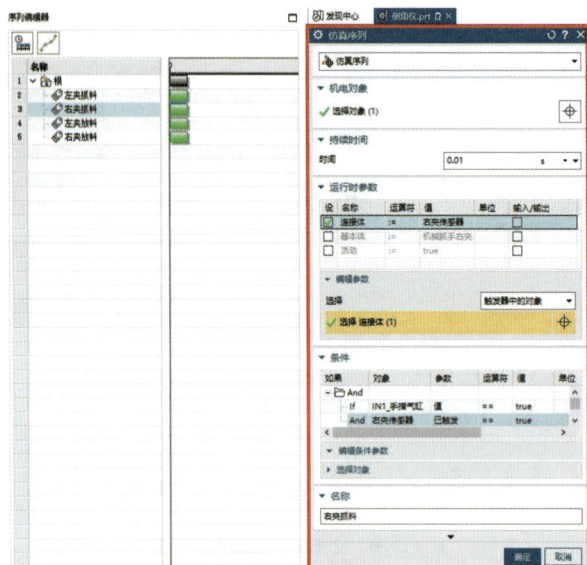

图 9-72 右夹抓料

③ 左夹放料。选择固定副中机械抓手左夹为机电对象，持续时间设为 0.01s，将运行时参数中的连接体勾选，并将值设为 null。选择控制信号中的 IN1_ 手指气缸为条件对象，并设置相关条件，如图 9-73 所示。

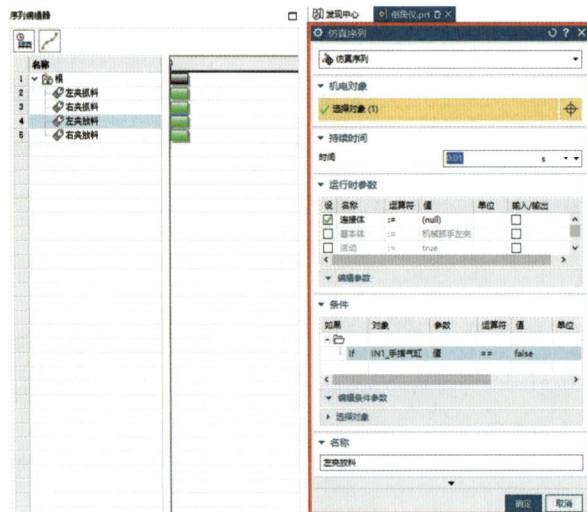

图 9-73 左夹放料

④ 右夹放料。选择固定副中机械抓手右夹为机电对象，持续时间设为 0.01s，将运行时参数中的连接体勾选，并将值设为 null。选择控制信号中的 IN1_ 手指气缸为条件对象，并设置相关条件，如图 9-74 所示。

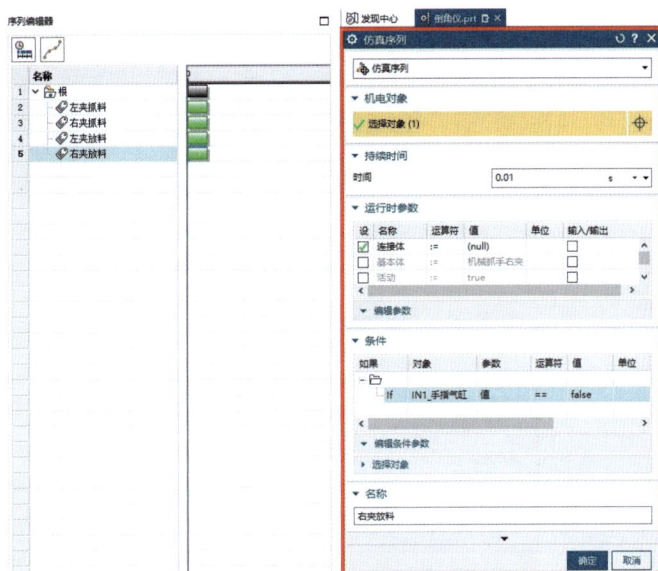

图 9-74 右夹放料

9.2.3 倒角仪系统的 PLC 程序编写

(1) 设置 PG/PC 接口

在计算机的"控制面板"中找到"设置 PG/PC 接口"。将"应用程序访问点"设为: S7ONLINE（STEP7），将"接口分配参数"设为: Realtek Gaming GbE Family Controller.TCPIP.1 [❶]，如图9-75所示。

注：此设置用于计算机与 PLC 的连接，设置成功后需重新启动 TIA Portal。

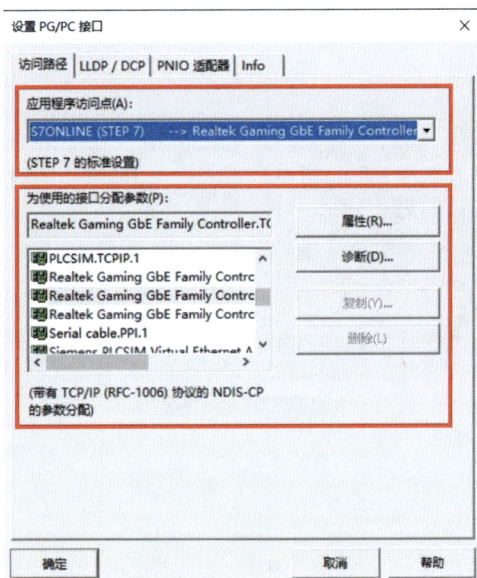

图 9-75 PG/PC 接口设置

---

❶ 此参数为计算机与硬件PLC所连接的以太网。不同计算机间会显示不同的参数，根据所使用计算机选择。

（2）设置网络适配器

在计算机的"控制面板"中，找到"更改适配器选项"，并对网卡 Realtek Gaming GbE Family Controller[1]进行"属性"设置。在此网络的"属性"中找到"Internet 协议版本 4（TCP/IPv4）"，并进行 IP 地址设置，如图 9-76 所示。

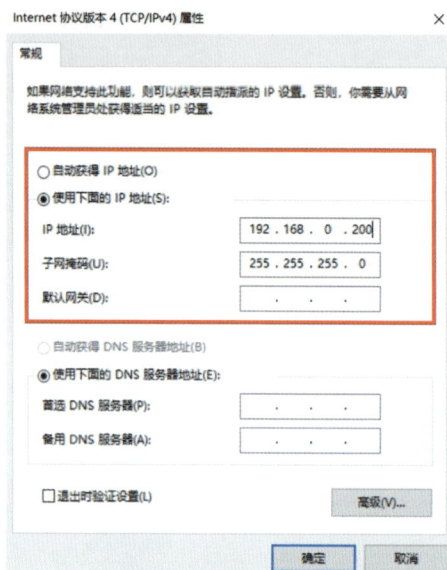

图 9-76　网络 IP 地址设置

（3）添加新设备

打开 TIA Portal 并创建新项目。在项目中单击"添加新设备"，并选择所需的 CPU 和 HMI 显示屏，如图 9-77 所示。

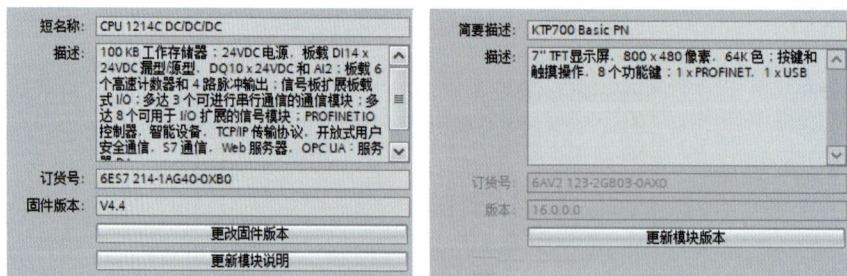

图 9-77　设备型号

（4）项目属性设置

右键单击项目，在"属性"→"保护"中，勾选"块编译时支持仿真"复选框，如图 9-78 所示。

---

[1]　此网卡为计算机与硬件PLC所连接的以太网，根据所连接的网络选择。

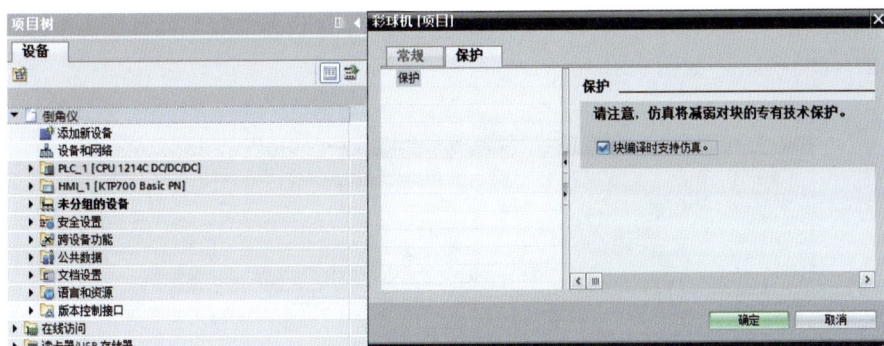

图 9-78　块编译时支持仿真

（5）PLC 属性设置

右键单击"PLC_1"，选择"属性"，并在"属性"中的菜单栏找到以太网地址，对 IP 地址和子网掩码进行设置，如图 9-79 所示。

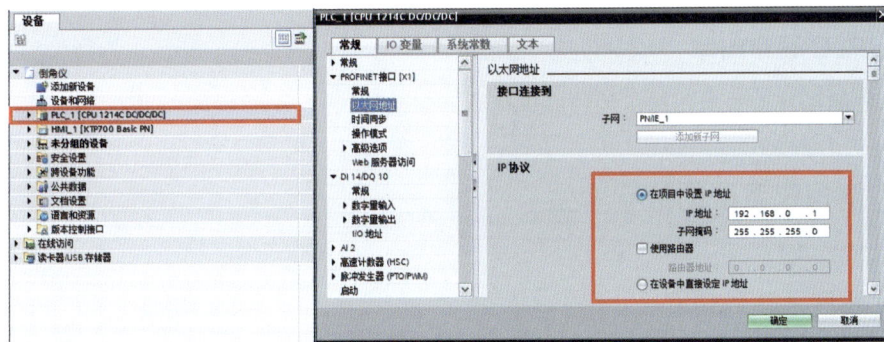

图 9-79　IP 地址的设置

在"属性"→"OPC UA"→"服务器"→"常规"中，勾选"激活 OPC UA 服务器"复选框。服务器地址用于客户端访问服务器，激活 S7-1200 的 OPC UA 服务器功能后，该 OPC UA 服务器的地址为图中的"opc:tcp://192.168.0.1:4840"（服务器地址格式为：opc:tcp:// 服务器 IP: 服务器端口号），如图 9-80 所示。

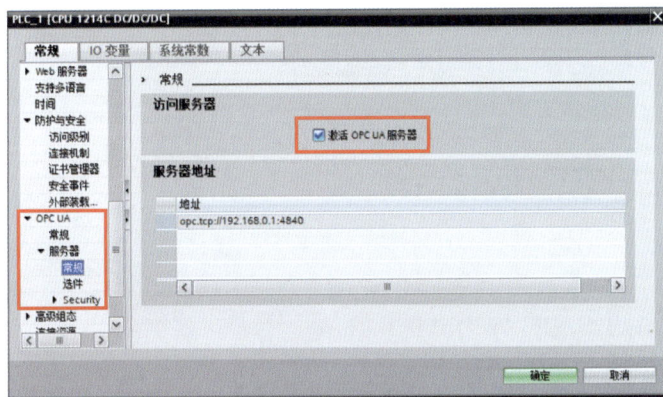

图 9-80　激活服务器

在"属性"→"运行系统许可证"→"OPC UA"中，设置购买的许可证类型为 SIMATIC OPC UA S7-1200 basic，如图 9-81 所示。

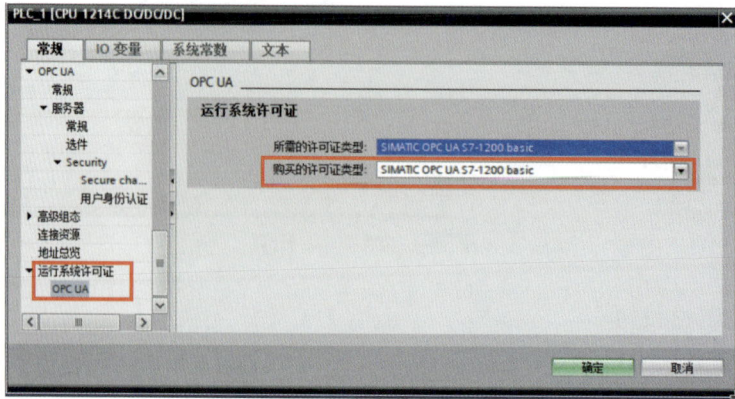

图 9-81　OPC UA 运行许可证设置

（6）PLC 程序编写

倒角仪的程序可参考彩球机的程序进行编写和理解。

9.2.4　倒角仪系统的数字孪生

（1）程序下载至 PLC

选中项目树中的 PLC，单击"下载到设备"，并将 PG/PC 接口设置为：Realtek Gaming GbE Family Controller（若没有此接口，请重新启动 TIA Portal）。单击"开始搜索"按钮，将程序下载至所搜索出的设备中。完成上述操作后，所编写的程序将下载至硬件 PLC 中，如图 9-82 所示。

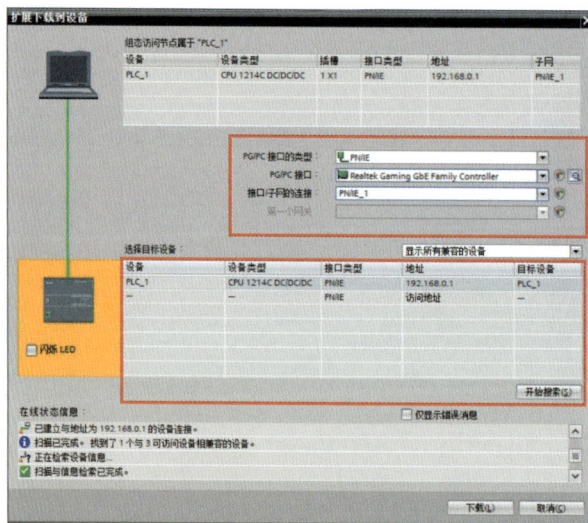

图 9-82　程序下载至 PLC

选中项目树中的 HMI，单击"启动仿真"按钮。完成上述操作后，HMI 将与 PLC 建立联系，可通过单击 HMI 中的按键，实现程序的运行，如图 9-83 所示。

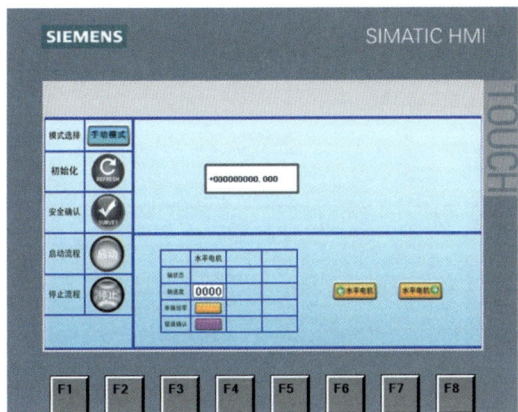

图 9-83 HMI 显示屏

（2）外部信号配置

将 PLC 中的信号添加至 NX MCD 中的"外部信号配置"，外部信号配置的通信方式为 OPC UA。在服务器信息处，添加新服务器并输入服务器端点（服务器端点查找方法：TIA Portal 程序中 PLC "属性" → PROFINET 接口→以太网地址→ IP 地址）。完成上述操作后，在标记处对所需要的数据进行勾选，如图 9-84 所示。

图 9-84 外部信号配置

（3）信号映射

在信号映射中，选择 OPC UA 通信类型。通过单击 MCD 信号中的数据，同外部信号建立相对应的映射关系，如图 9-85 所示。执行自动映射：当 MCD 各信号名称与外部对应信号名称相同时，系统可自动识别进行映射，否则需手动添加。

图 9-85 信号映射

（4）数字孪生系统调试

信号映射完成后，就可以使MCD与程序的运动信号交互。单击NX MCD软件中的"播放"按键，并通过操控 TIA Portal 中 HMI 根画面程序，单击水平电机的单轴回零，之后选择自动模式、初始化、安全确认和启动流程，就可以观察到装置的运动情况。在 MCD 中得到了仿真验证，同时可以在 TIA Portal 的程序窗口中看到 NX MCD 与 TIL Portal 进行的数据交互。在调试时可以直观地观察仿真模型的运动和行为，发现缺陷则立即修改，然后再调试，直至完成一套完整的解决方案，如图 9-86 所示。

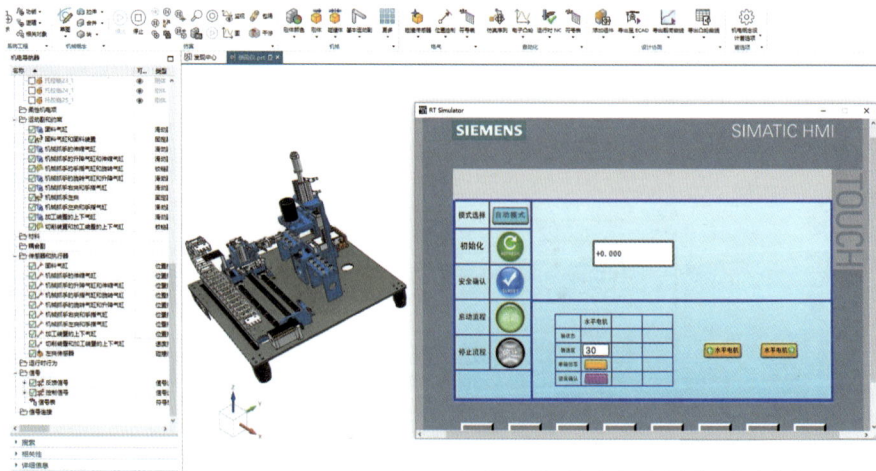

图 9-86 倒角仪运行图

9.3 雕刻机虚拟调试应用实例

雕刻机的虚拟调试构建是一个复杂而精细的过程，它融合了 TIA Portal 编程软件、NX

MCD 仿真工具、S7-PLCSIM Advanced 等多个元素，如图 9-87 所示。首先，下载所需的软件；随后，在 TIA Portal 中编写控制程序，并下载至虚拟 PLC 中执行；最后，通过虚拟 PLC 信号与 NX MCD 内部信号的映射关联，实现虚拟模型的运行。

图 9-87　虚拟调试软件

为了实现雕刻机的虚拟调试，需要设置一系列关键流程，如图 9-88 所示。这包括：定义机电对象的基本属性与行为模式，设置运动副确保虚拟模型与实体设备动作的一致性，部署执行器模拟实际操作的响应；同时，还需进行信号适配，确保数据之间的顺畅流通；编写 PLC 程序，实现自动化控制逻辑；最后，完成信号配置与映射，将虚拟 PLC 输出的控制信号精准对应到虚拟模型中的相应参数，从而构建一个高度逼真的虚拟调试系统。

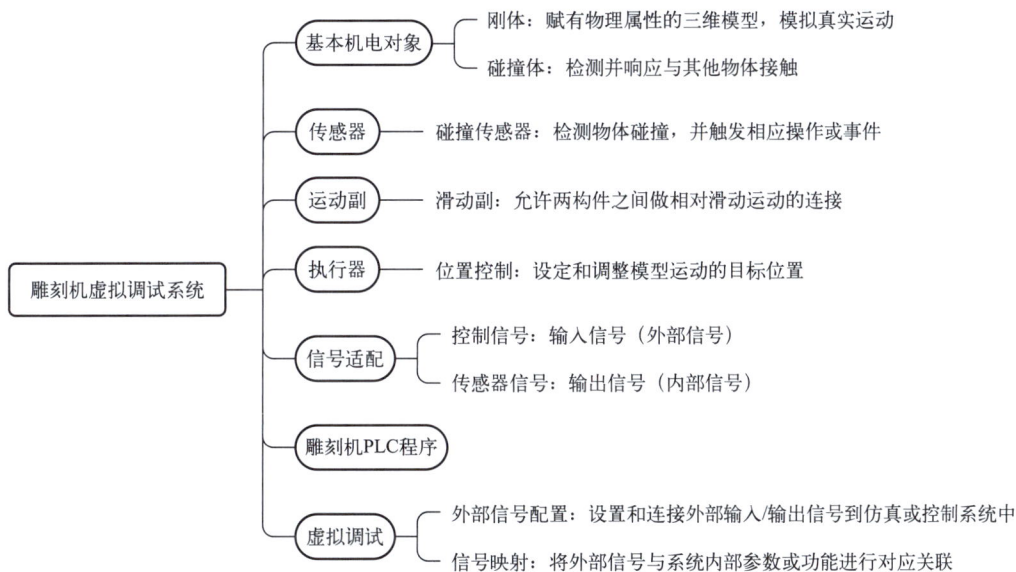

图 9-88　雕刻机虚拟调试流程图

雕刻机的三维模型主要由 X 轴单元、Y 轴单元、Z 轴单元、其他配件四部分组成，如图 9-89 所示。X 轴单元主要由传感器、滑台和滑块等组成；Y 轴单元主要由滑台和传感器等组成；Z 轴单元主要由雕刻笔组成；其他配件主要由滑轨和支架组成。通过控制系统发送指令，驱动雕刻主轴沿 X、Y、Z 三个坐标轴进行运动。X 轴和 Y 轴负责控制雕刻笔在平面上的移动，而 Z 轴则实现主轴的上下移动。

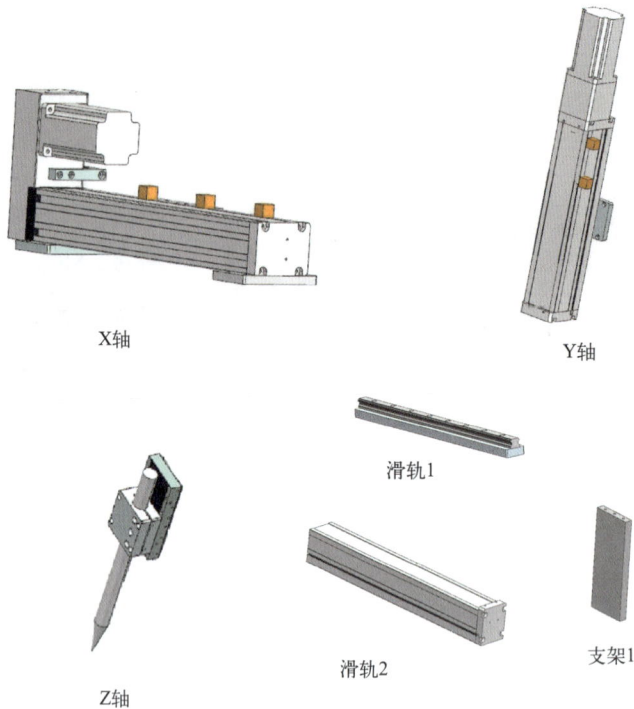

图 9-89　雕刻机三维模型

9.3.1　雕刻机的基本机电对象设置、传感器设置

（1）基本机电对象设置

① 刚体设置。对要运动的物件进行刚体设置，需要设置为刚体的零件有：X 轴（带有传感器）、Y 轴（带有传感器）、Z 轴，如图 9-90 所示。

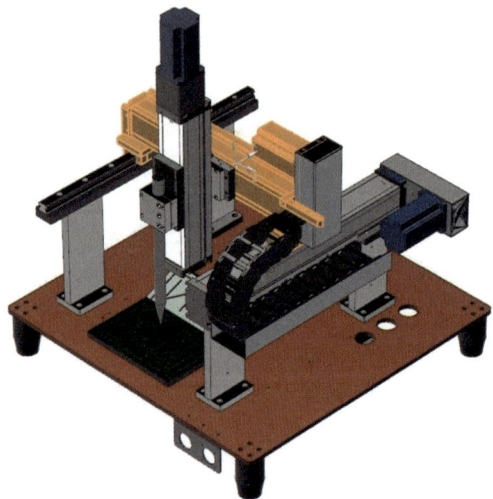

图 9-90　刚体设置

② 碰撞体设置。对需要发生碰撞的物体进行碰撞体设置，需要设置为碰撞体的零件有：滑轨和支架，如图9-91所示。

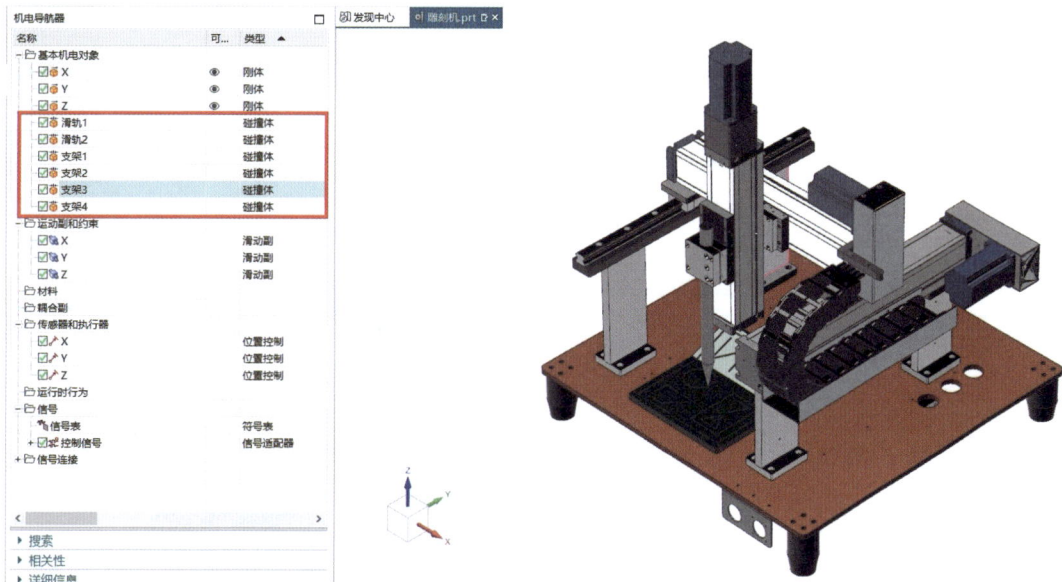

图 9-91　碰撞体设置

（2）传感器的设置

分别对 X 轴、Y 轴和滑轨上的物块进行碰撞传感器设置（滑轨上的传感器用于检测 X 轴，X 轴上的传感器用于检测 Y 轴，Y 轴上的传感器用于检测 Z 轴），并将类型设置为触发式，碰撞形状设置为圆柱，形状属性设为用户定义，坐标系设置在物块质心处（高度为 10，半径为 5。尺寸可自行调整，主要用于检测物体经过），如图 9-92 所示。

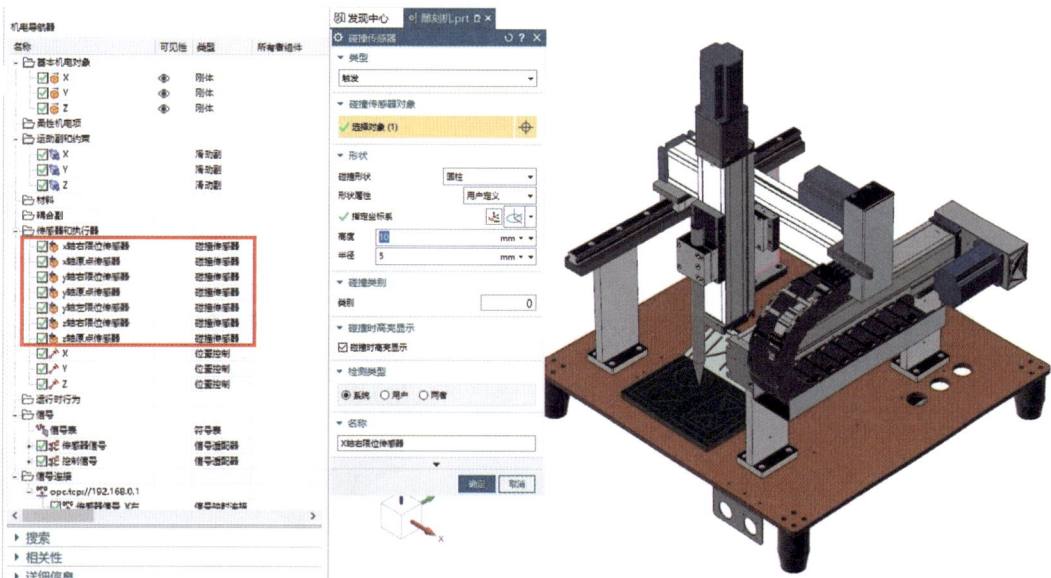

图 9-92　传感器设置

9.3.2　雕刻机的运动副、执行器及信号适配器设置

（1）滑动副设置

需要设置滑动副的有：X轴、Y轴、Z轴，并将指定轴矢量设为所要移动的方向，如图9-93所示。

注：在滑动副X轴中，刚体X为连接体；在滑动副Y轴中，刚体Y为连接体，刚体X为基本体；在滑动副Z轴中，刚体Z为连接体，Y为基本体。

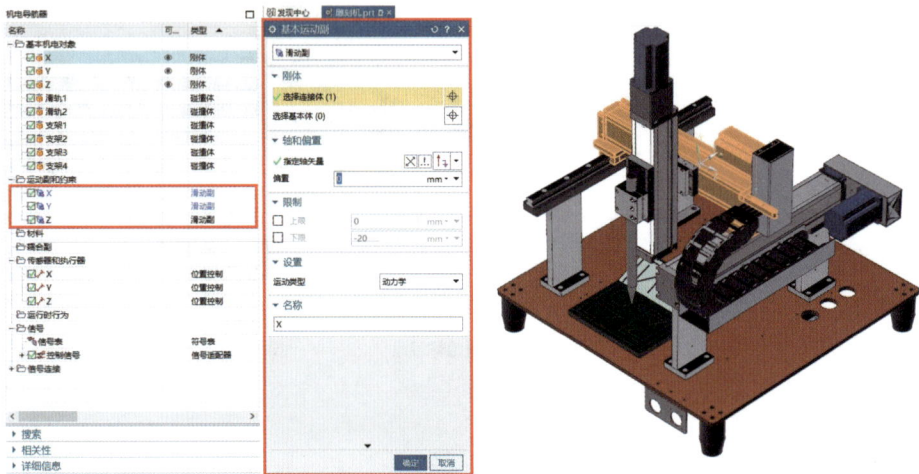

图 9-93　滑动副的设置

（2）执行器设置

需要设置位置控制的有：滑动副中的X轴、Y轴和Z轴，并将其速度设置为1000mm/s，如图9-94所示。

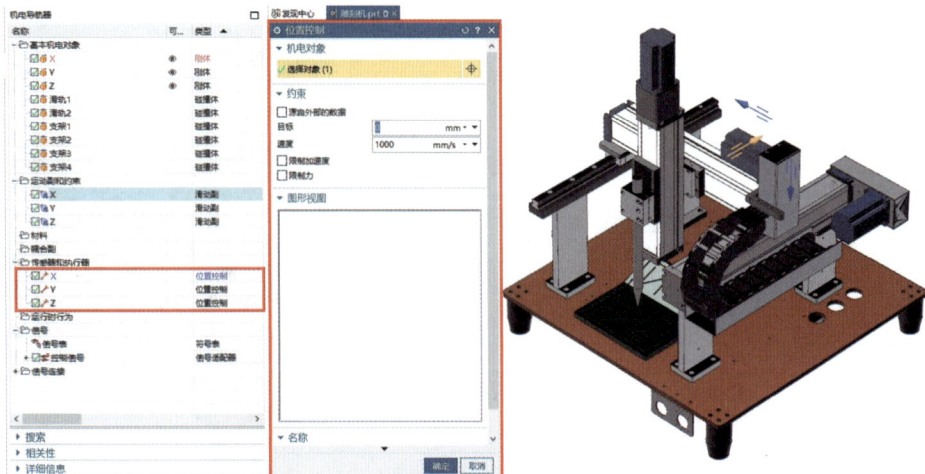

图 9-94　执行器设置

（3）信号适配器设置

① 控制信号参数选择。将执行器中的 X 轴、Y 轴和 Z 轴添加至参数中，并对所添加的对象另起别名，如图 9-95 所示。

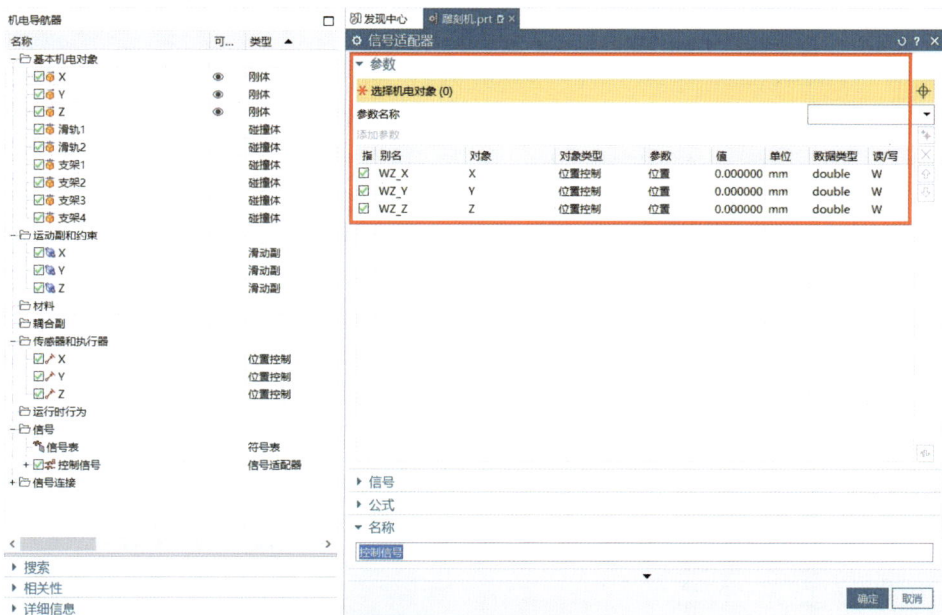

图 9-95　控制信号参数选择

② 控制信号的信号和公式设置。分别对参数对象 WZ_X、WZ_Y、WZ_Z 进行信号生成和设置。信号设置完成后，对参数和信号进行公式编辑，如图 9-96 所示。

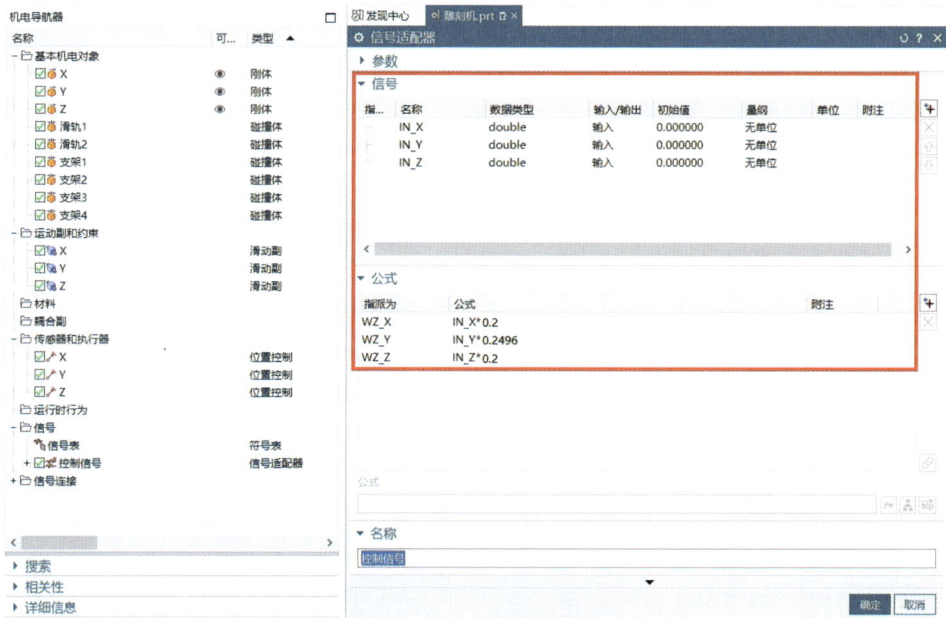

图 9-96　控制信号的信号和公式设置

③ 传感器信号适配器设置。将所有传感器添加至参数中，并对所添加的对象另起别名。分别对参数对象进行信号生成和设置。信号设置完成后，对参数和信号进行公式编辑，如图 9-97 所示。

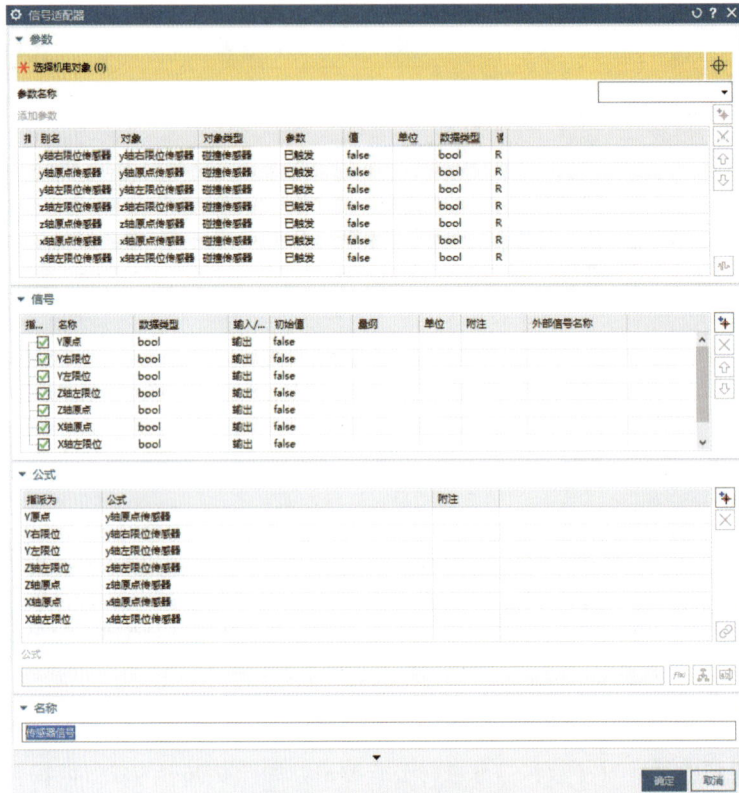

图 9-97　传感器信号适配器设置

9.3.3　雕刻机的 PLC 程序编写

（1）设置 PG/PC 接口

在计算机的"控制面板"中找到"设置 PG/PC 接口"。将"应用程序访问点"设为：S7ONLINE（STEP7），将"接口分配参数"设为：Siemens PLCSIM Virtual Ethernet Adapter.TCPIP.1，如图 9-98 所示。

注：此设置用于计算机与 PLC 的连接，设置成功后需重新启动 TIA Portal。

（2）设置网络适配器

在计算机的"控制面板"中找到"更改适配器选项"，并对虚拟网卡 Siemens PLCSIM Virtual Ethernet Adapter 进行"属性"设置。在此网卡的"属性"中找到"Internet 协议版本 4（TCP/IPv4）"并将其勾选，然后对其 IP 地址进行设置（此 IP 地址需同 PLC 的 IP 地址在同一个网段），如图 9-99 所示。

图 9-98　PG/PC 接口设置

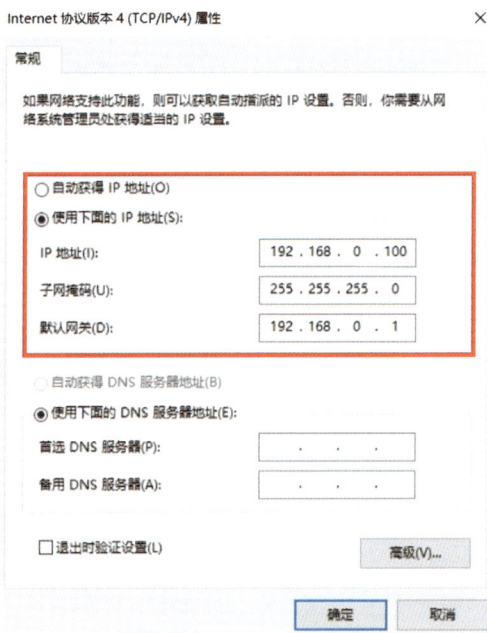

图 9-99　适配器 IP 地址设置

（3）设置 S7-PLCSIM Advanced

以 S7-1500 为例，选择 Online Access 模式为 PLCSIM Virtual Eth. Adapter，选择 PLC 类型为 S7-1500，TCP/IP 设置为：Local，设置项目名称，IP address 设置为 192.168.0.1，Subnet mask 设置为 255.255.255.0，如图 9-100 所示。

注：TCP/IP 通信选择"Local"，即本地虚拟网卡模式。该模式下，TIA Portal 项目和 CPU

仿真实例需在同一台计算机中，两者之间通过 PLCSIM 虚拟网卡通信。S7-PLCSIM Advanced 安装后会在网络适配器视图中生成一个虚拟网卡。

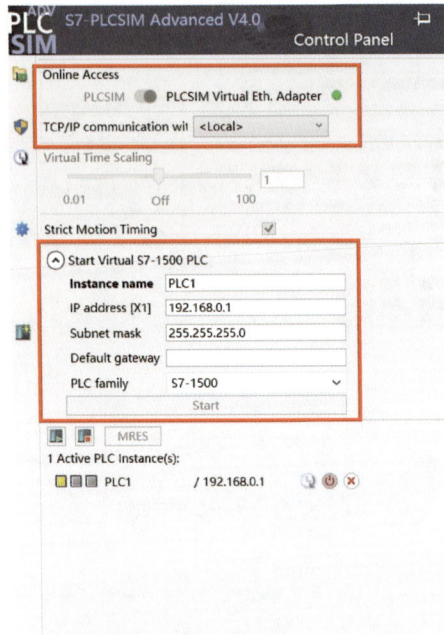

图 9-100　设置 S7-PLCSIM Advanced

（4）添加新设备

此项目以 S7-1500 为例，打开 TIA Portal 并创建新项目。在项目中单击"添加新设备"，并选择所需的 CPU 和 HMI 显示屏，如图 9-101 所示。

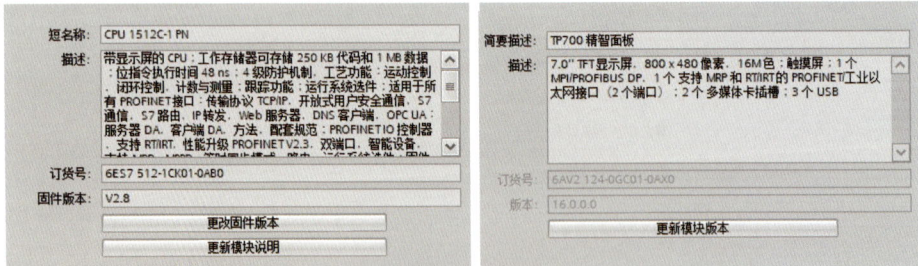

图 9-101　设备型号

（5）项目属性设置

右键单击项目，在"属性"→"保护"中，勾选"块编译时支持仿真"复选框，如图 9-102 所示。

（6）PLC 属性设置

在"属性"→"PROFINET"→"以太网地址"中，对 IP 地址和子网掩码进行设置，如图 9-103 所示。

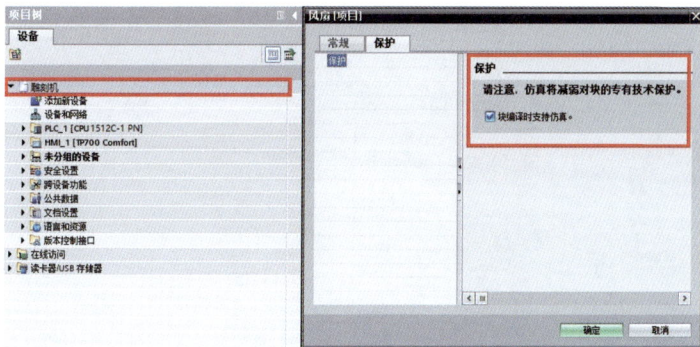

图 9-102　块编译时支持仿真

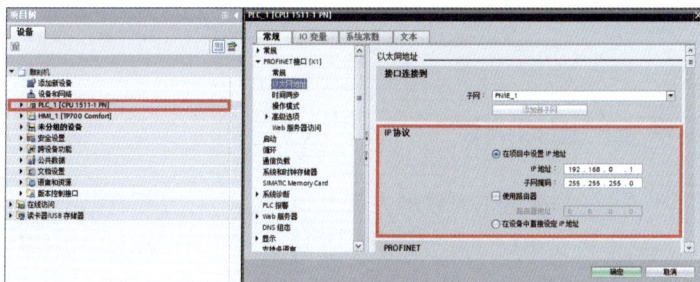

图 9-103　IP 地址的设置

在"属性"→"OPC UA"→"服务器"→"常规"中，勾选"激活 OPC UA 服务器"复选框。服务器地址用于客户端访问服务器，激活 S7-1500 的 OPC UA 服务器功能后，该 OPC UA 服务器的地址为图中的"opc:tcp://192.168.0.1:4840"（服务器地址格式为：opc:tcp:// 服务器 IP: 服务器端口号），如图 9-104 所示。

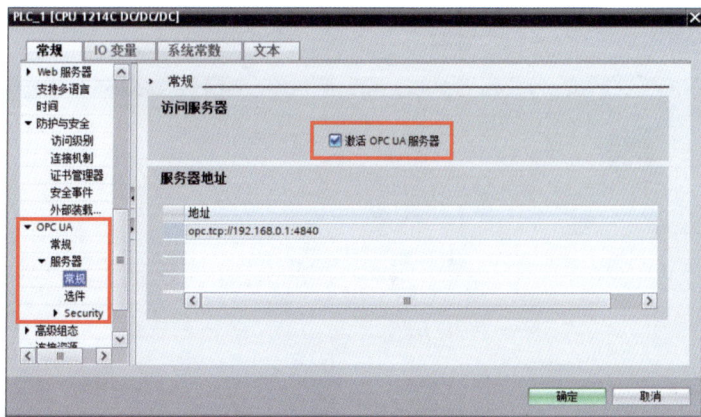

图 9-104　激活服务器

在"属性"→"运行系统许可证"→"OPC UA"中，设置购买的许可证类型为：SIMATIC OPC UA S7-1500 small，如图 9-105 所示。

（7）PLC 程序编写

雕刻机的程序可参考彩球机的程序进行编写和理解。

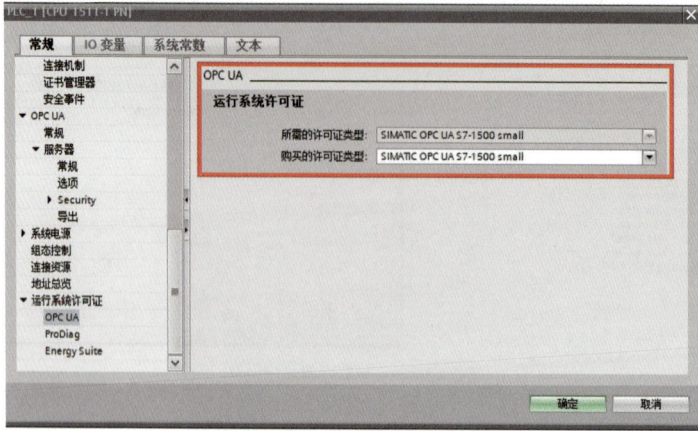

图 9-105　OPC UA 运行许可证设置

9.3.4　雕刻机系统的虚拟调试

软件在环虚拟调试是一种先进的系统开发和测试方法。它主要侧重于在软件层面进行系统功能的验证和调试，而不需要实际的物理硬件。在这个过程中，被测试的软件运行在一个虚拟的环境中，这个环境可以模拟真实系统的输入、输出以及各种外部条件。

（1）下载至虚拟 PLC

选中项目树中的 PLC，并将程序下载至虚拟 PLC 中。选择 PG/PC 接口为 Siemens PLCSIM Virtual Ethernet Adapter；接口 / 子网的连接为 PN/IE_1。之后，点击"开始搜索"和"下载"。同时，在接下来出现的提示框中选择"启动模块"，如图 9-106 所示。完成上述操作后，所编写的程序将下载至虚拟 PLC 中，同时虚拟 PLC 开始运行。

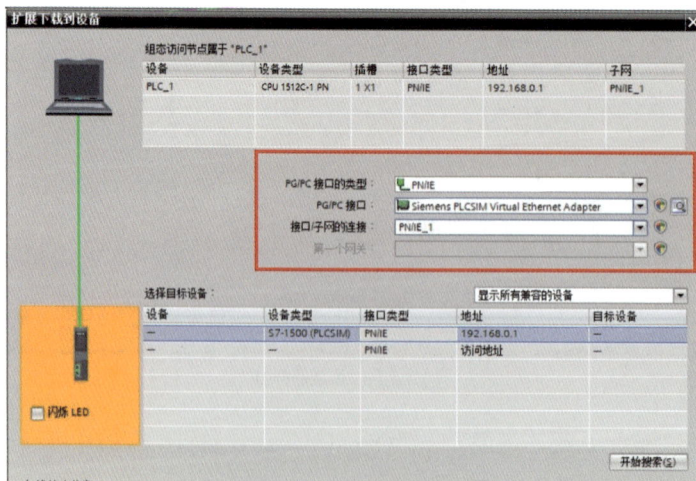

图 9-106　程序下载至虚拟 PLC

选中项目树中的 HMI，单击"启动仿真"按钮。完成上述操作后，HMI 将与 PLC 建立联系，可通过单击 HMI 中的按键实现程序的运行，如图 9-107 所示。

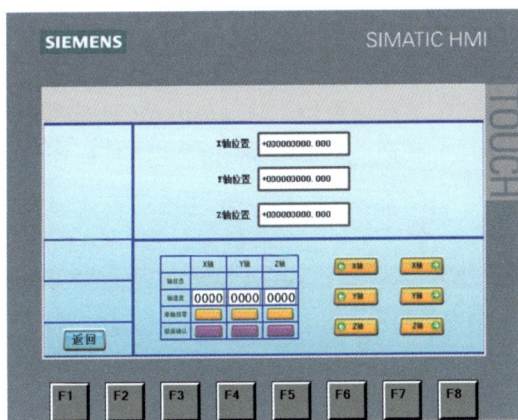

图 9-107 HMI 显示屏

（2）外部信号配置

将 PLC 中的信号添加至 NX MCD 中的"外部信号配置"，外部信号配置的通信方式为 OPC UA。在服务器信息处，添加新服务器并输入服务器端点（服务器端点查找方法：TIA Portal 程序中 PLC "属性"→ PROFINET 接口→以太网地址→ IP 地址）。完成上述操作后，在标记处对所需要的数据进行勾选，如图 9-108 所示。

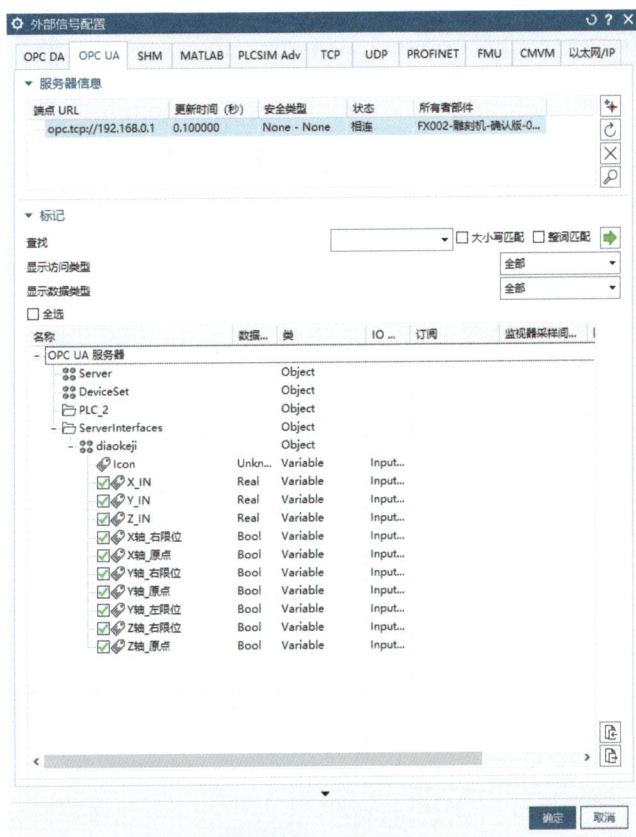

图 9-108 外部信号配置

（3）信号映射

在信号映射中，选择 OPC UA 通信类型。通过单击 MCD 信号中的数据，同外部信号建立相对应的映射关系，如图 9-109 所示。执行自动映射：当 MCD 各信号名称与外部对应信号名称相同时，系统可自动识别进行映射，否则需手动添加。

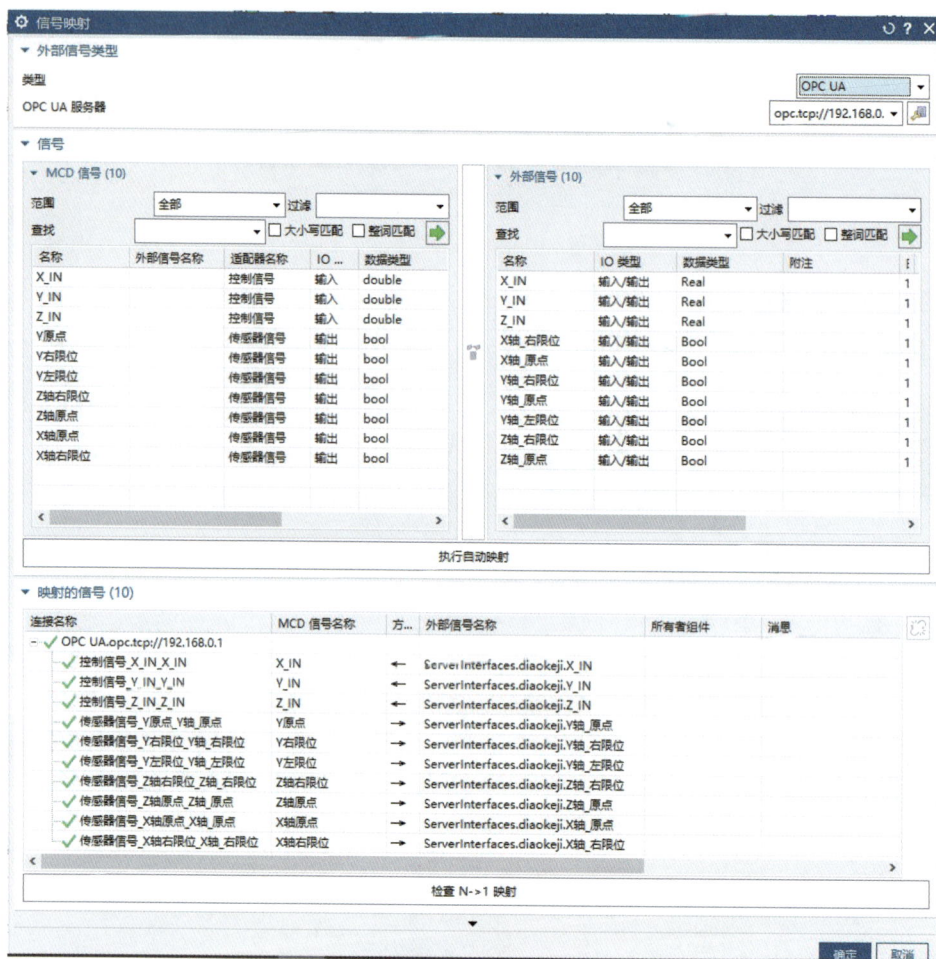

图 9-109　信号映射

（4）虚拟系统调试

信号映射完成后，就可以使 MCD 与程序的运动信号交互。单击 NX MCD 软件中的"播放"按键，并通过操控 TIA Portal 中 HMI 根画面程序，依次单击 X 轴、Y 轴和 Z 轴的单轴回零，之后设置雕刻速度，选择自动模式和图案，并单击"开始雕刻"按钮，就可以观察到模型的运动情况。在 MCD 中得到了仿真验证，同时可以在 TIA Portal 的程序窗口中看到 NX MCD 与 TIL Portal 进行的数据交互。在调试时可以直观地观察仿真模型的运动和行为，发现缺陷则立即修改，然后再调试，直至完成一套完整的解决方案，如图 9-110 所示。

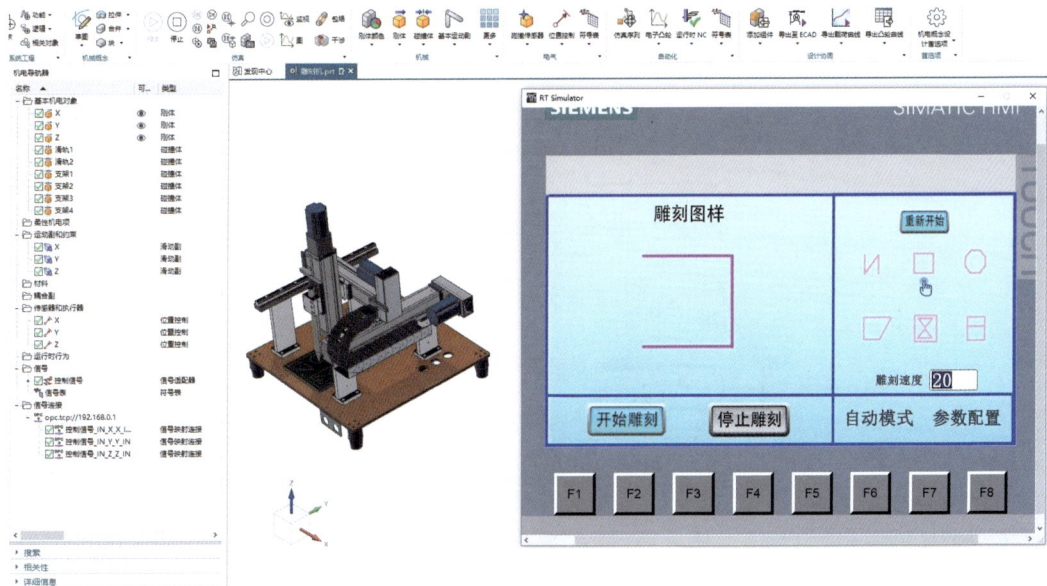

图 9-110 雕刻机运行图

9.4 五子棋机虚拟调试应用实例

五子棋机的虚拟调试构建是一个复杂而精细的过程，它融合了 TIA Portal 编程软件、NX MCD 仿真工具、S7-PLCSIM Advanced 等多个元素，如图 9-111 所示。首先，下载所需的软件；随后，在 TIA Portal 中编写控制程序，并下载至虚拟 PLC 中执行；最后，通过虚拟 PLC 信号与 NX MCD 内部信号的映射关联，实现虚拟模型的运行。

图 9-111 虚拟调试软件

为了实现五子棋机的虚拟调试，需要设置一系列关键流程，如图 9-112 所示。这包括：定义机电对象的基本属性与行为模式，配置传感器以捕捉模型状态变化，设置运动副确保虚拟模型与实体设备动作的一致性，部署执行器模拟实际操作的响应；同时，还需进行信号适配，确保数据之间的顺畅流通；设计仿真序列，模拟五子棋机的各种运行状态；编写 PLC 程序，实现自动化控制逻辑；最后，完成信号配置与映射，将虚拟 PLC 输出的控制信号精准对应到虚拟模型中的相应参数，从而构建一个高度逼真的虚拟调试系统。

五子棋机的三维模型主要由 X 轴单元、Y 轴单元、Z 轴单元、滑轨和吸盘单元组成，如图 9-113 所示。X 轴单元主要由传感器、滑台和滑块组成；Y 轴单元主要由电动缸组成。五子棋机利用固定的框架结构可以实现在 X、Y 和 Z 方向的运动，并且在一定三维空间里通过三个方向的组合运动到任意位置。

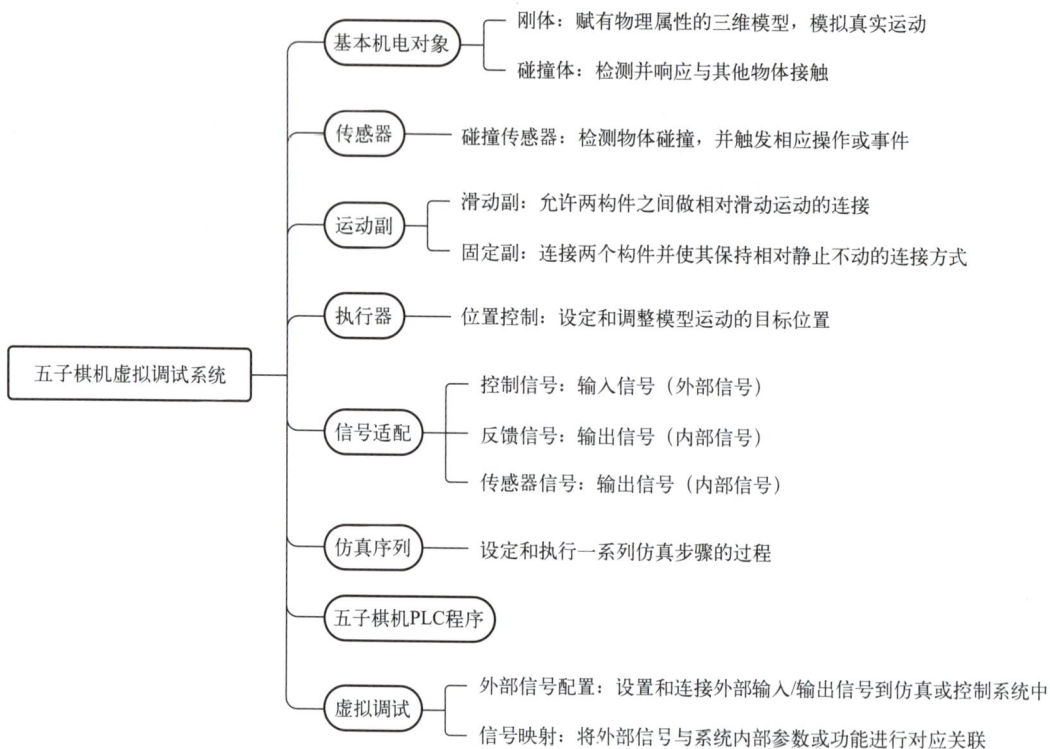

图 9-112　五子棋机虚拟调试系统流程图

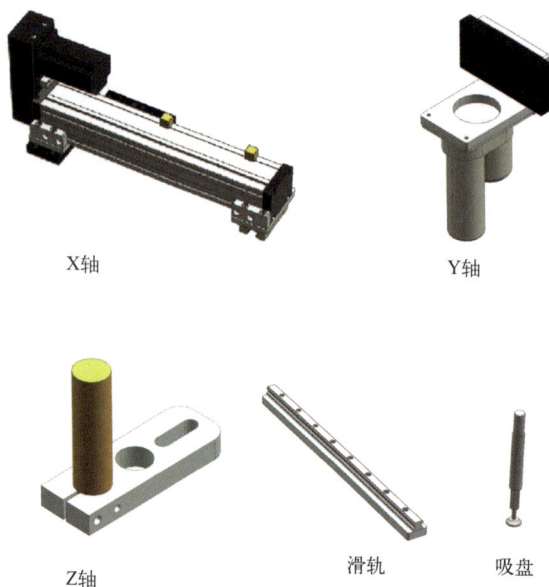

X轴　　　　　　　　　　　　Y轴

Z轴　　　　　滑轨　　　　吸盘

图 9-113　五子棋机三维模型

9.4.1 五子棋机的基本机电对象、传感器设置

（1）基本机电对象设置

① 刚体设置。对要运动的物件进行刚体设置，需要设置为刚体的零件有：X 轴（带有传感器）、Y 轴（带有传感器）、Z 轴、吸盘、白棋和黑棋，如图 9-114 所示。

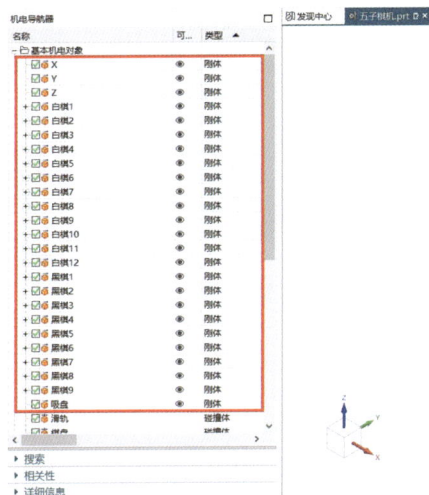

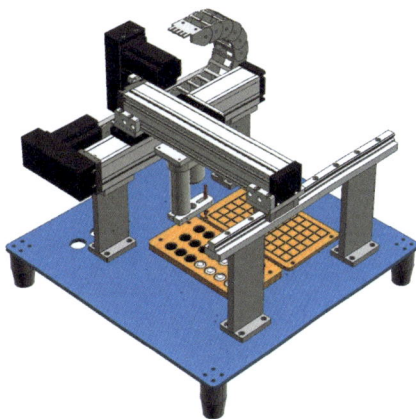

图 9-114 刚体的设置

② 碰撞体设置。对需要发生碰撞的物体进行碰撞体设置，需要设置为碰撞体的零件有：滑轨、棋盘、白棋和黑棋，如图 9-115 所示。

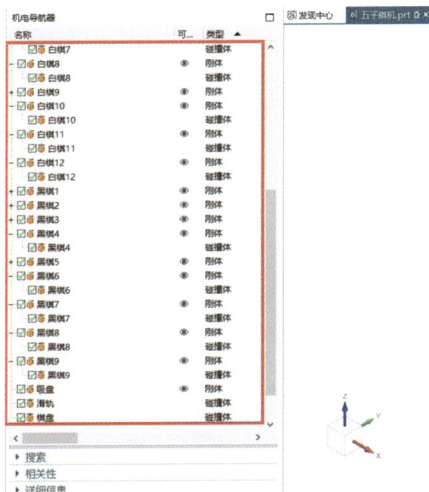

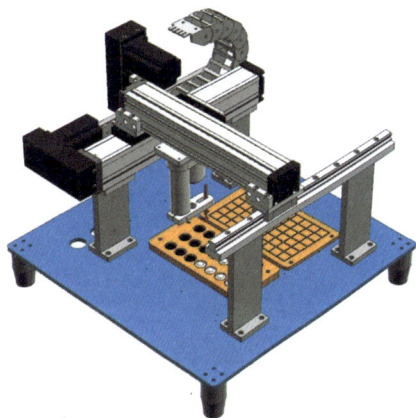

图 9-115 碰撞体设置

（2）传感器设置

对吸盘进行碰撞传感器设置。将类型设为触发式，碰撞传感器对象为吸盘，形状设置为圆柱，坐标系设置在吸盘的前端（高度为 1mm，半径为 5mm）。分别对 X 轴和滑轨上方的物块

进行碰撞体设置，将类型设为触发式，碰撞传感器对象为物块，形状设置为圆柱，坐标系设置在吸盘的前端（高度为 10mm，半径为 5mm。尺寸可自行调整，主要用于检测物体经过），如图 9-116 所示。

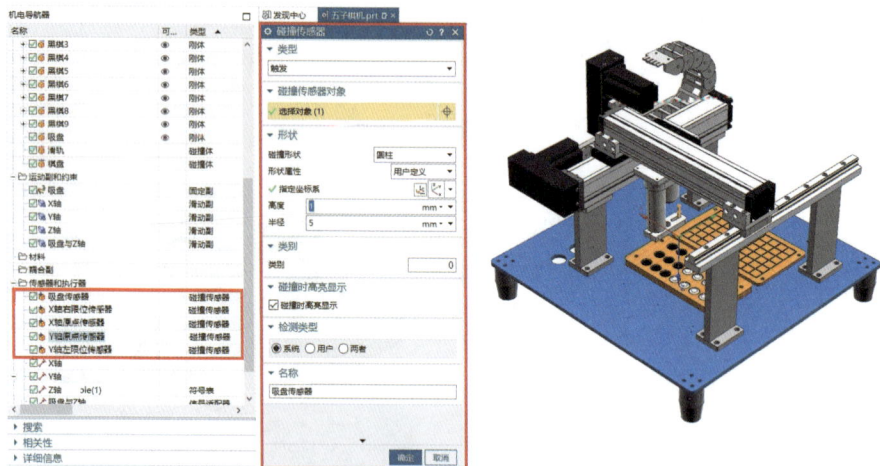

图 9-116 传感器设置

9.4.2 五子棋机的运动副、执行器、信号适配器及仿真序列设置

（1）运动副设置

① 滑动副设置。需要设置滑动副的有 X 轴、Y 轴、Z 轴、吸盘与 Z 轴之间，并将指定轴矢量设置为物体所要移动的方向，如图 9-117 所示。

注：在滑动副 X 轴中，刚体 X 为连接体；在滑动副 Y 轴中，刚体 Y 为连接体，刚体 X 为基本体；在滑动副 Z 轴中，刚体 Z 为连接体，Y 为基本体。在滑动副吸盘与 Z 轴中，吸盘为连接体，刚体 Z 为基本体。

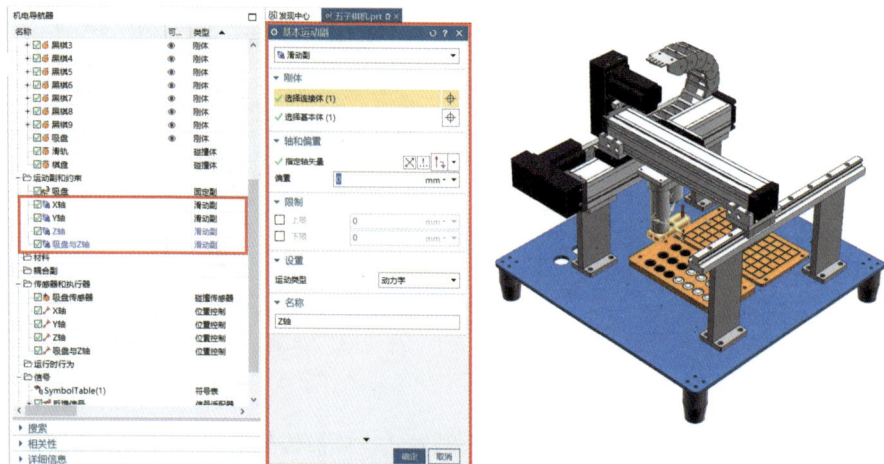

图 9-117 滑动副设置

② 固定副设置。对吸盘进行固定副的设置，并将吸盘设置为基本体，如图 9-118 所示。

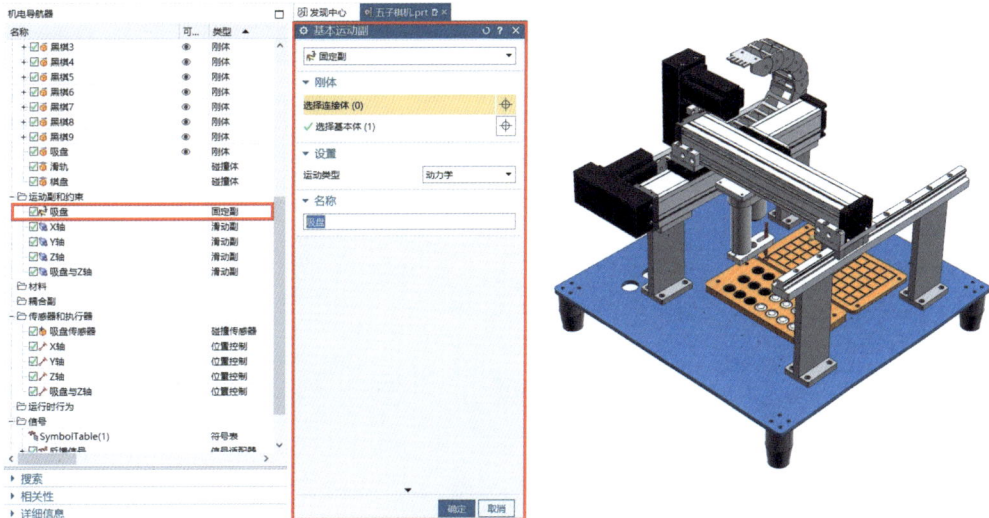

图 9-118　固定副设置

（2）执行器的设置

需要设置位置控制的有滑动副中的 X 轴、Y 轴、Z 轴、吸盘与 Z 轴，并将速度设置为 1000mm/s，如图 9-119 所示。

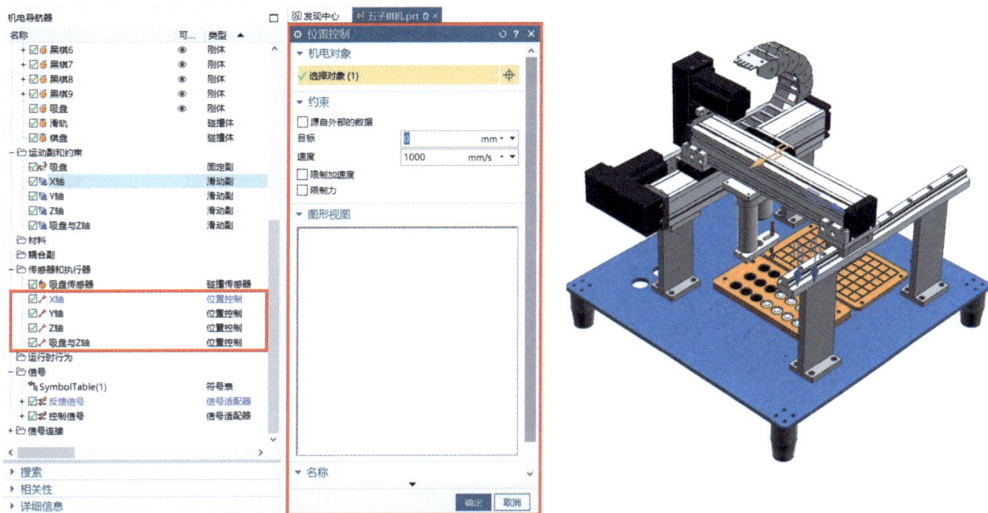

图 9-119　执行器设置

（3）信号适配器设置

① 控制信号参数选择。将执行器中的 X 轴、Z 轴和 Y 轴添加至参数中，并对所添加的对象另起别名，如图 9-120 所示。

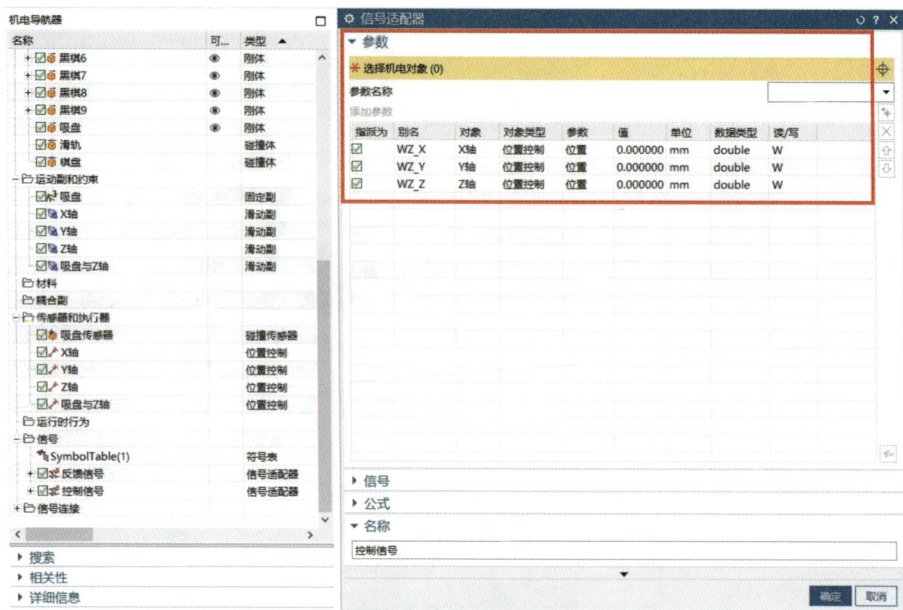

图 9-120　控制信号参数选择

② 控制信号的公式和信号设置。分别对参数对象 WZ_X、WZ_Y、WZ_Z 进行信号生成和设置。信号设置完成后，对参数和信号进行公式编辑，如图 9-121 所示。

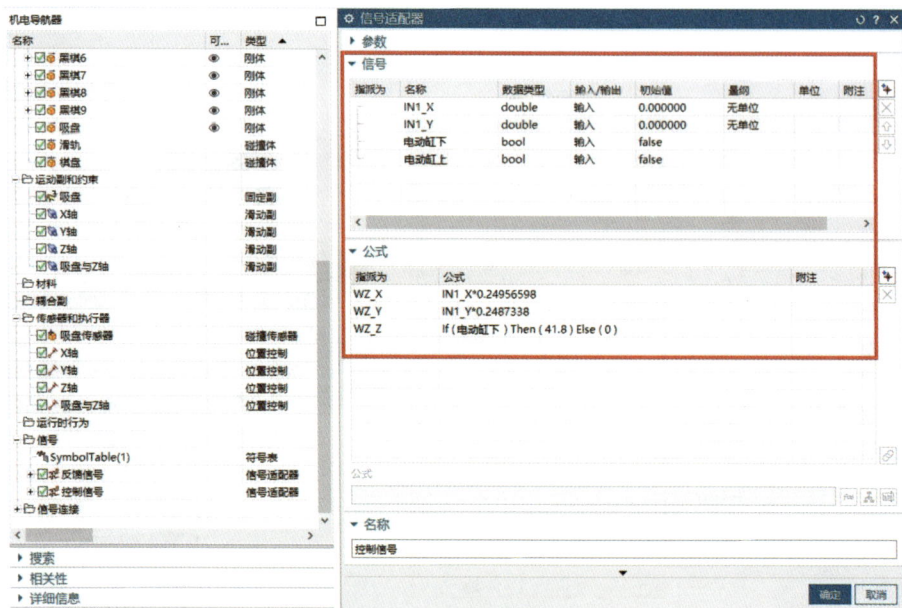

图 9-121　控制信号的公式和信号设置

③ 反馈控制信号参数选择。将滑动副中的 X 轴和 Z 轴添加至参数中，并对所添加的对象另起别名，如图 9-122 所示。

④ 传感器信号适配器设置。分别对参数对象 HD_Z、HD_X 进行信号生成和设置。信号设置完成后，对参数和信号进行公式编辑，如图 9-123 所示。

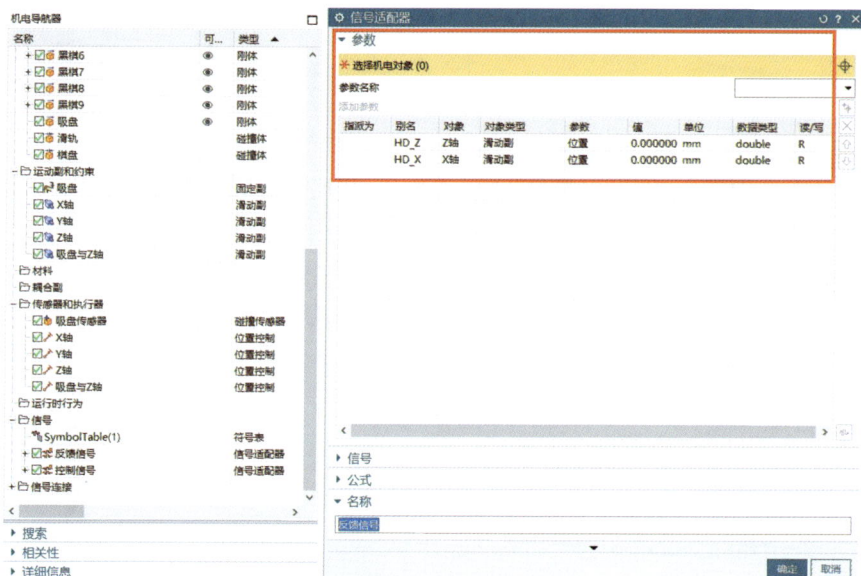

图 9-122 反馈控制信号参数选择

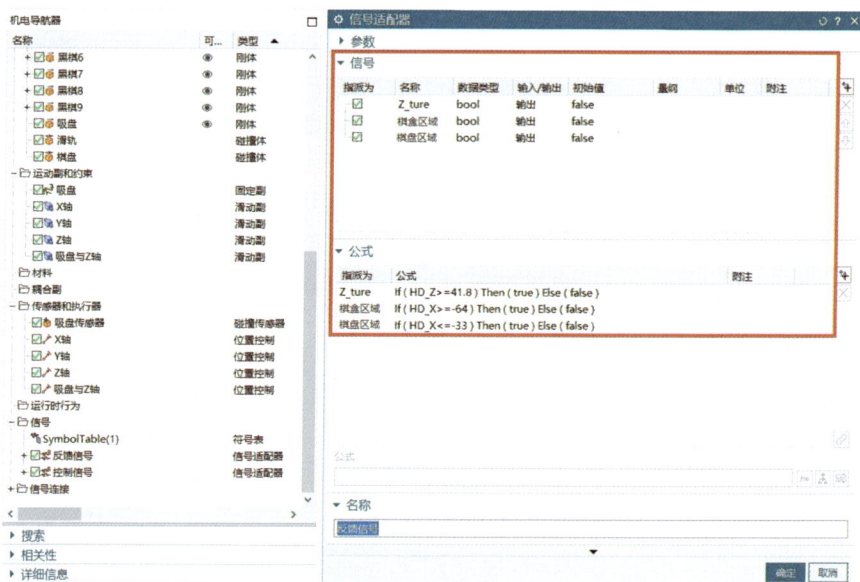

图 9-123 反馈信号的公式和信号设置

⑤ 传感器信号适配器设置。将 X 轴原点、X 轴右限位、Y 轴原点和 Y 轴右限位传感器添加至参数中，并对所添加的对象另起别名。分别对参数对象进行信号生成和设置。信号设置完成后，对参数和信号进行公式编辑，如图 9-124 所示。

（4）仿真序列设置

① 吸盘吸起棋子。选择固定副中吸盘为机电对象，持续时间设为 0s，将运行时参数中的连接体勾选，并将值设为吸盘传感器（参数选择为触发器中的对象）。分别选择碰撞传感器中的吸盘传感器，反馈信号中的 Z_true 和棋盒区域为条件对象，并设置相关条件，如图 9-125 所示。

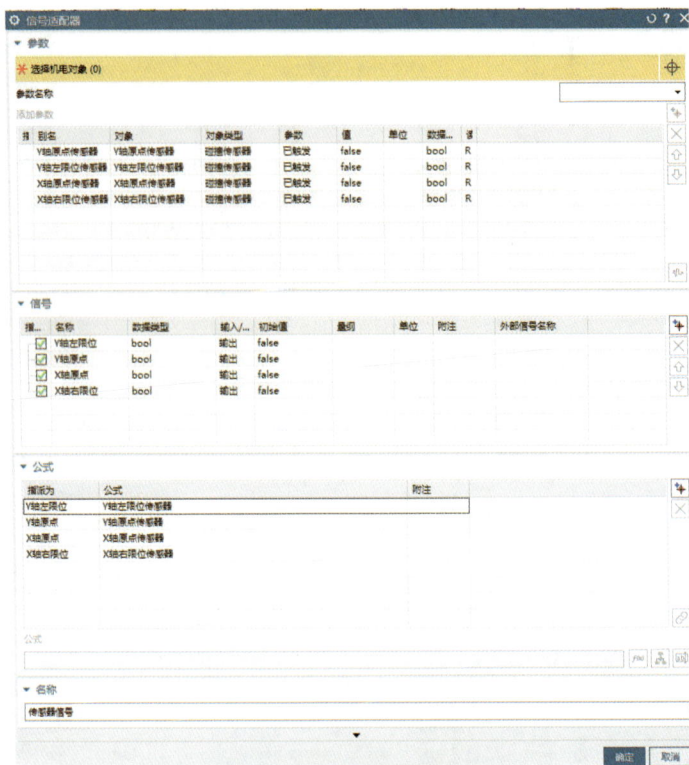

图 9-124　传感器信号适配器设置

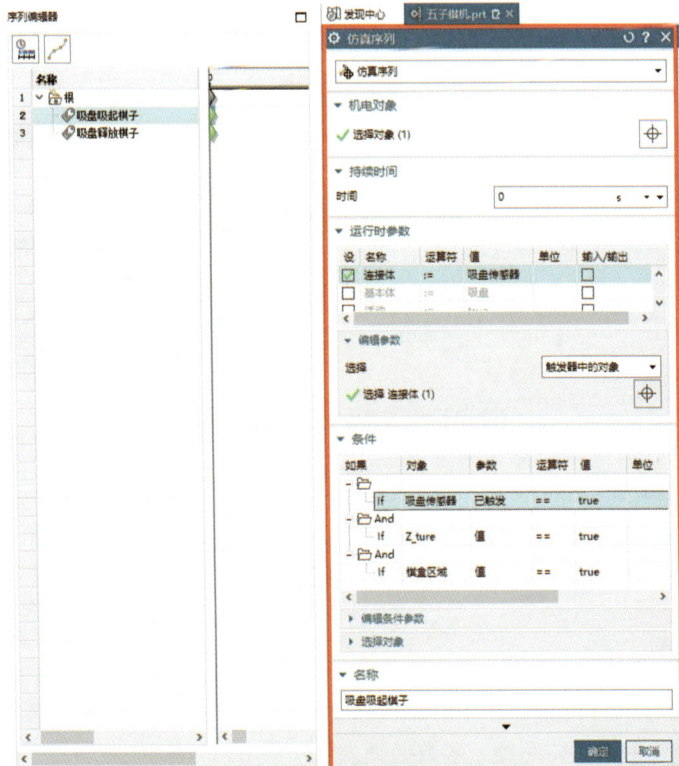

图 9-125　吸盘吸起棋子

② 吸盘释放棋子。选择固定副中吸盘为机电对象，持续时间设为 0s，将运行时参数中的连接体勾选，并将值设为 null。分别选择反馈信号中的 Z_true 和棋盘区域为条件对象，并设置相关条件，如图 9-126 所示。

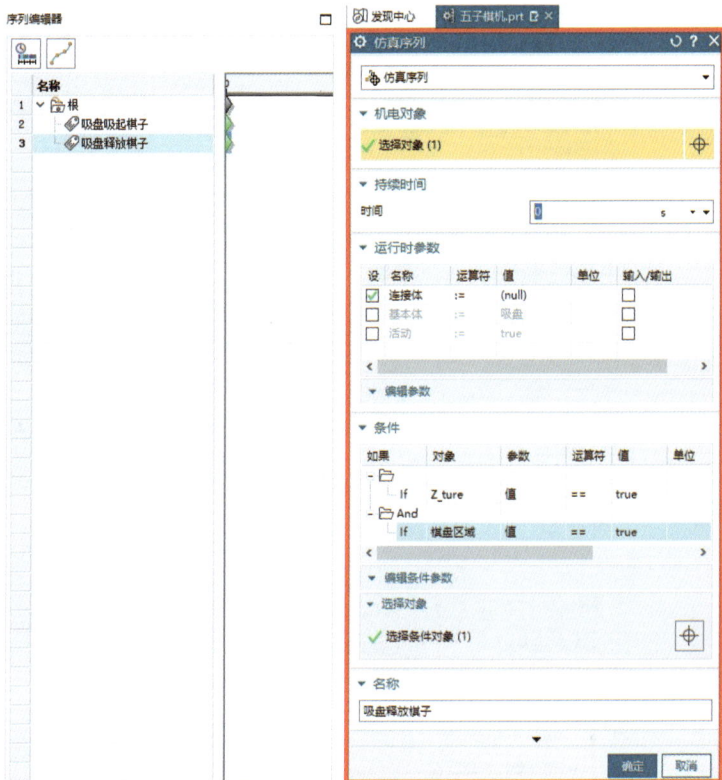

图 9-126　吸盘释放棋子

9.4.3　五子棋机的 PLC 程序编写

（1）设置 PG/PC 接口

在计算机的"控制面板"中找到"设置 PG/PC 接口"。将"应用程序访问点"设为 S7ONLINE（STEP 7），将"接口分配参数"设为 Siemens PLCSIM Virtual Ethernet Adapter.TCPIP.1，如图 9-127 所示。

注：此设置用于计算机与 PLC 的连接，设置成功后需重新启动 TIA Portal。

（2）设置网络适配器

在计算机"控制面板"中找到"更改适配器选项"，并对虚拟网卡 Siemens PLCSIM Virtual Ethernet Adapter 进行"属性"设置。在此网卡的"属性"中找到"Internet 协议版本 4（TCP/IPv4）"并将其勾选，然后对其 IP 地址进行设置（此 IP 地址需同 PLC 的 IP 地址在同一个网段），如图 9-128 所示。

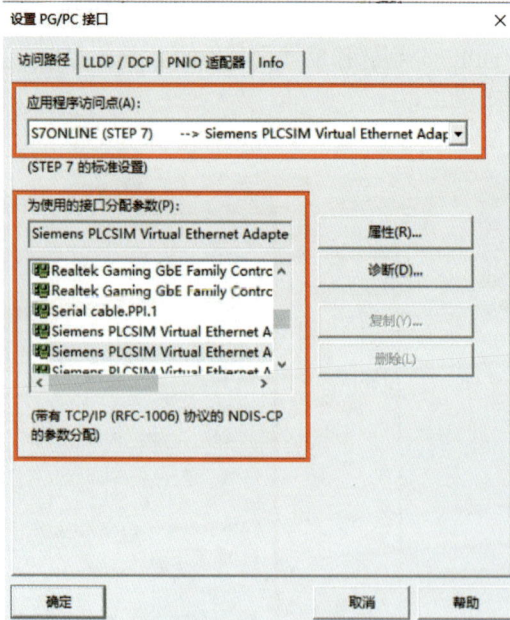

图 9-127　PG/PC 接口设置

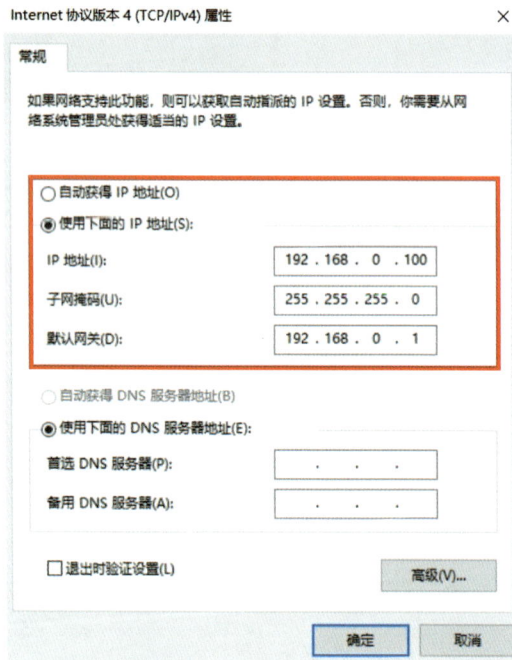

图 9-128　适配器 IP 地址设置

（3）设置 S7-PLCSIM Advanced

以 S7-1500 为例，选择 Online Access 模式为 PLCSIM Virtual Eth.Adapter，选择 PLC 类型为 S7-1500，TCP/IP 设置为 Local，设置项目名称，IP address 设置为 192.168.0.1，Subnet mask 设置为 255.255.255.0，如图 9-129 所示。

注：TCP/IP 通信选择"Local"，即本地虚拟网卡模式。该模式下，TIA Portal 项目和 CPU 仿真实例需在同一台计算机中，两者之间通过 PLCSIM 虚拟网卡通信。S7-PLCSIM Advanced 安装后会在网络适配器视图中生成一个虚拟网卡。

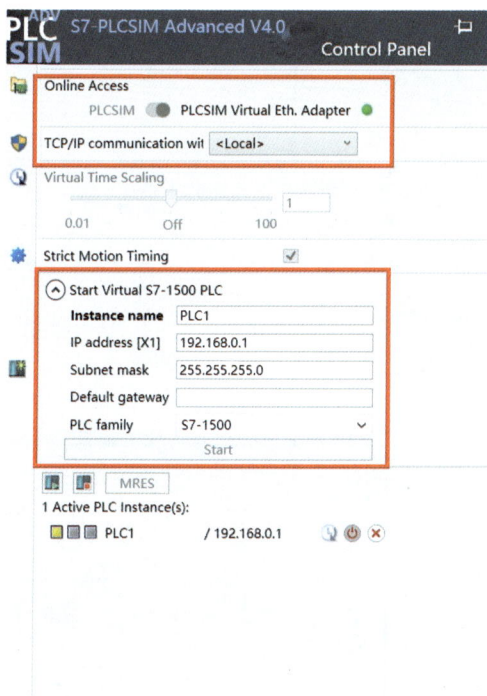

图 9-129　设置 S7-PLCSIM Advanced

（4）添加新设备

此项目以 S7-1500 为例，打开 TIA Portal 并创建新项目。在项目中单击"添加新设备"，并选择所需的 CPU 和 HMI 显示屏，如图 9-130 所示。

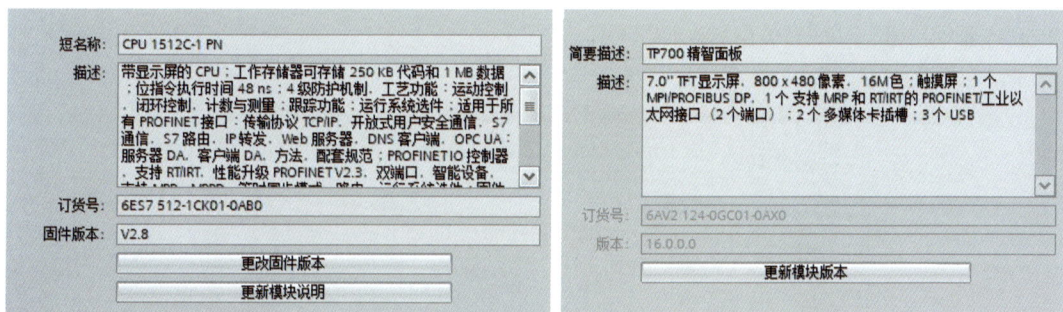

图 9-130　设备型号

（5）项目属性设置

右键单击项目，在"属性"→"保护"中，勾选"块编译时支持仿真"复选框，如图 9-131 所示。

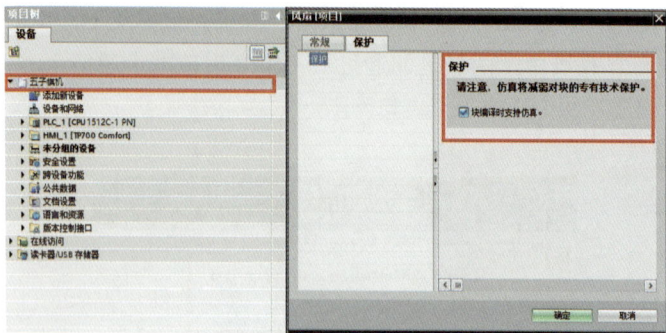

图 9-131　块编译时支持仿真

（6）PLC 属性设置

在"属性"→"PROFINET"→"以太网地址"中，对 IP 地址和子网掩码进行设置，如图 9-132 所示。

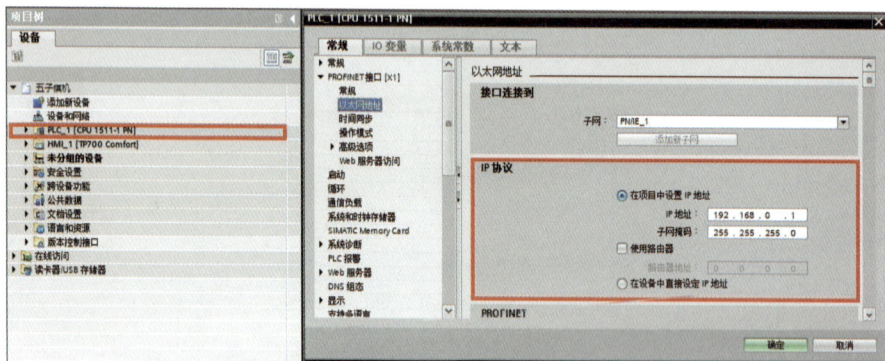

图 9-132　IP 地址的设置

在"属性"→"OPC UA"→"服务器"→"常规"中，勾选"激活 OPC UA 服务器"复选框。服务器地址用于客户端访问服务器，激活 S7-1500 的 OPC UA 服务器功能后，该 OPC UA 服务器的地址为图中的"opc:tcp://192.168.0.1:4840"（服务器地址格式为：opc:tcp:// 服务器 IP: 服务器端口号），如图 9-133 所示。

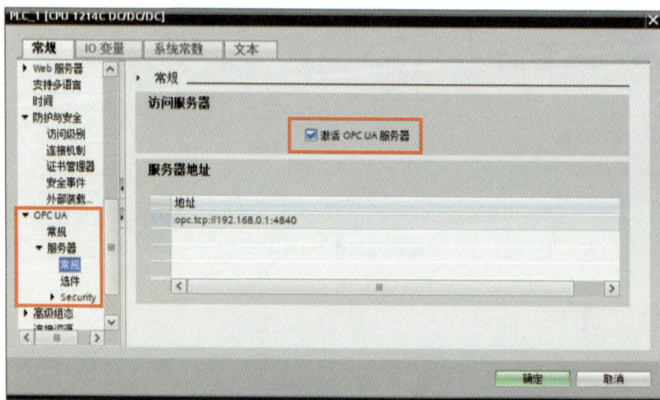

图 9-133　激活服务器

在"属性"→"运行系统许可证"→"OPC UA"中，设置购买的许可证类型为：SIMATIC OPC UA S7-1500 small，如图 9-134 所示。

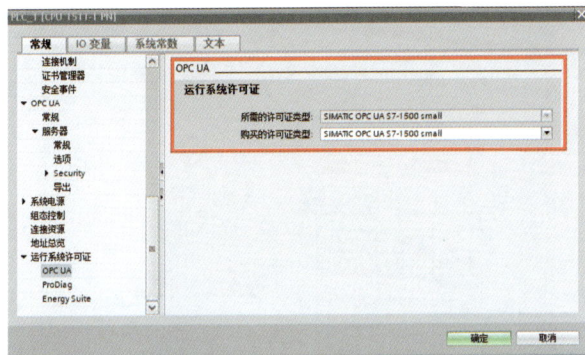

图 9-134　OPC UA 运行许可证设置

（7）PLC 程序编写

五子棋机的程序可参考彩球机的程序进行编写和理解。

9.4.4　五子棋机系统的虚拟调试

（1）下载至虚拟 PLC

选中项目树中的 PLC，并将程序下载至虚拟 PLC 中。选择 PG/PC 接口为 Siemens PLCSIM Virtual Ethernet Adapter，接口 / 子网的连接为 PN/IE_1。之后，单击"开始搜索"和"下载"。同时，在接下来出现的提示框中选择"启动模块"。完成上述操作后，所编写的程序将下载至虚拟 PLC 中，如图 9-135 所示。

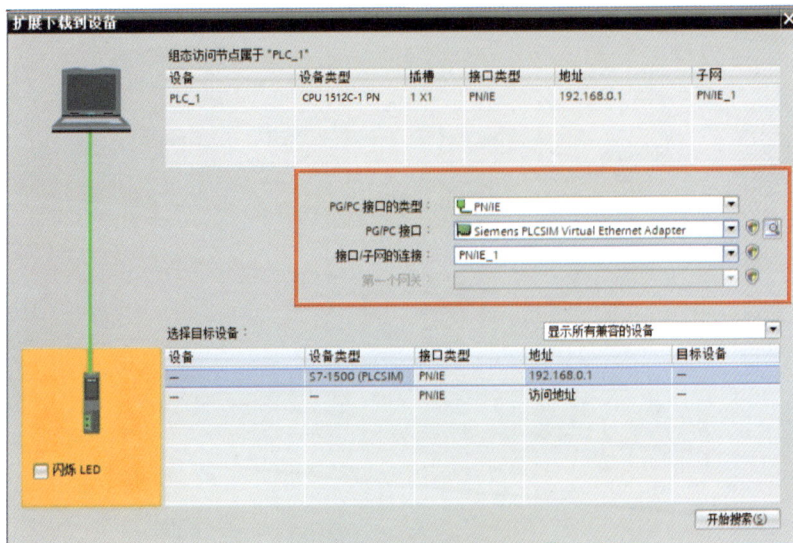

图 9-135　程序下载至设备

选中项目树中的 HMI，单击"启动仿真"按钮。完成上述操作后，HMI 将与 PLC 建立联系，可通过单击 HMI 中的按键，实现程序的运行，如图 9-136 所示。

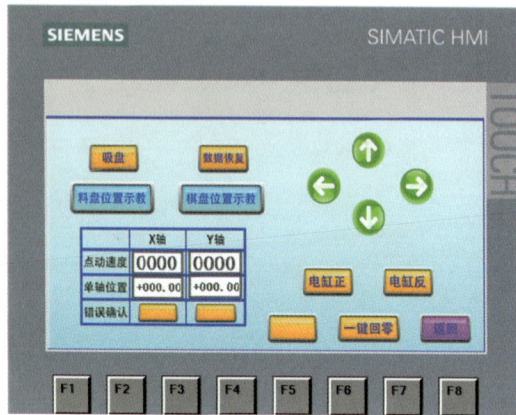

图 9-136　HMI 显示屏

（2）外部信号配置

将 PLC 中的信号添加至 NX MCD 中的"外部信号配置"，外部信号配置的通信方式为 OPC UA。在服务器信息处，添加新服务器并输入服务器端点（服务器端点查找方法：TIA Portal 程序中 PLC"属性"→ PROFINET 接口→以太网地址→ IP 地址）。完成上述操作后，在标记处对所需要的数据进行勾选，如图 9-137 所示。

图 9-137　外部信号配置

（3）信号映射

在信号映射中，选择 OPC UA 通信类型。通过单击 MCD 信号中的数据，同外部信号建立相对应的映射关系，如图 9-138 所示。执行自动映射：当 MCD 各信号名称与外部对应信号名称相同时，系统可自动识别进行映射，否则需手动添加。

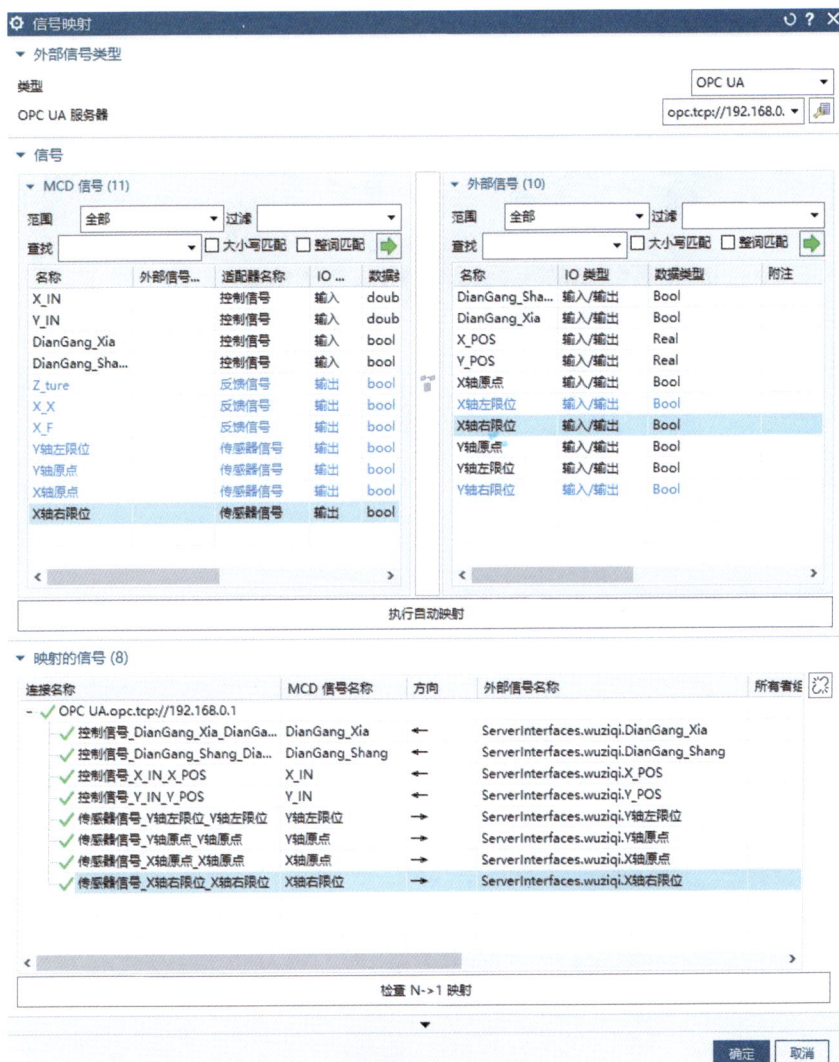

图 9-138 信号映射

（4）虚拟系统调试

信号映射完成后，就可以使 MCD 与程序的运动信号交互。单击 NX MCD 软件中的"播放"按键，并通过操控 TIA Portal 中 HMI 根画面程序，依次单击一键回零、料盘位置示教和棋盘位置示教，之后单击"重新开始"→选择棋战→单击"开始选择"→选择白棋或者黑棋→调整下棋位置→单击落子，就可以观察到装置的运动情况。在 MCD 中得到了仿真验证；同时可以在 TIA Portal 的程序窗口中看到 NX MCD 与 TIL Portal 进行的数据交互。在调试时可以直观地观察仿真模型的运动和行为，发现缺陷则立即修改，然后再调试，直至完成一套完整的解决方案，如图 9-139 所示。

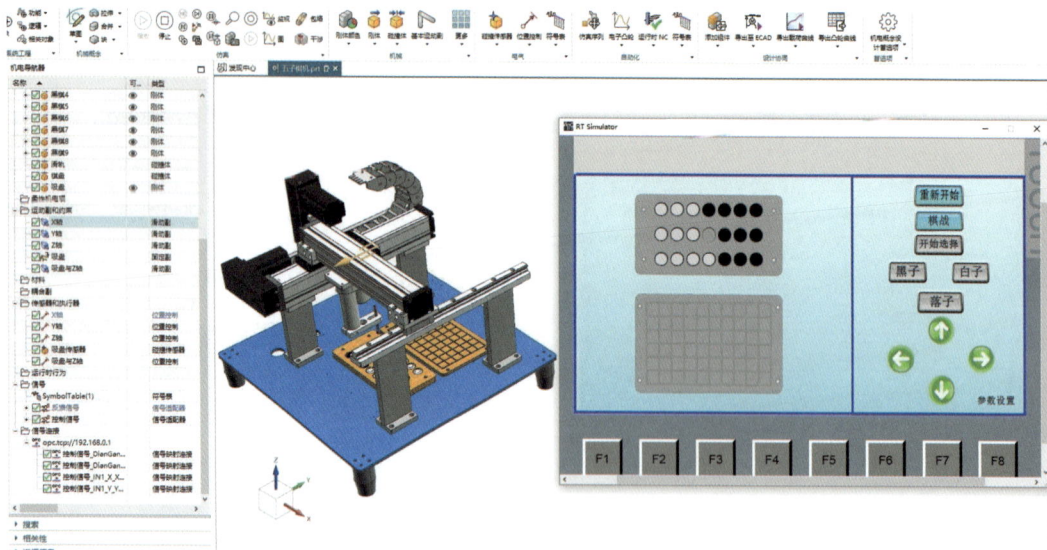

图 9-139 五子棋机运行图

本章小结

本章通过四种典型的机电系统案例，全面介绍数字孪生和虚拟调试的全过程。其流程从机电概念设计到联合调试，完成 NX MCD 机电对象的创建、运动副创建、信号的适配、信号连接、通信连接、仿真运行调试等项目的全部开发过程。

思考题

1. 简述虚拟调试和数字孪生的含义。
2. 简述虚拟调试的操作步骤。
3. 简述数字孪生的操作步骤。

第10章

机电系统三维仿真案例

导读

　　三维仿真技术能够精准地将物理世界中的设备结构与运行机理等比例还原到数字世界中，进而在数字世界中进行编程和调试工作。三维仿真技术特别适用于工厂生产线的前期规划，在实际部署前，通过三维仿真可以详尽地模拟和验证生产流程中的各个环节，确保方案的可行性和优化性。这样不仅有助于提前发现潜在问题，还能有效地降低实施风险和成本。本章通过机电系统三维仿真典型案例，详细描述从虚拟场景搭建到实验制作及调试的完整过程等。

　　本章仿真案例是在上海明材数字科技有限公司（简称：明材数科）的仿真平台上进行的，可登录明材数科公司官网 MINT 云仿真平台进行仿真操作。

　　登录 MINT 云仿真平台账户后，才可访问网址，进入雕刻机案例仿真任务，如图 10-1 所示。

图 10-1　MINT 云仿真登录界面

10.1 三维仿真技术概述

三维仿真技术是一种利用计算机图形学、计算机动画、虚拟现实（VR）、增强现实（AR）以及相关算法，将物理世界中的对象、环境或过程在数字世界中创建出高度逼真的三维模型的技术。它允许用户在虚拟环境中交互式地观察和操作这些模型，从而实现对真实世界现象的模拟、分析和预测。

（1）主要特点

① 高精度建模：可以精确复制物体的几何形状、材质特性、运动模式等，确保仿真的准确性。

② 实时交互性：提供用户与三维场景之间的互动能力，支持动态调整参数并即时查看结果。

③ 多领域应用：广泛应用于工程设计、教育培训、娱乐游戏、医疗手术规划等多个行业。

④ 可视化展示：通过逼真的视觉效果帮助非专业人士理解复杂概念和技术细节。

⑤ 优化决策支持：为项目前期规划提供强大的工具，能够在实际建造或实施前测试不同的方案，减少错误和成本。

（2）应用范围

① 制造业：用于产品开发周期中的快速原型设计、装配线布局优化、机器人路径规划等。

② 建筑与施工：协助建筑师进行建筑设计、结构分析、施工进度管理等。

③ 交通系统：模拟城市交通流量、车辆碰撞测试、机场跑道使用效率等。

④ 教育与培训：创建沉浸式的教学环境，如飞行模拟器、外科手术训练等。

⑤ 娱乐产业：电影特效制作、视频游戏开发、主题公园体验设计等。

（3）技术优势

① 降低风险：在虚拟环境中测试新产品或新流程，避免了实物试验可能带来的危险和高昂代价。

② 节约资源：减少了实体样机制造的需求，降低了材料消耗和时间成本。

③ 提升效率：加速设计迭代过程，使工程师能够更快地找到最优解决方案。

④ 促进协作：不同地理位置的团队成员可以通过共享同一虚拟空间来协同工作。

随着硬件性能的提高和软件算法的进步，三维仿真技术正变得越来越普及，并且其应用深度和广度也在不断扩展。这项技术对于推动各行业的创新和发展具有重要意义。

10.2 三维仿真场景搭建

三维仿真场景搭建指的是在 MINT 三维仿真工具上，精确复原物理世界中的设备结构、运行机理、应用程序及生产工艺流程，构建与现实高度一致的虚拟环境。

10.2.1 MINT 三维仿真工具功能概述

MINT 三维仿真工具可精准构建并还原真实工业生产数字场景。该工具涵盖设备模型制作、场景布局、路径规划、工艺配置、编程调试、通信配置等功能，帮助用户快速创建数字化生产场景。该工具不仅为企业数字化转型提供强有力的技术支撑，而且有助于培养用户的先进技能与创新思维。

（1）模型制作

MINT 三维仿真工具支持导入三维模型，并能为三维模型以可视化的方法创建关节、坐标、属性、行为等参数，使设备三维模型具备物理设备的工作机理和处理问题的逻辑能力，并可以将三维模型应用在场景搭建中，如图 10-2 所示。

图 10-2　三维模型制作

（2）场景布局

MINT 三维仿真工具为用户提供了一个快速、便捷的平台，通过简单的拖放操作即可完成各种复杂三维场景的搭建，包括场地和设备布局。该工具支持详细的设备坐标设置以及灵活的旋转和平移调整，使用户能够精确控制设备的位置和方向，轻松实现高效、精准的场景构建，如图 10-3 所示。

（3）路径规划

MINT 三维仿真工具提供了一种快速、便捷的方法来设定产品生产路径规划。用户可以通过直观地连接各工作单元节点，轻松定义和优化生产流程，确保产品在三维场景中的路径规划既高效又准确，如图 10-4 所示。

图 10-3 三维场景布局

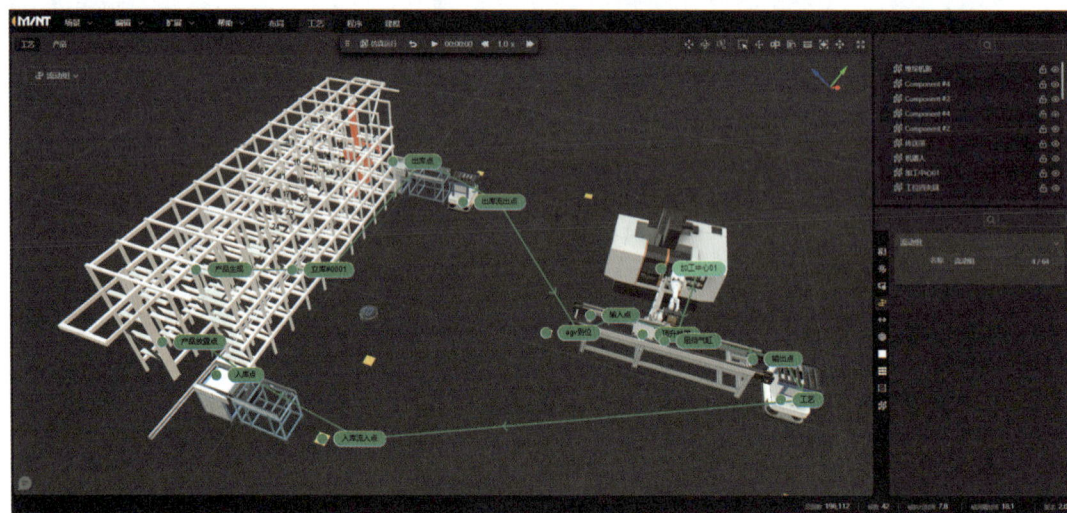

图 10-4 三维场景路径规划

（4）工艺配置

MINT 三维仿真工具将常见的工业生产中的工艺封装为便捷的子菜单，用户只需调用这些子菜单并配置相关参数，即可高效复原物理场景中的产品生产工艺流程。这种方式简化了操作，使得复杂工艺的模拟变得直观且易于管理，如图 10-5 所示。

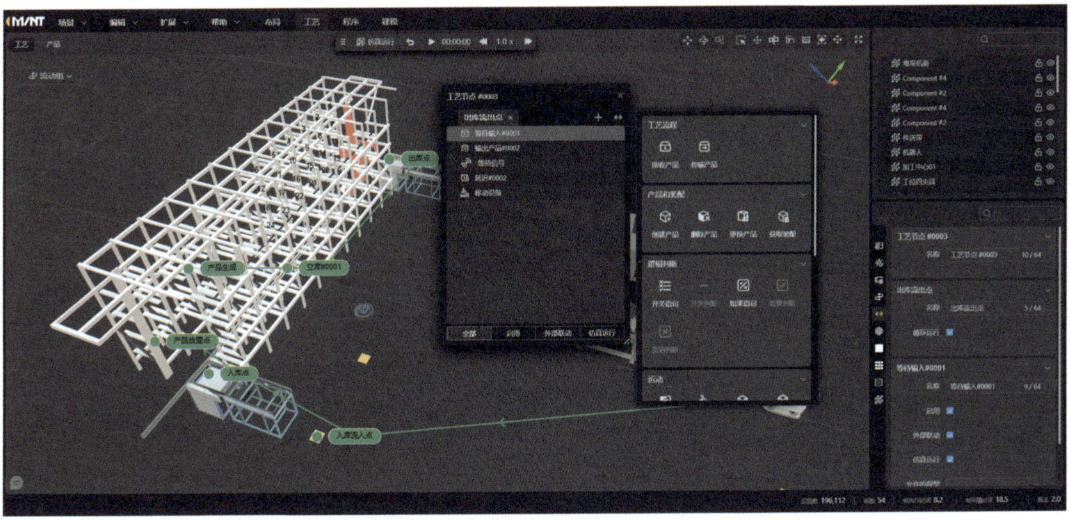

图 10-5　三维场景工艺配置

（5）编程调试

MINT 三维仿真工具配备了强大的机器人离线编程编辑器，用户可以在程序编辑器面板中创建和嵌套编程语句，定义机器人的动作。每个机器人拥有一个主程序来执行动作和调用子程序，系统支持创建多个子程序，这些子程序不仅可以在主程序中调用，还能被仿真环境中的其他元素触发，确保机器人能够响应并执行多样化的任务需求，如图 10-6 所示。

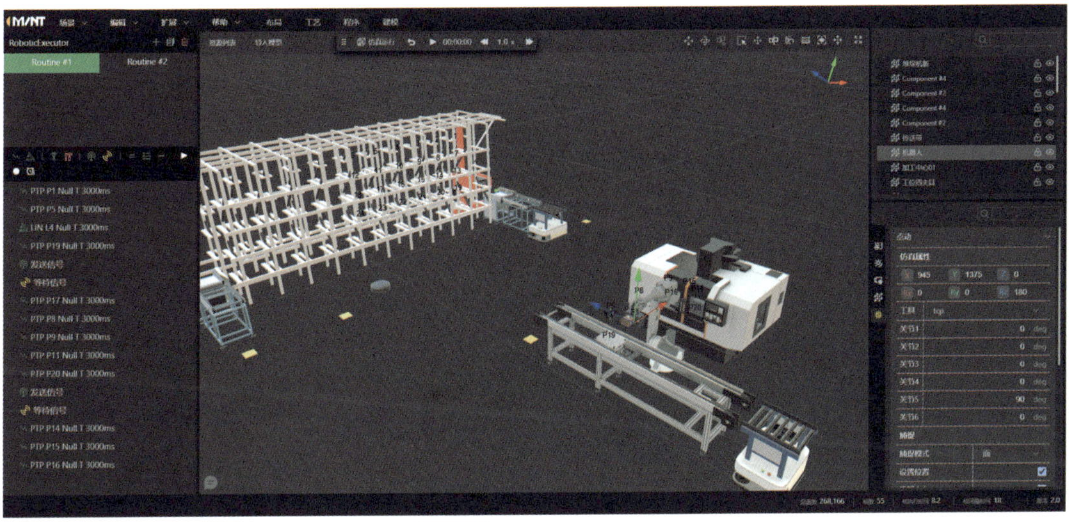

图 10-6　三维场景编程调试

（6）通信配置

MINT 三维仿真工具具备多种数据协议转换能力，支持包括 ModBusTCP、S7、MQTT、OPC UA 等在内的主流协议的数据接收与发送。它能够与多个品牌的数据网关连接通信，允许这些网关采集仿真运行数据，并通过不同类型的协议进行数据交换。系统利用 MQTT 协议，可以将仿真运行数据传输至任何支持 MQTT 的工业互联网平台，确保了数据交互的灵活性和兼容性，如图 10-7 所示。

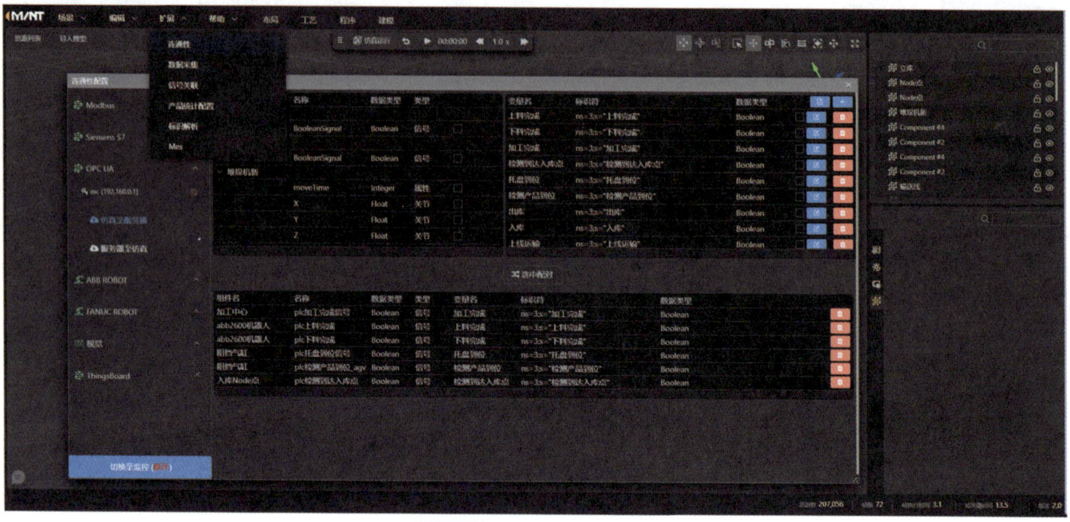

图 10-7　三维场景通信配置

10.2.2　项目一：处理雕刻机模型

本项目将利用 MINT 三维仿真工具，实现对雕刻机硬件结构和运行机理在数字世界的 1∶1 精确还原。通过 MINT 的建模功能，我们将创建雕刻机 X、Y、Z 三个运动轴，并配置相应的参数，确保仿真模型能够完全模拟物理雕刻机的运动特性，如图 10-8 所示。

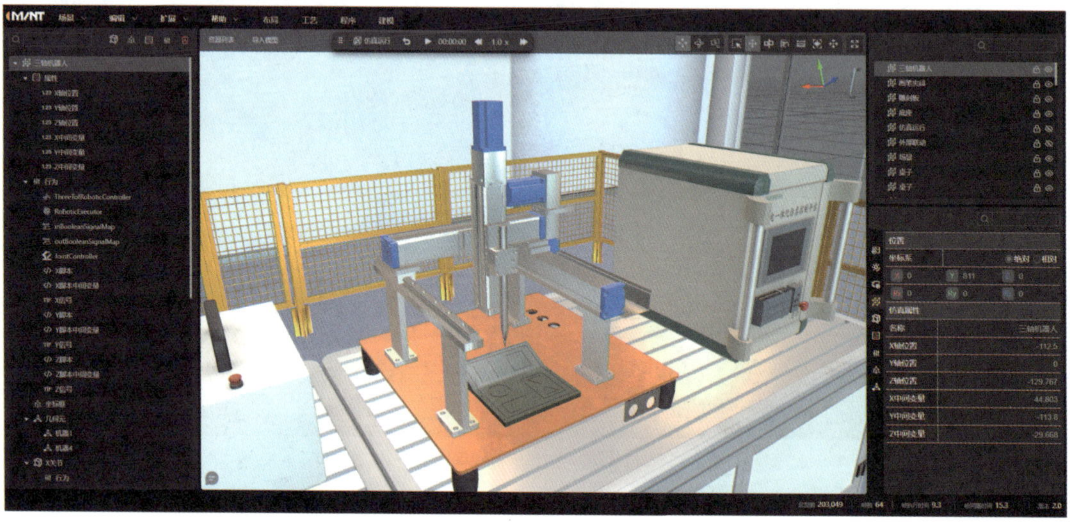

图 10-8　雕刻机三维仿真场景搭建

（1）设置模型运动关节

单击"新增关节"指令，并修改命名为 X 关节，将雕刻机模型的 X 轴拖拽到 X 关节下，如图 10-9（a）所示。按照同样的方式添加 Y 关节、Z 关节，如图 10-9（b）所示。

　　注：这里需要注意关节的创建有层级关系，且每个关节下对应相对的模型。

(a) X关节添加

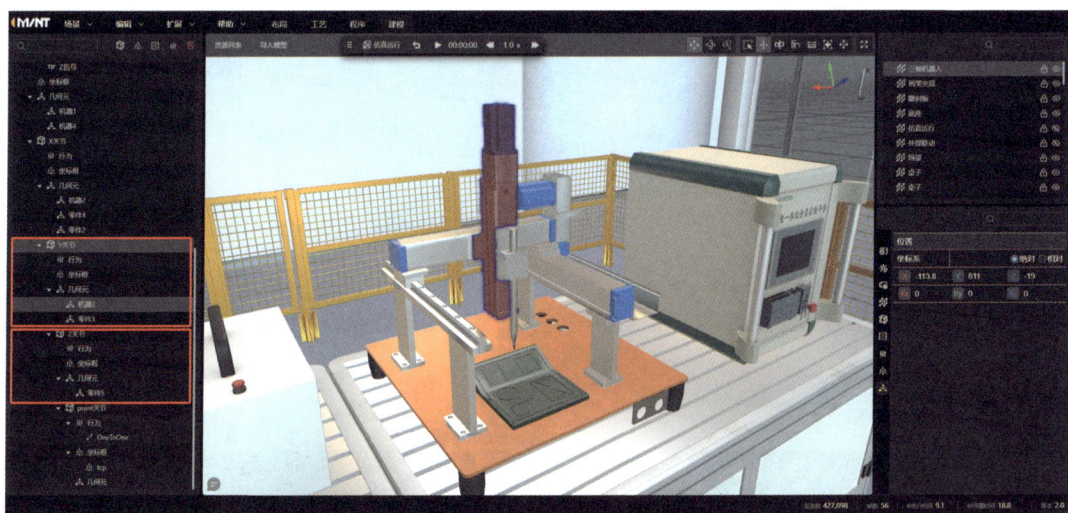

(b) Y、Z关节添加

图 10-9　新增关节

　　选中 X 关节，对 X 关节进行仿真属性设置，将"关节类型"设置为平移，"操作轴"根据要求确定正负方向，"初始运动值"设置为零点位置，"运动最小值"与"运动值限制"设置为滑轨平移的行程范围，同理设置 Y 关节、Z 关节的仿真属性，如图 10-10 所示。

　　在末端添加一个关节（命名为 Point 关节）用于制作画笔的安装位置，在关节下添加"一对一（OneToOne）"指令用于画笔能够吸附到三轴机器人末端上，单击"新增坐标框"按钮，添加一个坐标框（tcp）用于改变吸附点的位置，如图 10-11 所示。

　　设置 OneToOne 的仿真属性，"坐标位置"选择上述添加的坐标框（tcp），"吸附模式"选择层级，"是否父节点"为勾选状态，如图 10-12 所示。

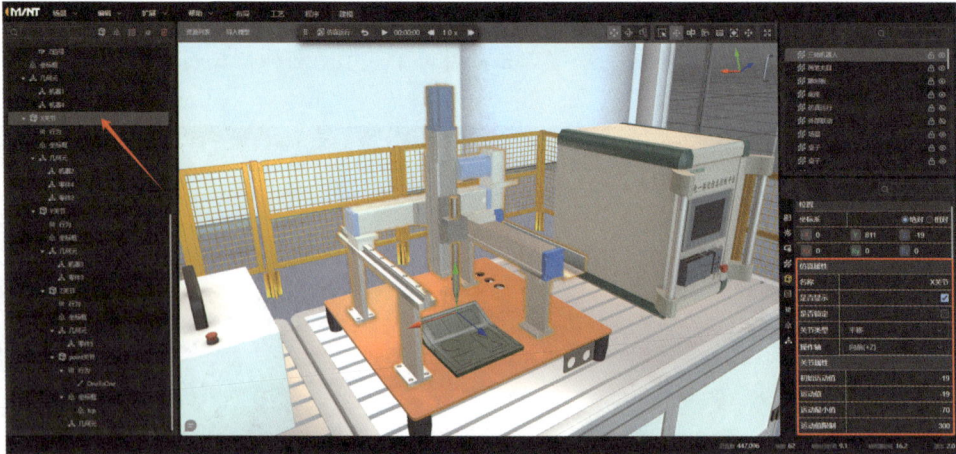

图 10-10　设置关节仿真属性

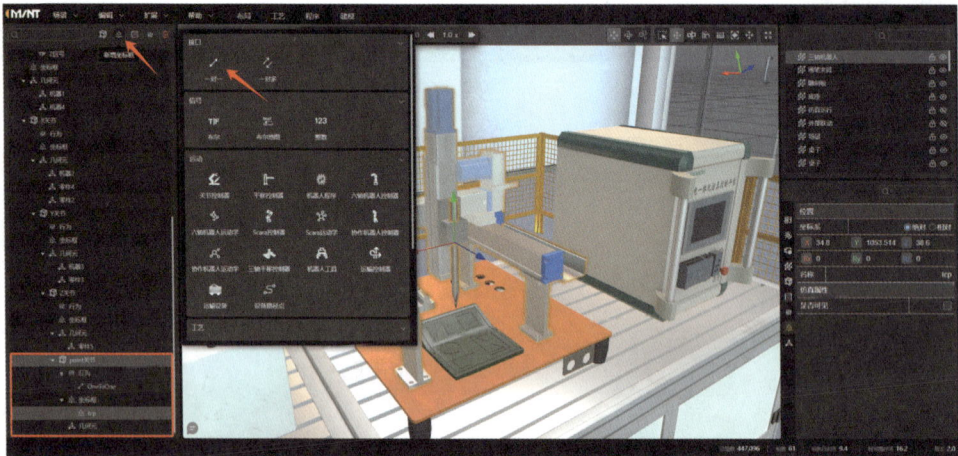

图 10-11　新增坐标框

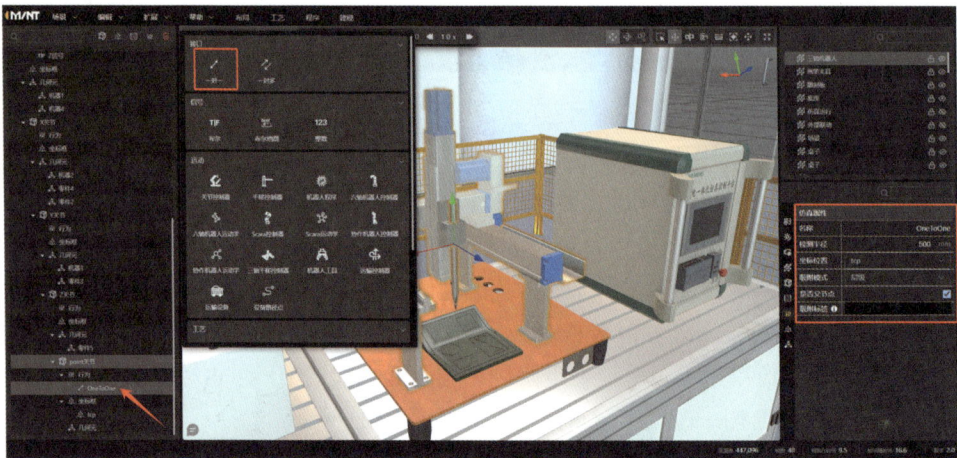

图 10-12　设置 OneToOne 的仿真属性

（2）设置模型运动行为

在行为中添加"三轴平移控制器""机器人程序""布尔地图"并设置仿真属性，如图 10-13 所示。

图 10-13 添加模型运动行为（一）

三轴平移控制器仿真属性设置："驱动关节"选择 X 关节、Y 关节、Z 关节，"法兰节点"选择 Point 关节，"工具安装器"选择 OneToOne，"关节 X、关节 Y、关节 Z"选择对应的关节，如图 10-14 所示。

图 10-14 添加模型运动行为（二）

机器人程序仿真属性设置："输入信号地图"选择 inBooleanSignalMap，"输出信号地图"选择 outBooleanSignalMap，"机器人控制器"选择 ThreeTofRoticController，如图 10-15 所示。

布尔地图仿真属性设置为 inBooleanSignalMap，与 outBooleanSignalMap 的属性设置一致，如图 10-16 所示。

对三轴机器人验证：切换到程序主菜单，拖拽雕刻机模型上的坐标轴，如雕刻机模型 X、Y、Z 轴均可正常移动，则雕刻机模型创建成功，如图 10-17 所示。

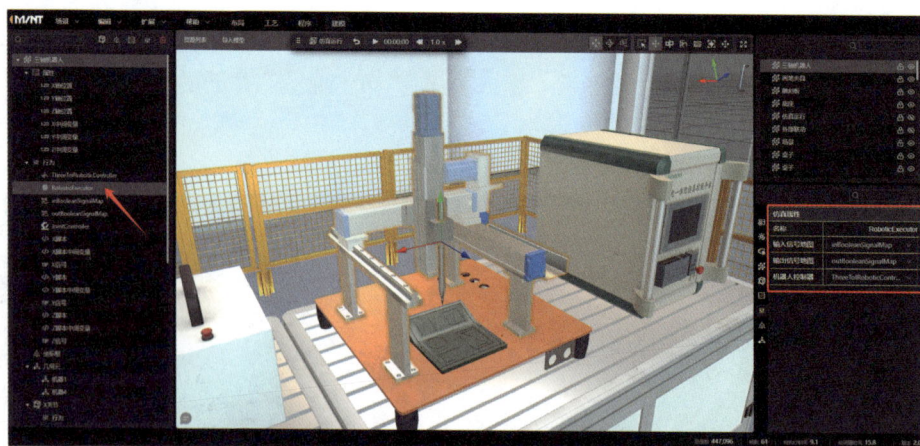

图 10-15　机器人程序仿真属性设置

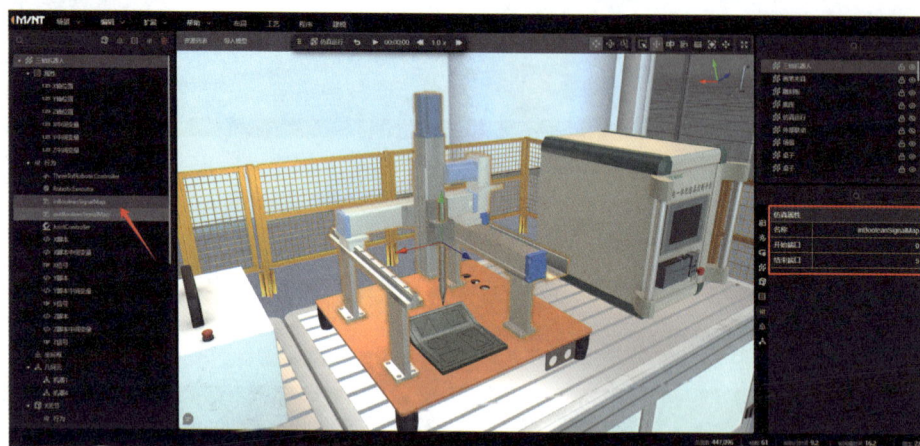

图 10-16　布尔地图仿真属性设置

图 10-17　三轴机器人验证

10.2.3　项目二：处理雕刻机模型 PLC 驱动

本项目将利用 MINT 三维仿真工具，添加雕刻机模型 PLC 驱动参数，最终实现雕刻机模型运动与外部 PLC 进行联动。

（1）添加属性

单击"新增属性"按钮，添加 6 个"小数"，分别命名为 X 轴位置、Y 轴位置、Z 轴位置、X 中间变量、Y 中间变量、Z 中间变量，用于对接外部 PLC 的实时位置数据。X 轴位置、Y 轴位置、Z 轴位置用于对接数据；X 中间变量、Y 中间变量、Z 中间变量主要用于 PLC 发的数据位置与仿真的数据位置坐标转换。仿真里的关节移动数据单位为 mm/s，若发的数据单位为 mm/s，则不需要转换，直接关联轴关节即可，如图 10-18 所示。

图 10-18　添加属性

（2）添加脚本

单击"新增行为"按钮，添加 6 个"脚本"，分别命名为 X 脚本、Y 脚本、Z 脚本、X 脚本中间变量、Y 脚本中间变量、Z 脚本中间变量，如图 10-19 所示。

图 10-19　添加脚本

以 X 轴控制为例：X 脚本，主要用于 X 中间变量的数据值传到 X 关节，让其关节运动。选中"X 脚本"，在 onTick 脚本行中，单击"编辑脚本"，如图 10-20 所示。

图 10-20　编辑 X 脚本

复制以下脚本内容，粘贴至"X 脚本"onTick 脚本中。

let signal=component.findBehaviorByName("X信号");

console.log(signal.value);

if (signal.value) {

let jointController = component.findBehaviorByName("JointController");

let property1=component.getPropertyByName("X中间变量");

component.findNode("X关节").value = property1.value;

X 脚本中间变量，主要用于使 PLC 传进来的数据与 X 关节运动的移动量保持相同。选中"X 脚本中间变量"，在 onTick 脚本行中，单击"编辑脚本"按钮，如图 10-21 所示。

图 10-21　编辑 X 中间变量脚本

复制以下脚本内容，粘贴至"脚本中间变量"onTick 脚本中。

let property1=component.getPropertyByName("X轴位置 ");

let property2=component.getPropertyByName("X中间变量 ");

property2.value=(-property1.value/4.360)+19

按照同样的方法，完成"Y 脚本、Z 脚本、Y 脚本中间变量、Z 脚本中间变量"脚本的编辑。

（3）添加信号

单击"新增属性"按钮，添加三个"布尔"信号，分别命名为 X 信号、Y 信号、Z 信号。X 信号、Y 信号、Z 信号是用于区分仿真运行与外部联动的信号，如图 10-22 所示。

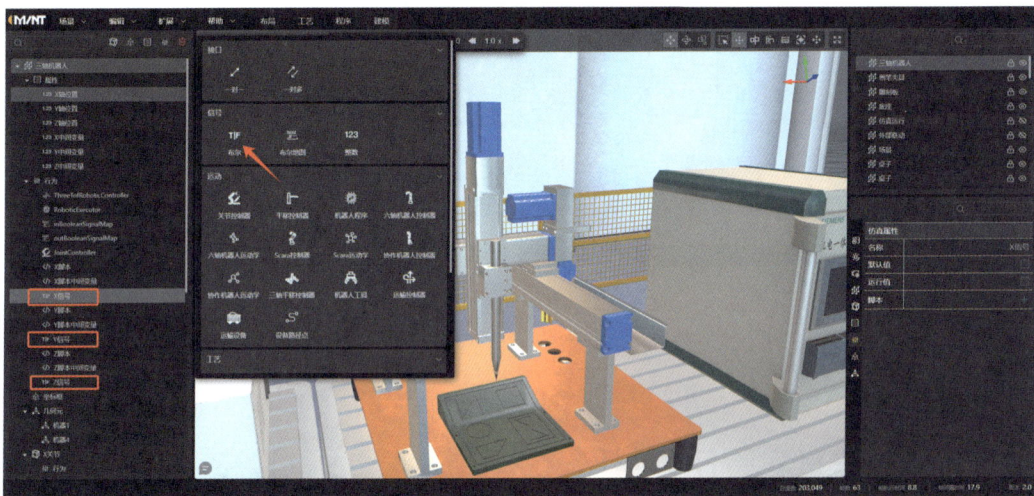

图 10-22　添加布尔信号

在"工艺"页面中，打开"工艺节点"窗口，添加三个"发送信号"，分别命名为：发送信号：X 信号 =0；发送信号：Y 信号 =0；发送信号：Z 信号 =0。并分别关联对应的信号，均取消勾选仿真运行，如图 10-23 所示。

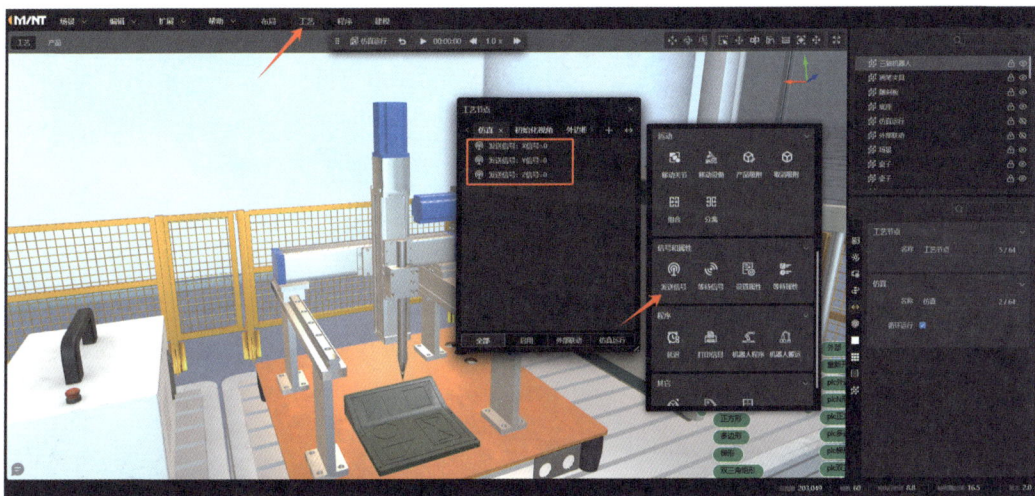

图 10-23　添加发送信号工艺

切换模式到"外部联动"，仿真时信号为 1，PLC 输入到仿真平台里的数据会传到关节运动中，如图 10-24 所示。

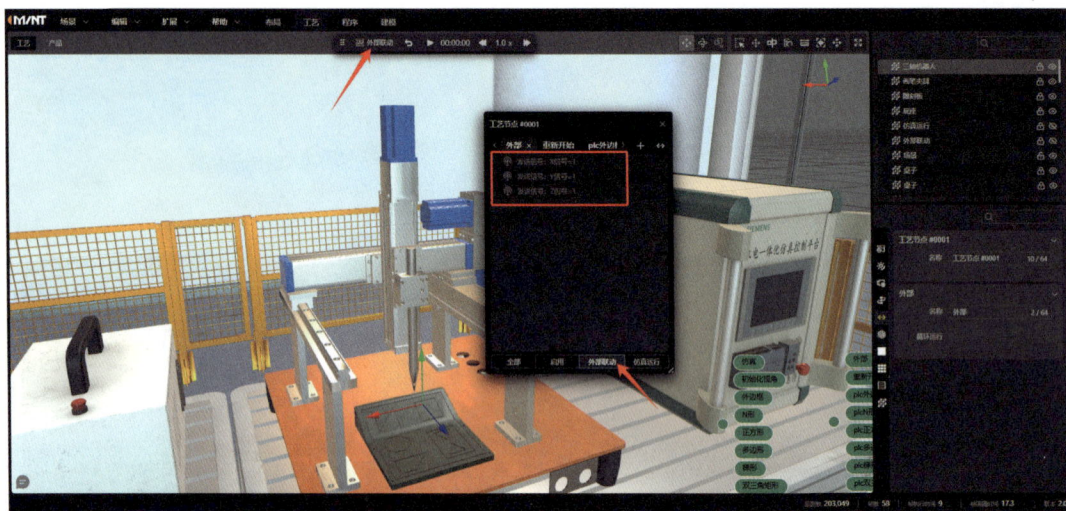

图 10-24　外部联动模式

10.3　三维仿真实验任务制作

三维仿真实验任务制作是指基于三维仿真场景制作可交互操作的虚拟实验，在 MINT 平台中使用课程制作工具，完成雕刻机 PLC 控制三维仿真实验任务的制作。雕刻机 PLC 控制三维仿真实验任务的制作分为两部分：第一部分创建仿真实验任务，第二部分配置仿真实验任务。

10.3.1　项目三：创建仿真实验任务

本项目通过 MINT 平台中课程制作工具创建雕刻机 PLC 控制三维仿真实验任务的实验模板，并在平台中创建一个三维仿真实验任务。

（1）设置仿真实验模板

打开 Web 版 MINT 平台，在"团队空间"内，添加实验模板，如图 10-25 所示。

根据"元件库"的组件，制作实验任务模板。实验任务模板内容、数量均可根据教学设计需求自由设计、更改，如图 10-26 所示。

（2）创建仿真实验任务

打开 Web 版 MINT 平台，在"团队空间"内，添加课程，如图 10-27 所示。

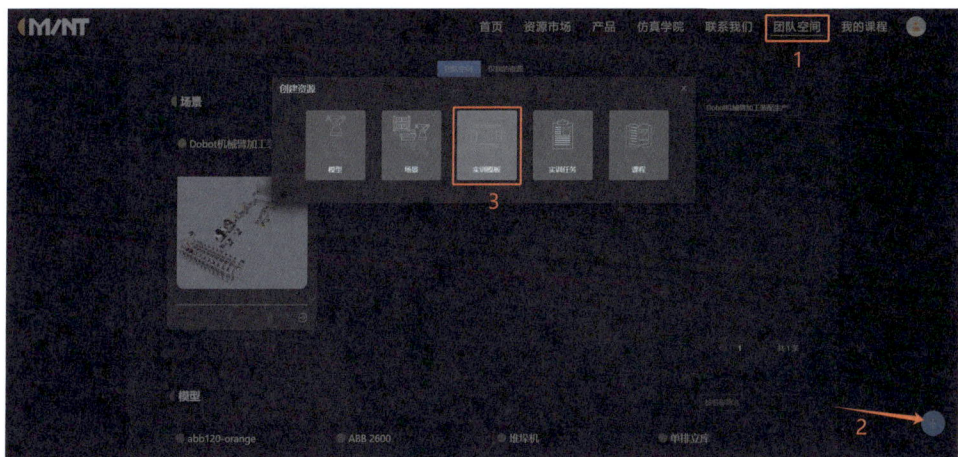

图 10-25　添加实验模板

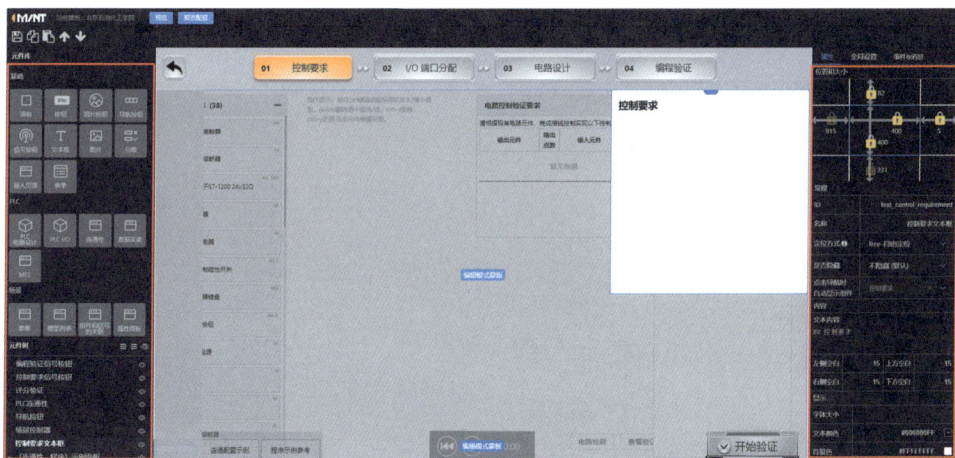

图 10-26　模板制作

图 10-27　添加课程

　　"新增实验任务"页面填写实验任务名称；关联上一步设计的实验模板；类型根据要求选择"考核"或"训练"模式；配置完成单击"保存"按钮，如图 10-28 所示。

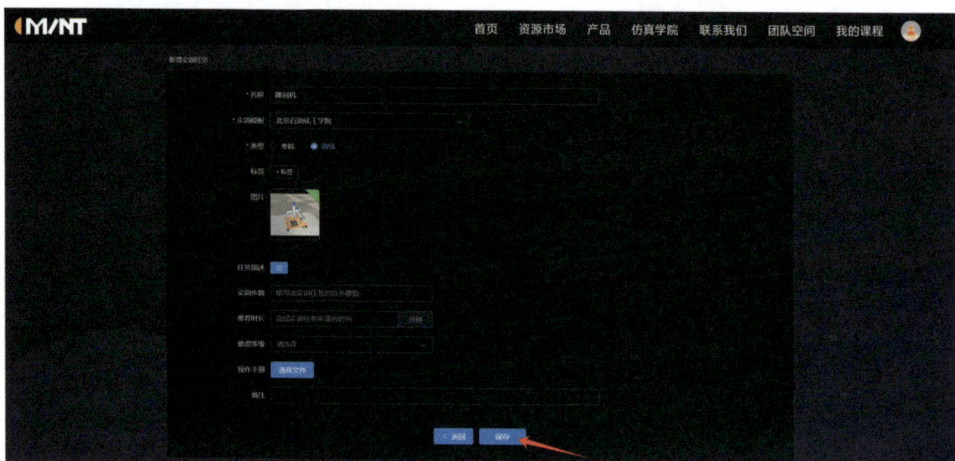

图 10-28　新增实验任务

实验任务创建完成后，单击"配置"选项，进入实验任务配置界面，如图 10-29 所示。

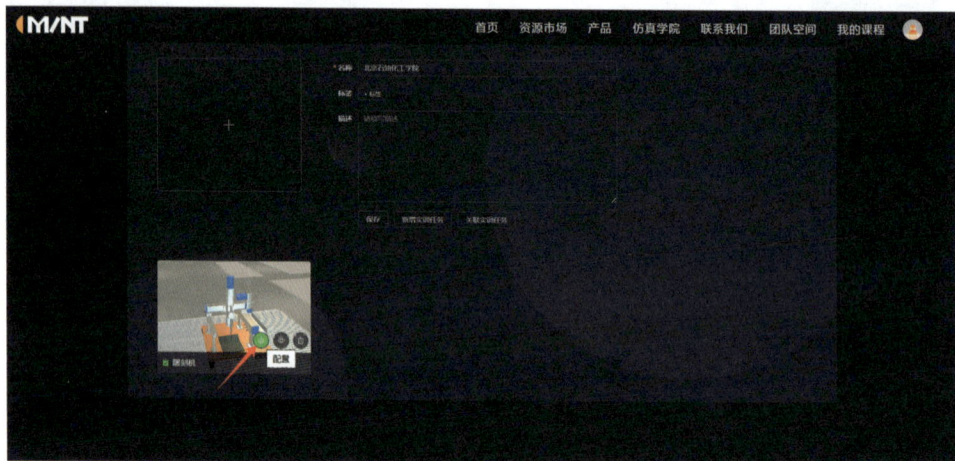

图 10-29　实验任务配置

10.3.2　项目四：配置仿真实验任务

本项目利用 MINT 平台的课程制作工具，依次配置雕刻机 PLC 控制的三维仿真实验任务，涵盖控制要求、I/O 端口分配、电路设计以及编程验证四个关键环节。

（1）配置实验任务控制要求环节

仿真实验任务场景需配置关联场景、自动播放、运行模式等信息，如图 10-30 所示。

① 关联场景：在场景中关联创建的三维任务场景。

② 自动播放：根据需求选择"是"或"否"模式，选择"是"进入该任务场景会自动播放，选择"否"时需要手动单击菜单的播放才能运行场景。

③ 运行模式：根据需求选择"仿真"或"外部联动"模式，选择"仿真"时运行场景走勾选仿真运行下的工艺指令，选择"外部联动"时运行场景走勾选外部联动下的工艺指令。

图 10-30　配置实验任务场景信息

仿真实验任务控制要求信号按钮需配置按钮名称、按钮类型、按钮颜色、信号等信息，如图 10-31 所示。

① 按钮名称：按钮下显示的文字描述。

② 按钮类型：选择"点按""长按"与"挡位切换"三种模式之一。"点按"为每点击一次按钮信号触发一次信号值；"长按"为点击按钮时信号为按住状态的设定值，松开按钮时信号为松开状态的设定值；"挡位切换"为切换按钮的状态并保持在切换的状态，直到再次切换来改变值。

③ 按钮颜色：按钮的显示颜色。

④ 信号：是通过触发按钮，与三维场景的信号实现交互的信号，只需填写三维场景中对应的组件名及信号名一致即可，点按、长按信号触发条件为 true 或 false 两种状态，挡位切换信号可为每个挡位设置不同属性的信号。

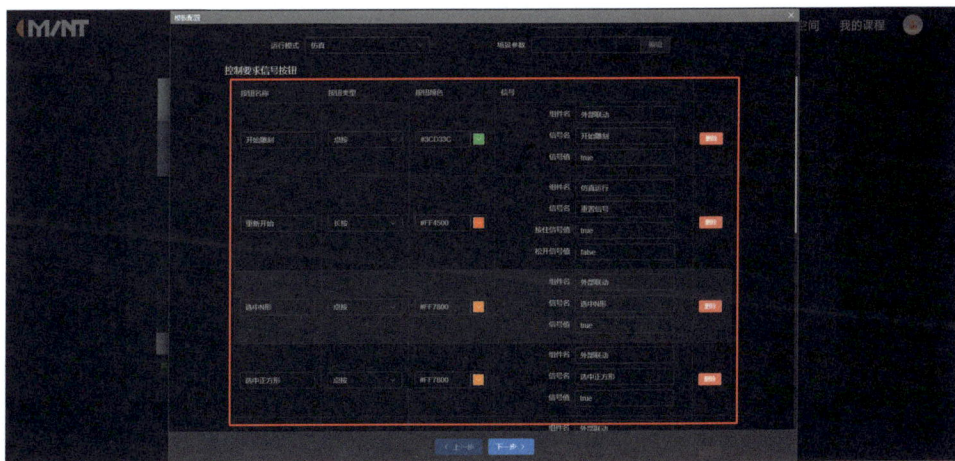

图 10-31　配置交互按钮的信号

仿真实验任务控制要求文字内容，通过在"控制要求文本框"录入文字内容实现，如图 10-32 所示。"控制要求文本框"中填写的是实验任务的控制描述内容。

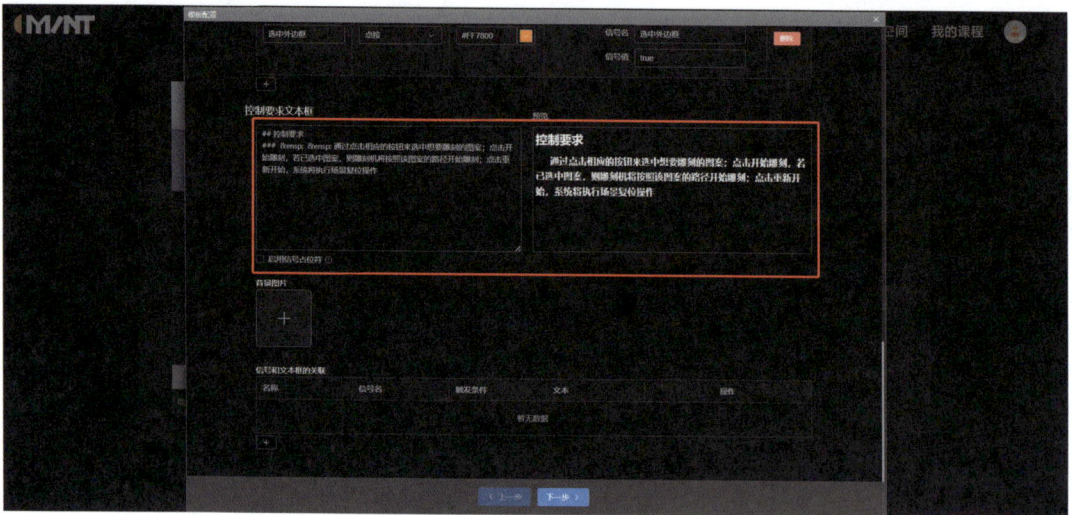

图 10-32　配置"控制要求文本框"

（2）配置实验任务 I/O 端口分配环节

实验任务 I/O 端口分配环节，填写任务中可选项元器件的名称及 PLC 输入端口与 PLC 输出端口等信息，如图 10-33 所示。

① 元器件可选项：填写任务中可选项元器件的名称，用于定义元器件分配规则的可选择项。

② PLC 输入端口：用于定义输入端口的选型项。

③ PLC 输出端口：用于定义输出端口的选型项。

④ 示例图片：配置导入 I/O 端口分配的示例图片。

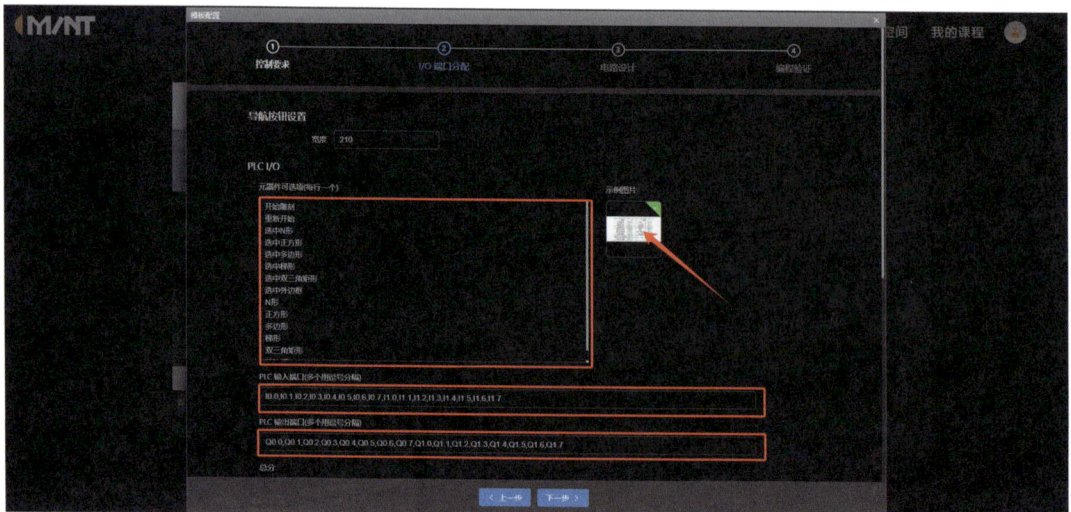

图 10-33　I/O 端口分配

配置分数的值，将元器件的名称与连接端口类型关联，区分元器件是输入还是输出，如图 10-34 所示。

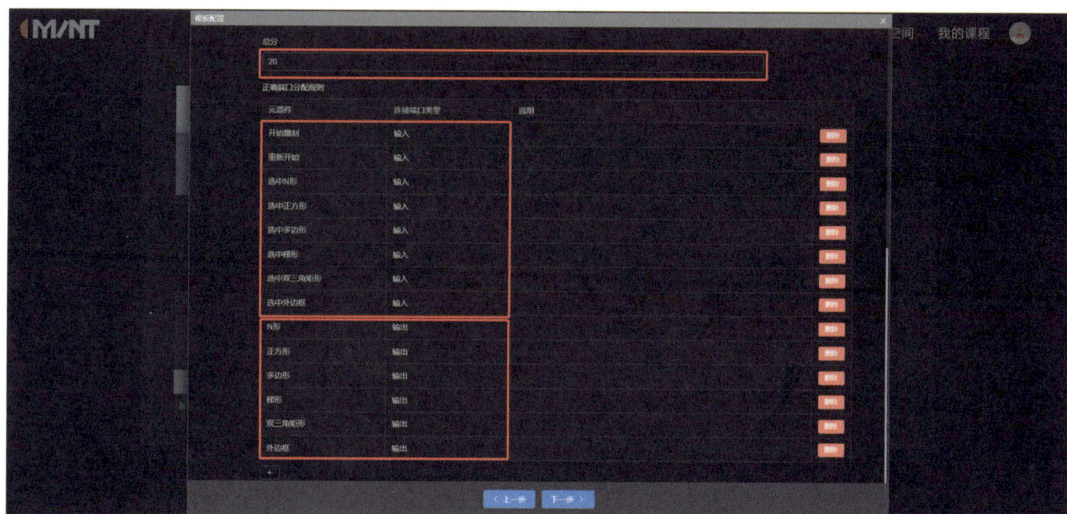

图 10-34　配置 I/O 端口分配测评分数

（3）配置实验任务电路设计环节

① 配置电路设计示例图片：选择场景使用的元器件，可修改定义元器件的数量与显示的名称，如图 10-35 所示。

② PLC 电路设计示例图片：导入电路设计示例图片。

③ 选择场景元器件：根据任务，选择需要使用的元器件；可修改定义元器件的数量与显示的名称。

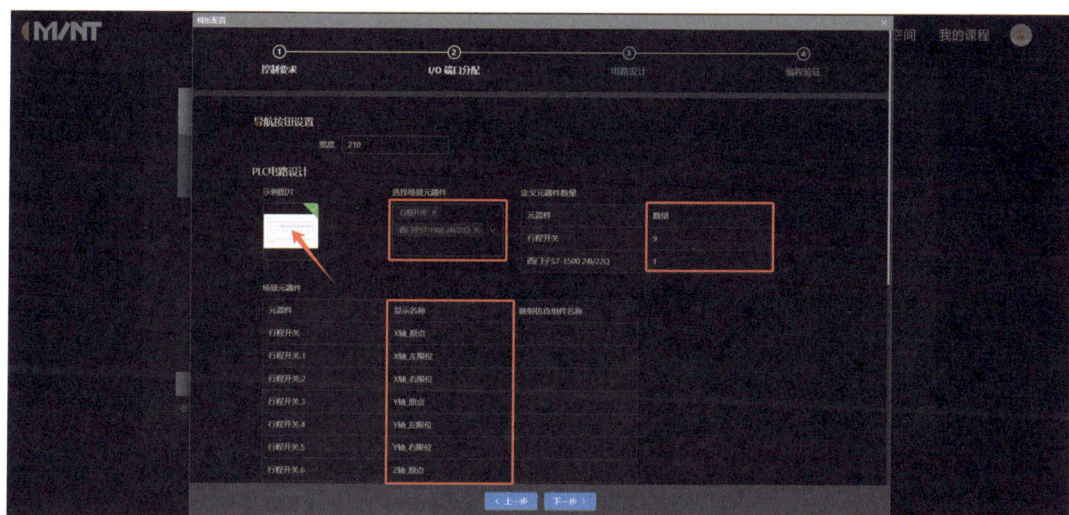

图 10-35　配置任务电路设计

配置"电路设计总分数"。电路要求配置"电路验证规则"：根据连线端子需要连接的线路，选择输出参数的元器件名称与输入参数元器件名称对应配置，如图 10-36 所示。

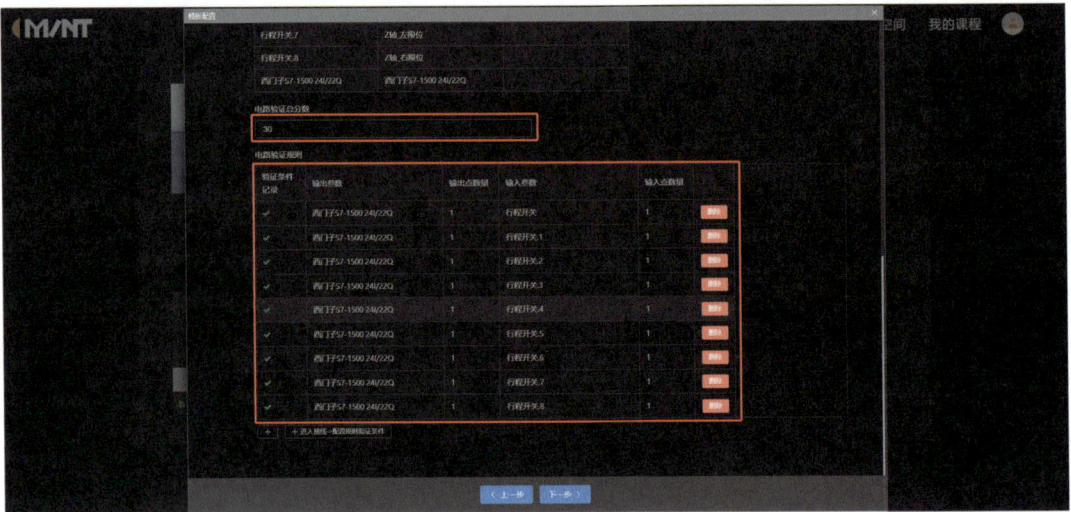

图 10-36　配置电路设计测评得分

单击"进入接线"→"配置规则验证条件"实现验证配置，如图 10-37 所示。

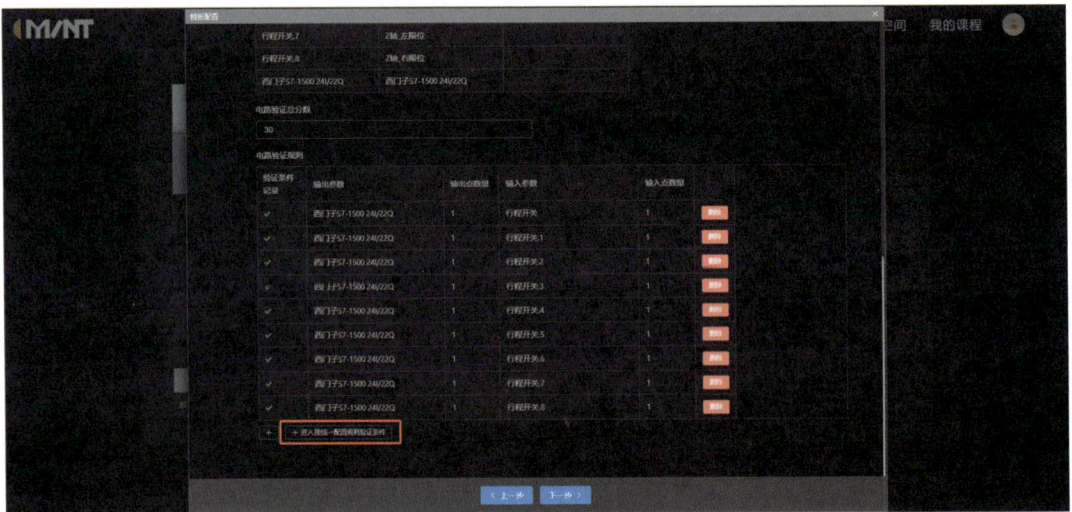

图 10-37　配置规则验证条件

跳转到如图 10-38 所示界面，根据电路设计图配置连接线路的规则，将线路连接完成，实现"画板元件"的显示为运行状态；在"电路控制验证要求"中的"操作"下记录当前的电路验证状态，设置完成，回到"模板配置"界面保存。

（4）配置实验任务编程验证环节

关联创建的任务场景，配置交互按钮的信号属性，与上述控制要求的配置方式一致，如图 10-39 所示。

评分验证：配置分数的值及需要验证的信号条件，检查项描述为检查验证的文字描述项；检测规则为"信号验证项"信号中的组件名、信号名与信号值为三维场景中触发的信号，如图 10-40 所示。

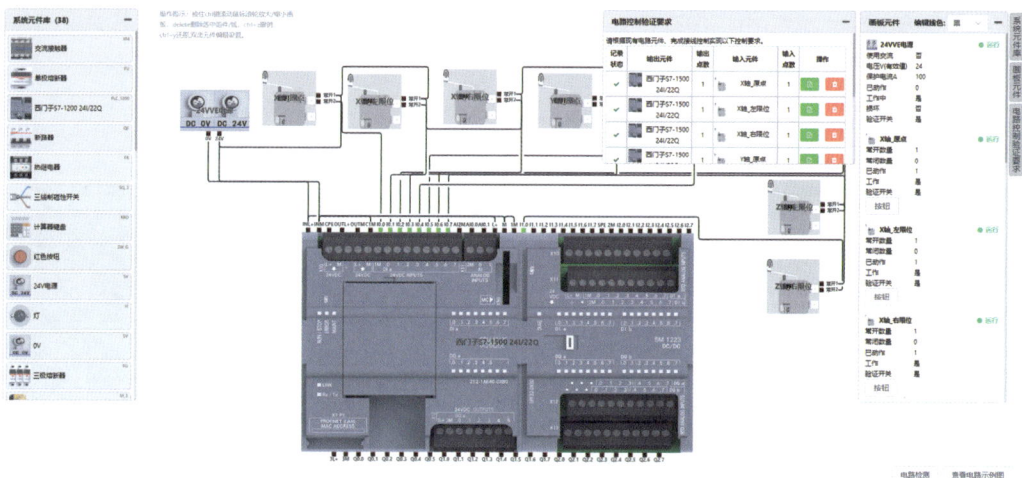

图 10-38 模板配置界面

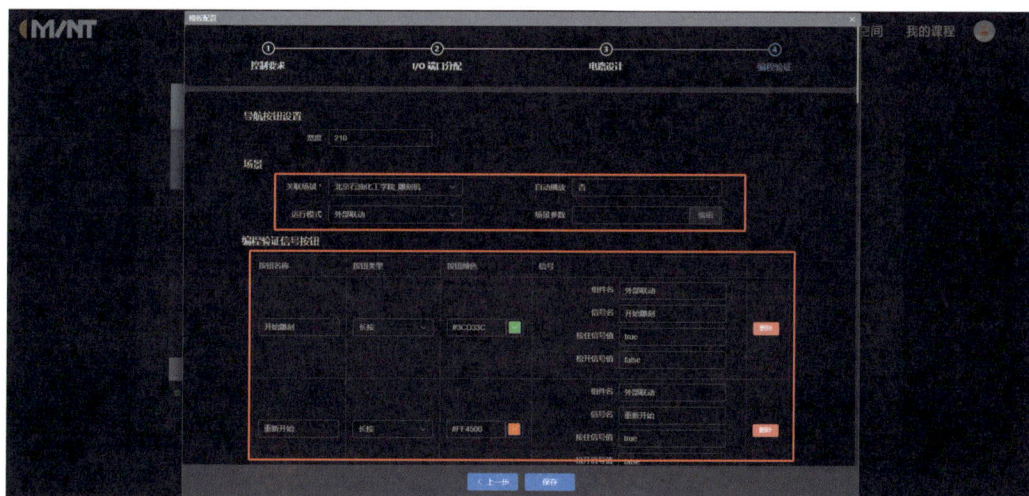

图 10-39 场景关联、按钮配置

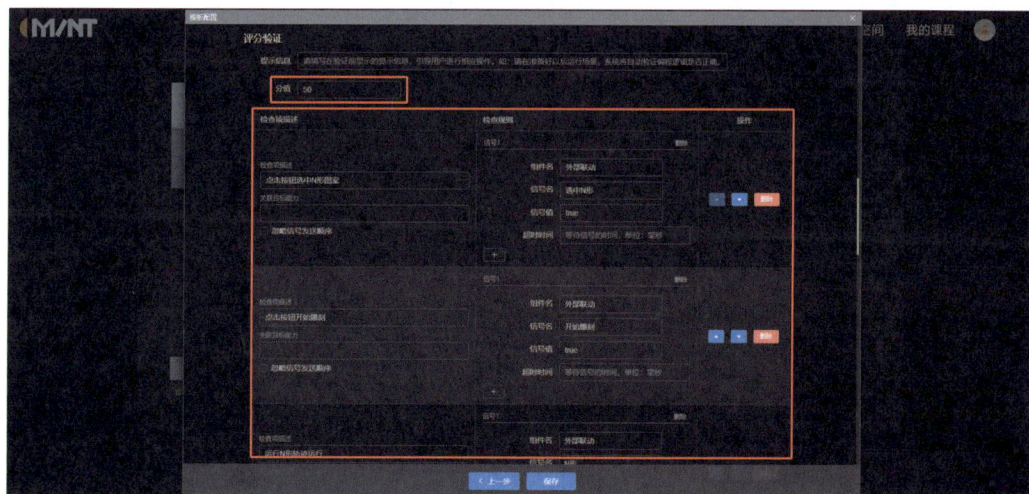

图 10-40 评分验证

连通配置示例文本：用于描述如何添加连通性服务器、服务变量、信号绑定及通信连接的操作过程，如图10-41（a）所示。

程序参考示例：用于放置本程序的参考示例图，如图10-41（b）所示。

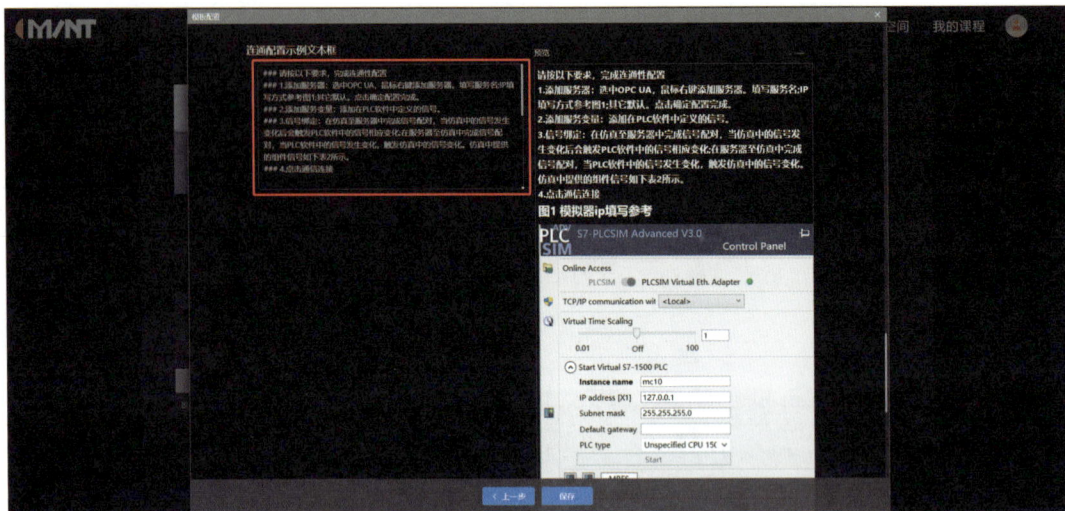

(a) 连通配置示例文本

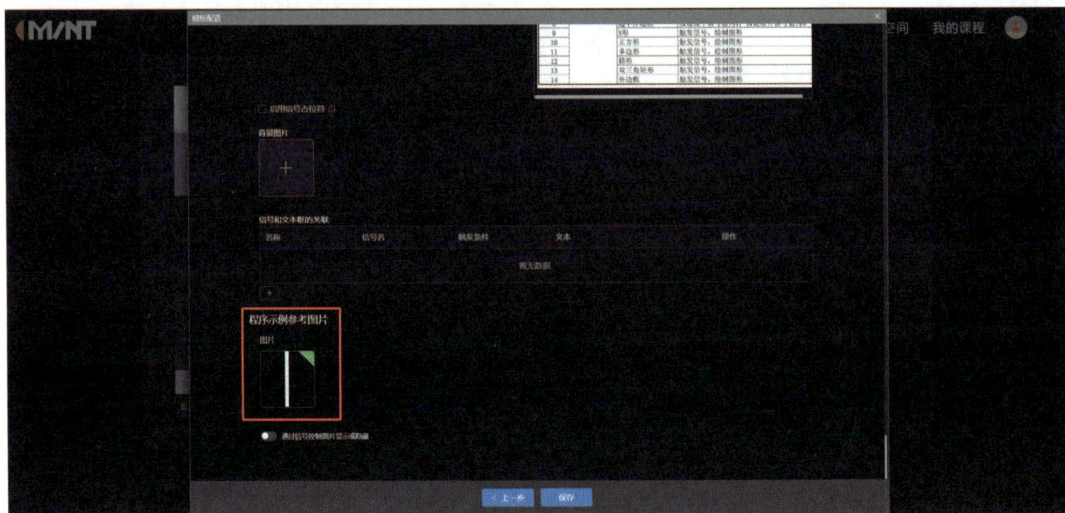

(b) 程序参考示例

图 10-41　编程验证环节连通配置

（5）查看仿真实验任务配置结果

在课程内，单击"预览"打开配置好的实验任务，如图10-42所示。

进入实验任务，查看在控制要求任务下，交互按钮，雕刻机雕刻对应的图案；查看 I/O 端口分配下，配置端口是否能检验结果；查看电路设计，根据电路图进行线路的连接，验证是否能够连线及评分；查看编程验证下，连接 PLC 是否验证成功，如图10-43所示。

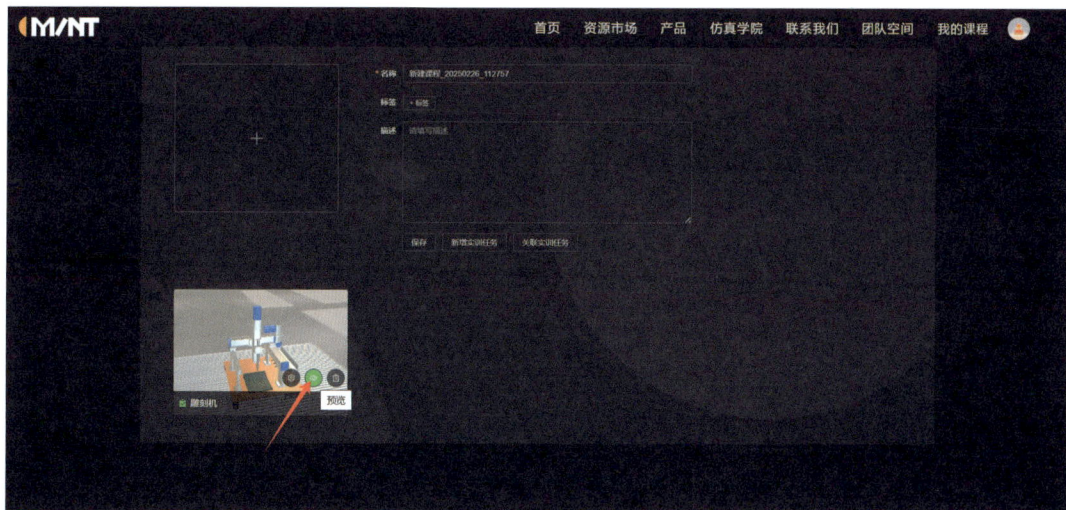

图 10-42 打开实验任务

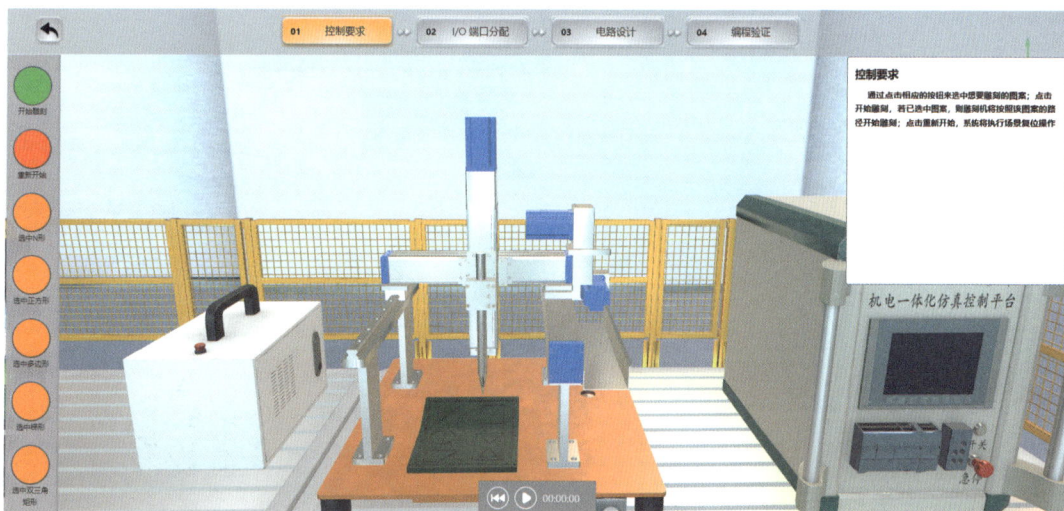

图 10-43 查验仿真实验任务配置结果

10.4 三维仿真实验任务调试

通过 MINT 平台构建的三维仿真实验任务，能够在设备生产前的阶段对物理设备进行虚拟调试，下面将重点介绍雕刻机 PLC 控制三维仿真实验任务的在线调试流程，使用户能在虚拟环境中完成从控制逻辑验证到性能优化的全面测试。

因 MINT 云仿真平台通过 S7-PLCSIM Advanced 的 OPC UA 实现数据的通信连接，所以需要将 S7-1200 替换成 S7-1500 进行仿真。S7-1200 进行软件在环虚拟调试，是通过 TIA + PLCSIM+NetToPLCsim。S7-1200 是不能用 S7-PLCSIM Advanced 进行仿真的。表 10-1 所示为软件要求。

表 10-1　软件要求

软件	版本
MINT云平台	2.0
TIA Portal	V16及以上
S7-PLCSIM Advanced	V3.0及以上

10.4.1　项目五：任务调试

本项目旨在通过 4 个关键环节——控制要求、I/O 端口分配、电路设计和编程验证，来全面检验雕刻机 PLC 控制三维仿真实验任务的制作质量。这不仅是在虚拟数字世界中调试虚拟雕刻机的过程，也是确保其功能准确性和操作可靠性的关键步骤。

（1）控制要求

通过控制要求的描述，了解实验内容。单击菜单中的"播放"按钮，选择左侧按钮确定需要绘制的图案，单击"开始雕刻"按钮，三维场景的雕刻机根据选择的图案方式开始运动雕刻，单击"重新开始"按钮，场景复位，如图 10-44 所示。

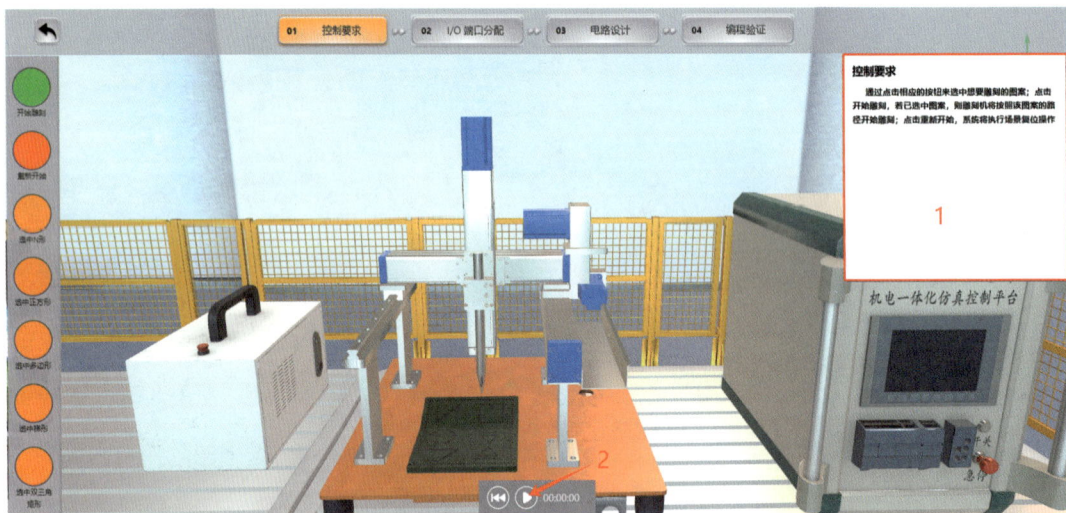

图 10-44　仿真实验任务控制要求调试

（2）I/O 端口分配

选择输入元器件名称与输入端地址配对，输出元器件名称与输出端地址配对，如表 10-2、图 10-45 所示。

表 10-2　仿真实验任务 I/O 分配表

输入		输出	
开始雕刻	I0.0	N形	Q0.0
重新开始	I0.1	正方形	Q0.1

续表

输入		输出	
选中N形	I0.2	多边形	Q0.2
选中正方形	I0.3	梯形	Q0.3
选中多边形	I0.4	双三角矩形	Q0.4
选中梯形	I0.5	外边框	Q0.5
选中双三角矩形	I0.6		
选中外边框	I0.7		

图 10-45　仿真实验任务 I/O 分配调试

配置完成单击"提交"按钮，可查看 I/O 配置的结果；单击"查看验证报告"按钮，可查看每次提交的得分记录，如图 10-46 所示。

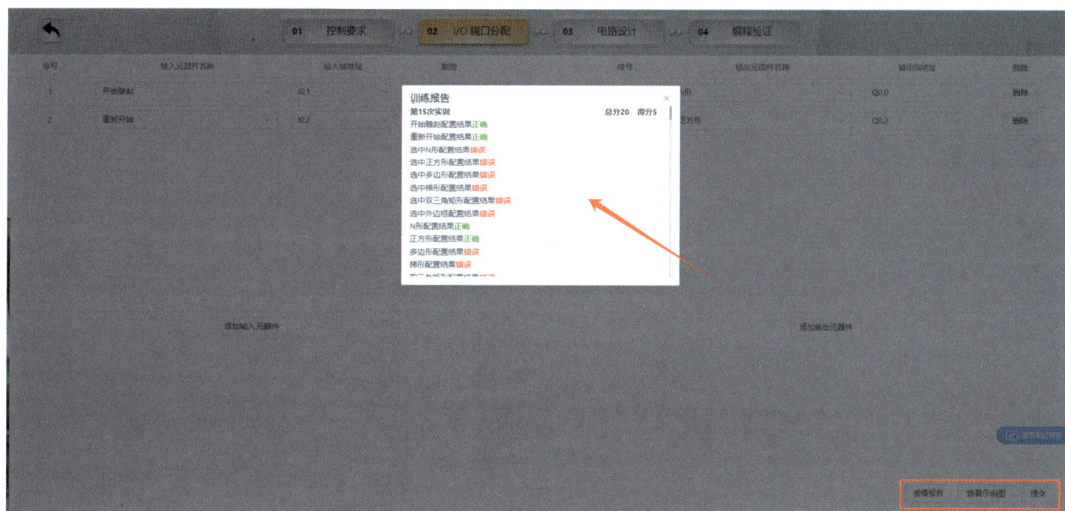

图 10-46　仿真实验任务 I/O 分配调试测评得分

单击"查看示意图"按钮，可查看本任务 I/O 表的分配案例，如图 10-47 所示。

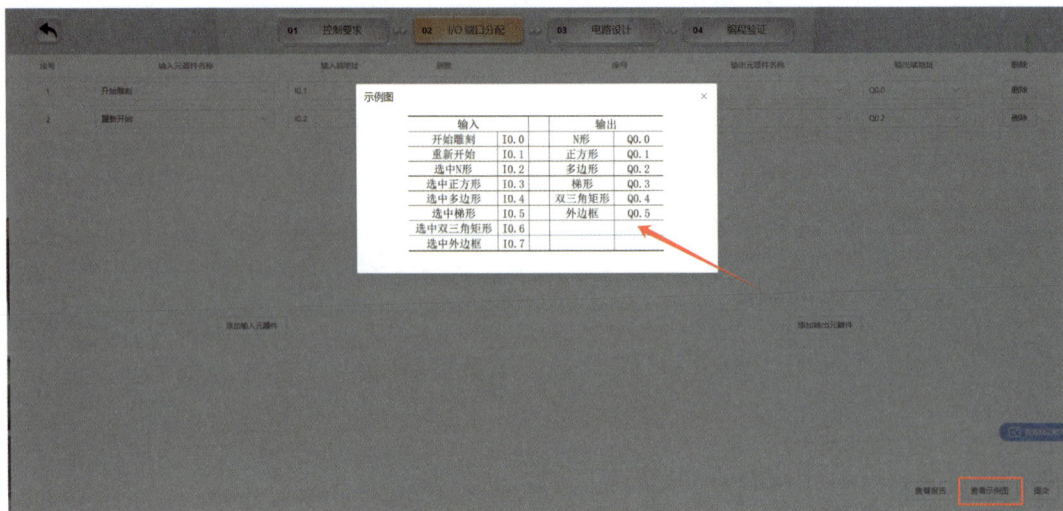

图 10-47　仿真实验任务 I/O 分配示意图

（3）电路设计

单击"查看电路示意图"按钮，读懂任务电路设计图，如图 10-48 所示。

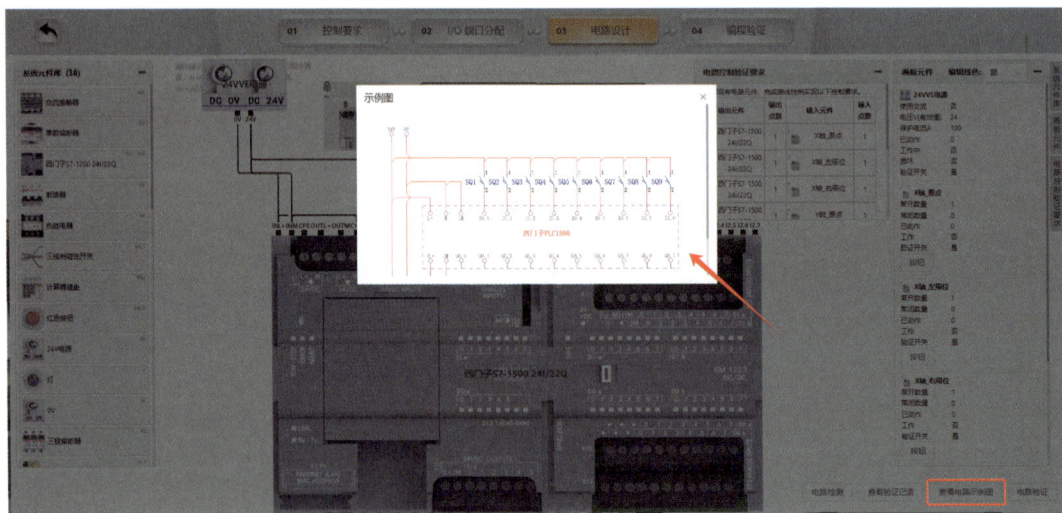

图 10-48　仿真实验任务电路示意图

将"系统元件库"中任务需要模型拖拽出来摆放到合适的位置，鼠标左键选择元器件上的端子不松，移动鼠标拖拽到另一个端子上进行线路的连接，如图 10-49 所示。

单击"电路检测"按钮，可检查元器件的状态是否在运行，如图 10-50 所示。

单击"查看验证记录"按钮，可查看每次提交的验证结果，如图 10-51 所示。

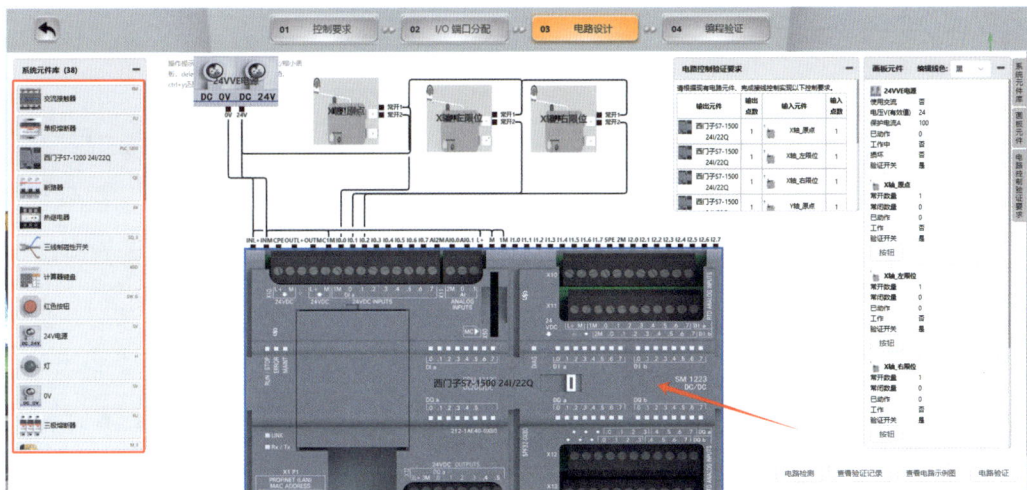

图 10-49　仿真实验任务电路接线

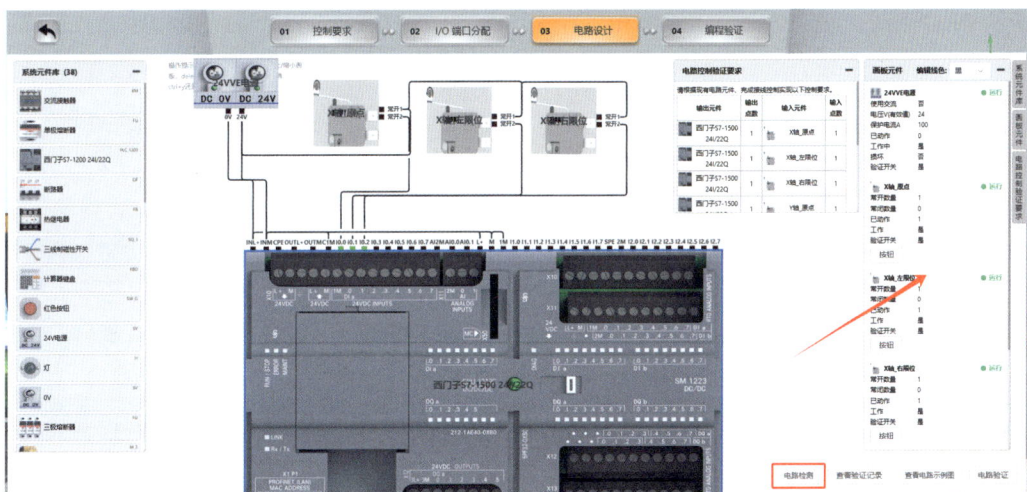

图 10-50　仿真实验任务电路检测

图 10-51　仿真实验任务电路验证记录

单击"电路验证"按钮，提交验证连接电路的结果，如图10-52所示。

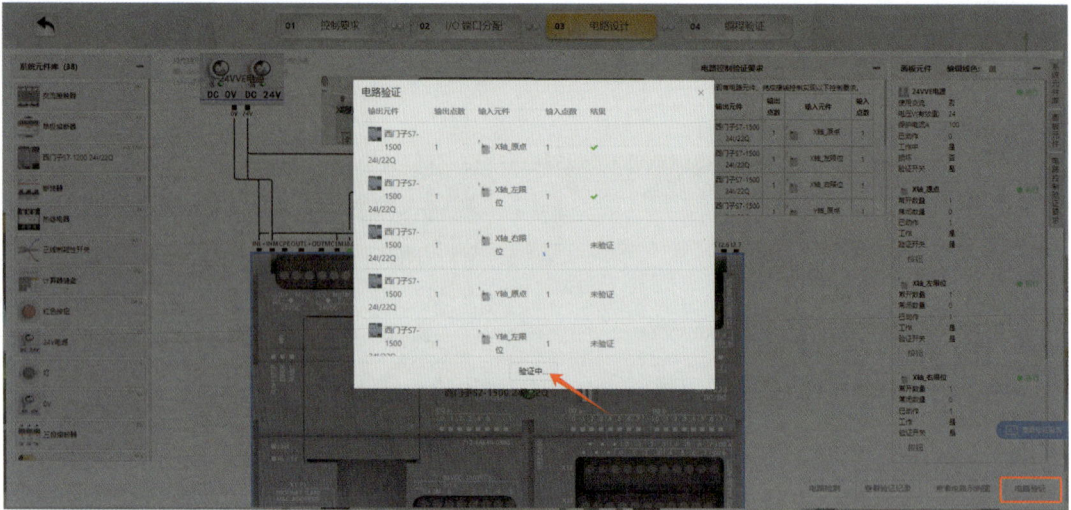

图 10-52　仿真实验任务电路验证

（4）编程验证

编程验证是通过 PLC 与仿真中的信号关联，实现真实 PLC 程序逻辑驱动仿真场景运动，"程序示例参考"可提供案例编写程序，如图10-53所示。

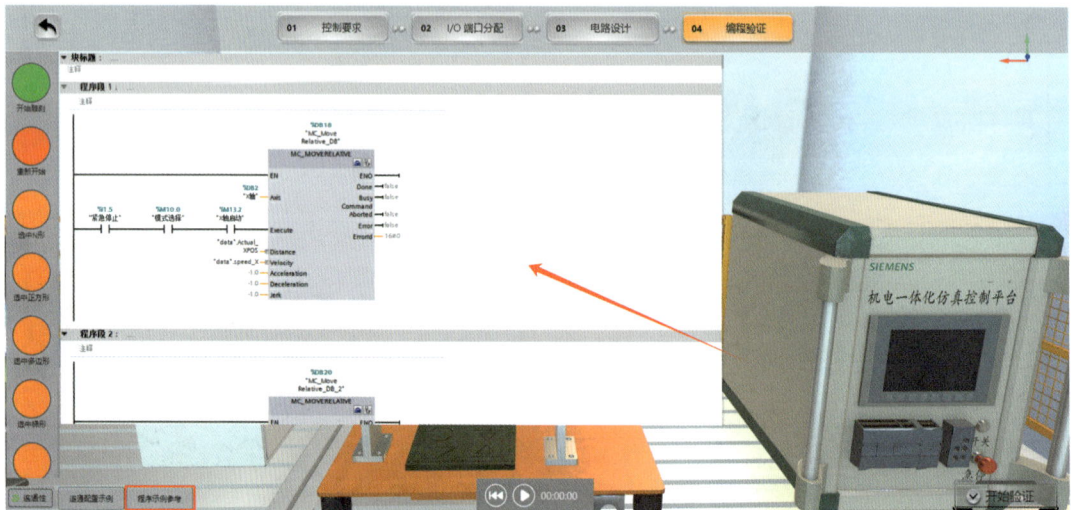

图 10-53　仿真实验任务程序示例参考

单击"连通配置示列"按钮，可根据示例将 PLC 信号与仿真信号实现配对关联，如图10-54所示。具体配置内容如下：

单击"连通性"按钮，打开连通性配置，选择 OPC UA 协议，鼠标右击添加服务，如图10-55所示。

填写名称及 PLC 的 IP 地址，其他默认，单击"确定"按钮，如图10-56所示。

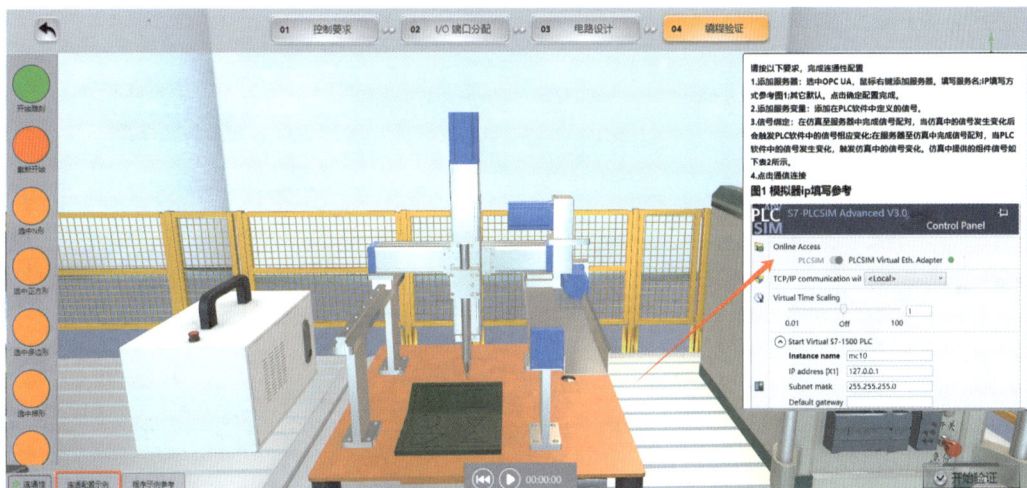

图 10-54　仿真实验任务连通配置示列

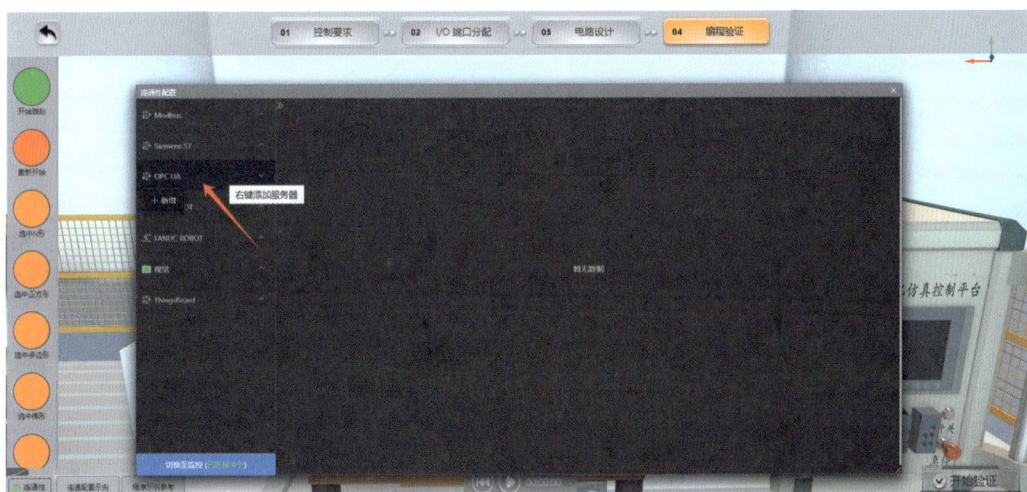

图 10-55　仿真实验任务连通性配置页面

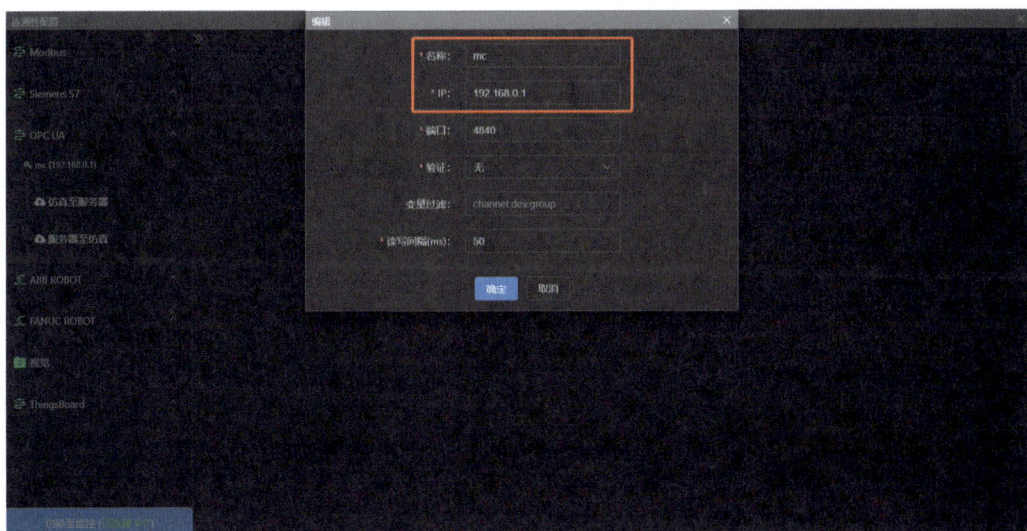

图 10-56　仿真实验任务 PLC IP 地址

将程序下载到 S7-PLCSIM Advanced 中运行，如图 10-57 所示。

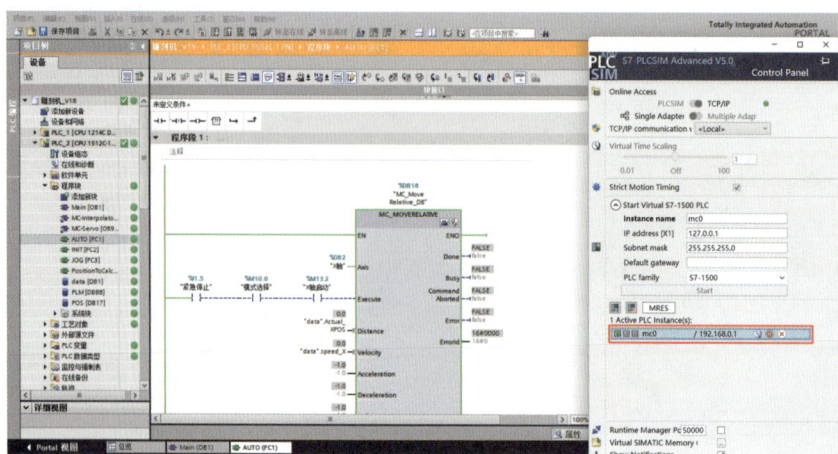

图 10-57　仿真实验任务程序下载

"导入系统变量"将程序中的 PLC 变量导入到连通性中，如图 10-58 所示。

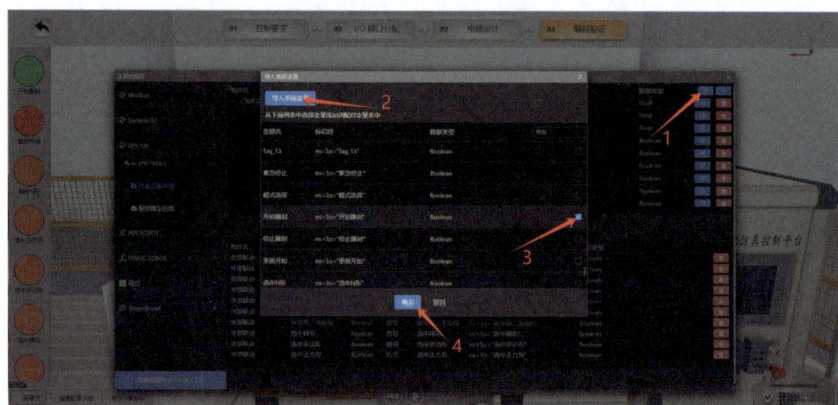

图 10-58　仿真实验任务导入系统变量

选择需要连通的方式"仿真至服务器""服务器至仿真"，选中仿真信号与 PLC 信号，单击"选中配对"关联成功，如图 10-59 所示。

图 10-59　仿真实验任务仿真信号与 PLC 信号配对

单击"切换到监控"模式，选择"启动服务器"，如图 10-60 所示。

图 10-60　仿真实验任务启动服务器

显示"已连接"，表示连接完成，如图 10-61 所示。

图 10-61　仿真实验任务启动服务器已连接

单击"开始验证"按钮弹出验证项，根据验证要求操作，检验程序验证结果。这时的控制是根据 PLC 的程序实现雕刻机的轨迹运行，如图 10-62 所示。

图 10-62　仿真实验任务编程验证

10.4.2 项目六：环境布局

在仿真训练中，根据实训的具体内容规划环境布局（图10-63），以提升学生在训练过程中的沉浸感和体验效果。

图 10-63 环境布局

本章小结

三维仿真作为教育数字化转型的重要组成部分，同时也是机电设备生产前期验证的关键手段。本章通过机电系统三维仿真典型案例详细描述了从虚拟场景搭建到实验制作及调试的完整过程。该过程分为三个主要阶段：首先，在虚拟数字世界中基于物理设备进行建模和场景搭建；接着，利用 MINT 平台的课程制作工具开发三维仿真实验；最后，同样在 MINT 平台上对创建的三维仿真实验任务进行全面的调试与验证，确保其功能性。通过这三个阶段，实现了从概念到应用的全流程覆盖，为教育和工业应用提供了坚实的支撑。

思考题

1. 建模时添加 OneToOne 行为的目的及步骤有哪些？
2. 建模时零点的位置如何设置？
3. 简述从搭建场景到创建实验任务的过程。
4. 简述编程验证连通性的配置步骤及注意事项。
5. 结合实际案例，详细阐述三维仿真技术在机电系统设计与优化过程中的重要作用。
6. 探讨随着科技发展，机电系统三维仿真技术可能面临的挑战以及未来的发展趋势。

参考文献

[1] 张洪昌. 信息物理融合的机电产品数字化设计关键技术研究[D]. 武汉：华中科技大学, 2012.

[2] 高亮, 李培根, 黄培, 等. 数字化设计类工业软件发展策略研究[J]. 中国工程科学, 2023, 25(02): 254-262.

[3] 杨涛, 杨晓华, 欧彦江, 等. 基于NX MCD的搬运工业机器人运动仿真设计及分析[J]. 工业控制计算机, 2024, 37(12): 66-68.

[4] 卢旭锦. 基于NX MCD的工业机器人工作协同性与生产效率提升研究[J]. 自动化应用, 2024, 65(23): 21-24.

[5] 林泓宇, 卢旭锦. 基于NX-MCD的物料分拣生产线虚拟仿真设计及调试[J]. 机械工程与自动化, 2024, (06): 96-98.

[6] 凌旭, 邹冲, 戴俊良, 等. 基于NX-MCD的物料分拣装置数字孪生系统设计[J]. 中国机械, 2024, (31): 16-21.

[7] 郭辰光, 范建成, 岳海涛, 等. 基于NX MCD的虚实映射实验交互系统设计与实践[J]. 实验技术与管理, 2024, 41(03): 123-130.

[8] 苏建, 慕存强, 任善剑, 等. 基于NX MCD的工业机器人视觉分拣数字孪生系统设计[J]. 机床与液压, 2023, 51(23): 73-79.

[9] 赵林, 吴双, 张可义, 等. 基于NX MCD的堆垛机机电概念设计[J]. 制造业自动化, 2021, 43(11): 114-116.

[10] 王晓军. 基于Teamcenter和MCD的自动化生产线数字孪生协同设计及虚拟仿真试验研究[D]. 上海：上海应用技术大学, 2022.

[11] 廉磊. 基于NX MCD的机器人激光熔覆系统虚拟调试研究[D]. 秦皇岛：燕山大学, 2020.

[12] 黄文汉, 陈斌, 张秋容, 等. 编机电概念设计(MCD)应用实例教程[M]. 北京：中国水利水电出版社, 2020.

[13] 胡耀华, 梁乃明. 数字化产品设计开发(上册)[M]. 北京：机械工业出版社, 2022.

[14] 胡耀华, 梁乃明. 数字化产品设计开发(下册)[M]. 北京：机械工业出版社, 2022.

[15] 孟庆波. 生产线数字化设计与仿真(NX MCD) [M]. 北京：机械工业出版社, 2020.

[16] 郑魁敬. 机器人自动化集成系统设计(NX MCD) [M]. 北京：化学工业出版社, 2025.

[17] 张义文, 张心明, 宋林森, 等. 智能装备数字化虚拟调试仿真——基于NX-MCD[M]. 北京：化学工业出版社, 2024.

[18] 郑魁敬, 姚建涛. 机器人自动化集成系统设计及实例精解(NX MCD) [M]. 北京：化学工业出版社, 2022.